普通高等院校土木专业"十四五"规划精品教材

U0172142

房 屋 建 筑 学

Housing Architecture

（第四版）

丛书审定委员会

王思敬　彭少民　石永久　白国良

李　杰　姜忻良　吴瑞麟　张智慧

本书主审　刘维彬

本书主编　潘　睿

本书副主编　刘玉桥　马海纯

本书编写委员会

潘　睿　刘玉桥　马海纯　董宏英

滕海文　魏建萍　李淑红　刘　俊

潘岩松　范九萍　王　涛

华中科技大学出版社

中国·武汉

内容提要

本书是以土木工程专业指导委员会的专业培养目标和课程教学大纲为依据编写而成的土建类基础教材。全书共分四篇：建筑与民用建筑设计，民用建筑构造，工业建筑设计，工业建筑构造。本书着重阐述了民用与工业建筑设计的基本原理和基本方法，反映了我国建筑发展的新技术、新成就。

本书可作为高等学校土木工程、交通工程、工程管理、建筑环境与能源应用工程等专业的教材，亦可供土木工程技术人员参考。

图书在版编目(CIP)数据

房屋建筑学/潘睿主编. —4版. —武汉：华中科技大学出版社，2020.7(2024.7重印)
普通高等院校土木专业"十四五"规划精品教材
ISBN 978-7-5680-6031-8

Ⅰ.①房…　Ⅱ.①潘…　Ⅲ.①房屋建筑学-高等学校-教材　Ⅳ.①TU22

中国版本图书馆 CIP 数据核字(2020)第 072358 号

房屋建筑学（第四版）　　　　　　　　　　　　　　　　　　潘　睿　主编
Fangwu Jianzhu Xue(Di-si Ban)

责任编辑：叶向荣
封面设计：原色设计
责任监印：朱　玢
出版发行：华中科技大学出版社(中国·武汉)　　　电话：(027)81321913
　　　　　武汉市东湖新技术开发区华工科技园　　　邮编：430223
录　排：华中科技大学惠友文印中心
印　刷：武汉开心印印刷有限公司
开　本：850mm×1065mm　1/16
印　张：24.5
字　数：650 千字
印　次：2024 年 7 月第 4 版第 4 次印刷
定　价：75.00 元

总　序

教育可理解为教书与育人。所谓教书,不外乎是教给学生科学知识、技术方法和运作技能等,教学生以安身之本。所谓育人,则要教给学生做人的道理,提升学生的人文素质和科学精神,教学生以立命之本。我们教育工作者应该从中华民族振兴的历史使命出发,来从事教书与育人工作。作为教育本源之一的教材,必然要承载教书和育人的双重责任,体现两者的高度结合。

中国经济建设飞速发展,国家对各类建筑人才需求持续高涨,土建类高素质人才培养面临新的挑战,而高等教育对土建类教材建设也提出了新的要求。这套教材正是为了适应当今时代对高层次建设人才培养的需求而编写的。

一部好的教材应该把人文素质和科学精神的培养放在重要位置。教材中不仅要从内容上体现人文素质教育和科学精神教育,而且还要从科学严谨性、法规权威性、工程技术创新性来启发和促进学生科学世界观的形成。简而言之,这套教材有以下几个特点。

其一,从指导思想来讲,这套教材注意到"六个面向",即面向社会需求、面向建筑实践、面向人才市场、面向教学改革、面向学生现状、面向新兴技术。

其二,教材编写体系有所创新。这套教材结合了具有土建类学科特色的教学理论、教学方法和教学模式,并进行了许多新的教学方式的探索,如引入案例式教学、研讨式教学等。

其三,这套教材适应现在教学改革发展的要求,即适应"宽口径、少学时"的人才培养模式。在教学体系、教材内容及学时数量等方面也做了相应考虑,而且教学起点也可随着学生水平做相应调整。同时,在这套教材编写时,特别重视人才的能力培养和基本技能培养,注意适应土建专业特别强调实践性的要求。

我们希望这套教材能有助于培养适应社会发展需要的、素质全面的新型工程建设人才。我们也相信这套教材能达到这个目标,从形式到内容都成为精品,为教师和学生以及专业人士所喜爱。

中国工程院院士　王思敬

前　言

本书获首届黑龙江省教材建设奖二等奖(黑龙江省委宣传部、黑龙江省教育厅公布)。

房屋建筑学是研究房屋各组成部分的组合原理、构造方法及建筑空间环境的设计原理的一门综合性技术课程。本书以土木工程专业指导委员会的专业培养目标和课程教学大纲为依据,由具有多年教学和实践经验的教师编写而成。本书注重教材的科学性和实用性,重视理论联系实际,力图体现学科发展的新水平。

本书在体系和内容上精心组织,突出重点,注意兼顾不同地区的构造技术特点,以提高教材的兼容性。同时,本书较以往教材增加了结构设计基础知识的内容,以加强专业学习的融合性和后续知识的连贯性。本书密切结合国家有关建筑设计的新规范、新标准及新政策,内容系统全面,所用资料力求有代表性,增加了国内外工程实例和有益的经验。

教材的每章均附有学习要点和复习思考题,便于学生课后复习、讨论。为加强实践性教学的内容,做到理论和实际的有机结合,部分章节内附有课程设计任务书,可根据不同专业和不同学时数的要求,灵活把握。

全书共分为4篇22章,第1章由哈尔滨商业大学马海纯编写,第2、3、4、5、14章由哈尔滨学院潘睿编写,第6、11章由北京工业大学滕海文、王涛编写,第7、8、9、10章由天津城建大学刘玉桥编写,第12章由东北林业大学李淑红编写,第13、16章由黑龙江省林业设计研究院刘俊编写,第15、18章由山西师范大学范九萍编写,第17章由山西师范大学魏建萍编写,第19、20、21、22章由北京工业大学董宏英编写。

本书由潘睿任主编,刘玉桥、马海纯任副主编,东北林业大学刘维彬教授主审。

由于水平有限,书中难免有不当或疏漏之处,恳请各位同行、专家和广大读者不吝指正。

编　者

2020.5

目　　录

第一篇
建筑与民用建筑设计

第1章　建筑设计概论

房屋建筑学是研究建筑设计和建筑构造的基本原理及方法的科学，是建筑工程专业的一门重要专业基础课。通过本课程的学习，同学们将全面、系统、正确地理解和认识房屋建筑工程。

1.1　建筑和构成建筑的基本要素

1.1.1　什么是建筑

从广义上讲，建筑既表示建筑工程的建造（营造）活动，又表示这种活动的成果，因而，建筑是为了满足人类生产和生活需要，利用所掌握的物质技术手段，在科学规律和美学法则的指导下，通过对空间的限定、组织而创造的空间环境。

建筑包括建筑物和构筑物。凡供人们在其内部进行生产、生活活动的房屋或场所都被称为建筑物，如住宅、学校、影院、工厂的车间等。而人们不直接在其内部进行生产、生活活动的工程设施，则被称为构筑物，如水塔、烟囱、桥梁、堤坝、囤仓等。

建筑的属性特征具有物质和精神（艺术）二重性。首先，建筑是社会物质产品，具有明确的实用性，它的建造需要土地、建材、能源、技术、资金五大部分物质的投入，如住宅等；其次，建筑是社会精神产品，反映特定的社会思想意识、宗教、民族习俗、地方特色等，具有强烈的精神特性，如人民英雄纪念碑、天坛（见图 1-1）等。

(a)　　　　　　　　　　　　　　　　　　　(b)

图 1-1　富含精神特征的建筑

(a)人民英雄纪念碑；(b)北京天坛祈年殿

1.1.2　构成建筑的基本要素

构成建筑的基本要素是建筑功能、建筑技术和建筑形象，统称为建筑的三要素。

1. 建筑功能

建筑是供人们生产、生活使用的空间环境,使用功能即是建筑的目的。例如,建造工厂是为了生产的需要,建造住宅是为了居住的需要,建造影剧院则是为了文化生活的需要等。因此,满足人们对空间的不同的使用要求,就是建筑的首要任务。

建筑除了满足基本使用功能要求外,还要为人们创造一个舒适、卫生的环境。因此建筑应具有良好的朝向,以及保温、隔热、隔声、采光、通风的性能。

2. 建筑技术

建筑技术是建造房屋的手段,包括建筑结构、建筑材料、建筑施工和建筑设备等内容。结构和材料构成了建筑物的骨架,设备是保证建筑物达到某种要求的技术条件,施工技术是保证建筑物实施的重要手段。建筑功能的实施离不开建筑技术的保证。随着生产和科学技术的发展,各种新材料、新结构、新设备不断涌现,施工工艺水平不断提高,新的建筑形式层出不穷,大大满足了人们对建筑的各种不同功能的需求。

3. 建筑形象

建筑形象是建筑体型、立面形式、建筑色彩、材料质感、细部装修等的综合反映。建筑形象处理得当,能产生良好的艺术效果,给人美的享受,如庄严雄伟、朴素大方、简洁明快、生动活泼等不同的感觉。建筑形象因时代、民族、地域的不同而不同,不同的建筑形象反映出了不同的建筑风格。

建筑功能、建筑技术和建筑形象之间是辩证统一的关系,是不可分割并相互制约的。一般情况下,建筑功能是房屋建造的目的,是起主导作用的因素;建筑技术是通过物质技术条件达到目的的手段,同时又对建筑功能起到制约和促进作用;而建筑形象则是建筑功能、建筑技术与建筑艺术内容的综合表现。有时对于精神功能突出的建筑,如一些纪念性建筑、象征性建筑、标志性建筑,建筑形象也往往起主导作用,成为主要因素。总之,在一个优秀的建筑作品中,这三者应该是和谐统一的。

1.2 建筑物的分类

1.2.1 按建筑物的用途分类

按建筑物的用途通常可以将建筑物分为民用建筑、工业建筑和农业建筑。

1. 民用建筑

民用建筑是人们大量使用的非生产性建筑。根据具体使用功能的不同,它分为居住建筑和公共建筑两大类。

居住建筑主要是指提供家庭和集体生活起居用的建筑物,如住宅、宿舍、公寓等。此类建筑数量较多且分布广泛,在基本建设总投资中占有很大的比例。

公共建筑主要是指提供给人们进行各种社会活动的建筑物,包括行政办公建筑、文教建筑、托幼建筑、科研建筑、医疗建筑、商业建筑、观演建筑、展览建筑、体育建筑、旅馆建筑、交通建筑、通讯广播建筑、园林建筑、纪念性建筑、生活服务性建筑等。

公共建筑功能相对比较复杂,有很多公共建筑是具有多种功能的综合体,所以功能分配和空间组合是它的首要要求。公共建筑往往是城镇和局部区域的中心,是人们政治文化生活的主要场所,因此公共建筑的造型、外观和内部装修要求比较高。

2. 工业建筑

工业建筑是指为工业生产服务的各类建筑,也可以称为厂房类建筑,如生产车间、辅助车间、动力用房、仓储建筑等。

3. 农业建筑

农业建筑是指用于农业、牧业生产和加工用的建筑,如温室、畜禽饲养场、粮食与饲料加工站、农机修理站等。由于近年来农村与城镇的区别越来越小,因此农业建筑可能会逐渐地归属于工业建筑类。

1.2.2 按建筑物的层数或高度分类

世界各国按建筑物的层数或高度分类的规定各不相同,特别是高层建筑。通常建筑物分类如下。

1. 住宅建筑按层数分类

一层至三层住宅为低层住宅,四层至六层住宅为多层住宅,七层至九层住宅为中高层住宅,十层及十层以上住宅为高层住宅。

2. 除住宅建筑之外的建筑按高度分类

一层的建筑为单层建筑(包括建筑高度大于 24 m 的单层公共建筑);多于一层且高度不大于 24 m 的建筑为多层建筑;多于一层且高度大于 24 m 的建筑则为高层建筑;高度大于 100 m 的建筑为超高层建筑。

高层建筑根据其使用性质、火灾危险性、疏散和扑救难度等进行分类,可分为一类高层建筑和二类高层建筑。

1.2.3 按民用建筑的耐火等级分类

在建筑设计中须对防火与安全问题给予足够重视,特别是在选择结构材料和构造做法上,应根据其性质分别对待。现行《建筑设计防火规范》(GB 50016—2014)把建筑物的耐火等级划分成四级。一级的耐火性能最好,四级最差。性质重要或规模宏大的建筑,通常按一、二级耐火等级进行设计;大量性的或一般的建筑按二、三级耐火等级设计;很次要的或临时性建筑按四级耐火等级设计。不同耐火等级的建筑物,其建筑构件的燃烧性能和耐火极限(h)按表 1-1 规定。

表 1-1　不同耐火等级建筑相应构件的燃烧性能和耐火极限　　　　　单位:h

燃烧性能及耐火极限 \ 耐火等级 \ 构件		一级		二级		三级		四级	
		燃烧性能	耐火极限	燃烧性能	耐火极限	燃烧性能	耐火极限	燃烧性能	耐火极限
墙	防火墙	不燃性	3.00	不燃性	3.00	不燃性	3.00	不燃性	3.00
	承重墙	不燃性	3.00	不燃性	2.50	不燃性	2.00	难燃性	0.50
	非承重外墙	不燃性	1.00	不燃性	1.00	不燃性	0.50	可燃性	
	楼梯间、前室、电梯井的墙 住宅单元之间的墙 住宅分户墙	不燃性	2.00	不燃性	2.00	不燃性	1.50	难燃性	0.50
	疏散走道两侧的隔墙	不燃性	1.00	不燃性	1.00	不燃性	0.50	难燃性	0.25
	房间隔墙	不燃性	0.75	不燃性	0.50	难燃性	0.50	难燃性	0.25

构件 \ 燃烧性能及耐火极限 \ 耐火等级	一级		二级		三级		四级	
	燃烧性能	耐火极限	燃烧性能	耐火极限	燃烧性能	耐火极限	燃烧性能	耐火极限
柱	不燃性	3.00	不燃性	2.50	不燃性	2.00	难燃性	0.50
梁	不燃性	2.00	不燃性	1.50	不燃性	1.00	难燃性	0.50
楼板	不燃性	1.50	不燃性	1.00	不燃性	0.50	可燃性	
屋顶承重构件	不燃性	1.50	不燃性	1.00	可燃性	0.5	可燃性	
疏散楼梯	不燃性	1.50	不燃性	1.00	不燃性	0.50	可燃性	
吊顶(包括格栅吊顶)	不燃性	0.25	难燃性	0.25	难燃性	0.15	可燃性	

注:①除本规范另有规定外,以木柱承重且墙体采用不燃材料的建筑物,其耐火等级应按四级确定。
　　②住宅建筑构件的耐火极限和燃烧性能可按现行国家标准《住宅建筑规范》(GB 50368—2005)的规定执行。

　　建筑物的耐火等级是按组成房屋的构件的耐火极限和燃烧性能这两个因素来确定的。建筑构件的耐火极限,是指建筑构件按时间-温度标准曲线进行耐火试验,从受到火的作用时起,到失去支持能力、完整性被破坏或失去隔火作用时止的这段时间,用小时(h)表示。

　　构件的燃烧性能分为如下三类。

　　① 不燃性构件:即用不燃材料做成的建筑构件,如砖石材料、混凝土、毛石混凝土、加气混凝土、钢筋混凝土、砖柱、钢筋混凝土柱或有保护层的金属柱、钢筋混凝土板等。

　　② 可燃性构件:即用可燃材料做成的建筑构件,如无保护层的木梁、木楼梯、木格栅吊顶下吊板条、苇箔、纸板、纤维板、胶合板等可燃物。

　　③ 难燃性构件:即用难燃材料做成的建筑构件或用可燃材料做成而用不燃材料做保护层的建筑构件,如木格栅吊顶下吊石棉水泥板、石膏板、石棉板、钢丝网抹灰、板条抹灰、苇箔抹灰、水泥刨花板等。

1.2.4　按建筑物的规模分类

1. 大量性建筑

　　大量性建筑是单体建筑规模不大,但兴建数量多、分布面广的建筑,如住宅、学校、中小型办公楼、商店、医院等。

2. 大型性建筑

　　大型性建筑是建筑规模大、耗资多、影响较大的建筑,如大型火车站、航空港、大型体育馆、博物馆、大会堂等。

1.2.5　按建筑物的设计使用年限分类

　　建筑合理使用年限主要指建筑主体结构设计使用年限,按国家标准《建筑结构可靠性设计统一标准》(GB 50068—2018)和《民用建筑设计统一标准》(GB 50352—2019)的规定,将建筑的设计使用年限分为四类,见表1-2。

表 1-2　设计使用年限分类

类别	设计使用年限/年	类　　别
1	5	临时性建筑
2	25	易于替换结构构件的建筑
3	50	普通建筑和构筑物
4	100	纪念性建筑和特别重要的建筑

1.3　建筑物的组成部分和构成系统

1.3.1　建筑物的主要组成部分

建筑物通常由楼地层、墙和柱、基础、楼梯、电梯、屋盖、门窗等几部分组成(见图 1-2)。

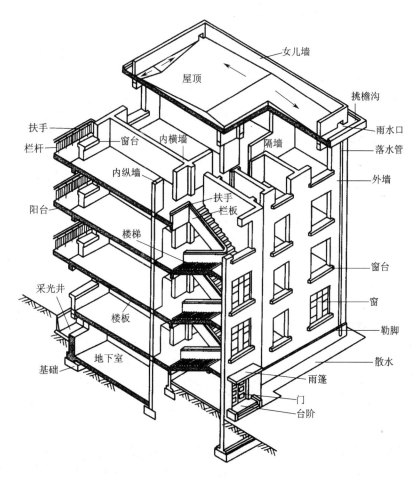

图 1-2　房屋的构造组成

1. 楼地层

楼地层的作用是分隔、围合竖向空间,为使用者提供在建筑物中活动所需要的各种平面,同时将由此而产生的各种荷载(家具、设备、人体自重等荷载)传递到支承它们的竖向承重构件上去。其中,建筑物底层地坪可以直接铺设在天然土上,也可以架设在建筑物的其他承重构件上。楼层则可以单由楼板构成,也可以包括梁和楼板。楼层除了具有提供活动平面并传递水平荷载的作用外,还起着沿建筑物的高度分隔空间的作用。楼层还是竖向承重构件的水平支撑,起到传递水平力、降低竖向承重构件的计算高度等作用。

2. 墙和柱

墙是用砖石等砌成承架房顶或隔开内外的建筑物。柱是建筑物中垂直的主结构件,承托它上方物件的重量。

在不同结构体系的建筑中,屋盖、楼层等部分所承受的活荷载以及它们的自重,分别通过支承它们的墙或柱传递到基础上,再传给地基。在建筑中,墙体有承重和非承重之分,但无论承重与否,墙体都具有分隔、围合空间的功能。

3. 基础

基础是建筑物与地基直接接触的部分,它承受建筑物的全部荷载并传给地基。基础的状况既与其上部的建筑状况有关,又与其下部的地基状况有关。

4. 楼梯、电梯

楼梯、电梯是解决建筑物上下楼层之间联系的交通纽带。除具有交通联系、安全疏散、紧急施救等功能外,楼梯、电梯有时还起到观景和活跃空间的作用,如观光电梯。

5. 屋盖

除了承受由于雨雪或屋面上人所引起的荷载外,屋盖主要起到围护的作用。为保证建筑室内舒适的环境,屋盖要具备良好的防水、隔热、保温、隔声性能。有时,屋盖的形式也往往对建筑物的形态起着非常重要的作用。

6. 门窗

门提供建筑空间分隔和联系,有时也具有通风的功能,严寒地区的外门还应具备防寒保温功能。窗的主要作用是通风、采光和观瞻。门窗也是立面构图的主要元素。

1.3.2 建筑物的主要构成系统

建筑物的主要组成部分可以分属于不同的子系统,即建筑物的结构支承系统和围护、分隔系统。有的建筑物的组成部分兼有两种不同系统的功能。除了这两个子系统之外,与建筑物主体结构有关的其他子系统,例如设备系统等,也会对建筑物的构成产生重要的影响。本节将着重讨论这些子系统的系统特征及其相关关系,以说明在设计建筑物时应如何从全局和细部两方面去考虑问题。

1. 建筑物的结构支承系统

建筑物的结构支承系统是指建筑物的结构受力系统以及保证结构稳定的系统。建筑物所承受的竖向荷载将通过板、梁、柱或墙、基础传给地基,这一套系统通过一定的构造措施,将使建筑物在竖向荷载和水平荷载的综合作用下坚固稳定。

结构支承系统是建筑物中不可变动的部分,建成后不得随意拆除或削弱。设计时首先要求明确属于结构支承系统的主体部分,做到结构方案合理、构件传力明确,使支承系统骨架形成;其次构件要有足够的强度和刚度,并且构造准确,从而严格控制结构的变形量。

2. 建筑物的围护、分隔系统

建筑物的围护、分隔系统指建筑物中起围合和分隔空间作用的系统,如墙、门窗、楼板等,它们可以用来分隔空间,也可以围合、限定空间。此外,许多属于结构支承系统的建筑组成部分由于其所处的部位,也需要满足其作为围护结构的要求,例如楼板和承重外墙等。

属于建筑物的围护、分隔系统的建筑组成部分,如果不同时属于支承系统,可以因不同时期的使用要求不同而发生位置、材料、形式等的变动。但因它的自重需要传递给其他支承构件并与其周边构件相连接,所以在变动时应首先考虑其对支承系统的影响。

作为围护、分隔构件,其在围合、分隔空间的过程中也要考虑对使用空间的物理特性(例如防水、防火、隔热、保温、隔声、恒湿等要求)的满足,以及对建筑物的美学要求(例如形状、质感等要求)的满足。因此,在设计时必须综合考虑各种因素的可能性及共同作用,创造安全、舒适、合理的空间环境。

3. 与建筑物的主体结构有关的其他系统

在建筑物中,一些设备系统(例如电力、电信、照明、给排水、供暖、通风、空调等)需要安置空间,许多管道需要穿越主体结构或者其他构件。它们还会形成相应的附加荷载,需要主体结构提供支承。因此,在设计时必须兼顾这些子系统对主体结构的相应要求,做到合理协调,留有充分的余地。

1.4　基本建设程序和建筑设计程序

1.4.1　基本建设程序

基本建设是指国民经济各部门用投资方式来实现以扩大生产能力和工程效益为目的的新建、扩建、改建工程的固定资产投资及其相关管理活动。基本建设程序是指基本建设项目从规划、设想、选择、评估、决策、设计、施工到竣工投产、交付使用的整个建设过程中各项工作必须遵循的先后顺序。基本建设程序是基本建设全过程及其客观规律的反映。

根据我国多年来的建设经验,结合国家经济体制改革和投资管理体制改革深入发展的需要以及国家现行政策的规定,一般大中型建设项目的工程建设必须遵守一定程序,有步骤地执行各个阶段的工作。这些工作一般包括以下六项。

1. 编制和报批项目建议书

项目建议书是由企事业单位、部门等根据国民经济和社会发展长远规划,国家的产业政策和行业、地区发展规划以及国家有关投资建设方针政策,委托有资质审定资格的设计单位和咨询公司在进行初步可行性研究的基础上编报的。大中型新建项目和限额以上的大型扩建项目,在上报项目建议书时必须附上初步可行性研究报告。项目建议书获得批准后即可立项。

2. 编制和报批可行性研究报告

项目立项后即可由建设单位委托原编报项目建议书的设计单位或咨询公司进行可行性研究。根据批准的项目建议书,在详细可行性研究的基础上,编制可行性研究报告,为项目投资决策提供科学依据。可行性研究报告经过有关部门的项目评估和审批决策,获得批准后即为项目决策。

3. 编制和报批设计文件

项目决策后编制设计文件,应由有资格的设计单位根据批准的可行性研究报告的内容,按照国家规定的技术经济政策和有关的设计规范、建设标准、定额进行编制。对于大型、复杂项目,设计单位可根据不同行业的特点和要求进行初步设计、技术设计和施工图设计的三阶段设计。一般工程项目可采用初步设计和施工图设计的两阶段设计。初步设计文件要满足施工图设计、施工准备、土地征用项目材料和设备订货的要求。施工图设计应包括建筑材料、构配件及设备的购置、非标准构配件及非标准设备的加工。

4. 建设准备工作

项目在初步设计文件获得批准后,开工建设之前,要切实做好各项施工前准备工作,主要包括组建筹建机构,进行征地、拆迁和场地平整;落实和完成施工用水、电、路等工程和外协条件;组织设备和特殊材料订货,落实材料供应,准备必要的施工图纸;组织施工招标投标,择优选定施工单位,签订承包合同,确定合同价;报批开工报告等工作。开工报告获得批准后,建设项目方能开工建设,进行施工安装和生产准备工作。

5. 建设实施工作

建设实施工作包括组织施工和生产准备。

项目经批准开工建设,开工后按照施工图规定的内容和工程建设要求,进行土建工程施工、机械设备和仪器的安装、生产准备和试车运行等工作。施工承包单位应采取各项技术组织措施,确保按合同要求如期保质地完成施工任务、编制和审核工程结算。

生产准备包括招收和培训必要的生产人员,组织生产人员参加设备的安装调试工作,使之掌握好生产技术和工艺流程;做好生产组织的准备、生产技术的准备、生产物资的准备等。

6. 项目施工验收、投产经营和后评价

建设项目按照批准的设计文件所规定的内容全部建成,并符合验收标准(即生产运行合格、形成生产能力、能正常生产出合格产品),或项目符合设计要求能正常使用的,应按竣工验收报告规定的内容,及时组织竣工验收和投产使用,并办理固定资产移交手续和工程决算。

项目建成并投产使用一段时间(一般为2至3年)后,可以进行项目总结评价工作,编制项目后评价报告。其基本内容应包括生产能力或使用效益实际发挥效用情况;产品的技术水平、质量和市场销售情况;投资回收、贷款偿还情况;经济效益、社会效益和环境效益情况;其他需要总结的经验。

1.4.2 建筑设计程序

在整个基本建设程序中,设计工作是其中的重要环节,具有较强的政策性和综合性。本书主要从设计角度来解剖建筑。

建筑工程设计是指设计一个建筑物或建筑群所要做的全部工作,一般包括建筑设计、结构设计、设备设计、工艺设计等几个方面的内容。按《建筑工程设计文件编制深度规定》(2016年版)的相关规定,民用建筑工程一般应分为方案设计、初步设计和施工图设计三个阶段。对于技术要求简单的民用建筑工程,经有关主管部门同意,可以用方案设计阶段代替初步设计阶段,在方案设计审批后直接进入施工图设计阶段。而有些复杂的工程项目,还需要在初步设计阶段和施工图设计阶段之间插入技术设计的阶段。对于一般工业建筑(房屋部分)工程设计而言,设计文件编制深度应符合有关行业标准的规定。

1. 设计前的准备工作

建筑设计是一项复杂而细致的工作,涉及的学科较多,同时也受到各种客观条件的制约。为了保证设计质量,设计前必须做好充分准备,包括熟悉设计任务书、广泛深入地进行调查研究、收集必要的设计基础资料等几方面的工作。

(1)熟悉设计任务书

设计任务书是经上级主管部门批准后提供给设计单位进行设计的依据性文件,一般包括以下内容。

① 建设基地大小、形状、地形,原有建筑及道路现状,并附基地线测图(明确建筑红线)和地形图(明确竖向高差)。

② 建设项目总的要求、用途、规模及一般说明。

③ 建设项目的组成,单项工程的面积、房间组成、面积分配及使用要求。

④ 建筑材料和设备的使用要求。

⑤ 建筑电气、供水、采暖、空调通风、消防等设备方面的要求及条件。

⑥ 建设项目的总投资、单方造价以及投资分配比例。

⑦ 设计期限及项目建设进度计划要求。

在熟悉设计任务书的过程中,设计人员应认真对照有关定额指标,校核任务书的使用要求和面积等内容。同时,设计人员在深入调查和分析设计任务书以后,从全面满足使用功能、符合技术要求、节约投资等方面考虑,可对任务书中的某些内容提出补充和修改,但必须征得建设单位的同意。

(2)调查研究,收集必要的设计原始数据

除设计任务书提供的资料外,设计人员还应对影响建筑设计的有关因素进行调查研究,收集有关的原始数据和必要的设计资料,其主要内容有以下几方面。

① 基地情况:如地形、地貌、地物、周围建筑、树木现状及各种隐蔽工程等。

② 水文地质:地基土壤类别、地基承载力、地质构造以及地下水等不良的地质情况。

③ 气象条件:如日照情况、温度变化、降雨量、主导风向、风荷载、雪荷载和冻土深度等。

④ 市政设施:如给排水、煤气、热力管网的供排能力,电力负荷能力等。

⑤ 道路交通:是否有路可通,通行车种及运输能力等。

⑥ 施工能力及材料供应:施工机具的装备条件,施工人员的技术水平和管理水平,能保证材料供应的品种、数量、期限以及地方性材料可利用的情况等。

以上资料除部分由建设单位提供和向相关技术部门收集外,其余的还应调查研究。设计人员应调查同类建筑在使用中出现的情况,了解当地传统经验、文化传统、生活习惯及风土人情等,通过分析和总结,全面掌握所设计建筑物的特点和要求。

2. 方案设计

方案设计是供建设单位和主管部门审阅、选择而提供的设计文件,也是编制初步设计文件的依据。它的主要任务是提出设计方案,即根据设计任务书的要求和收集到的必要基础资料,结合基地环境,综合考虑技术经济条件和建筑艺术的要求,对建筑风格、总体布置、空间组合进行合理的安排,提出两个或多个方案,供建设单位选择。

方案设计一般包括设计说明书(包括各专业设计说明以及投资估算等内容)、设计图纸(总平面图、工艺图、平面图、立面图、剖面图)、设计委托或设计合同中规定的透视图、鸟瞰图、模型等。

3. 初步设计

在方案设计完成以后,建筑、结构、设备(水、暖、通风、电气等)、工艺等专业的技术人员应进一步解决各专业之间在技术方面存在的矛盾,互提要求,反复磋商,取得各专业的协调统一,并为各专业的施工图设计打下基础。

初步设计文件应具备一定的深度,以满足设计审查、主要材料及设备订购、施工图设计的编制等方面的需要。初步设计文件应包括以下内容。

① 设计说明书,包括设计总说明、各专业设计说明。

② 有关专业的设计图纸。

③ 工程概算书。

4. 施工图设计

在初步设计得到有关监督和管理部门批准后,即可进行施工图设计。施工图设计阶段主要是将初步设计的内容进一步具体化,把满足工程施工的各项具体要求反映在图纸中,做到整套图纸齐全统一、明确无误。

各专业绘制的施工图纸(包括详图)和施工说明必须满足建筑材料、设备订货、施工预算和施工组织计划的编制等要求,以保证施工质量和施工进度。

施工图设计的内容包括建筑、结构、给排水、采暖、空调通风、建筑电气、消防、工艺设备等工种的设计图纸、工程说明书、计算书和预算书。依照建筑工程项目的性质和复杂程度,施工图的专业种类和所占比重将有所变化。

施工图设计文件完成后,应将其报送施工图审查机构审查,对设计中执行标准、规范的情况进行审核。设计单位最后应当就审查合格的施工图设计文件向施工单位做出详细说明,并应参与建设工程质量事故分析,对因设计造成的质量事故,提出相应的技术处理方案。

1.5　建筑设计的要求和依据

1.5.1　建筑设计的要求

1. 满足建筑功能要求

满足建筑物的功能要求,为人们的生产和生活活动创造良好的空间环境,是建筑设计的首要任务。例如设计学校,首先要考虑满足教学活动的需要,教室分班设置合理,妥善安排教师用房(如备课区、办公区)、行政管理用房和辅助用房(如储藏室、卫生间)的需求,满足采光通风要求,并用交通设施把它们合理地联系起来,同时还要配置良好的体育场和室外活动场地等。

2. 采用合理的技术措施

根据建筑空间组合的特点,正确选用建筑材料,选择合理的结构方案和施工技术,使房屋坚固耐久、节能节地、建造过程快捷方便。例如,随着我国近年来对建筑节能标准的提高,一些高层建筑在施工中,采用高性能的隔热材料替代传统施工工艺中的模板,既提高了建筑的耐久性,又简化了施工程序,缩短了工期。又如,随着建筑结构理论的不断完善和建筑实践的积累,一些新颖的结构形式得以实施,改善了建筑空间环境。

3. 具有良好的经济效益

建造房屋是一个复杂的物质生产过程,需要大量人力、物力和资金。在房屋的设计和建造中,要因地制宜、就地取材,尽量做到节省劳动力、节约建筑材料和资金。设计和建造房屋要有周密的计划和核算,重视经济领域的客观规律,讲究经济效益。房屋设计的使用要求和技术措施,要和相应的造价、建筑标准统一起来。

4. 考虑建筑美观要求

建筑物是社会的物质和文化财富,它在满足使用要求的同时,还需要考虑人们对建筑物在美观方面的要求,考虑建筑物所赋予人们精神上的感受。同时,建筑也是一个区域、一个国家,乃至一个民族文化传承的良好载体。建筑设计要努力创造具有时代精神和延续文脉的建筑空间组合与建筑形象。世界各国在不同的历史时期,都创造了很多具有时代印记和特点的建筑,丰富、美化着我们的人居环境。

5. 符合总体规划要求

单体建筑是总体规划中的组成部分,单体建筑应符合总体规划提出的要求。建筑设计要充分考虑和周围环境的关系,例如原有建筑的状况、道路的走向、基地面积大小以及绿化等方面和拟建建筑物的关系。新设计的单体建筑,应与所在基地形成协调的室外空间组合,创造出良好的室外环境。

1.5.2 建筑设计的依据

1. 使用功能

(1)人体尺度及人体活动所需的空间尺度

人体尺度及人体活动所需的空间尺度是确定民用建筑内部各种空间尺度的主要依据之一。例如门洞、走道、楼梯的尺寸,窗台、栏杆的高度,楼梯踏步的尺寸,家具设备的尺寸,以及建筑内部使用空间的尺度等,都与人体尺度及人体活动所需的空间尺度紧密相关。同时,除所需的这些必要空间外,人的心理空间也应得到满足。我国成年男子和成年女子的平均高度分别为 1 670 mm 和 1 560 mm。据此,人体活动所需的空间尺度如图 1-3 所示,人体尺度如图 1-4 所示。

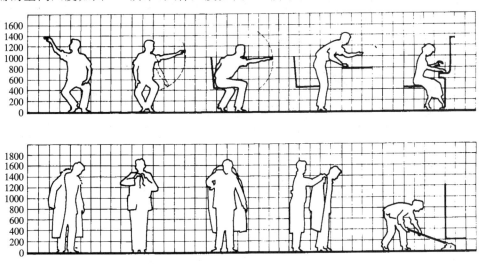

图 1-3 人体活动所需的空间尺度(单位:mm)

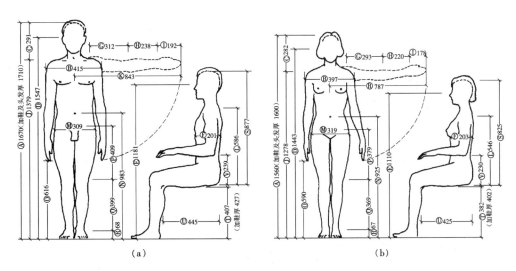

(a) (b)

图 1-4 中等人体地区(长江三角洲)的人体各部平均尺寸(单位:mm)

(a)成年男子;(b)成年女子

（2）家具、设备尺寸和使用它们所需的必要空间

　　房间内家具、设备的尺寸，以及人们使用它们所需活动空间是确定房间内部使用面积的重要依据。图 1-5 所示为常用家具的基本尺寸。

图 1-5　常用家具基本尺寸(单位:mm)

2. 自然条件

（1）气象条件

建筑所在地区的温度、湿度、日照、雨雪、风力、风向等气候条件是建筑设计的重要依据,对建筑设计有较大的影响,例如,炎热地区的建筑应考虑隔热、通风、遮阳,建筑处理较为开敞;寒冷地区应考虑防寒、保温,建筑处理较为封闭;雨雪量直接影响着建筑屋顶形式、屋面排水方案的选择,以及屋面防水构造的处理;在确定建筑物间距及朝向时,应考虑当地日照情况及主导风向等因素;风力是设计高耸建筑时影响结构布置和建筑体型的重要因素。

图1-6所示为我国部分城市的风向频率玫瑰图,即风玫瑰图。玫瑰图上的风向是指由外吹向地区中心,比如由北吹向中心的风称为北风。玫瑰图是依据该地区多年来统计的各个方位风向出现的频率按比例绘制而成,一般用16个罗盘方位表示。风玫瑰图主要用于总体规划设计中决定建筑区或单体建筑之间的相对位置。

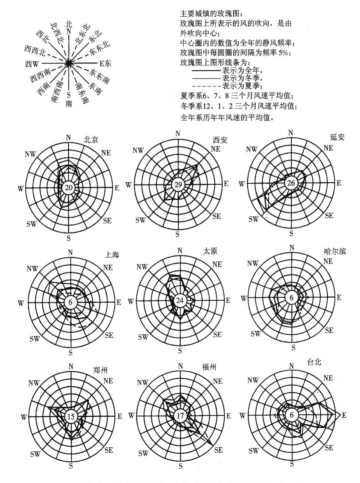

图1-6 我国部分城市的风向频率玫瑰图

（2）地形、地质及水文条件

基地的地形、地貌对建筑物的总体规划、建筑的走向、空间组合形式有着直接的影响。坡度陡的地形,常使房屋结合地形采用错层、吊层或依山就势等较为自由的组合方式,总体规划中比较注重竖向设计。

地质条件是指基地的土层结构、土壤特性和地耐力的大小以及地震等地质破坏的影响。建筑物的平面组合、结构形式及布置、建筑构造处理和建筑体形都受其影响和制约。不良地质条件(如喀斯特地貌、流沙淤泥、土崩断层、湿陷黄土等地区)应尽量避开或采取相应的结构与构造措施。

地震烈度表示当地震发生时,地面及建筑物遭受破坏的程度。抗震设防烈度在 6 度以下的地区,地震对建筑物影响较小,一般可不考虑抗震措施。抗震设防烈度在 9 度以上的地区,地震破坏力很大,一般应尽量避免在该地区建造房屋。因此,按《建筑抗震设计规范》(GB 50011—2010)中有关规定及《中国地震动参数区划图》(GB 18306—2015)的规定,抗震设防烈度为 6 度及以上地区的建筑,必须进行抗震设计。

水文条件是指地下水位的高低、地下水的性质以及地表水的条件。地下水的性质及水位的高低直接影响到建筑物基础及地下室,一般应据此确定是否在该地区建造房屋或采取相应的防水和防腐蚀措施。建筑不应受地面水、河流泛滥或海水涨潮的影响,地面设计标高应高出洪水计算水位,且不应设置在可能决口的水库下游地带等。

3. 建筑设计标准、规范、规程

建筑"标准"、"规范"、"规程"以及"通则"是以建筑科学技术和建筑实践经验的综合成果为基础,由国务院有关部门批准后颁发,成为"国家标准"在全国执行。它对于提高建筑科学管理水平、保证建筑工程质量、统一建筑技术经济要求、加快基本建设步伐等都起着重要的作用,是必须遵守的准则和依据,体现着国家的现行政策和经济技术水平。

建筑设计必须根据设计项目的性质、内容,依据有关的建筑标准、规范完成设计工作。常用的标准和规范有《民用建筑设计统一标准》(GB 50352—2019)、《房屋建筑制图统一标准》(GB/T 50001—2017)、《民用建筑热工设计规范》(GB 50176—2016)、《住宅设计规范》(GB 50096—2011)、《建筑设计防火规范》(GB 50016—2014)、《建筑抗震设计规范》(GB 50011—2010)、《建筑地基基础设计规范》(GB 50007—2011)等。

4. 建筑模数

为了建筑设计、构件生产以及施工等方面的尺寸协调,提高建筑工业化的水平,从而降低造价并提高房屋设计、建造的质量和速度,应在建筑业内共同遵守国家规定的建筑统一模数制,即执行《建筑模数协调标准》(GB/T 50002—2013)。建筑模数是以选定的标准尺度单位,作为建筑物、建筑构配件、建筑制品以及有关设备的尺寸相互间协调的基础。

(1) 基本模数

《建筑模数协调标准》(GB/T 50002—2013)采取的基本模数数值为 100 mm,用 M 来表示,即 1M＝100 mm。整个建筑物或其中的一部分,以及建筑部件的模数化尺寸应为基本模数的倍数。基本模数主要用于门窗洞口尺寸、建筑物的层高、构配件断面尺寸等。

(2) 扩大模数

扩大模数是基本模数的整数倍数。扩大模数的基数为 2M、3M、6M、9M、12M……其相应尺寸分别为 200 mm、300 mm、600 mm、900 mm、1 200 mm……扩大模数主要用于建筑物的开间、进深、柱距、跨度,以及建筑物高度、层高、构件标志尺寸和门窗洞口尺寸。

(3) 分模数

分模数是基本模数的分数值,一般为整数分数。分模数的基数为 M/10、M/5、M/2,其相应的数值分别为 10 mm、20 mm、50 mm。分模数主要用于构造节点和分部件的接口尺寸等。

1.5.3 建筑平面定位轴线

建筑平面定位轴线是确定房屋主要结构构件位置和尺寸的基准线,是施工放线的依据。确定建筑平面定位轴线的原则:在满足建筑使用功能要求的前提下,统一与简化结构、构件的尺寸和节点构造,减少构件类型和规格,扩大预制构件的通用性和互换性,提高施工装配化程度。定位轴线的具体位置因房屋结构体系的不同而有差别,定位轴线间距离应符合模数制。

1. 砌体结构的定位轴线

砌体结构的定位轴线(见图 1-7)按下列情况标定。

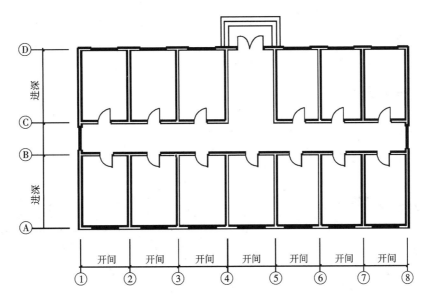

图 1-7 砌体结构的定位轴线

① 承重外墙的定位轴线一般自建筑物顶层墙身距墙内缘半砖或半砖的倍数处通过,也可自顶层墙厚度的一半处通过,一般与水平受力构件的搭置长度有关。

② 非承重外墙的定位轴线,除可按承重外墙定位轴线的规定布置外,也可与顶层非承重外墙内缘重合。

③ 承重内墙和自承重内墙,一般其定位轴线均自顶层墙身中心线处通过。

④ 对楼梯间和走廊两侧墙体,当墙体上下厚度不一致时,为保证楼梯及走廊在底层的应有宽度,定位轴线也可自顶层楼梯间或走廊一侧墙半砖处通过。

在确定定位轴线时,为保证构件与轴线尺寸协调,使设计、构件预制、施工安装各阶段既能协调配合,又能独立工作,还应正确处理标志尺寸、构造尺寸和实际尺寸之间的关系。

图 1-8 所示剖面,表示预制板支承在横墙上的情况。从图中可见,预制板的标志尺寸即房间的轴线尺寸,它是基本模数或扩大模数的整数倍。构造尺寸是考虑了构件施工安装的缝隙以后的设计尺寸,例如,当轴线尺寸为 3 300 mm 时,楼板长度的标志尺寸即为 3 300 mm。考虑到楼板安装缝隙为 20 mm,板的设计长度则定为 3 280 mm,该尺寸即为构造尺寸。实际尺寸是构件加工后的实有尺寸,它应控制在与构造尺寸允许误差范围之内。

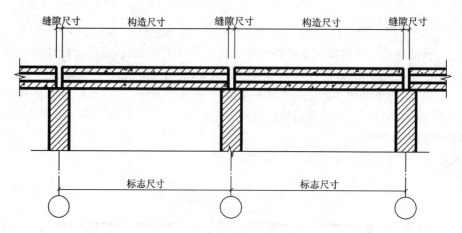

图 1-8 砌体结构构件尺寸关系

2. 框架结构柱的定位轴线

框架结构柱的定位轴线一般与顶层柱中心重合,见图 1-9(a)。边柱为减少外墙挂板规格,也可沿边柱外表面即外墙内缘处通过(见图 1-9(b))。

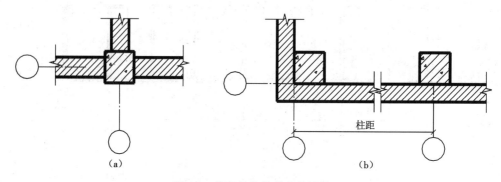

(a)   (b)

图 1-9 框架结构柱的定位轴线

(a)轴线通过柱中心;(b)轴线通过柱外缘

【本章要点】

① 建筑是指建筑物与构筑物的总称。建筑的属性特征具有物质和精神二重性。

② 建筑功能、建筑技术和建筑形象构成建筑的三个基本要素。

③ 建筑物按照使用性质分为工业建筑、农业建筑和民用建筑,按照民用建筑的使用功能分为居住建筑和公共建筑,按数量和规模分为大量性建筑和大型性建筑,按层数分为单层建筑、多层建筑和高层建筑。建筑按耐火等级分类分为四级,分级确定的依据是组成房屋构件的耐火极限和燃烧性能;按建筑物的设计使用年限分为四类,分类的依据是主体结构确定的耐久年限。

④ 建筑物通常由楼地层、墙和柱、基础、楼梯、电梯、屋盖、门窗等几部分组成,各部分的作用和要求各不相同,由它们构成了建筑的各个子系统。

⑤ 建筑设计是指设计一个建筑物或建筑群体所做的工作,一般包括建筑设计、结构设计、设备设计等几方面的内容。

　　⑥ 建筑设计是有一定程序和要求的工作,因此,设计工作必须按照其设计程序和设计要求做好设计的全过程工作,一般分为收集资料、初步设计、技术设计、施工图设计等几个阶段。

　　⑦ 建筑设计的依据主要有使用功能和自然条件两方面。

　　⑧《建筑模数协调标准》(GB/T 50002—2013)是为了实现建筑工业化大规模生产、推进建筑工业化的发展而制定的。其主要内容包括建筑模数、基本模数、导出模数、模数数列以及模数数列的适用范围。

　　⑨ 建筑构件的标志尺寸、构造尺寸和实际尺寸之间的关系在实践中要正确运用。

【思考题】

1-1　建筑的含义是什么?构成建筑的基本要素是什么?

1-2　什么叫大量性建筑和大型性建筑?低层、多层、高层建筑按什么界限进行划分?

1-3　什么叫构件的耐火极限?建筑的耐火等级如何划分?

1-4　建筑物通常由哪几部分组成,各部分的作用和要求有哪些?建筑物的各主要构成系统的作用和要求有哪些?

1-5　试综述基本建设程序。

1-6　两阶段设计与三阶段设计的含义和适用范围是什么?

1-7　建筑工程设计包括哪几个方面的内容?

1-8　实行《建筑模数协调标准》(GB/T 50002—2013)的意义何在?基本模数、扩大模数、分模数的含义和适用范围是什么?

第2章 建筑平面设计

建筑物是一个整体空间,是由若干单体空间有机组合起来的,它有三个方向的度量关系。人们常从建筑平面、建筑剖面、建筑立面三个不同方向的投影图来综合分析建筑物的各种特征,并通过相应的图案来表达其设计意图,表达出三度空间的建筑整体和各部分之间的组合关系。建筑的平面、剖面、立面设计是密切联系而又相互制约的,其中平面设计是关键,但只有综合考虑平面、立面、剖面三者之间的关系,按完整的三度空间概念进行设计,才能做出好的建筑设计。

各类民用建筑,从组成平面各部分的使用角度来分析,均可归纳为使用部分和交通联系部分。

使用部分是指主要使用活动和辅助使用活动的面积空间,即各类建筑物中的主要房间和辅助房间。主要房间是指建筑物的基本空间,由于它们的使用要求不同,形成了不同类型的建筑物,如教学楼中的教室、办公室、实验室,住宅中的起居室、卧室,商业建筑中的营业厅等。辅助房间是为主要房间配套设置的,与主要房间相比,属于建筑物的次要部分,如学校中的厕所、贮藏室,住宅中的厨房、卫生间,商店中的厕所、水暖电气等设备用房。

交通联系部分是指各类建筑物中各房间之间、楼层之间和室内外之间联系通行的空间,即各类建筑物中的走廊、门厅、过厅、楼梯间、电梯间等所占的面积空间。

上述几个部分由于使用功能不同,在房间设计和平面布置上都有不同,设计时应根据不同的要求,采用相应的方法加以区别对待。建筑平面设计的任务,就是充分研究几个部分的特征和相互关系,以及平面与周围环境的关系,在各种复杂的关系中找出平面设计的规律,使建筑能满足功能、技术、经济、美观的要求。

建筑平面设计包括单个房间平面设计及平面组合设计两个部分。

2.1 使用部分的平面设计

建筑平面中各使用房间和辅助房间,是建筑平面组合的基本单元。本节先简述使用房间的分类和设计要求,然后着重从房间本身的使用要求出发,分析房间的面积、形状、尺寸及门窗在房间平面的位置等,考虑单个房间平面布置的几种可能性,作为下一步综合分析多种因素、进行建筑平面和空间组合设计的基本依据。

2.1.1 主要房间的设计

1. 主要使用房间的分类

① 生活用房间:如居住建筑中的起居室、卧室等,宿舍和招待所的卧室等。

② 工作、学习用房间:办公室、书房、值班室、教室、实验室等。

③ 公共活动用房间:营业厅、观众厅、休息厅等。

生活、工作和学习用的房间要求安静、朝向好;公共活动用的房间,人流较集中,因此,室内活动组织和交通组织比较重要,特别是人员的疏散问题较为突出。对主要使用房间进行分类,有助于平面组合中对不同房间进行分组和功能分区。

2. 主要使用房间平面设计的要求

使用房间由于功能不同,对建筑设计的要求也不同。房间的面积、形状和尺寸应满足室内活动、家具摆放和使用、设备合理布置的要求。门窗的大小和位置,必须使房间出入方便,疏散安全,采光、通风良好。房间的构成应使结构布置合理,施工方便,也要有利于房间之间的组合,所用材料要符合相应的建筑标准。室内空间以及顶棚、地面、各个墙面和构件细部,要考虑人们的使用和审美要求。

3. 房间面积的确定

一个房间面积的大小,与房间内部使用人数的多少、家具设备的配置情况以及人们在房间内的活动特点有关,从图 2-1 中即可看出。在具体设计时,还必须考虑适用和经济两个方面的要求。

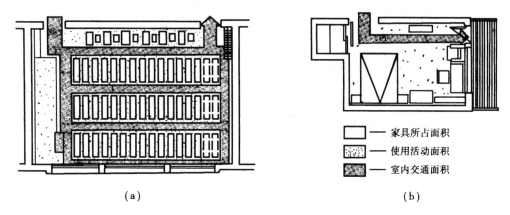

(a)　　　　　　　　　　(b)

☐ —— 家具所占面积
▦ —— 使用活动面积
▨ —— 室内交通面积

图 2-1　教室和住宅卧室中室内使用面积分析示意图
(a)教室;(b)卧室

影响房间面积大小的因素,概括起来有如下几点。

1)房间的使用人数

房间的使用人数决定着室内家具与设备的多少,要确定房间的面积必须先确定房间的使用人数。确定人数要根据房间的使用功能和相应的建筑标准,如普通教室的容纳人数决定着房间面积的大小;旅馆建筑中标准比较高的客房,虽人数少,但使用面积比较大。

实际工作中,房间人数及相应面积的确定主要是依据我国有关部门及各地区制订的面积定额指标。根据房间的容纳人数及面积定额就可以得出房间的总面积。每人所需的面积除依据面积定额指标外,还需要通过调查研究并结合建筑物的标准综合考虑。表 2-1 所示是部分民用建筑房间面积定额参考指标。

表 2-1　部分民用建筑房间面积定额参考指标

项目 建筑类型	房间名称	面积定额/(m²/人)	备 注
中小学	普通教室	1~1.2	小学取下限
办公楼	一般办公室	3.5	不包括走道
	一般会议室	0.5	无会议桌
	高级会议室	2.3	有会议桌
火车站	普通候车室	1.1~1.3	
图书馆	普通阅览室	1.8~2.5	4~6 人双面阅览室

　　对于有些房间,如展览室、营业厅等,由于使用人数不固定,在确定其面积时,设计人员应根据设计任务书的要求,从实际出发,对相近类型、相近规模的建筑进行调查研究,结合房间的使用特点、经济条件,分析总结,确定其合理的使用面积。

　　2) 家具设备及人们使用活动面积

　　房间的人数和性质决定着家具设备的数量和种类,如教室中的课桌椅、讲台,卧室中的床、衣橱,办公室中的桌椅,卫生间中的大便器、浴盆、洗脸盆等。这些家具设备的多少、布置方式以及人们使用这些家具设备时所需要的活动面积,都直接影响房间的使用面积。中小学课桌椅尺寸及排列间距要求:小学的课桌宽 380 mm,长 1 100 mm,排距不宜小于 850 mm;中学的课桌宽 400 mm,长 1 100 mm,排距不宜小于 900 mm。又如,在起居室内由沙发组成的会客区域所需要的房间面积如图 2-2 所示;在卧室内使用衣柜时人所需要的活动区域面积如图 2-3 所示。

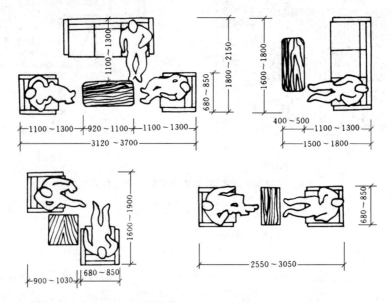

图 2-2　沙发布置所需面积(单位:mm)

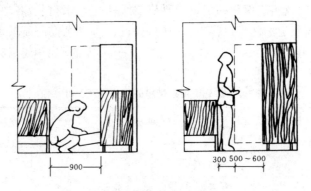

图 2-3　衣柜布置所需面积(单位:mm)

　　3) 房间的交通面积

　　房间内的交通面积是指连接各个使用区域的面积。如学校的教室中第一排桌椅距讲台的距离应大

于等于 2 000 mm;课桌行与行之间的距离,小学为 500～550 mm,
中学为 550～600 mm;最后一排距后墙距离应大于 600 mm 等,
均为教室的交通面积。但是,有些房间的交通面积和家具使用面
积是合二为一的,如图 2-4 所示,住宅中房间门到阳台之间的通
道为交通面积,但也是人们使用立柜的活动区域。

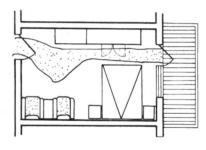

图 2-4 交通面积和使用
面积二者合一

4)房间的形状

房间的形状一般是矩形、方形,但有时也会是多边形、圆形以
及不规则图形。在具体设计中,应从使用要求、结构形式、经济条
件、美观等方面综合考虑,选择合适的房间形状。

一般民用建筑的房间形状常采用矩形,其主要原因有三个:
一是矩形平面体型简单,墙体平直,便于家具布置和设备的安排,使用上能充分利用室内有效面积,有较
大的灵活性;二是矩形平面结构布置简单,便于施工;三是矩形平面便于统一开间、进深,有利于平面及
空间的组合。如学校、办公楼、旅馆等建筑常采用矩形房间沿走道一侧或两侧布置,统一的开间和进深
使建筑平面布置紧凑,用地经济。当房间面积较大时,为保证良好的采光和通风,常采用沿外墙长向布
置的组合方式。

不过,矩形并不是唯一的平面形式。如中小学教室,在满足视、听及通行要求的前提下,亦可采用方
形或六角形的平面,如图 2-5 所示。其中,方形教室的优点是进深加大、长度缩短、外墙减少、交通线路
也相应缩短。方形教室缩短了最后一排的视距,视听条件得到改善,但为保证水平视角的要求,不能在
前排的两侧布置桌椅。

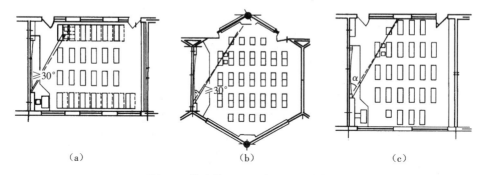

图 2-5 教室的平面形式及课桌椅布置
(a)矩形教室;(b)六角形教室;(c)方形教室

对于一些有特殊功能要求的房间,如影剧院的观众厅、体育馆的比赛大厅等,应根据其特殊的使用
要求而采用合适的形状。观众厅、比赛大厅的平面形状一般有矩形、钟形、扇形、圆形、多边形等多种形
状,如图 2-6 所示。

房间形状的确定,一方面取决于功能、结构和施工条件,另一方面要考虑房间的空间艺术效果。在
空间组合设计中,常常将圆形、多边形及不规则形状的房间与矩形房间组合在一起,形成强烈的对比,丰
富建筑造型。

5)房间的尺寸

确定房间的面积和形状后,应确定合适的房间尺寸。房间尺寸是指房间的开间和进深,开间常常是
由一个或多个组成。房间的平面尺寸一般从以下几方面进行综合考虑。

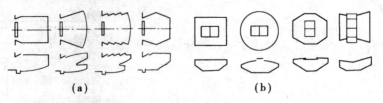

图 2-6   影剧院观众厅和体育馆比赛大厅的平面形状及剖面示意图
(a)观众厅;(b)比赛大厅

(1) 满足家具设备布置及人们活动要求

卧室的平面尺寸应考虑床的大小、家具的相互关系,提高床布置的灵活性。主卧室要求床能沿两个方向布置,因此开间尺寸应保证床横放后剩余的墙面还能开一扇门,常取 3.30 m;深度方向应考虑横竖两个床中间再加一个床头柜或衣柜,常取 3.90~4.50 m。小卧室考虑床竖放以后能开一扇门或放床头柜,开间尺寸常取 2.70~3.00 m(见图 2-7)。医院病房主要是要满足病床的布置和医护活动的要求,3~4人的病房开间尺寸常取 3.30~3.60 m,6~8人的病房开间尺寸常取 5.70~6.00 m(见图 2-8)。

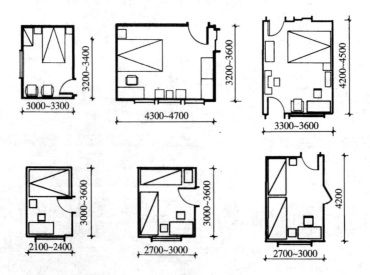

图 2-7   卧室的开间和进深

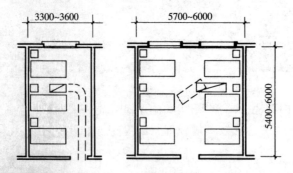

图 2-8   病房的开间和进深(单位:mm)

（2）满足视听要求

有的房间如教室、会堂、观众厅等还应保证有良好的视听条件。为使前排两侧座位不致太偏、后排座位不致太远，必须根据水平视角、视距、垂直视角的要求，充分研究座位的排列，确定合适的房间尺寸。

从视听的功能考虑，教室的平面尺寸应满足如图 2-9 所示的要求。为防止第一排座位距黑板太近（垂直视角太小易造成学生近视），第一排座位距黑板的距离不得小于 2.00 m，以保证垂直视角大于 45°。为防止最后一排座位距黑板太远（视距过大影响学生的视觉和听觉），后排距黑板的距离不宜大于 8.50 m。为避免学生过于斜视而影响视力，水平视角（即前排边座与黑板远端的视线夹角）应不小于 30°。

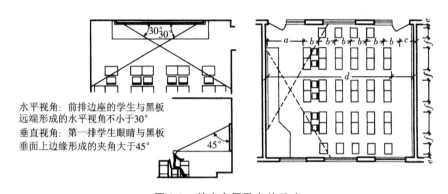

图 2-9 教室布置及有关尺寸

$a \geqslant 2\,000$ mm；b：小学 >850 mm，中学 >900 mm；$c > 600$ mm；
d：小学 $\leqslant 8\,000$ m，中学 $\leqslant 8\,500$ mm；$e > 1\,200$ mm；$f > 550$ mm

按照以上要求，并结合家具设备布置、学生活动要求、《建筑模数协调标准》（GB/T 50002—2013）的规定，中学教室平面尺寸常取 6.30 m×9.00 m、6.60 m×9.00 m、6.90 m×9.00 m 等。

（3）满足天然采光的要求

民用建筑除少数有特殊要求的房间如演播室、观众厅等以外，绝大多数均要求有良好的天然采光。一般房间多采用单侧或双侧采光，因此，房间的深度常受到采光的限制。为保证室内采光的要求，一般单侧采光时进深不大于窗上口至地面距离的两倍，双侧采光时进深可较单侧采光时增大一倍，图 2-10 所示为采光方式示意图。

（4）有合适的比例的要求

相同面积的房间，因开间和进深尺寸的不同而形成不同的比例。比例合适的房间，使用方便、视觉观感好；比例失调的房间，影响实用与美观。房间的比例一般为 1:1～1:2，控制在 1:1.5 左右最好。

（5）结构布置经济合理

确定房间尺寸时还必须考虑结构布置的合理性和施工方便性，民用建筑一般常采用墙体承重的梁板式结构和框架结构体系。房间的开间、进深尺寸应尽量使构件标准化，同时使梁板构件符合经济跨度要求。较经济的开间尺寸不大于 4.20 m，钢筋混凝土梁较经济的跨度不大于 9.00 m。对于由多个开间组成的大房间，如教室、会议室、餐厅等，应尽量统一开间尺寸，减少构件的类型。

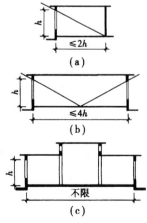

图 2-10 采光方式对房间进深的影响

（a）单侧采光；（b）双侧采光；（c）混合采光

（6）符合《建筑模数协调标准》(GB 50002—2013)的要求

为提高建筑工业化水平,必须统一构件类型,减少构件规格,房间的开间和进深尺寸尽量使构件规格化、统一化。需要在确定房间的开间和进深时采用统一的模数,作为协调建筑构件尺寸的基本标准。房间的开间和进深一般以 3M 为模数。例如,在住宅设计中,居室的开间尺寸一般取 2.7 m、3.0 m、3.3 m、3.6 m,进深尺寸一般取 4.5 m、4.8 m、5.1 m。办公用房的开间尺寸一般取 3.6 m、3.9 m、4.2 m,进深尺寸一般取 5.1 m、5.4 m、6.0 m。中小学教室的开间尺寸一般取 9.0 m,进深尺寸一般取 6.3 m、6.6 m、6.9 m。

6）门窗在房间平面图中的布置

门窗的设置是一个房间平面设计的重要因素。

（1）门的宽度、数量、位置与开启方式

① 宽度:门的宽度一般由人流量和搬运家具设备时所需要的宽度来确定。单股人流通行最小宽度一般为 550～600 mm,一个人侧身通行需要 300 mm 宽,所以门的宽度为 900～1 000 mm(见图 2-11)。住宅中由于房间面积较小、人数较少,为了减少门占用的使用面积,分户门和主要使用房间门的宽度为 900 mm,阳台和厨房的门可用 800 mm 宽。学校的教室由于使用人数较多可采用 1 000 mm 宽度的门。在房间面积较大、活动人数较多时,如会议室、大教室、观众厅等,可根据疏散要求设宽度为 1 200～1 800 mm 的双扇门。作为建筑的主要出入门,如大厅、过厅的门,也有采用四扇门或多扇门的,一扇门宽度一般在 750～900 mm。对于有特殊要求的房间,如医院的病房可采用大小扇门的形式,正常通行时关闭小扇门,当通过病人用车时,保证门的宽度有 1 300 mm(见图 2-12)。有大量人流通过的房间,如剧院、电影院、礼堂、体育馆的观众厅,门的总宽度应根据建筑性质确定,国家规范中规定按每 100 人不小于 0.6 m 计算。

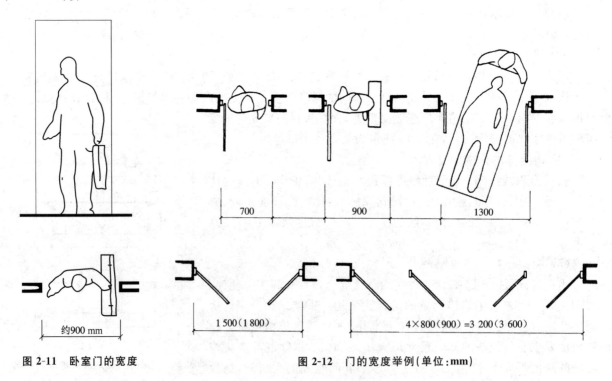

图 2-11　卧室门的宽度　　　　　图 2-12　门的宽度举例(单位:mm)

② 数量:门的数量根据房间人数的多少、面积的大小以及疏散方便程度等因素决定。防火规范中规定,当房间位于两个安全出口之间,且建筑面积小于等于 120 m²,疏散门可设置 1 个,门的净宽度不小于 0.9 m;除托儿所、幼儿园、老年人建筑外,房间位于走道尽端,且房间内任一点到疏散门的直线距离小于等于 15 m,可设置 1 个门,门的净宽度不小于 1.4 m;剧院、电影院、礼堂的观众厅,其疏散门的数量应经计算确定,且不应少于两个,每个疏散门的平均疏散人数不应超过 250 人。

③ 位置:门的位置恰当与否直接影响到房间的使用,确定门的位置时要考虑到室内人流活动的特点和家具布置的要求,尽量缩短交通路线,争取室内有较完整的空间和墙面,同时还要有利于组织采光和穿堂风。

图 2-13 所示是在同一面积情况下由于房间门的位置不同,出现了不同的使用效果。图 2-13(a)所示住宅卧室的门布置在房间一角,使房间有比较完整的使用空间和墙面,有利于家具的布置,房间利用率高;图 2-13(b)所示门布置在房间墙中间,使家具的布置受到了局限;图 2-13(c)所示是四人间集体宿舍,将门布置在墙的中间,有利于床位的摆放,且活动方便,互不干扰;图 2-13(d)所示门布置干扰大,使用不便。因此,门的合理布置要根据具体情况,综合分析来确定。

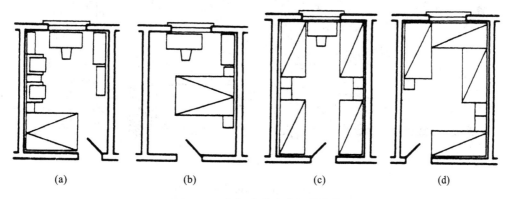

(a)　　　　　　(b)　　　　　　(c)　　　　　　(d)

图 2-13 卧室、集体宿舍门的位置

当一个房间有两个或两个以上的门时,门与门之间的交通联系必然给房间的使用带来影响,这时要考虑缩短交通路线和家具布置灵活的问题。图 2-14 所示是套间门的位置设置比较,其中,图 2-14(a)、(c)所示房间内的穿行面积过大,影响房间家具摆设和使用;图 2-14(b)、(d)所示房间内交通面积较短,家具设置方便。

住宅设计中,可将一些房间的门相互集中,形成小的过道,避免由于开门太多而影响房间的使用。当房间人数较多时,门的设计除要满足数量的要求外,还要强调均匀布置,门均匀布置在房间四周,使疏散方便。图 2-15 所示是影剧院观众厅疏散门和实验室门的布置示意。

④ 开启方式:门的开启方式类型很多,如普通平开门、弹簧门、推拉门等。在民用建筑中用得最普遍的是普通平开门。平开门分外开和内开两种,对于人数较少的房间,一般要求门向房间内开启,以免影响走廊的交通,如住宅、宿舍、办公室等;使用人数较多的房间,如会议室、礼堂、教室、观众厅以及住宅单元入口门,考虑疏散的安全,门应开向疏散方向。有防风沙、保温要求或人员出入频繁的房间,可以采用转门或弹簧门。我国规范还规定,对于幼儿园建筑,为确保安全,不宜设弹簧门;影剧院建筑的观众厅疏散门严禁用推拉门、卷帘门、折叠门、转门等,应采用双肩外开门,门的净宽应不小于 1.4 m。

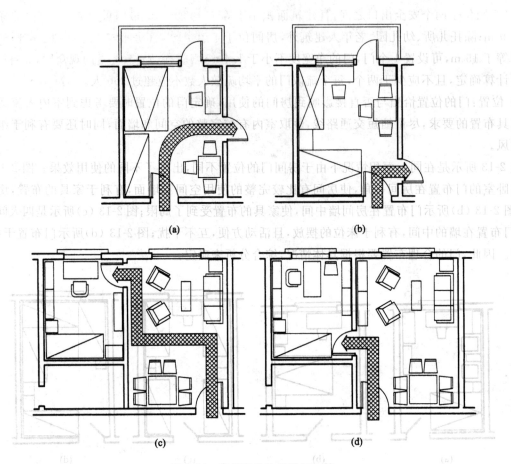

(a)　　　　　　　　　　(b)

(c)　　　　　　　　　　(d)

图 2-14　套间门的位置设置比较

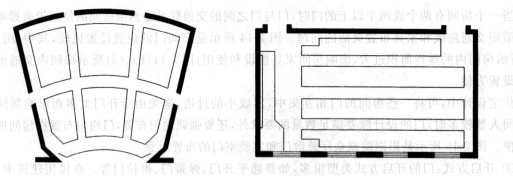

图 2-15　观众厅及实验室门的位置举例

当房间门位置比较集中时,容易相互妨碍与碰撞,要在设计时协调好几个门的开启方向,防止门扇碰撞或交通不便(见图 2-16)。

（2）窗的大小和位置

房屋中窗的大小和位置，主要根据室内采光、通风要求来考虑。

① 窗的大小：影响室内照度强弱的因素主要是窗户面积的大小。通常用采光面积比来衡量采光的好坏。采光面积比是指窗的透光面积与房间地板面积之比，不同使用性质的房间采光面积比规范中已有规定，详见表 2-2。有特殊需要的房间，为取得好的通风效果，往往加大开窗面积。

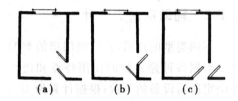

图 2-16 门的相互位置关系
(a)不好；(b)好；(c)较好

表 2-2 民用建筑采光等级表

采光等级	视觉工作特性		房间名称	窗地面积比
	工作或活动要求精确程度	要求识别的最小尺寸/mm		
Ⅰ	极精密	<0.2	绘图室、制图室、画廊、手术室	1/5～1/3
Ⅱ	精密	0.2～1	阅览室、医务室、健身房、专业实验室	1/6～1/4
Ⅲ	中精密	1～10	办公室、会议室、营业厅	1/8～1/6
Ⅳ	粗糙	>10	观众厅、居室、盥洗室、厕所	1/10～1/8
Ⅴ	极粗糙	不作规定	贮藏室、门厅、走廊、楼梯间	1/10 以下

② 窗位置的确定：窗的平面位置，主要影响到房间沿外墙方向来的照度是否均匀、有无暗角和眩光，是否能够组织有效的穿堂风，是否影响家具的布置，是否对立面造型有利等几个方面。

为了使采光均匀，通常将窗居中布置于房间的外墙上，但这样的窗位有时会使两边的墙都小于摆放家具所需要的尺度，应灵活布置窗位，使它偏向一边。有时为避免眩光的产生，也会使窗偏向一边。

窗的位置对室内通风效果的影响也很明显。门窗的相对位置采用对面通直布置时，室内气流通畅（见图 2-17），同时，也要尽可能使穿堂风通过室内使用活动部分的空间。图中所示教室平面，常在靠走廊一侧开设高窗，以调节出风通路，改善教室内通风条件。同时，窗的位置对立面造型有影响，在平面设计时，要使窗的位置更有利于建筑的立面造型。

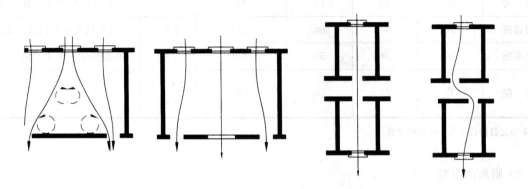

图 2-17 门窗布置对气流组织的影响

2.1.2 辅助房间的设计

不同类型的建筑,其辅助用房的类型也不相同,其中厕所、盥洗室、浴室、厨房是最常见的。设计时,通常根据各种建筑物的使用特点和使用人数的多少,先确定所需设备的个数;根据计算所需设备的数量,考虑在整幢建筑物中厕所、浴室、盥洗室的分间情况,最后在建筑平面组合中,根据整幢房屋的使用要求适当调整并确定辅助房间的面积、平面形式和尺寸。

1. 厕所设计

厕所可分为专用厕所和公用厕所。

(1) 厕所设备及数量

厕所卫生设备主要有大便器、小便器、洗手盆、污水池等。大便器有蹲式和坐式两种,可根据建筑标准及使用习惯分别选用。一般使用频繁的公共建筑如学校、医院、办公楼、车站等选用蹲式,它使用卫生,便于清洁;而标准较高的坐式大便器则适合在宾馆、敬老院等使用人数少或者老年人使用的建筑中采用。小便器有小便斗和小便槽两种。图 2-18 所示为厕所设备及组合所需的尺寸。卫生设备的数量及小便槽的长度主要取决于使用人数、使用对象和使用特点。一般民用建筑每一个卫生器具可供使用的人数可参考表 2-3。

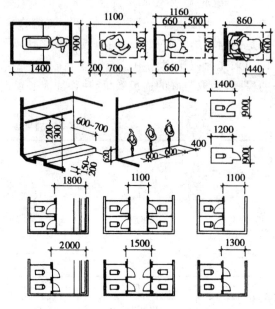

图 2-18 厕所设备及组合尺寸(单位:mm)

表 2-3 部分建筑类型厕所设备个数参考指标

建筑类别	男小便器 /(人/个)	男大便器 /(人/个)	女大便器 /(人/个)	洗手盆或龙头/ (人/个)	男女比例	备 注
幼 托	—	5~10	5~10	2~5	1:1	—
中小学	40	40	25	100	1:1	小学数量应稍多
宿 舍	20	20	15	15	—	男女比例按实际使用情况
门诊所	50	100	60	150	1:1	总人数按全日门诊人数计算
火车站	80	80	50	150	2:1	男旅客按旅客人数的2/3计算
剧 院	35	75	50	140	2:1~ 3:1	—

注:一个小便器折合为 0.6 m 长的便槽。

(2) 厕所的布置

厕所的平面形式分公共厕所与专用厕所两种。为改善通往厕所的走道和过厅的卫生条件,利于隐蔽,公共厕所应设置前室。前室既可男女分设,也可合用。前室内一般设有洗手盆及污水池,为保证必要的使用空间,前室的深度应不小于 1.5~2.0 m。专用厕所由于使用的人少,通常是盥洗、浴室、厕所三个部分组成一个卫生间,例如在住宅、旅馆等建筑中的厕所就是如此。图 2-19 所示给出了卫生间常用的单个卫生设备所需的平面使用尺寸,同时给出了它们组合使用所需要的间距。以这样的尺寸为参照,结合通道等尺寸,便可确定卫生间的平面图,如图 2-20 所示。图 2-21 所示为公共卫生间布置实例。

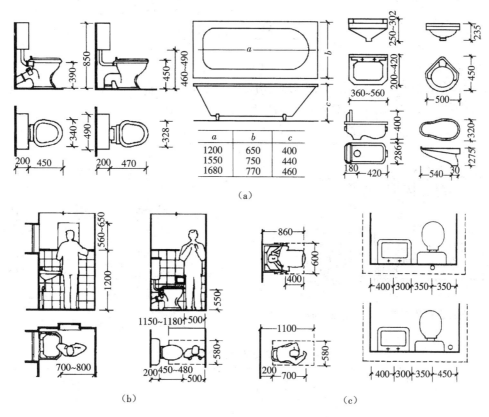

图 2-19　卫生设备所需使用面积举例(单位:mm)

(a)单个卫生设备尺寸举例;(b)单个卫生设备所需使用面积;(c)卫生设备组合间距

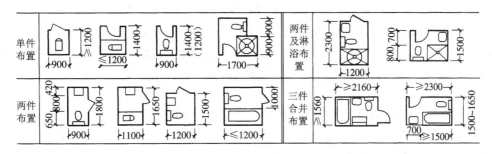

图 2-20　卫生间平面布置及所需使用面积举例(单位:mm)

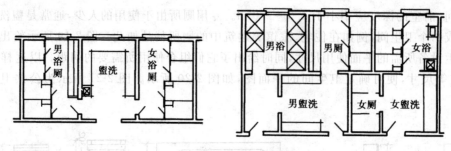

图 2-21　公共卫生间布置实例

2. 浴室、盥洗室

浴室、盥洗室的设备主要有洗脸盆、淋浴器、浴盆等。设计时可根据使用人数确定卫生器具的数量(见表 2-4),同时结合设备尺寸及人体活动所需的空间尺寸进行房间布置。图 2-22 表示盥洗室设备及其组合尺寸,图 2-23 表示浴室设备及其组合尺寸。

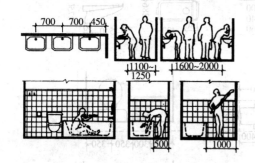

图 2-22　盥洗室设备及其组合尺寸(单位:mm)

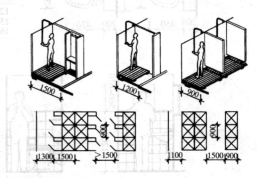

图 2-23　浴室设备及其组合尺寸(单位:mm)

表 2-4　浴室、盥洗室设备个数参考指标

建筑类别	男淋浴器/(人/个)	女淋浴器/(人/个)	洗脸盆或水龙头/(人/个)
旅馆	40	8	15
幼托	每班2个		2~5

3. 厨房

此处主要讲住宅、公寓内每户使用的专用厨房,而对于饭店、餐厅等的厨房,除使用人数多、面积大、设备多、技术要求更为复杂外,其基本原理和设计方法与家用厨房大致相同,在此不再叙述。厨房供烹调用,面积较大的厨房可兼作餐室。随着住宅标准和生活水平的提高,厨房的设计也被赋予新的内容。家用厨房内主要设备有灶台、洗涤池、案台、固定式碗橱、冰箱及排烟装置。家用厨房包括厨房、餐厅合用,厨房、餐厅分开两种情况。

厨房设计应解决好采光和通风、储藏设施、排烟等问题,且厨房宜布置在套内近入口处。厨房的使用面积不应小于下列规定:一类和二类住宅为 4 m²;二类、三类和四类住宅为 5 m²;厨房的墙面、地面应考虑防水和清洁问题,地面比一般房间低 20~30 mm,地面设地漏。

厨房按平面布置常采用单排、双排、L 形、U 形等几种形式,图 2-24 所示为厨房布置的几种形式。厨房应设置洗涤池、案台、炉灶及排油烟机等设施或预留位置,按炊事操作流程排列,操作面净长不应小于 2.1 m。单排布置设备的厨房净宽不应小于 1.5 m;双排布置设备的厨房其两排设置的净距不应小于 0.9 m。L 形和 U 形布置操作较方便,平面利用率高。

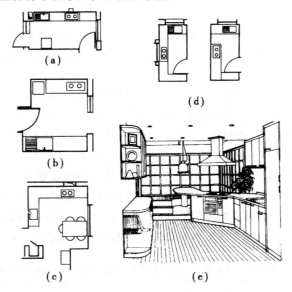

图 2-24　厨房的几种布置形式
(a)单排布置;(b)双排布置;(c)L 形布置;(d)U 形布置;(e)室内透视

2.2　交通联系部分的平面设计

　　建筑中的交通联系部分包括水平交通联系部分(走廊、过道等)、垂直交通联系部分(楼梯、坡道、电梯、自动扶梯等)和交通联系枢纽(门厅、过厅等)三个部分。交通联系部分设计要求:交通路线简捷明确,通行方便;人流通畅,紧急疏散及时安全;满足一定的采光、通风要求;力求节省交通面积,同时综合考虑空间造型问题。进行交通联系部分的平面设计时,首先需要具体确定走廊、楼梯等通行疏散要求的宽度,确定门厅、过厅等人们停留和通行所必需的面积,然后结合平面布局考虑交通联系部分在建筑平面中的位置以及空间组合等设计问题。

2.2.1　走道的平面设计

　　走道又称为过道、走廊,用来联系同层内各房间,有时也兼有其他的附属功能。

1. 分类
走道按使用性质的不同,可分为以下两种。
(1) 交通型走道
交通型走道是完全为满足交通需要而设置的走道,这类走道一般不允许另作他用,如办公楼、旅馆、电影院、体育馆的安全走道等都是仅供通行用的。
(2) 综合型走道
综合型走道是兼有其他功能的走道,如教学楼中的走道,除了用作交通联系,还可作为学生课间休息活动的场所;医院门诊走道除了供人流通行之外,还要考虑到两侧或一侧兼作候诊之用,这种走道的宽度和面积应相应增加。

2. 设计要求

走道的宽度和长度主要根据人流通行需要、安全疏散要求以及空间感受来综合考虑。

（1）宽度

走道的宽度必须满足人流通畅和建筑防火要求。通常单股人流的通行宽度为550～600 mm。在通行人数少的住宅走道中，考虑两人相对通过和搬运家具的需要，最小宽度也不宜小于1 100～1 200 mm。在通行人数较多的公共建筑中，按各建筑的使用特点、建筑平面组合要求、通过人流的多少，以及调查分析或参考建筑资料确定走道的宽度。公共建筑门扇开向走道，走道宽度通常不小于1 500 mm。一般民用建筑常用走道宽度如下：当走道两侧布置房间时，教学楼为2.10～3.00 m，门诊部为2.40～3.00 m，办公楼为2.10～2.40 m，旅馆为1.50～2.10 m，作为局部联系的走道或住宅内部走道宽度不应小于0.90 m；当走道一侧布置房间时，走道的宽度应相应减小。

走道除满足上述要求外，还应满足人的通行和紧急情况下的疏散要求，应根据建筑物的耐火等级、层数和走道中通行人数的多少，进行防火要求最小宽度的校核。我国《建筑设计防火规范》(GB 50016—2014)规定，除剧场、电影院、礼堂、体育馆外的其他公共建筑，其每层的房间疏散门、安全出口、疏散走道和疏散楼梯的各自总净宽度，应根据疏散人数按每100人的最小疏散净宽度不小于表2-5的规定计算确定。

表2-5　每层的房间疏散门、安全出口、疏散走道和疏散楼梯的每100人最小疏散净宽度　单位：m/100人

建筑层数		房屋耐火等级		
		一、二级	三级	四级
地上楼层	1、2层	0.65	0.75	1.00
	3层	0.75	1.00	—
	≥4层	1.00	1.25	—
地下楼层	与地面出入口地面的高差 $\Delta H \leq 10$ m	0.75	—	—
	与地面出入口地面的高差 $\Delta H > 10$ m	1.00	—	—

（2）长度

走道的长度应满足《建筑设计防火规范》(GB 50016—2014)的安全疏散要求，走道从房间到楼梯间或安全出口的最大距离，以及袋形走道的长度，从安全疏散的角度考虑也有一定的限制，必须控制在一定的范围之内(见图2-25和表2-6)。

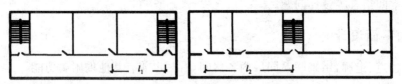

图2-25　走道长度的控制

表2-6　房间门至外部出口或封闭楼梯间的最大距离　单位：m

名　　称	位于两个外部出口或楼梯之间的房间(l_1)			位于袋形走道两侧或尽端的房间(l_2)		
	耐火等级			耐火等级		
	一、二级	三级	四级	一、二级	三级	四级
托儿所、幼儿园	25	20	15	20	15	10
医院、疗养院	35	30	—	20	15	—
学校	35	30	—	22	20	—
其他民用建筑	40	35	25	23	20	15

3．采光与通风

走道的采光和通风应尽量依靠天然采光和自然通风。外走道由于只有一侧布置房间，可以获得较好的采光通风效果。内走道由于两侧均布置有房间，采光、通风条件相对较差，一般是通过走道尽端开窗，利用楼梯间、过厅或走道两侧房间设高窗来解决。

2.2.2　楼梯的平面设计

楼梯是房屋各层间的垂直交通联系部分，是楼层人流疏散必经的通道。楼梯设计主要是根据使用要求和安全疏散要求选择合适的形式，布置恰当的位置，确定楼梯的宽度及数量，以及楼梯间的平面位置和空间组合。

1．楼梯的形式与位置

楼梯常见的形式有直跑楼梯、双跑楼梯、三跑楼梯，此外，还有弧形、螺旋形、剪刀式等多种形式的楼梯。其具体的组成部分和构造要求，将在本书民用建筑构造部分讲述。

民用建筑楼梯的位置按其使用性质可分为主要楼梯和次要楼梯，在大规模的公共建筑特别是高层建筑中有时还设置专用的消防楼梯。主要楼梯常设在门厅内明显的位置，或靠近门厅处。次要楼梯常位于建筑物的次要入口处，与主要楼梯一样起着疏散人流的作用。

2．楼梯的宽度和数量

楼梯在建筑平面中的数量和位置是建筑平面组合中较关键的问题。楼梯的宽度和数量主要根据使用要求和防火规范来确定。

梯段的宽度和走道一样，应首先满足人流通行的需要。考虑两人相对通过，应不小于 1 100 mm。三人相对通过时，通常不小于 1 500 mm。一些辅助楼梯，从节省建筑面积出发，把梯段的宽度设计得小一些，考虑到同时有人上下时能有侧身避让的余地，梯段的宽度也应不小于 900 mm（见图 2-26）。楼梯平台的宽度，除了考虑人流通过外，还需要考虑搬运家具的方便，平台的宽度不应小于梯段的宽度，如图 2-26(d)所示。所有楼梯梯段宽度的总和应按照《建筑设计防火规范》(GB 50016—2014)的最小宽度进行校核（见表 2-5）。

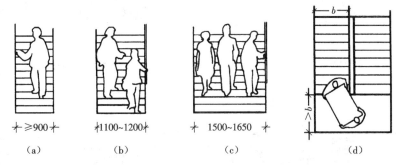

(a)　≥900　　(b)　1100~1200　　(c)　1500~1650　　(d)

图 2-26　楼梯梯段和平台的宽度（单位：mm）

楼梯的数量主要根据楼层人数多少和建筑防火要求来确定，必须满足关于走道内房间门至楼梯间的最大距离的限制（见表 2-6）。通常情况下，为满足双向疏散的要求，每一幢公共建筑均应设两个或两个以上的楼梯。除医院、疗养院、老年人建筑及托儿所、幼儿园的儿童用房和儿童游乐厅等儿童活动场所外，符合表 2-7 规定的 2、3 层公共建筑可设一个安全出入口或疏散楼梯。一些公共建筑物，通常在主要出入口处相应地设置一个位置明显的主要楼梯，在次要出入口或者房屋的转折和交接处设置次要楼梯供疏散及服务用。这些楼梯的宽度和形式，根据楼梯所在平面位置、使用人数多少和空间处理的要求，也应有所区别。楼梯间必须自然采光，但可以布置在朝向较差的一面。

表 2-7　公共建筑可设置一个疏散楼梯的条件(建筑设计防火规范)(GB 50016—2014)

耐火等级	最多层数	每层最大建筑面积/m²	人　　数
一级、二级	3 层	200	第二层和第三层的人数之和不超过 50 人
三级	3 层	200	第二层和第三层的人数之和不超过 25 人
四级	2 层	200	第二层人数不超过 15 人

2.2.3　电梯的平面设计

电梯是高层建筑的主要交通工具,对于一些有特殊要求的多层建筑也须设置电梯。

高层建筑的垂直交通以电梯为主,对高度超过 24 m 的重要高层建筑、12 层以上的住宅及高度超过 32 m 的其他高层建筑,除设置客用电梯外,还应设置消防电梯。在有特殊要求的多层建筑之中,如高级宾馆、大型商场、医院等,除设置楼梯外,还须设置电梯以解决垂直交通的需要。

1. 电梯的形式和组成

电梯按其使用性质可分为乘客电梯、载货电梯、客货两用电梯、消防电梯等几类。

2. 电梯的设计要求

确定电梯间的位置及布置方式时,应充分考虑以下几点要求。

(1) 位置与面积

电梯间应布置在人流集中的地方,位置要明显,如门厅、出入口附近,电梯前面应有足够的等候面积,以免影响走道交通,造成拥挤和堵塞。为提高电梯的使用效率、节约面积与管理维修方便,需要设置多部电梯时,电梯宜集中布置。电梯间的布置方式有单面布置和双面布置,如图 2-27 所示。按防火规

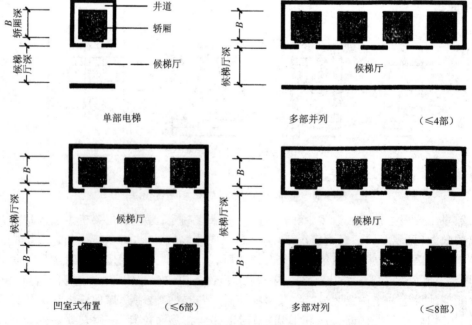

图 2-27　电梯间的布置方式

范的要求,电梯附近应设辅助楼梯,供电梯发生故障或维护检修时使用,布置时可将两者靠近,以便灵活使用,并有利于安全疏散。

（2）通风与采光

电梯井道无天然采光要求,可设在建筑物内部,布置较为灵活。在候梯厅区域,由于人流集中,考虑到使用方便,最好有天然采光及自然通风条件。

2.2.4 扶梯及坡道的平面设计

1. 自动扶梯

自动扶梯适用于商场、宾馆、车站、码头、空港等人流较大且较集中的场所。自动扶梯的平面布置应选在客流最集中的地方,以方便顾客的使用,可正向、逆向运行。由于自动扶梯运行的人流是单向,不用侧身避让,所以梯段宽度较楼梯更小,通常为 600～1 000 mm。

2. 坡道

坡道同楼梯、电梯和自动扶梯一样,都属于垂直交通的联系部分。由于室内坡道的坡度通常小于 10°,坡道人流通行速度接近于平地的 16 m/min,所以,坡道的优点是上下比较省力,坡道通行人流的能力几乎和平地相当。坡道的缺点是所占面积比楼梯面积大得多。一些医院为了病人通行的方便,可采用坡道;供儿童使用的建筑物,也可采用坡道;有些人流大量集中的公共建筑,如大型体育馆的部分疏散通道,也可用坡道来解决垂直交通联系。

2.2.5 门厅的平面设计

门厅是建筑物主要出入口和交通枢纽的重要空间,其主要作用是接纳人流、疏导人流,过渡室内外空间及衔接过道、楼梯等。根据建筑物使用性质的不同,门厅还兼有其他功能,如医院门厅的挂号处、收费处;旅馆门厅兼有接待、登记、休息、会客、小卖部等功能。除此之外,门厅作为建筑物的主要出入口,是民用建筑设计中需要重点处理的部分,其不同的空间处理体现出不同的意境与空间效果。

1. 门厅的形式、宽度和面积

门厅的布局可分为对称式与非对称式两种(见图 2-28)。对称式的门厅常采用轴线对称的方法表示空间的方向感,将楼梯布置在主轴线上或对称布置在主轴线两侧,具有严肃的气氛,主导方向较为明确。非对称门厅布置没有明显的轴线,布置灵活,楼梯可根据人流交通布置在大厅中任意位置。在建筑设计中,常常根据地形约束、布局特点、功能要求、建筑风格等各种因素的影响来决定采用对称式门厅或非对称式门厅。

疏散与出入安全也是门厅设计的一个重要内容。门厅对外出入口的总宽度,应不小于通向该门厅的走道、楼梯宽度的总和。人流比较集中的公共建筑物,门厅对外出入口的宽度,一般按每 100 人 0.6 m 计算。外门的开启方式应向外开启或采用弹簧门扇。

门厅的大小应根据各类建筑的使用性质、规模及质量标准等因素来确定,设计时可参考有关面积定额标准。表 2-8 所示为部分民用建筑门厅面积参考指标。

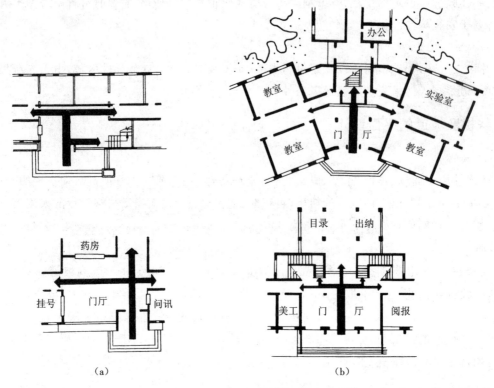

图 2-28　门厅的平面布置方式

(a)非对称式;(b)对称式

表 2-8　部分民用建筑门厅面积参考指标

建 筑 名 称	面 积 定 额	备　　注
中小学校	0.06~0.08 m²/每位学生	—
食堂	0.08~0.18 m²/每座	包括洗手台
城市综合医院	11 m²/每日百人次	包括衣帽间和问讯处
旅馆	0.2~0.5 m²/床	—
电影院	0.13 m²/每位观众	—

2.　门厅的设计要求

(1) 明显的位置

门厅应处于总平面中明显而突出的位置,一般应面向主干道,使人流出入方便(见图 2-29)。

(2) 良好的导向性

门厅设计要有明确的导向性,同时,交通流线组织明确便捷,尽可能减少来往人流的交叉和干扰。这是门厅设计中的一个重要问题。

(3) 适宜的空间尺度

门厅内的空间组合和建筑造型要求,也是公共建筑中重要的设计内容之一。由于门厅较大,要根据

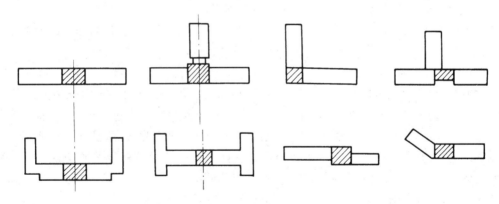

图 2-29　门厅在平面图中的位置

实际情况,解决好门厅的面积和层高之间的比例关系,创造出合适的空间尺度,避免产生空间的压抑感,确保大厅的良好采光与通风。

此外,门厅的设计要考虑到室内外的过渡和防止风雨、寒气的侵袭,一般在入口处设置雨篷。严寒地区为了保温、防寒、防风,在门厅的入口处常设置门廊或门斗。其中,开敞式的称为门廊,封闭式的称为门斗,如图 2-30 所示。

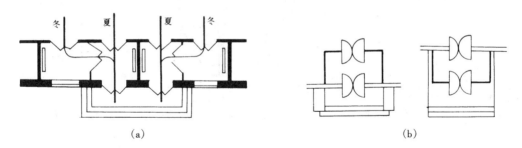

图 2-30　雨篷及门廊、门斗示意图
(a)雨篷;(b)门斗

2.3　建筑平面的组合设计

建筑平面组合设计的任务是要根据建筑使用功能和卫生要求,合理安排各组成部分的位置;组织好建筑物内部和外部之间方便而安全的联系;综合考虑结构布置、施工方法和所用材料的合理性;考虑总体规划要求,注意节约用地,并考虑美观要求。

2.3.1　影响平面组合的因素

1. 使用功能

建筑物不同,其功能要求亦不同。一幢建筑物的合理性体现在单个房间上,也体现在各种房间按功能要求的组合上。例如,在学校建筑中,教室、办公室、楼梯、走道等的单一设计虽能满足自身的使用要求,但组合设计若不合理,就会造成功能分区的混乱,导致出现不同程度的干扰、人流交叉、使用不便。

可见,使用功能是平面组合的核心,组合设计是建筑平面设计的重要内容。

平面组合的优劣主要体现在功能分区及流线组织两个方面。当然,采光、通风、朝向等要求也比较重要。

1) 功能分区

对建筑物的使用部分而言,它们相互间因为使用性质或使用要求的不同而需要根据其关系的疏密进行功能分区。合理的功能分区是将建筑物若干部分按不同的功能要求进行分类,并根据它们之间的密切程度加以划分,使之分区明确,联系方便。在建筑设计分析功能关系时,设计人员常借助于功能分析图,或者称之为气泡图,来形象地表示各类建筑的功能关系及联系顺序。按照功能分析图将性质相同、联系紧密的房间邻近布置或组合在一起,将使用中有干扰的部分适当分隔。这样,既满足相互联系的要求,又能创造相对独立的使用环境。设计时,可根据建筑物不同的功能特征,从以下几个方面进行分析。

(1) 主次关系

组成建筑物的各部分,按使用性质及重要性必然存在着主次之分。在平面组合时应分清主次,合理安排。如居住建筑中,起居室、卧室是主要房间,厨房、卫生间、贮藏室等是次要房间;教学楼中,教室、实验室是主要房间,其余的办公室、管理用房、厕所等是次要房间;其他建筑如商业建筑、医院建筑等都可以按主次关系进行分类。平面组合时,一般是将生活、教学等主要的使用房间布置在朝向较好的位置,以获得良好的采光、通风条件;公共活动的主要房间安排在出入和疏散方便、人流导向比较明确的位置,次要房间可布置在条件相对较差的位置。图 2-31 表示商业建筑房间的主次关系。

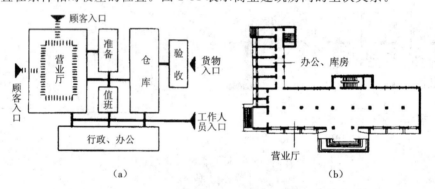

图 2-31　商业建筑功能空间的主次关系

(a)功能分析图;(b)平面图

(2) 内外关系

建筑物各房间的组成根据其使用特点,可形成明显的内外关系。有的对外联系密切,直接为外来人员服务,有的对内关系密切,供内部使用。如商店建筑,营业厅是供外部人员使用的,应位于主要沿街位置上,满足商业建筑需醒目的特点和人流的需要,而库房、办公用房是供内部人员使用的,位置可隐蔽一些。在平面组合时,应妥善处理功能分区的内外关系。图 2-32所示是一小商店的平面图,它较好地解决了建筑物内外之间的关系问题。

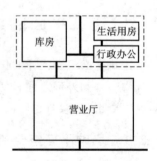

图 2-32　商店的平面布置

(3) 联系与分隔

在建筑平面组合时要考虑到房间之间的联系与分隔,将联系紧密的房间相对集中,把既有联系又因使用性质不同、须避免相互之间干扰的房间适当分隔。在分析功能关系时,常根据房间的使用性质如闹与静、洁与污等方面反映的特性进行功能分区,使其既有分隔,又有适当的联系。如学校建筑、普通教室和音乐教室同属教学用房,但它们动静有别,为防止声音干扰,必须适当隔开;教室和办公室之间虽联系较密切,但为避免学生影响老师的工作,应将教室和办公室分隔开。所以,教学楼平面组合设计中,对以上不同功能要求部分的联系与分隔处理,是功能组合的关键,如图 2-33 所示。

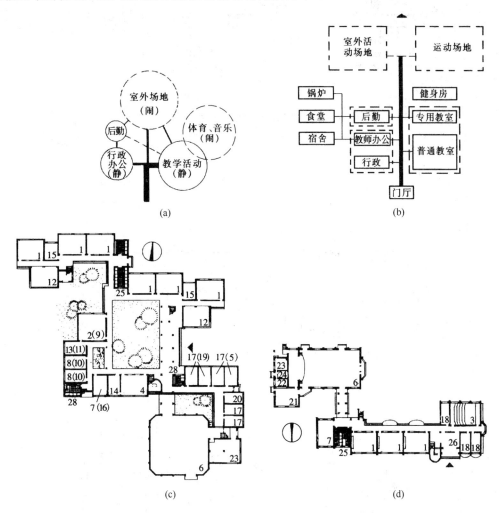

图 2-33 教学楼平面的联系与分割

(a)教学楼功能分析;(b)学校校区平面功能组合;(c)教学楼平面实例一;(d)教学楼平面实例二

1—普通教室;2—自然教室;3—合班教室;4—音乐教室;5—微型计算机教室;6—健身房兼礼堂;
7—体育器械室;8—科技活动室;9—学生阅览室;10—教师阅览室;11—书库;12—展览厅;13—准备室;
14—乐器室;15—教师休息室;16—广播室;17—行政办公室;18—教师办公室;19—会议室;20—配电室;21—餐厅;
22—备餐间;23—厨房;24—库房;25—厕所盥洗室;26—门厅;注:括号内标注的是二层的使用情况

2)流线组织

民用建筑中,因房间的使用性质不同,存在着多种流线。火车站建筑是对流线要求较高、流线组织较严密的建筑类型。火车站建筑有旅客进出站路线、行包线,旅客路线,按先后顺序为到站—问讯—售票—候车—检票—上车,出站时经由站台验票出站。在平面设计时,要考虑这种先后顺序,使建筑适合使用要求。流线组织是否合理将直接影响平面设计是否合理,但当一个建筑有多种流线时,要特别注意使各种流线简捷、通畅,尽量避免相互交叉与干扰,如图 2-34、图 2-35 所示。

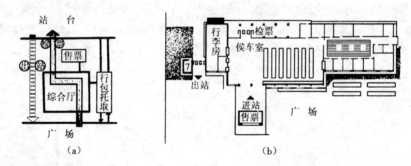

图 2-34 小型火车站流线关系及平面图示例
(a)小型火车站流线关系;(b)平面图示例

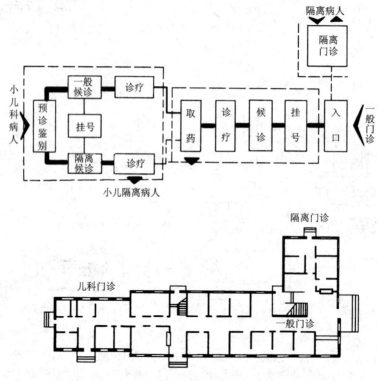

图 2-35 医院门诊流线关系及平面图示例

2. 结构类型

在进行平面组合设计时,要重视结构对建筑组合的影响,认真考虑结构的可行性、经济性、安全性和由结构形式带来的空间效果等,使平面组合与结构布置协调一致。

1)混合结构

建筑物的主要承重构件有墙、柱、梁板、基础等,以砖墙和钢筋混凝土梁板的混合结构最为普遍。这种结构形式的优点是构造简单、造价较低,其缺点是房间尺寸受钢筋混凝土梁板经济跨度的限制,室内空间小,开窗也受到限制,仅适用于房间开间和进深尺寸较小、层数不多的中小型民用建筑,如住宅、中小学校、医院及办公楼等。

混合结构根据其结构布置方式可分为横墙承重、纵墙承重、纵横墙承重三种方式。当房间开间尺寸重复较多，且符合钢筋混凝土板经济跨度时，常采用横墙承重；当房间开间尺寸多样但进深尺寸较统一，且符合钢筋混凝土板的经济跨度时，可采用纵墙承重；当一部分房间的开间尺寸和另一部分房间的进深尺寸符合钢筋混凝土板的经济跨度时，可采用纵横墙承重。

2）框架结构

框架结构的主要特点：承重系统与非承重系统有明确的分工，支承建筑空间的骨架如梁、板、柱是承重系统，墙体不承重，只起分隔、围护作用。这种结构形式整体性好，刚度大，抗震性好，平面布局灵活性大，开窗较自由，但钢材、水泥用量大，造价较高。框架结构适用于开间、进深较大的商店、教学楼、图书馆等公共建筑以及多层、高层住宅和旅馆等（见图2-36）。

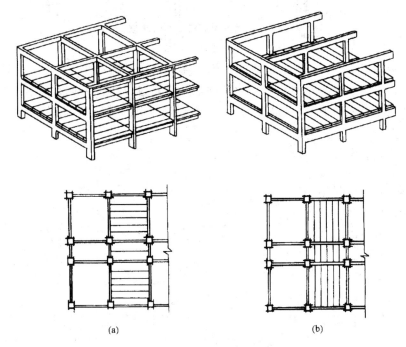

图 2-36　框架结构

(a)横向框架；(b)纵向框架

框架结构柱网的经济尺寸一般为 6 m×4 m。与框架结构相关的还有框架-剪力墙等多种结构形式，这些结构形式适用于更高的建筑物。

3）空间结构

随着建筑技术、建筑材料和结构理论的进步，新型高效的建筑结构也有了飞速的发展，各种大跨度的新型空间结构，如薄壳、悬索、网架等结构体系相继出现。这类结构用材经济、受力合理，并为解决大跨度的公共建筑提供了有利条件，适用于体育馆、影剧院等有大空间要求的建筑，如图2-37所示。

3. 设备管线

民用建筑中的设备管线主要包括给排水、采暖通风、空气调节、电器、通信等所需的设备管线，它们都占有一定的

图 2-37　空间结构示例

空间。平面设计时应将这些设备管线布置在建筑的合适位置,管线尽量相对集中、上下对齐,以方便施工和节约管线,否则将会造成浪费,并影响施工和使用。例如,住宅中的厨房、卫生间,学校、办公楼中的厕所、盥洗间,旅馆中的客房卫生间、公共卫生间等就是如此,如图 2-38 所示。

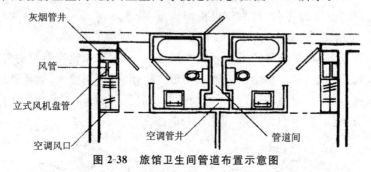

图 2-38 旅馆卫生间管道布置示意图

4. 建筑造型

建筑造型在一定程度上也影响到平面组合。当然,造型本身是离不开功能要求的,它一般是内部空间的直接反映,但是,不同建筑的外部特征和造型要求又会反过来影响平面布局及平面形状。一般来说,简洁、完整的建筑造型无论是对缩短内部交通流线,还是对节约用地、降低造价、简化结构等都是有利的。

2.3.2 平面组合方式

归纳起来,建筑平面设计的组合方式有如下几种。

1. 走道式组合

走道式组合就是把使用房间与交通联系部分明确分开,各房间并列布置在走道(走廊)一侧或两侧,各房间保持着使用上的相对独立性,又能通过走道保持必要的联系。其优点是各房间有直接的天然采光和通风、平面紧凑、结构简单、施工方便等。走道式组合广泛应用于一般性的民用建筑,特别适用于房间面积不大、数量较多的空间组合,如学校、办公楼、宿舍、医院、旅馆等。

走道有内廊式和外廊式之分。内廊式组合用地节省、紧凑,但采光通风条件相对较差;外廊式组合占地较大,不够经济,但采光通风较好。根据走道与房间的位置不同,又可进一步分为单外廊、单内廊和双外廊、双内廊等几种形式。

(1)单外廊

房间位于走道一侧,房间朝向及采光、通风效果良好,房间之间干扰较小。为使房间的隔声与保温效果好,也可将单外廊封闭。这种布局的缺点是交通路线偏长,占用土地较多,经济性较差。

(2)单内廊

单内廊的布局应用较广。其优点是充分地利用内走廊服务于较多的房间,能够使房屋进深较大,有利于节约土地、减少外围护结构的面积,同时,在寒冷地区对保温节能也有利。其缺点是走廊两侧房间有一定的干扰,房间通风亦受到影响。

(3)双外廊

双外廊的布局适合应用于特殊的建筑组合平面中,它利用两外廊将使用房间包围起来,适用于实验室、手术室等对温度、湿度、洁净度要求较高的建筑。

(4)双内廊

双内廊组合方式通常是将楼梯、电梯、设备间布置在建筑平面的中部,两侧设走廊服务于更多的房间。它进深较大,在大型宾馆建筑中常采用这种形式。

图 2-39 所示是建筑平面设计中的走道式组合举例。

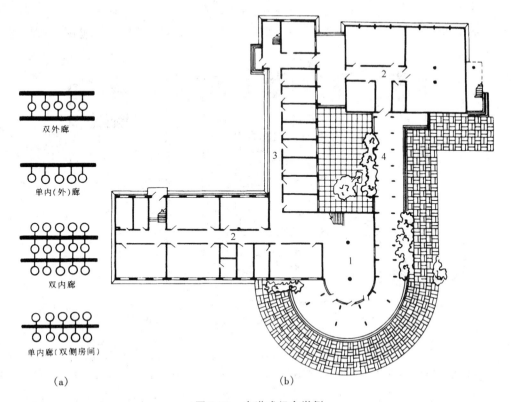

图 2-39　走道式组合举例

(a)走道式组合示意图;(b)某小学平面图

1—门厅;2—内廊(双侧布置房间);3—外廊(单侧布置房间);4—外廊

2. 套间式组合

套间式组合是指用串套的方式按一定的序列组织空间。房间与房间之间相互串套,不再通过走道联系。其特点是将使用面积和交通面积合为一体,平面紧凑,面积利用率高。这种组合方式也称为串联式。它通常适用于各个房间的使用顺序和连续性较强、使用房间不需分隔的情况,如展览馆等建筑,如图 2-40、图 2-41 所示。

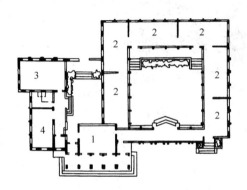

图 2-40　串联式空间组合示例(某展览馆)

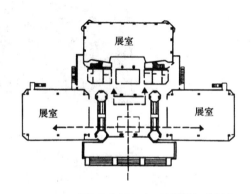

图 2-41　放射式空间组合示例(某纪念馆)

3. 大厅式组合

大厅式组合是围绕公共建筑的大厅进行平面组合,其特点是常以一个面积较大,使用人数较多,有一定视、听要求的大厅为主,辅以其他辅助房间的方式进行组合。这种方式是在人流集中、厅内具有一定活动,并需要较大空间时形成的组合方式,如影剧院、大型商场、体育馆建筑等(见图 2-42)。

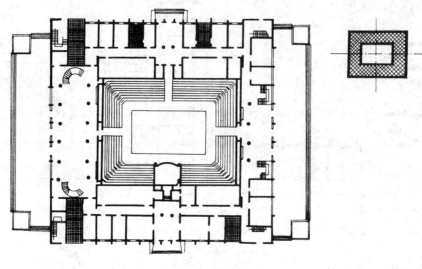

图 2-42　大厅式组合

4. 单元式组合

将关系密切的房间组合在一起成为一个相对独立的整体,称为单元。单元式组合就是将一种或多种单元按使用性质在水平或垂直方向重复组合成一幢建筑。其优点是功能分区明确,平面布置紧凑,单元与单元之间相对独立、互不干扰,同时减少了设计、施工工作量。它广泛用于住宅、学校、医院等大量的民用建筑(见图 2-43)。

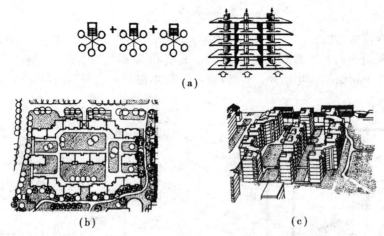

(a)

(b)　　　　　　　　　　　(c)

图 2-43　单元式住宅组合形式
(a)单元组合及交通示意图;(b)单元拼接方式;(c)透视图

5. 混合式组合

除少数功能单一的建筑采用一种平面组合方式外,大多数功能复杂的建筑都常常以一种组合方式

为主,局部采用其他的方式进行组合,从而形成两种或两种以上的组合方式,即混合式平面组合。图
2-44所示是某剧院建筑混合式组合平面图,门厅与咖啡厅形成套间式组合;大厅与周边的附属建筑形成
大厅式组合;后台演员化妆、服装、道具部分则是走道式组合。

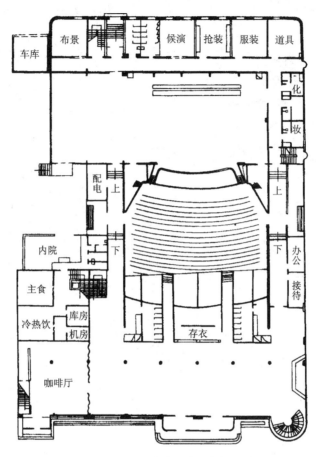

图 2-44　混合式组合(剧院)

【本章要点】

① 决定房间面积的因素有家具设备所占用的面积、人体活动所需的面积、交通面积。

② 房间形状在满足使用功能的前提下,要充分考虑到结构、施工、建筑造型、美观等因素。

③ 房间门的宽度、数量、位置应满足使用和疏散的要求,并符合国家规范中的有关规定。

④ 走道宽度应满足使用要求,长度应满足疏散和采光要求。

⑤ 楼梯形式、位置、数量应满足使用和美观要求。

⑥ 门厅的形式和面积应根据建筑的规模和使用要求决定。

⑦ 影响平面组合设计的因素是使用功能、结构类型、设备管线和建筑造型。

⑧ 组合设计的形式有走道式、套间式、大厅式、单元式和混合式。

【思考题】

2-1　建筑平面按照使用性质如何进行分类?

2-2　建筑使用部分的组成包括哪些?

2-3　什么是水平交通枢纽和垂直交通枢纽?

2-4　建筑平面设计需要满足哪些功能要求?

2-5　建筑使用部分的空间平面形状相关因素有哪些?

2-6　建筑平面设计是如何进行功能分区和流线安排的?

2-7　常见的平面组合方式有哪些?

第3章 建筑剖面设计

建筑剖面设计是建筑设计的重要组成部分,以房间竖向形状和比例,房屋层数和各部分标高,房屋采光、通风方式的选择,保温、隔热、屋面排水、主体结构与围护结构方案及建筑竖向空间组合与利用等为研究内容。它的主要目的是根据建筑功能要求、规模大小以及环境条件等因素确定建筑各组成部分在垂直方向上的布置。它与立面设计和平面设计联系紧密,并相互制约、相互影响。所以,在剖面设计中,必须同时考虑其他设计方面,才能使设计更加完善、合理。建筑剖面设计和竖向组合直接影响到使用功能、建筑造价、建筑用地、城市规划和城市景观。因此,建筑剖面设计要依据国家的法规和标准,在满足使用功能的同时,降低建筑造价和减少建筑用地,创造良好的内部和外部空间形象。

3.1 房间的剖面形状

房间的剖面形状包括矩形与非矩形两类。一般情况下大多数民用建筑都采用矩形,因为矩形剖面形状极其简单、规整,便于竖向空间组合,而且结构简单、施工方便、节约空间,有利于布置梁板。非矩形剖面形状常用于有特殊要求的房间。

房间的剖面形状主要是根据房间的使用功能要求来确定的,同时,也要考虑具体的物质技术、经济条件和空间的艺术效果等方面的影响,讲究既要适用又要美观。影响房间剖面形状的因素具体如下。

3.1.1 使用要求对剖面形状的影响

建筑的剖面形状主要是由使用功能决定的。由于人的活动行为以及家具和设备的布置,要求地面和顶棚均以水平的平面形状最为有利,为此,绝大多数建筑的房间,如住宅的居室、学校的教室、宿舍、办公楼、商店、旅馆中的客房等,剖面形状大多采用矩形。而有些建筑对剖面形状有特殊的要求,如影剧院的观众厅、体育馆的比赛大厅、报告厅和教学楼的阶梯教室等,这些房间除平面形状、大小要满足视距和视角外,地面也要有一定的坡度,以此保证良好的视觉需要,同时,对视听质量也有特殊的要求,对于这些有特殊功能要求的房间,则应根据使用要求选择合适的剖面形状。

1. 地面坡度的确定

地面的升起坡度与设计视点的选择、座位排列方式(即前排与后排对位或错位排列)、排距、视线升高值(即后排与前排的视线升高值)等因素有关。

设计视点是指按设计要求所能看到的极限位置,它代表了可见与不可见的界限,是视线设计的依据。各类建筑由于功能不同,观看对象性质不同,设计视点的选择也不一致。在电影院,一般把银幕底边的中点作为设计视点,这样可以保证观众看到整个银幕;在体育馆要进行多种比赛,视点选择以较多人观看的篮球比赛为依据,通常设计视点定在篮球场边线或边线上空 $300\sim500$ mm 处;阶梯教室的视点常选在教师的讲台桌面上方,大致距地面 1 100 mm 处。上述房间的设计视点,最低的是体育馆,它的剖面具有比较陡的阶梯形看台。设计视点选择的好坏影响着视觉质量和观众厅地面升起的坡度与经济性。视点高度的选择要保障人的视线不受遮挡,一般视点选择越低,视觉范围越大,地面升起坡度越大;视点选择越高,视觉范围越小,地面升起坡度就越小。图 3-1 所示为设计视点与地面起坡的关系。

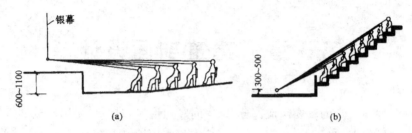

图 3-1 设计视点与地面起坡的关系(单位:mm)

(a)电影院;(b)体育馆

设计视点确定以后,还要进行地面起坡计算。首先要确定每排视线升高值 C。视线升高值 C 的确定与人眼到头顶的高度和视觉标准有关。C 值是后排观众的视线与前排观众眼睛之间的视高差,一般取 120 mm。当座位错位排列(即后排人的视线擦过前面隔一排人的头顶部而过)时,C 值取 60 mm;当座位对位排列(即后排人的视线擦过前排人的头顶部而过)时,C 值取 120 mm。这样都可以满足人的视线不被遮挡的要求,如图 3-2 所示。很明显,错位排列布置与对位排列布置相比,错位排列布置地面起坡要缓一些。可见,C 值越大,设计视点越低,则地面升起就越大,反之则越小。地面起坡计算通常采用图解法、分阶递归法、相似三角形法等,其具体计算可参考《建筑设计资料集》"剧场"部分。

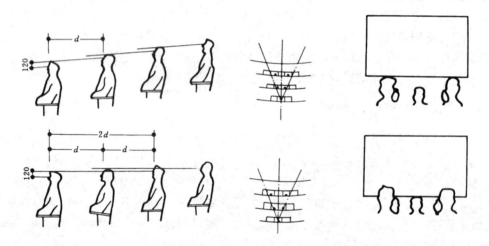

图 3-2 设计标准与地面升起关系(单位:mm)

图 3-3 是中学演示教室的地面升高。其中,图 3-3(a)是对位排列,逐排升高,地面起坡大;图 3-3(b)是错位排列,每两排升高一级,地面起坡较小。一般情况下,当地面坡度大于 1:6 时,应做成台阶形。

2. 顶棚形式的确定

影剧院、会堂等建筑的观众厅对音质要求较高,而房间的剖面形状对音质影响很大。为保证室内声场分布均匀,避免出现声音空白区、回声及聚焦等现象,在剖面设计中要注意顶棚、墙面和地面的处理。为有效地利用声能,加强各处直达声,必须使大厅地面逐渐升高,对于影剧院、会堂等,声学上这种要求和视线上的要求是一致的,按照视线要求设计的地面一般能满足声学的要求。此外,顶棚的高度和形状是保证听清、听好的一个重要因素。顶棚的形状应根据声学设计的要求来确定,避免采用凹曲面及拱顶等形状。为了实现声音的均匀反射,通常把台口和天棚做成反射面;又由于声音的入射角等于声音的反射角,所以天棚不能设计成内凹的顶棚形式,而是设计成平的或多个倾斜于舞台方向的平面形状。进行

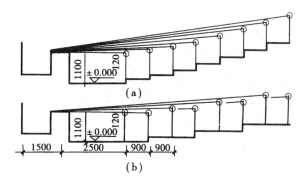

图 3-3　中学演示教室的地面升高(单位:mm)
(a)对位排列;(b)错位排列

反射声的组织和设计,可使整个观众厅声场分布均匀并能获得足够的混响时间,同时也确定了影剧院、会堂等顶棚不规则的剖面形状。图 3-4 为音质要求与剖面形状的关系。其中,图 3-4(a)声音反射不均匀,有聚焦;图 3-4(b)声音反射比较均匀;图 3-4(c)平顶棚适用于容量小的观众厅;图 3-4(d)降低台口顶棚,并使其向舞台面倾斜,声场分布均匀;图 3-4(e)采用波浪形顶棚,反射声能均匀分布于大厅各座位。后两种形状都比较常用。

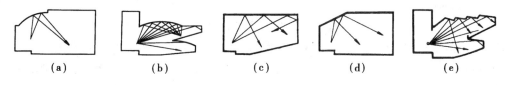

图 3-4　音质要求与剖面形状的关系

3.1.2　结构形式、建筑材料对剖面的影响

民用建筑屋顶的剖面形状一般有平屋顶、坡屋顶、曲面屋顶等。这些形状一般和构成它们的结构形式、建筑材料等有很大关系。

1. 结构形式的影响

钢筋混凝土梁式平屋顶由于钢筋混凝土的自重较大,其跨度空间一般不会很大;坡形、梯形的钢制屋架与桁架,由于自重较轻,可获得较大的跨度空间;而空间钢网架是空间整体在工作,所以可以获得更大的跨度空间。

拱形屋顶包括圆拱和三角拱两种形式。拱形屋顶形状虽然受力比较合理,但因为拱端产生很大的侧推力,需要很大的水平反力来维持平衡,所以很难获得较大的跨度。穹顶形空间钢网架是较理想的大空间屋顶形式,可以获得较大的空间跨度,如图 3-5(a)所示。

屋顶结构体系是大空间建筑较难解决的问题,因其覆盖面积很大,屋顶荷载会很大。悬索结构体系和空间网架结构体系解决了大空间屋顶的这个难题。于是,就出现了抛物曲面和穹顶屋面的屋顶形式,如图 3-5(b)所示。

同时,框架结构体系、筒体结构体系解决了一般结构体系难以增加高度的难题,使建筑的层数和高度获得了突破性的进展,出现了高度可达几百米的高层建筑和超高层建筑。

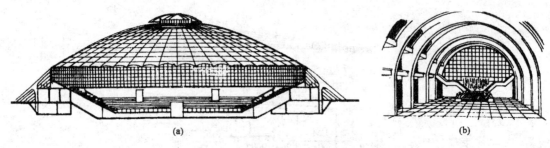

图 3-5　结构形式对剖面的影响

(a)某体育馆剖面;(b)某展览馆剖面

2. 建筑材料的影响

天然材料或者经过加工的砖石建造的房屋比较稳定,但是其跨度、空间和高度都受到很大的限制,并且一般多显得厚重、封闭。随着钢铁和水泥的出现,材料受拉强度低的问题被解决,可以不再用厚重的墙体来平衡屋顶产生的侧推力,人们采用钢和钢筋混凝土建成了大跨度、大空间、高层和超高层的各种形状的建筑物。

3.1.3　采光、通风要求对剖面的影响

1. 采光形式的影响

一般建筑都需要自然采光,而采光一般又都是通过在墙面或者在屋顶上开窗来实现的。进深不太大的房间,采用侧窗进行采光。当房间进深较大时,需双侧设窗采光。当房间进深很大时,侧窗不能满足要求,常设置各种形式的天窗。当房间净高较高而采光不足时也可增设高侧窗。屋顶天窗的形状各不相同,有矩形天窗、拱形天窗、屋面点状天窗等。它们改变了房间的屋面形状,使房间的剖面形状具有比较明显的特点,如图 3-6 所示。

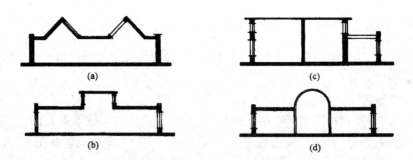

图 3-6　不同采光方式对剖面的影响

(a)三角形天窗;(b)高侧窗;(c)矩形天窗;(d)拱形天窗

2. 通风方式的影响

为了通风的需要,房间必须设置出气口和进气口。通常情况下,可在房间的两侧墙设窗,进行空气对流,也可在一侧设窗,让空气上下对流。温湿和炎热地区的民用房屋,经常利用空气的气压差,在室内组织穿堂风。对于有特殊要求的房间或湿度较大、温度较高、烟尘较多的房间,除了在两侧墙面开窗外,还须在屋顶开设出气孔,一般又以天窗的形式增加空气压差,这样就改变了房间屋顶的本来形状。图3-7为不同通风方式对剖面形状的影响。

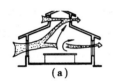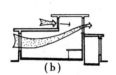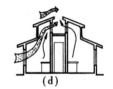

(a)　　　　　　　(b)　　　　　　　(c)　　　　　　　(d)

图 3-7　不同通风方式对剖面形状的影响

3.2　建筑各部分高度的确定

建筑各部分高度主要指房间层高、房间净高、窗台高度、室内外地面高差和建筑总高度。

3.2.1　房间层高和净高

房屋的剖面设计,首先需要确定房间的净高与层高。房间的层高是指该层楼地面到上一层楼地面之间的垂直距离。房间的净高是指楼地面到结构层(梁、板)底面或顶棚下表面之间的垂直距离。由图 3-8 可见房间层高与净高的相互关系,即层高等于净高加上楼板厚度(或包括梁高)。

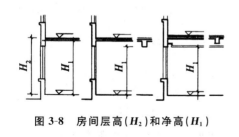

图 3-8　房间层高(H_2)和净高(H_1)

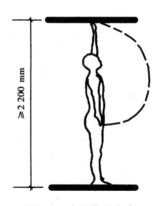

图 3-9　房间最小净高

房间的高度是否恰当,直接影响到房间的使用、经济以及室内空间的艺术效果。通常情况下,房间高度的确定主要考虑以下几个方面。

1. 室内使用性质和活动特点的要求

房间的净高与人体活动的尺度有很大关系。为保证人们的正常工作,一般情况下,室内最小净高应使人举手接触不到顶棚为宜,即不低于 2.2 m,如图 3-9 所示。

不同类型的房间,由于使用人数不同,房间面积大小不同,对净高的要求也不相同。一般生活用房,如住宅中的卧室、起居室,因使用人数少,房间面积小,又无特殊要求,故净高较低,一般应不小于 2.4 m,常取 2.8~3.0 m,层高在 2.8 m 左右。宾馆客房居住部分净高一般应不小于 2.4 m。集体宿舍采用单层床时,其层高不应高于 2.8 m;采用双层床时,房间要求高一些,但也不应高于 3.3 m。学校的教室一般为教学用房,由于使用人数较多,面积较大,需要空气的容量较多,净高宜高一些,一般小学教室净高常取 3.1 m,中学教室净高常取 3.4 m。对于阶梯教室或阶梯报告厅,因为使用人数更多,并且座位需要起坡,则室内的净高要求更大。公共建筑的门厅是接纳、分配人流及联系各部分的交通枢纽,也是人们活动的集散地,人流较多,高度可较其他房间适当提高。大型商场为公共建筑,使用人数很多,房间面积很大,层高应更大一些,一般为 4.2～4.5 m。

房间内的家具设备和人们使用时所需的必要空间,也直接影响着房间的净高与层高。图 3-10 表示家具设备和使用活动要求对房间高度的影响。如学生宿舍,通常设双层床,为保证上、下床居住者的正常活动,室内净高应大于 3.0 m,但也不应高于 3.3 m,如图 3-10(a)所示。对于演播室,其顶棚下要装很多灯具,要求距顶棚要有足够的高度,同时,为了防止灯光直接投射到演讲人的视野范围而引起严重的眩光,灯光源距演讲人的头顶的距离要求至少为 2.0～2.5 m,这样演播室的净高不应小于 4.5 m,如图 3-10(b)所示。医院手术室净高应考虑手术台、无影灯以及在手术操作过程中所需要的空间,如图 3-10(c)所示。对于游泳馆的比赛大厅,其房间净高要考虑跳水台的高度,跳水台距顶棚的最小高度如图 3-10(d)所示。对于比赛馆等体育建筑,由于观众席的起坡和比赛功能要求,要求比赛大厅有更高的净高、更大的空间,如球类比赛大厅净高要高于各种球类可能运行的最高极限。对于有空调的房间,通常需要在顶棚内布置水平风管,所以在确定层高时,要考虑风管尺寸和必要的检修空间,如图 3-10(e)所示。

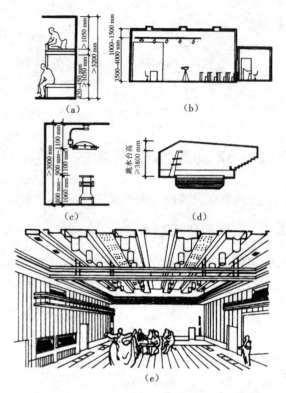

图 3-10　家具设备及使用功能要求对房间高度的影响
(a)宿舍;(b)中学演播室;(c)手术室;(d)游泳馆;(e)电视演播室

2. 采光、通风、气容量等卫生要求

房间的高度应满足天然采光和自然通风的需要,这样才能保证房间内必要的学习、生活条件和正常的卫生条件。室内光线的强弱和照度是否均匀,除了与平面中窗户的宽度和位置有关外,还和窗户在剖面中的高低有关。房间里光线的照射深度,主要靠侧窗的高度来解决。侧窗上沿越高,光线照射深度越大;上沿越低,则光线照射深度越小。为此,进深大的房间或要求照明较高的房间在不开设天窗时,常提高窗的高度,相应房间的高度亦应加大。当房间采用单侧光时,通常窗户离地面的高度应大于房间进深长度的一半,如图 3-11(a)、图 3-11(b)所示;当房间允许两侧开窗时,房间的净高不小于总进深的 1/4,如图 3-11(c)、图 3-11(d)所示。

房间的通风要求和室内进出风口在剖面上的高低位置,对房间的净高有一定的影响。如潮湿和炎热地区的民用房屋,常常利用空气的气压差组织室内穿堂风,因此常在内墙上开设高窗,或在门上设置亮子,房间的净高相对高一些。

此外,容纳人数较多的公共建筑,应考虑房间内正常的空气容量,保证必要的卫生标准。空气容量的取值与房间用途有关,如中小学教室为 3～5 m²/人,电影院观众厅为 4～5 m²/座。根据房间容纳人数、面积大小及空气容量标准,就可确定符合国家卫生标准要求的房间净高。一般使用人数较多、空气容量标准要求高的房间,其要求房间的净高也就更大。

3. 结构层高度及其布置要求

结构层高度主要包括楼板、屋面板、梁和各种屋架所占的高度。层高一般等于净高加上结构层高度,因此,在满足房间净高的要求下,其层高尺寸随着结构层的变化而变化。结构层越高,则层高越大。

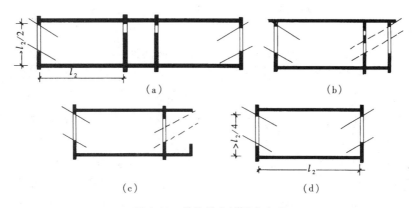

图 3-11　学校教室的采光方式

(a)、(b)内廊式组合的单侧窗采光;(c)外廊式组合的双侧窗采光;(d)双侧窗采光

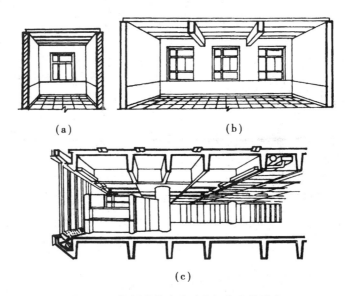

图 3-12　梁板结构高度对房间高度的影响

在结构安全可靠的前提下,减少结构层的高度会增加房间的净高和降低建筑造价,所以合理地选择、布置结构承重方案十分重要。一般开间进深较小的房间,多采用墙体承重,在墙上直接搁板,结构层所占高度较小;开间进深较大的房间,多采用梁板布置方式,板布置在梁上,梁支承在墙上,结构高度较大,确定层高时,应考虑梁所占的空间高度。图 3-12 为梁板结构高度对房间高度的影响。其中,图 3-12(a)为预制板直接搁置在墙上,节省了梁所占的空间;图 3-12(b)为大面积房间,增加了大梁,板搁置在墙与梁上;图 3-12(c)为更大面积房间,结构高度也更大。

4. 经济性要求

层高和楼层的竖向组合是影响建筑造价的一个很重要的因素。进行剖面设计时,在满足使用要求、采光、通风、室内观感等前提下,应尽可能降低层高和室内外地面高差。降低层高,首先减少了建筑材料的用量和施工量,同时减少了墙体自身的荷载,所以又减少了基础的宽度,减少了围护结构面积,节约材料,降低能耗。其次,降低层高,导致建筑物的总高度降低,这从日照间距的意义上来讲,又能缩小建筑物的间距,节约了建筑用地。一般砖混结构的建筑,层高每减小 100 mm,可节省投资 1%。

5. 室内空间比例的要求

空间的比例尺度对人的心理行为影响很大。在确定房间高度时,还要考虑房间的高度、宽度与长度的合适比例,给人正常的空间感觉。房间不同的比例尺度,给人的心理感觉是不相同的。例如,高而窄的空间易使人产生兴奋、激昂向上的情绪,具有严肃感,但过高则会使人感到空旷、冷清、迷茫;宽而低的房间,使人感到宁静、开阔、亲切,但过低,会使人感到压抑、沉闷。不同类型的建筑,需要不同的空间比例。纪念性建筑要求利用高大的空间形成严肃、庄重的气氛;大型公共建筑的休息厅和门厅要求开阔、明朗的气氛。因此,在确定房间净高时,应根据空间的使用功能要求,利用各种空间比例和空间限定,创造给人不同心理感受的优良空间环境。一般民用建筑的空间尺度,以高宽比在 1:3～1:1.5 之间较为适宜,如图 3-13 所示。总之,要合理巧妙地运用空间比例的变化,使物质功能与精神要求结合起来。

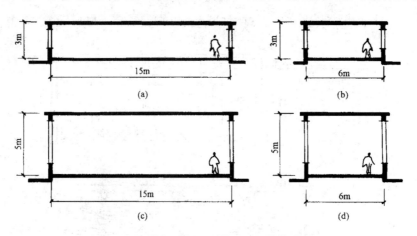

图 3-13 空间比例不同给人以不同的感受
(a)较压抑(1:5);(b)较合适(1:2);(c)较合适(1:3);(d)较空旷(1:1.2)

3.2.2 窗台高度

窗台的高度主要根据室内的使用要求、人体尺度和靠窗家具或设备的高度来确定。窗台的高度主要考虑方便人们的工作、学习,保证书桌上有充足的光线。一般民用建筑中,生活、学习或工作用房的窗台高度常取 900 mm,与桌子的高度(约 800 mm)比较搭配,既保证桌面上光线充足,又低于人坐姿的视点高度,如图 3-14(a)所示。有些有特殊要求的房间,如展览建筑中的展室、陈列室,因为沿墙布置展板,为消除和减少眩光,人的站立视点高度处一般不设窗,而在视点高度以上空间开设高侧窗,如图 3-14(b)所示,或开设天窗,由于窗台到陈列品的距离要有 14° 的保护角,所以窗台被设得高些。厕所、浴室窗台可提高到 1 800 mm,为方便洗浴,卫生间的窗台提高到人的站立视点以上,如图 3-14(c)所示。因幼儿园建筑要结合儿童尺度,窗台高常采用 700 mm,如图 3-14(d)所示。医院儿童病房为方便护士照顾病儿,窗台高度均应较一般民用建筑低一些,如图 3-14(e)所示。有些公共建筑,如餐厅、休息厅为扩大视野,丰富室内空间,常将窗台做得很低,甚至采用落地窗。

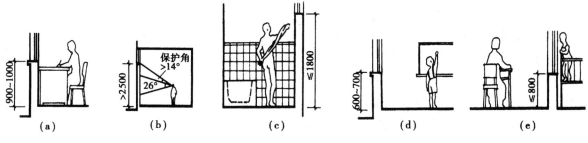

图 3-14 窗台高度(单位:mm)
(a)一般民用建筑;(b)展览建筑;(c)卫生间;(d)托儿所、幼儿园;(e)儿童病房

3.2.3 室内外地面高差

为了防止室外雨水流入室内,防止墙身受潮,防止由于建筑物的沉降而使室外地面高于室内地面,在进行建筑物的设计时,往往把室内底层地面设计得高于室外自然地面,高度差至少不低于150 mm,常取450 mm,有些重要建筑物则取得更高。室内外高差过大,不利于室内外的联系,也增加了建筑造价。房屋建成后,总会有一定的沉降量,这也是要考虑室内外地坪高差的因素之一。

室内外地面高差是指建筑物入口处的室内地面到室外自然地面的垂直高度。对一些有特殊要求的建筑,室内外高差要根据使用要求、建筑物的性质来确定。例如,对于仓库、工业建筑,一般要求室内外联系要方便,因常有车辆出入,高差要小一些,入口处不设台阶,只做坡道;一些重要性建筑和纪念性建筑,为强调严肃性,增加其庄严、雄伟的气氛,常靠提高底层地面标高,采用高的台基和较多的踏步处理等方法来增加建筑物基座的高度以获得效果。位于山地和坡地的建筑物,应结合地形的起伏变化和室外道路布置等因素,选定合适的室内地面标高。

3.3 建筑层数的确定和建筑剖面的组合方式

3.3.1 建筑层数的确定

确定建筑的层数要考虑的主要因素很多,概括起来有以下几个方面。

1. 建筑物的使用性质

建筑物的使用性质对房屋的层数有一定的要求。如影剧院、体育馆、车站等建筑,具有较大的面积、空间,人流集中,为便于迅速、安全地疏散,宜建造成单层、低层建筑;如托儿所、幼儿园,考虑儿童的生理特点和安全的需要,同时为便于儿童与室外活动场地的联系,其层数不应超过三层;医院、学校建筑为了使用和管理人员方便,也应以单层或低层为主;一般住宅、办公楼等建筑,使用人数不多,室内空间高度较低,使用较分散,此类建筑以采用多层建筑为好;宾馆、贸易大厦等建筑,由于人员活动相对独立、集中,区域活动性较强,因此常常建成高层公共建筑;某些公寓式建筑也常由于所在地点的不同和允许占地面积的限制而建成高层建筑。

2. 基地环境和城市规划的要求

城市设计和城市规划对建筑层数和建筑高度都有明确要求,特别是位于城市主要街道两侧、广场周围、风景园林区和历史建筑保护区的建筑,必须重视与环境的关系,做到与周围建筑物、道路、绿化相协调,建筑物之间满足日照间距的要求,同时还要符合城市总体规划的统一要求。

3. 建筑结构类型、材料和施工的要求

建筑结构类型和材料是决定房屋层数的主要因素。例如,一般混合结构的建筑是以墙或柱承重的梁板结构体系,墙体多采用砖或砌块,自重大,整体性差,常用于建造七层及七层以下的大量性民用建筑,如多层住宅、中小学教学楼、中小型办公楼和医院建筑等。

多层或高层建筑,可采用梁柱承重的框架结构、剪力墙结构、框架-剪力墙结构及筒体结构等结构体系。图 3-15 和图 3-16 表示各种结构体系适应的层数和高层建筑的结构体系。

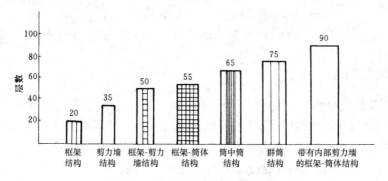

图 3-15　各种结构体系适应的层数

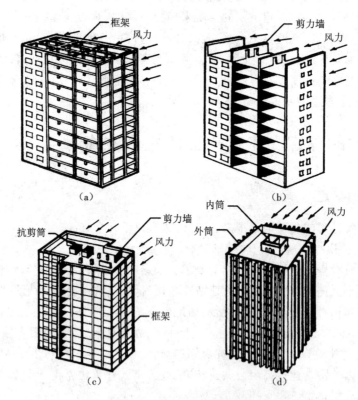

图 3-16　高层建筑结构体系

(a)框架结构;(b)剪力墙结构;(c)框架-剪力墙结构;(d)筒体结构

4. 防火要求

建筑防火对房屋层数的限制,按照《建筑设计防火规范》(GB 50016—2014)的规定,建筑层数应根据建筑性质和耐火等级来确定,如表 3-1 所示。

表 3-1 民用建筑的耐火等级、最多允许层数和防火分区最大允许建筑面积

名称	耐火等级	允许建筑高度或层数	防火分区的最大允许建筑面积(m²)	备注
高层民用建筑	一级、二级	按本规范第 5.1.1 条确定	1 500	对于体育馆、剧场的观众厅,防火分区的最大允许建筑面积可适当增加
单、多层民用建筑	一级、二级	按本规范第 5.1.1 条确定	2 500	
	三级	5 层	1 200	
	四级	2 层	600	
地下或半地下建筑(室)	一级	—	500	设备用房的防火分区最大允许建筑面积不应大于 1 000 m²

注:①表中规定的防火分区最大允许建筑面积,当建筑内设置自动灭火系统时,可按本表的规定增加 1.0 倍;局部设置时,防火分区的增加面积可按该局部面积的 1.0 倍计算。

②裙房与高层建筑主体之间设置防火墙时,裙房的防火分区可按单、多层建筑的要求确定。

5. 经济条件要求

建筑的造价与层数关系密切。建筑层数与节约土地关系密切。层数与建筑造价的关系还体现在群体组合中,所以,确定建筑的层数要考虑经济条件。

总之,在确定房屋层数时,在满足建筑物使用要求的前提下,要综合考虑各方面的影响因素,确定经济、合理、安全、可靠的结构类型和层数。

3.3.2 建筑剖面空间的组合形式

建筑剖面空间的组合形式,主要是由建筑物中各类房间的高度和剖面形状、房屋的使用要求和结构布置特点等因素决定的,剖面的组合形式大体上可以归纳为以下几种。

1. 单层的组合形式

单层剖面适用于覆盖面和跨度都较大的结构布置。一些顶部要求自然采光和通风的房屋,如食堂、展览大厅等建筑类型,也常采用单层的剖面组合方式。

单层剖面组合形式,在剖面空间组合上比较简单灵活,各种房间可以根据实际使用要求所需的高度,设置不同的屋顶,主要缺点是用地不经济、不够紧凑。例如,在日照间距相同的条件下,把一幢五层住宅和五幢单层的平房相比,后者用地面积要增加 2.0 倍左右,道路和室外管线设施也都相应增加。

2. 多层和高层的组合形式

多层剖面的室内交通联系比较紧凑,适合于有较多相同高度房间的组合,垂直方向通过楼梯将各层连成一个整体。多层剖面的组合应注意上下层墙、柱等承重构件的对应关系,以及各层之间相应的面积

分配。大量的单元式住宅及走道式平面组合的学校、办公楼、医院等的建筑剖面,较多采用多层的组合方式,图 3-17 分别为单元式住宅和内廊式教学楼的剖面组合示意图。

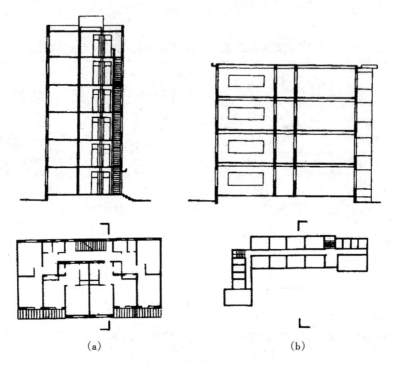

(a)   (b)

图 3-17　多层剖面组合示意图

(a)单元式住宅;(b)内廊式教学楼

由于城市用地、规划布局等因素,也常采用高层剖面的组合方式,图 3-18 是我国近年建造的高层旅馆和高层住宅的剖面示意图。高层的组合形式能在占地面积较小的条件下,建造较大面积的房屋,这种组合形式有利于室外辅助设施和绿化等的布置,但高层建筑的结构形式及所需设备较复杂,因此,建造与维护费用较高。由于高层房屋承受侧向风力的问题比较突出,因此,通常以框架结合剪力墙体或把电梯间、楼梯间和设备管线组织在竖向筒体中,来加强房屋的刚度。

3. 错层和跃层的组合形式

错层剖面是指在建筑物纵向或横向剖面中,房屋几部分之间的楼地面高低错开。它主要适用于需要结合坡地的地形建造住宅、宿舍和其他类型的房屋。房屋剖面中的错层高差,可用以下方式进行处理。

① 用踏步解决层间高差:对于层间高差小、层数少的建筑,可以采用在较低标高的走廊上设置少量踏步的方法来解决。例如中小学教学楼,当教室与办公部分相连时,对由于层高不一样而出现高差的情况,多采用设置踏步连接来解决此问题(见图 3-19)。

② 利用楼梯间解决错层高差:当组成建筑的两部分空间高差较大时,通过选用二梯段、三梯段、四梯段等楼梯梯段的数量,调整梯段的踏步数,使楼梯平台的标高与错层楼地面的标高一样。该方法能够较好地结合地形,灵活地解决纵横向的错层高差。图 3-20 是以楼梯间解决错层高差的教学楼实例。

③ 利用室外台阶解决错层高差:这种错层方式比较自由,可以依山就势,适应地形标高变化,比较灵活地进行随意错落布置。图 3-21 为住宅垂直于等高线布置用室外台阶解决高差的实例。

跃层剖面的组合方式主要适用于住宅建筑中。这些房屋每隔一至二层设置一条公共走廊,每个住

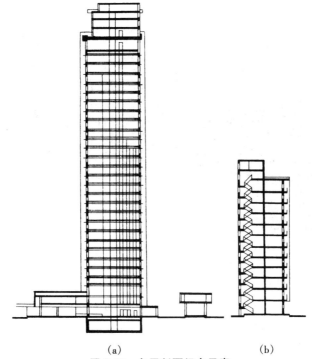

（a）　　　　　　　　　　　　　　（b）

图 3-18　多层剖面组合示意

（a）宾馆；（b）住宅

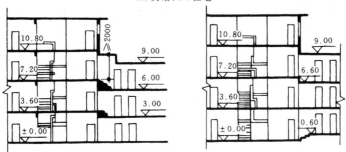

图 3-19　用踏步解决层间高差（单位：mm）

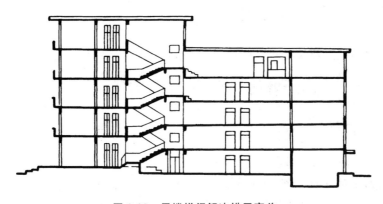

图 3-20　用楼梯间解决错层高差

图 3-21　以台阶解决高差住宅

户可有前后相通的一层或上下层的房间,户内依靠小楼梯上下联系。跃层住宅的特点是节约公共交通面积,各住户之间的干扰比较少,通风条件好,但跃层房屋的结构布置和施工比较复杂,每户所需的面积较大,居住标准要高一些,如图 3-22 所示。

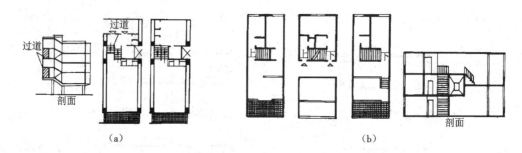

图 3-22　跃层的内外廊住宅
(a)外廊式跃层住宅;(b)内廊式跃层住宅

3.4　建筑空间的组合与利用

在建筑平面设计中,已对建筑空间在水平方向的组合关系以及结构布置等有关内容进行了分析,而对于剖面设计,将着重从垂直方向考虑各种高度房间的空间组合、楼梯在剖面中的位置及建筑空间的利用问题。

3.4.1　建筑空间的组合

1. 高度相同或高度相近的房间组合

高度相同、使用性质接近的房间,如教学楼中的普通教室和实验室、住宅中的起居室和卧室等,可以组合在一起。高度比较接近、使用上关系密切的房间,考虑到房屋结构构造的经济合理和方便施工等因素,可适当调整房间之间的高差,尽可能统一这些房间的高度。如图 3-23 所示的某教学楼平面,其中教室、阅览室、储藏室、厕所等房间,由于结构布置时从这些房间所在的平面位置考虑,要求将这些房间组合在一起,因此把它们调整为同一高度。教学楼中的阶梯大教室,因它和普通教室的高度相差较大,采用单独处理的方式,单层附建于教学楼一侧。行政办公部分从功能分区考虑,平面组合上应和教学活动部分有所分隔,且这部分房间的高度一般都比教室部分略低,它们和教学活动部分的层高高差,可通过踏步来解决。音乐教室虽层高与普通教室相同,但属于喧闹的环境,从使用功能分区上宜把它组合在主体建筑的尽端。以上空间组合方式能满足各房间的使用要求,比较经济,结构布置也较合理。

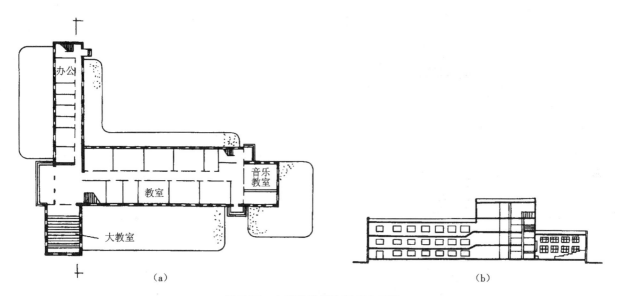

图 3-23 中学教学楼空间组合示例

(a)平面;(b)剖面

2. 高度相差较大的房间组合

高度相差较大的房间,在单层房间组合时,以联系方便、使用合理、互不干扰为原则,根据房间实际使用要求所需的高度,设置不同高度的屋顶,层高不一定非要相同。在剖面上,屋面可以呈不同高度的变化,如图 3-24 所示。

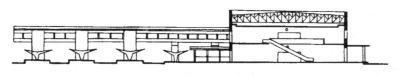

图 3-24 单层剖面组合

图 3-25 所示的某体育馆剖面中,比赛大厅在高度和体量方面与休息、办公以及其他各种辅助用房相比差别极大,所以常结合大厅看台升起的剖面特点,在看台下面和大厅四周,布置各种不同高度的房间。

在多层和高层房屋的剖面中,高度相差较大的房间可以根据不同高度房间的数量多少和使用性质,在高度方向进行分层组合。例如在高层旅馆建筑中,常把房间高度较高的餐厅、会议室、健身房等部分组织在楼下的一、二层或顶层,客房部分高度较一致且数量最多,可按标准层的层高组合。高层建筑中通常还把高度较低的设备房间组织在同一层,称为设备层(见图 3-26)。

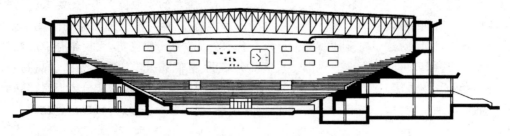

图 3-25 体育馆剖面中不同高度房间的组合

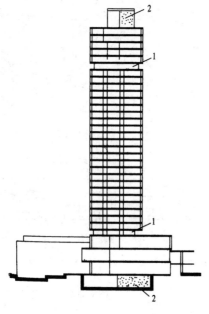

图 3-26 有设备层的高层建筑剖面
1—设备层;2—机房

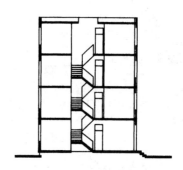

图 3-27 楼梯井顶部采光

在多层和高层房屋中,上下层的厕所、浴室等房间应尽可能对齐,以便设备管道能够直通,使布置经济合理。

3. 楼梯在剖面中的位置

楼梯在剖面中的位置,是和楼梯在建筑平面中的位置以及建筑平面的组合关系紧密相关的。

由于采光、通风等要求,通常楼梯沿外墙设置。在建筑剖面中,要注意楼梯坡度和房屋层高、进深的相互关系,也要安排好人们在楼梯下出入或错层搭接时的平台标高。

当楼梯在房屋剖面的中部时,必须采用一定的措施来解决楼梯的采光及通风问题,常在楼梯边安排小天井,以此来解决楼梯和中部房间的采光、通风问题,如图 3-22(a)所示。低层房屋(如四层以下)也可以在楼梯上部的屋顶开设天窗,通过梯段之间留出的楼梯井采光,如图 3-27 所示。

综上所述,无论是简单的空间组合还是复杂的空间组合,都应考虑以下几点:一是进深相同的房间要尽量地组合到一起,有利于简化结构和上下层的空间组合;二是上下承重结构要对齐,尤其是承重墙体和外墙体,使之承重更加合理;三是上下层用水空间要尽量对齐,避免使上下水管道拐弯、打折,有利于下水管道的畅通,又节省了管线。

3.4.2　建筑空间利用

充分利用建筑空间会起到扩大使用面积的目的,它在建筑占地面积和平面布置不变的情况下,充分发挥了房屋投资的经济效果。建筑空间的利用,主要涉及建筑的平面设计和剖面设计,常见的空间利用方法有以下几种。

1. 房间内空间的利用

房间内除了人们活动和家具设备布置等必需的空间外,还可充分利用房间内其余部分的空间。例如,住宅设计中常利用房间上部的空间,设置吊柜、搁板来贮藏物品,如图 3-28 所示。

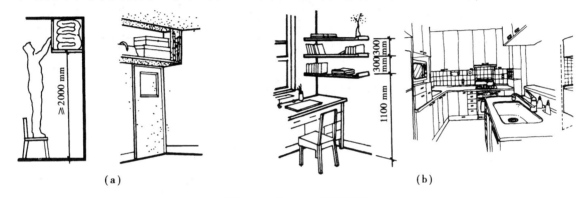

(a)　　　　　　　　　　　　　　(b)

图 3-28　住宅内空间的利用

在建筑物中,当墙体的厚度较大时,它们占用的室内空间也较多,所以人们常常利用墙体结构空间设置壁橱、窗台柜、暖气槽等,这样既充分利用了墙体空间,又节约了面积,如图 3-29 所示。

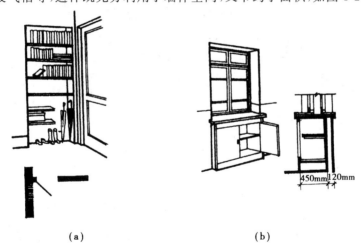

(a)　　　　　　　　　　　　　　(b)

图 3-29　墙体空间的利用

(a)壁龛;(b)窗台柜

为了充分利用房间内山尖部分的空间,我国许多地方的民居常在山尖部分设置搁板、阁楼,或者使用延长屋面、局部挑出等手法,争取更多的使用面积,如图 3-30 所示。这些优秀的传统设计手法值得借鉴。

对于一些公共建筑,由于功能要求不同,对空间的大小要求也不一样。如图书馆的阅览室、宾馆的大厅等,它们都有很大的空间高度,但与它们相联系的辅助用房都比较小,所以人们经常利用在大厅周围布置夹层的办法来组织空间,以提高大厅的利用率,丰富室内空间的艺术效果,如图 3-31 所示。

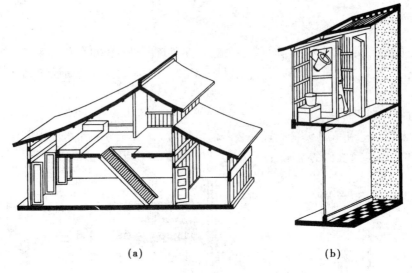

(a)　　　　　　　　　　　　　　(b)

图 3-30　坡屋顶山尖的利用

(a)阁楼;(b)沿街出挑

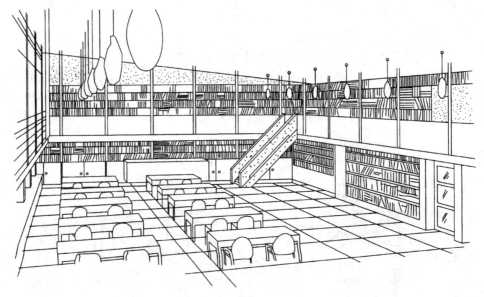

图 3-31　图书馆中开架阅览室内设夹层书库

2. 走廊、门厅和楼梯间的空间利用

由于建筑物整体结构布置的需要,房屋中的走道层高通常和房间的层高相同。房间由于使用需要,其层高要求较高,而狭长的走道却不需要与房间有一样的层高,因此,走道上部空间就可充分利用。图 3-32(a)所示为旅馆走道上空设技术管道层作为设置通风、照明设备和铺设管线的空间;图 3-32(b)所示为利用住宅入口处的走道上空设置吊柜,不仅增加了住户的储藏空间,而且由于入口低矮的空间与居室对比,更加衬托出居室宽敞明亮的空间效果。

楼梯间的底部和顶部,通常都有可以利用的空间。楼梯间底层休息平台的下面不用作出入口时,平台以下的空间可布置成贮藏室、厕所等辅助房间。楼梯间顶层也有一层半空间的高度,可利用部分空间

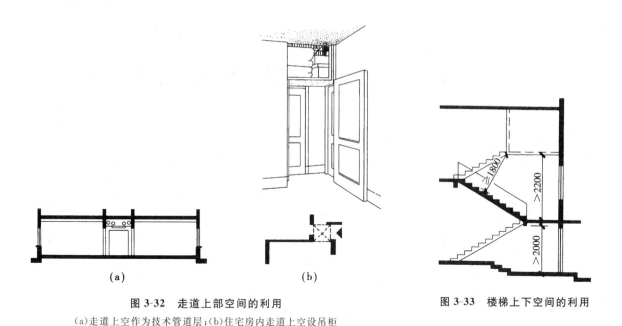

图 3-32　走道上部空间的利用

（a）走道上空作为技术管道层；（b）住宅房内走道上空设吊柜

图 3-33　楼梯上下空间的利用

布置成贮藏室等辅助房间，但须增设一个梯段，以通往楼梯间顶部的小房间，如图 3-33 所示。

一些公共建筑的门厅和大厅，由于人流集散和空间处理等要求，当厅内净高较高时，也可以在厅内的部分空间中设置夹层或走马廊，以扩大门厅或大厅内的活动面积和交通联系面积，同时又便于暗设管线。

【本章要点】

① 剖面设计包括房间剖面形状、层高、各部分高度和房屋层数的确定、建筑空间的组合与利用等方面的内容。

② 建筑物层数的确定，要满足建筑的使用要求，基地环境和城市规划的要求，建筑结构、材料和施工的要求，防火要求，经济条件要求。

③ 选择房间的剖面形状，要考虑使用功能、结构类型、采光通风等影响因素。矩形的形状规整、使用方便，结构、施工、建筑工业化和经济性等要求均以矩形为宜，所以，多数房间形状选择矩形。

④ 建筑剖面的组合方式，主要是由建筑物中各类房间的高度和剖面形状、房屋的使用要求和结构布置特点等因素决定。建筑空间的组合，应根据其使用性质和特点，将房间在垂直方向进行合理分区。根据建筑物的类型不同，采取与其相适应的组合方式。

【思考题】

3-1　建筑剖面设计的研究内容有哪些？

3-2　房间层高与净高如何确定？

3-3　影响剖面设计的因素有哪些？

3-4　房间的剖面形状如何确定？

3-5　窗台高度如何确定？

3-6　室内外高差如何确定？

3-7　影响建筑物层数和高度的因素有哪些？

3-8　建筑空间的组合方式有哪些？

第4章 建筑体型和立面设计

建筑的体型和立面设计是建筑外形设计的两个主要组成部分,其主要内容是研究建筑物群体关系、体量大小、体型组合、立面及细部处理等。建筑体型和立面设计,必须符合建筑造型和立面构图方面的规律性,如均衡、韵律、对比、统一等。同时,灵活运用各种设计方法,从建筑的整体到局部反复推敲,相互协调,力争达到完美的效果。

4.1 建筑体型和立面设计的要求

4.1.1 符合建筑功能的需要和建筑类型的特征

不同功能要求的建筑类型,具有不同的内部空间组合特点,建筑的外部体型和立面应该正确表现这些建筑类型的特征,如建筑体型的大小、高低,体型组合的简单或复杂,墙面、门窗位置的安排以及大小和形式等。

采用适当的建筑艺术处理方法来强调建筑的个性,使其更为鲜明、突出,有效地区别于其他建筑。如图 4-1(a)所示的住宅建筑,体型上进深较浅,立面上常以较小的窗户和入口、分组设置的楼梯和阳台

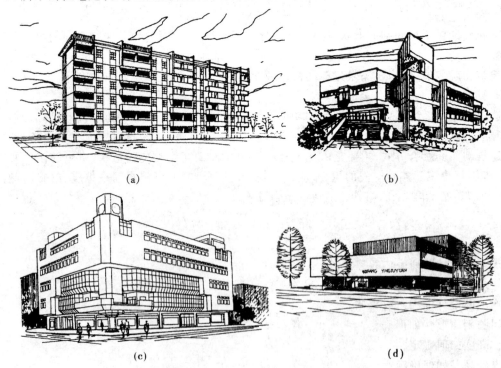

(a)   (b)

(c)   (d)

图 4-1 不同建筑结构的外形特征

(a)住宅建筑;(b)学校;(c)商业建筑;(d)影剧院建筑

反映住宅建筑的特征。图 4-1(b)所示的教学楼,室内采光要求高,人流出入较多,立面上形成高大明快、成组排列的窗户和宽敞的入口。商业建筑中采用大片玻璃的陈列橱窗,重复排列宽敞明亮的窗户,接近人流的明显入口,体现了商业建筑热闹繁华的建筑立面特征,如图 4-1(c)所示。影剧院建筑通过巨大封闭的观众厅、舞台和宽敞明亮的门厅、休息厅等部分的体量组合和虚实对比表现出建筑的明朗、轻快、活泼的特征,如图 4-1(d)所示。

　　房屋外部形象反映建筑类型内部空间的组合特点,美观问题紧密地结合功能要求,正是建筑艺术有别于其他艺术的特点之一。脱离功能要求,片面追求外部形象,违背适用、经济、美观三者的辩证统一关系,必然导致建筑形式和内部的分离。

4.1.2　结合材料、结构和施工技术的特点

　　建筑物的体型和立面与所用材料、结构系统以及施工技术、构造措施等密切相关。例如墙体承重的混合结构,由于外墙要承受结构的荷载,因此窗间墙必须保留一定宽度,窗户也不能开得太大(见图 4-2)。而在框架结构中,由于外墙不承重,立面上门窗的开启具有很大的灵活性,可以开大面积独立窗或带形窗,外部形象显得开敞、轻巧,建筑物的整个柱间也可以开设横向窗户(见图 4-3)。

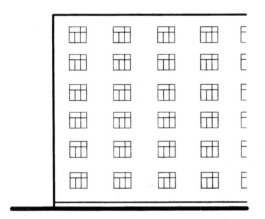

图 4-2　混合结构

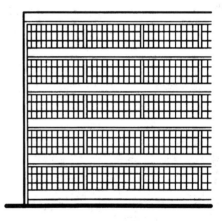

图 4-3　框架结构建筑

　　空间结构既为室内各种大型活动提供了理想的使用空间,又赋予建筑极富感染力的独特外部形象,使建筑物的体型和立面能够结合材料的力学性能和结构特点,具有很好的表现力。图 4-4 为各种空间结构的建筑形象。

　　施工技术对建筑体型和立面也有一定的影响,如滑模建筑、升板建筑、盒子建筑等各种采用工业化施工方法的建筑,都有自己的特征。此外,不同装修材料的运用,在很大程度上影响到建筑作品的外观与效果,如石墙与砖墙,两者表现的艺术效果明显不一样,又如玻璃幕墙建筑、石墙建筑等也会形成不同的外形,给人不同的感受。

4.1.3　符合基地环境和总体规划的要求

　　单体建筑是规划群体的一个局部,群体建筑是更大的群体或城市规划的一部分,所以拟建房屋的体型、立面、内外空间组合以及建筑风格等各个方面,都要认真考虑与规划中的建筑群体的配合。注意与所在地区的气候、周围道路、原有建筑相配合,考虑与地形、绿化等基地环境协调一致,使建筑与室外环境融合在一起,达到和谐统一的效果,如图 4-5 所示。

图 4-4　各种空间结构的建筑形象
(a) 折板结构；(b) 双曲面薄壳结构；(c) 网架穹隆薄壳结构；(d) 悬索结构

例如,在山区或坡地上建房,为结合地形和争取好的朝向,在考虑建筑的布局和形式时,就要顺应地势的变化与起伏,通常情况下会采取错层布置,取得高低错落的变化,产生多变的体型,如图 4-6 所示。

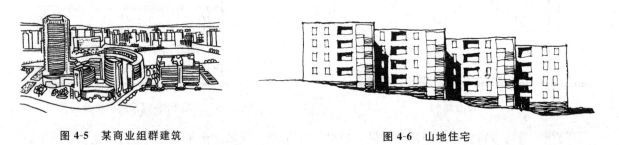

图 4-5　某商业组群建筑　　　　　　　　图 4-6　山地住宅

另外,对建筑的体型和立面设计产生重要影响的因素还有当地的气候、日照和常年风向等,图 4-7 所示是气候条件不同地区的建筑形式。

4.1.4　贯彻建筑标准和相应的经济指标

严格按照我国制定的建筑标准,选用合适的材料、造型、装修标准。

4.1.5　符合建筑造型和立面构图规律

建筑造型和立面设计,一方面要考虑其功能要求、技术经济条件、总体规划和基地环境等因素,另一方面还必须符合诸如比例尺度、完整均衡、变化统一、韵律和对比等一些建筑造型和立面构图的基本规律。这些规律也会随着社会政治文化和经济技术的发展而发展。

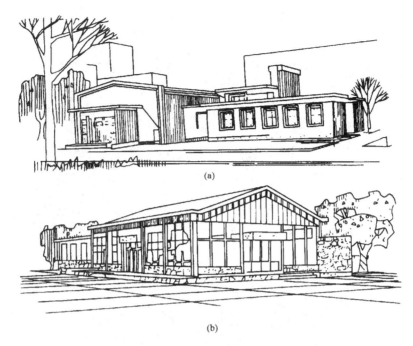

图 4-7 气候条件不同地区的建筑形式

(a)北方某食堂;(b)江苏某职工食堂

4.2 建筑构图的基本原则

建筑造型是有内在规律的,要想建造出美的建筑,必须遵循建筑美的法则,诸如统一与变化、主从与重点、均衡与稳定、对比与微差、韵律与节奏、比例与尺度等。建筑构图的基本原则具有普遍性,是被普遍接受的客观规律。

4.2.1 统一与变化

统一与变化是形式美的根本规律。形式美的其他方面如韵律、节奏、主从、对比、比例、尺度等是统一与变化在各方面的体现。

统一与变化缺一不可。建筑有统一而无变化就会产生呆板、单调、不丰富的感觉;有变化而无统一,会使建筑显得杂乱、繁琐、无秩序。两者都没有美感可言。要创造美的建筑,就要掌握如何恰当地运用统一与变化这个美的最基本的法则。图 4-8 所示是统一与变化处理较好的范例。协调统一与变化有以下几种基本手法:① 以简单的几何形状求统一;② 主从分明,以陪衬求统一;③ 以协调求统一。

4.2.2 主从与重点

在建筑设计实践中,为达到从平面组合到立面处理、从内部空间到外部体型、从细部装饰到群体组合的统一,设计者应当处理好主与从、重点与一般的关系。一幢建筑,如果没有重点与中心,就会使人感到平淡、松散,缺少有机统一性。设计者可采取很多手法解决这个问题。对于由若干要素组合而成的整体,把作为主体的大体量要素置于中央突出地位,次要要素从属于主体,这样就可以使之成为有机统一

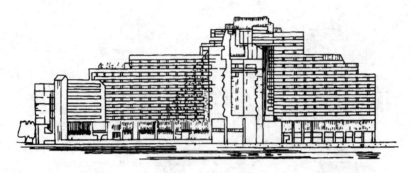

图 4-8　伦敦某旅馆

的整体。同时,充分利用功能特点,有意识地突出其中的某个部分,并以此为重点或中心,使其他部分明显地处于从属地位,同样可以达到主从分明、完整统一的效果,如图 4-9 所示。

图 4-9　主从分明、重点突出的建筑实例

4.2.3　均衡与稳定

建筑造型中的均衡是指建筑体型的左右、前后之间保持平衡的一种美学特征,要求给人以安定、平衡和完整的感觉。力学的杠杆原理表明,均衡中心在支点。根据均衡中心位置的不同,可把均衡分为对称均衡和不对称均衡(见图 4-10)。对称均衡是绝对的均衡,它以中轴线为中心并加以重点强调,中轴线两侧对称从而取得完整统一的效果。对称均衡比较严谨,能给人以端庄、雄伟、庄严的感觉,经常用于纪念性建筑和其他要求庄严、隆重的公共建筑(见图 4-11)。不对称形式的均衡较灵活,可以给人以轻巧和活泼的感觉(见图 4-12)。

(a)　　　　　　　　　　　　　　(b)

图 4-10　均衡的力学原理
(a)对称平衡;(b)不对称平衡

稳定是建筑物上下之间的轻重关系。在人们的实际感受中,物体的上小下大、上轻下重能形成稳定感的概念早已被人们所接受(见图 4-13)。随着科学技术的进步和人们审美观念的变化,利用新材料、新结构的特点,创造出了上大下小、上重下轻的新的稳定概念(见图 4-14)。

图 4-11 天津大学建筑系

图 4-12 日本山梨县中心医院九州大学会堂

图 4-13 上小下大稳定感建筑实例

图 4-14 上大下小的新的稳定感建筑实例

4.2.4 对比与微差

各种要素除按一定秩序结合之外,一定也会存在各种差异。在建筑造型设计上存在许多对比与微差的因素,如体量大小、高低,线条曲直、粗细、水平与垂直,形的方圆、锐钝的对比和虚与实的对比,以及材料质感、色彩、光影对比等。对比与微差指的就是这种差异性。要素之间显著的差异指的是对比,不显著的差异指的是微差。对比可以借助相互之间的烘托、陪衬,使其形、色更加鲜明,给人强烈的感受和深刻的印象,突出各自的特点以求得变化。微差则可以借相互之间的共同性求得和谐。从形式美的角度考虑,两者都是不可缺少的,只有巧妙地把两者结合起来,才能达到既变化多样又和谐统一的效果,如图 4-15、图 4-16 所示。

图 4-15 巴西利亚国会大厦

图 4-16 坦桑尼亚国会大厦

4.2.5 韵律与节奏

韵律与节奏是建筑构图最重要的手段之一。

韵律是指在建筑构图中有组织的变化和有规律的重复,这种变化与重复能形成以条理性、重复性、连续性为特征的有节奏的韵律感,给人以美的感受。在建筑造型中,常用的韵律手法有连续的韵律、渐变的韵律、起伏的韵律、交错的韵律,如图4-17至图 4-20 所示。建筑物的体型、门窗、墙柱等的形状、大小、色彩、质感的重复和有组织的变化,都可以形成韵律来加强和丰富建筑形象。

图 4-17　连续的韵律

图 4-18　渐变的韵律

图 4-19　交错的韵律

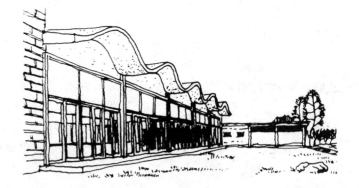

图 4-20　起伏的韵律

节奏是比较复杂的重复。它不仅是简单的韵律重复,还经常伴随一些因素的交替。节奏中含有某些属性的有规律的变化,即它们的数量、形式、大小等的增加或减少。有明显构图中心的建筑物,常常有节奏的布置,如图 4-21、图 4-22 所示。

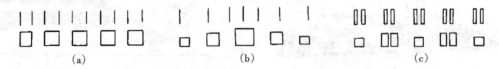

图 4-21　组成因素的韵律布置和节奏布置图

(a)韵律排列;(b)节奏排列;(c)韵律-节奏排列

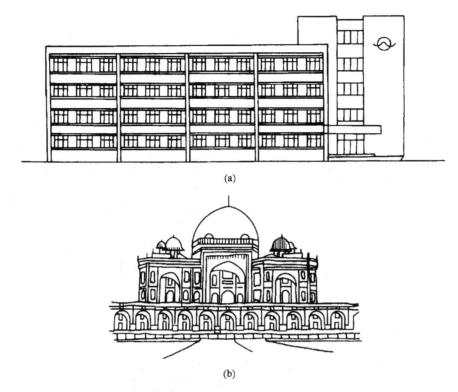

图 4-22 韵律布置和节奏布置在建筑中的体现

(a)某中学的教学楼；(b)著名的胡马雍陵

4.2.6 比例与尺度

比例是指长、宽、高三个方向的大小关系,建筑物从整体到个体及细部之间都存在着比例关系。例如,整个建筑的长、宽、高之比,各房间长、宽、高之比,立面中的门窗与墙面之比,门窗本身的高、宽之比等。在建筑设计中,要注意把握建筑物及其各部分的相对尺寸关系,比如大小、长短、宽窄、高低、粗细、厚薄、深浅、数量等,这样才能给人以美的感受。

在建筑外观上,矩形最为常见,建筑物的轮廓、门窗、开间等都形成不同的矩形。如果这些矩形的对角线有某种平行或垂直、重合的关系,将有助于探求和谐的比例关系。对于高耸的建筑物或距观赏点较远的建筑部位,还应考虑因透视作用而导致比例失调的问题,在设计中可运用这一特征进行特殊处理(见图4-23)。

尺度所研究的是建筑物的整体或局部给人感觉上的大小印象和其真实大小之间的关系问题。在设计中,人们常常以人或与人体活动有关的不变因素如门、台阶、栏杆、扶手、踏步等作为比较标准,获得一定的体现建筑物整体与局部的正确的尺度感。图 4-24 所示是以人们的正常高度为标准与建筑物高度比较所获得的不同的尺度感。尺度正确和比例协调,是立面完整统一的重要方面。

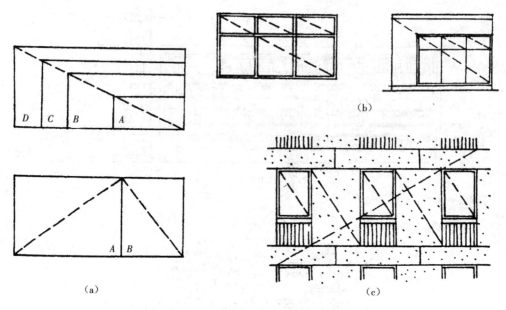

图 4-23 以相似比例求得和谐与统一

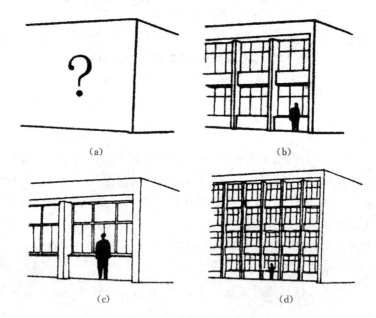

图 4-24 建筑物的尺度感

4.3 建筑物体型和立面设计的方法

建筑物的体型与立面是建筑外形中不可分割的两个方面,只有将二者作为一个有机的整体加以考虑,才能获得完美的建筑形象。

4.3.1 建筑体型的组合

建筑体型无论简单与复杂,都是由一些基本的几何形体组合而成,其组合形式可归纳为单一体型与组合体型两大类,如图 4-25 所示。

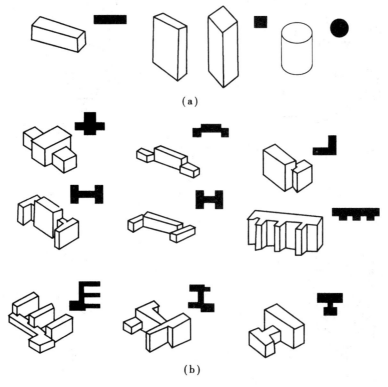

图 4-25 常见的外部体型

(a)单一体型;(b)组合体型

立面设计的先决条件是体型组合。建筑体型各部分体量组合的好坏,直接影响到建筑造型。若建筑体型组合比例不好,即使对立面进行再好的装修与加工也无法获得较好的建筑形象。

1. 体型组合方式

(1) 单一体型

单一体型是指整个建筑基本上是一个比较完整的简单几何形体。采用这种体型的建筑,其特点是有明显的主从关系和组合关系,平面和体型都较为完整、单一,复杂的内部空间都组合在一个完整的体型中。其平面形式多呈对称的正方形、矩形、三角形、圆形、多边形、风车形和"Y"形等单一的几何形状,如图 4-26、图 4-27 所示。

(2) 组合体型

组合体型是由两个或两个以上的简单体型组合在一起的体型。当建筑物规模较大或内部空间不宜在一个简单的体量内组合,或受建筑功能、规模和地段条件等因素的影响时,很多建筑物不是由单一的体量组成,而常采用由若干个不同体量组成较复杂的组合体型,并且在外形上有大小不同、前后凹凸、高低错落等变化。

组合体型一般又分为对称式和非对称式两类。对称式体型组合具有明确的轴线,主从关系明确,体

图 4-26 单一长方体体型的建筑

(a)柱状;(b)板状

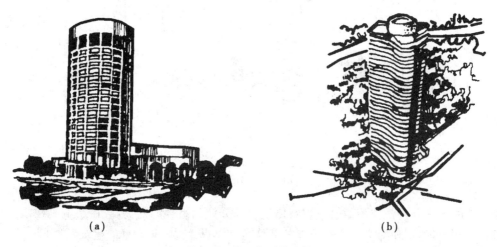

图 4-27 单一体型的建筑

(a)圆柱体型;(b)"Y"形体型

型比较完整统一,主要体量及主要出入口一般设在中轴线上,如图 4-28 所示。此组合常给人以庄严、端正、均衡、严谨的感觉。采用这种组合方式的,通常是一些纪念性建筑、行政办公建筑或者要求庄重一些的建筑。

非对称体型组合没有显著的轴线关系,布局灵活,能充分满足功能要求并和周围环境有机地结合在一起,给人以活泼、轻巧、舒展的感觉,如图 4-29 所示。

2. 体型的转折与转角处理

在特定的地形或位置条件下布置建筑物时,如丁字路口、十字路口或任意角度的转角地带,若能够结合地形巧妙地进行转折与转角的处理,可以扩大组合的灵活性、适应地形的变化,使建筑物显得更加完整统一。转折主要是指建筑物随着道路或者地形的变化作曲折变化。因此,这种形式的临街部分实际上是长方形平面的简单变形与延伸,它具有简洁流畅、自然大方、完整统一的外观形象。

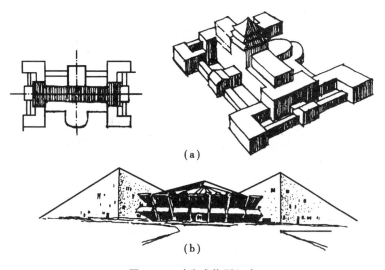

图 4-28 对称式体型组合

(a)中国美术馆;(b)列宁纳巴德航空港

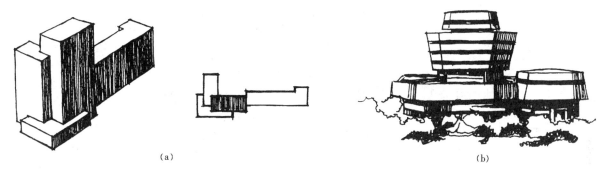

图 4-29 非对称式体型组合

(a)中国民航大楼;(b)深圳科学馆

根据功能和造型的需要,转折地带的建筑体型常采用主附体结合、以附体陪衬主体、主从分明的方式,也可采取局部体量升高以形成塔楼的形式,以塔楼控制整个建筑物及周围道路,使交叉口、主要入口更加醒目,如图 4-30 所示。

3. 体量的联系与交接

体型组合中各体量之间的交接如何,直接影响建筑物的外部形象。在组合设计中,常采用直接连接、咬接及以走廊为连接体相连的交接方式,如图 4-31 所示。

① 直接连接:在体型组合中,将不同体量的面直接相连,称之为直接连接。此种方式具有体型分明、简洁、整体性强的优点,常用于在功能上要求各房间联系紧密的建筑,如图 4-31 (a)所示。

② 咬接:各体量之间相互穿插,体型较复杂,组合紧凑、整体性较强,较前者容易获得整体的效果,是组合设计中较为常用的一种方式,如图 4-31 (b)所示。

③ 以走廊为连接体相连:此方式具有各体量之间相对独立又互相联系的特点,走廊的开敞或封闭、单层或多层,常随不同功能、地区特点及创作意图而定,体型给人以轻快、舒展的感觉,如图 4-31 (c)、(d)所示。

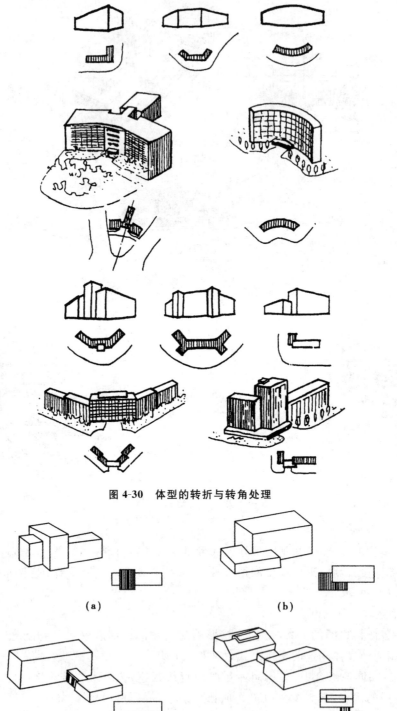

图 4-30 体型的转折与转角处理

图 4-31 体量交接的几种方式实例

(a)直接连接;(b)咬接;(c)走廊连接;(d)连接体连接

4.3.2　建筑的立面设计

建筑立面是由门窗、墙柱、阳台、遮阳板、雨篷、檐口、台基、勒脚、花饰等许多部件组成,建筑的立面设计是根据建筑功能要求,运用节奏、韵律、虚实对比等建筑构图法则,恰当地确定这些部件的尺寸大小、比例、尺度、位置、材料质感等因素,设计出体型完整、形式与内容统一的比较完美的建筑立面的过程,它是对建筑体型设计的进一步深化。

立面处理有以下几种方法。

1. 立面的比例与尺度

立面的比例和尺度的处理是与建筑功能、材料性能和结构类型分不开的。立面各个组成部分的划分都必须根据内部的功能和特点,在体型组合的基础上,考虑建筑的功能、结构、构造、施工、构图法、材料结构的性能等方面的因素,仔细推敲,赋予合适的尺度,确保比例适当、尺度正确,设计出与建筑风格相适应的建筑立面和比例效果。图 4-32 为某建筑立面的比例关系,由于划分的不同,取得的比例效果也不同,给人的感觉是不一样的。

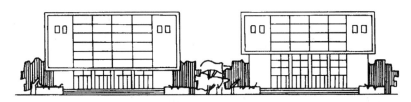

图 4-32　建筑划分对建筑物尺度和大小感觉方面的作用

2. 立面的虚实与凹凸

虚与实、凹与凸是设计者在进行立面设计中常采用的一种对比手法。在建筑立面组成要素中,窗、门廊、空廊、凹进部分以及实体中的透空部分,能给人以轻巧、通透的感觉,故称之为虚。实是指墙、柱、屋面、檐口、阳台、栏板等实体部分,给人以封闭、厚重、坚实的感觉。在立面设计中,虚与实是缺一不可的。建筑物的虚实关系主要是由功能和结构的要求所决定,巧妙地处理好立面的虚实关系,恰当地安排利用这些虚实凹凸的构件,使它们具有一定的联系性、规律性,就能取得生动的轻重明暗的对比和光影变化的效果,得到不同的外观形象。以虚为主、虚多实少的处理手法,可获得轻巧、开朗的效果,常用于高层建筑、剧院门厅、餐厅、车站、商店等大量人流聚集的建筑,如图 4-33 所示。以坚实为主、实多虚少的立面设计,则能给人以厚重、坚实的感觉,能产生稳定、雄伟的效果,经常用于纪念性建筑和重要的公共建筑,如图 4-34 所示。若采用虚实均匀分布的处理手法,将给人以平静、安全的感觉,如图 4-35 所示。

图 4-33　以虚为主的处理

3. 立面的线条处理

建筑立面上客观存在着各种各样的线条,如檐口、窗台、勒脚、窗、柱、窗间墙等,这些线条的不同组合可以使人获得不同的感受。横向线条使人感到舒展、连续、平静与亲切;竖向线条则给人以挺拔、高

图 4-34 以实为主的处理

图 4-35 虚实均匀的处理

耸、庄重、向上的气氛;斜线具有动态的感觉;曲线有优雅、流动、飘逸感;网格线有丰富的图案效果,给人以生动、活泼、有秩序的感觉。具体采用哪一种线条,应视建筑的体型、性质及所处的环境而定,墙面线条的划分既应反映建筑的性格,又应使各部分比例处理得当,如图 4-36 所示。

图 4-36 线条的立面处理

(a)水平线条的某宾馆建筑;(b)竖直线条的某电信局;(c)利用曲线的悉尼歌剧院

4. 立面的色彩与质感

色彩和质感是建筑物的某种属性,它受到建筑材料的影响和限制。不同的色彩给人以不同的感受,如暖色使人感到热烈、兴奋、扩张;冷色使人感到清晰、宁静、收缩;浅色给人明快的感觉;深色又使人感到沉稳。运用不同的色彩还可以表现出不同的建筑性格、地方特点和民族风格。

在立面色彩处理中还应注意以下问题。

第一,在色彩处理上,要注意统一与变化,并掌握好尺度。一般建筑外形可以大面积采用基调色,局部运用其他色调,此种方式容易突出重点,取得和谐效果。

第二,色彩的运用应与建筑性格特征相适应。例如,医院建筑常采用白色或浅色基调,给人以安定感;商业建筑经常采用暖色调,以增加其热烈气氛。

第三,色彩运用要与环境互相协调,与周围相邻建筑、环境气氛相协调,适应各地的文化背景。

第四,色彩的处理应考虑民族文化传统和地方特色。

第五,色彩运用应适应气候条件。

材料的质感处理包括两个方面：一方面可以利用材料本身的固有特性来获得装饰效果，如未经磨光的天然石材可获得粗糙的质感，玻璃、金属则可获得光亮与精致的质感；另一方面通过人工的方法创造某种特殊质感，如仿石饰面砖、仿树皮纹理的粉刷等。一般来说，使用单一的材料显得统一，但如果处理得不好很容易使其显得单调，运用不同材料质感的对比容易获得生动的效果。如图 4-37(a) 运用天然石材的粗糙质感与木材的细致纹理和抹灰面进行对比，图 4-37(b) 以光滑的大玻璃窗与粗糙的砖墙和抹灰面进行对比，建筑显得生动和富有变化。在立面设计中，历代建筑大师常充分利用材料质感，巧妙处理，有机结合，以此加强和丰富建筑的表现力，创造出光彩夺目的建筑形象，镜面玻璃建筑充分说明了材料质感在建筑创造中的重要性。随着建材业的不断发展，利用材料质感来增强建筑表现力的前景十分广阔。

（a）   （b）

图 4-37 立面材料质感的处理

5. 立面的重点处理与细部处理

立面设计的重点处理，目的在于突出反映建筑物的功能使用性质和立面造型上的主要部分，具有画龙点睛的作用，有利于突出表现建筑物的性格与特征。

建筑立面需要重点处理的部位有建筑物出入口、楼梯、转角、檐口等，重点部位不可过多，否则就达不到突出重点的效果。重点处理常采用对比手法，如采用高低、大小、横竖、虚实、凹凸等对比处理，以取得突出中心的效果，如图 4-38 所示。

图 4-38 建筑重点部位处理示例

局部与细部都是建筑整体中不可分割的组成部分。在立面设计中，对于体量较小或人们接近时才能看清部位的细部装饰等的处理,称为细部处理。在造型设计上,对细部处理时应注意必须在满足整体形式要求的前提下,统一中有变化,多样中求统一,使整体与局部达到比较完善统一的效果。如图 4-39 所示,同一体型、同一基本构成要素的建筑立面,由于立面处理的不同,就会获得不同的建筑形象。

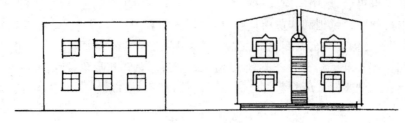

图 4-39　不同的细部处理

【本章要点】

① 建筑的体型和立面设计的主要内容是研究建筑物群体关系、体量大小、体型组合、立面及细部处理等。

② 影响建筑体型与立面设计的主要因素:符合建筑功能的需要和建筑类型特征,结合材料、结构和施工技术的特点,符合基地环境和总体规划的要求,符合建筑标准和经济指标,符合建筑造型和立面构图的一些规律。

③ 建筑体型和立面设计应遵循统一与变化、主从与重点、均衡与稳定、对比与微差、韵律与节奏、比例与尺度的构图法则。

④ 建筑体型组合方式有单一体型和组合体型,无论哪一种组合方式,都应做到主从分明、比例恰当、交接明确、布局均衡、整体稳定,各组合协调统一。

⑤ 立面设计中,应注意比例与尺度、虚实与凹凸、线条处理色彩与质感、重点与细部处理等。

【思考题】

4-1　影响建筑体型和立面设计的因素有哪些?

4-2　简述建筑体型和立面设计的一般规律。

4-3　体型组合有哪几种方式,各有什么特点?

4-4　体量的联系与交接有哪几种方式? 试举例说明。

4-5　简述立面设计的处理方法。

第5章 建筑在总平面中的布置

任何一幢建筑物都不是孤立存在的,而是处于一个特定的环境之中。在实际的工程项目中,不管是对单幢建筑物的设计还是对多幢建筑物的设计,都会涉及如何在基地上布置这些建筑物的问题。建筑在总平面中的布置,通常称为总平面设计。它主要是根据建筑物的性质和规模,结合基地条件和环境特点,确定建筑物或建筑群的位置和布局,规划基地范围内的绿化、道路和出入口,以及布置其他的总体设施,使建筑总体满足使用要求和艺术要求。

本章将就其中一些可依循的基本法则和原理进行叙述。

5.1 建筑物布置与基地红线的关系

基地红线是指工程项目立项时,规划部门在下发的基地蓝图上所圈定的建筑用地范围。如果基地与城市道路接壤,其相邻处的红线即为城市道路红线,而其余部分的红线即为基地与相邻的其他基地的分界线。

在规划部门下发的基地蓝图上,基地红线在转折处的拐点上经常用坐标标明位置。该坐标系统是以南北方向为 X 轴,以东西方向为 Y 轴的,数值向北、向东递进。设计人员根据这些资料可以借助计算机等辅助设计手段,准确确定建筑的用地范围。在基地上布置建筑物,要受到红线的限制。建筑物与基地红线之间的关系如下。

第一,根据城市规划的要求,建筑物应将其基底范围,包括基础和除去与城市管线相连接部分的埋地管线,全部控制在红线的范围之内。如果城市规划主管部门对建筑物退界距离还有其他要求,都要一起遵守。第二,建筑物与相邻基地之间,应在边界红线范围以内留出防火通道或空地。只有建筑物前后都留有空地或道路,并符合消防规范的要求时,才能与相邻基地的建筑毗邻建造。第三,建筑物的高度不能影响相邻基地邻近的建筑物的最低日照要求。第四,建筑物的台阶、平台不得突出于城市道路红线的外面。建筑物上部的突出物要在规范规定的高度以上和范围之内,才允许突出于城市道路红线之外。第五,紧接基地红线的建筑物,只有相邻地界为城市规划规定的永久性空地,才能朝邻地开设门窗洞口,不能设阳台、挑檐,不能向邻地排泄雨水或废气。

5.2 建筑物布置与周边环境的关系

住区环境按照功能和作用不同可分为三类,即生态环境、生活环境和心理环境。人们对居住环境的需求是多层次的。建造建筑物的过程,也是物质和能量转移的过程。基地上原有的一部分物质和能量被迁移或发生变化,新的部分被添加进来,构成了新的室外空间关系和生态系统的交换关系。所以,不论是进行单体建筑设计还是进行群体建筑设计,都应该将其作为开放的系统来对待,一定要考虑建筑物建成后在更大的城市空间和生态环境中与周边环境长期和谐共存的可能性。

5.2.1　建筑物的布置与其周边物质环境的关系

建筑物与周边物质环境的关系,主要表现在室外空间的组织是否舒适合理,建筑物的排列是否井然有序,有关的基本安全性能是否得到保障等。

1. 建筑总体和单体的空间组合必须和基地形状结合

建筑基地的大小是影响房屋平面、总体布局较重要的因素。房屋建筑除应满足内部使用要求外,还要有必要的室外道路、绿化和各种活动场地。同时,房屋内部使用房间的日照、采光、通风要求也需要一定的室外空间。此外,为满足建筑物的防火需要,建筑物之间还需要有一定的防火间距。所以,建筑基地上除了建筑物所占的面积外,还要有一定的空地,但从经济的角度考虑时又希望节约土地,为此,在设计时就应根据基地大小和建筑物的功能要求,合理布置各种面积,使基地面积得到充分利用。

建筑基地的平面形状对房屋建筑的平面布局也有一定的影响。例如,一个狭长的基地和一个近于方形的基地,布置同样规模的建筑物,在平面布局上也会有所不同。在城市建筑用地面积较小时,为充分利用基地面积,建筑平面布局常常要紧密结合基地的边界来设计,会在一定程度上影响房屋内部的空间组合。一般情况下,当场地规整平坦时,对于规模小、功能单一的建筑,常采用简单、规整的矩形平面;对于建筑功能复杂、规模较大的公共建筑,可根据其功能要求,结合基地情况,采取 L 形、I 形、口形等组合形式,如图 5-1 所示。当场地平面不规则或较狭窄时,则要根据使用性质,结合实际情况,充分考虑基地环境,采取不规则的平面布置方式。图 5-2 是一个中学教学楼的平面组合示意图,它位于道路交叉口弧形的三角形地段,建筑物采用 Y 字形平面布局,它不仅解决了朝向、交通等功能使用上的问题,也照顾了街景,起到了丰富室内外空间的作用,使建筑体型与基地形状和周围道路相协调。

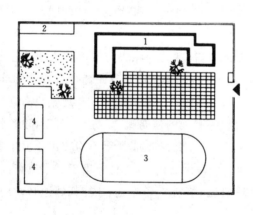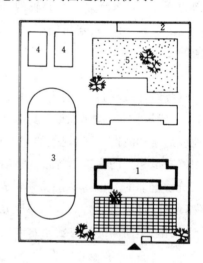

图 5-1　规则地形平面布置

1—教学楼;2—生活用房;3—运动场;4—篮球场;5—实验园地

建筑基地形状和周围主次道路的位置,与建筑物主次出入口的位置和内部空间组合情况的关系也较密切,建筑基地内部及外围总是有道路及停车场等不同的设施,建筑物的布置应该与交通系统的组织结合在一起进行综合考虑。图 5-3(a)与图 5-3(b)为两幢商店建筑,前者一边面临主要道路,后者处于两条主要道路的转角处,由于主次道路的位置不同,因而主次出入口布置的方式也有所不同。又如,图 5-4 为一会堂建筑,由于基地形状和广场位置的限制,入口布置在大厅的侧边。除建筑物的出入口受到道路

图 5-2　不规则地形平面布置

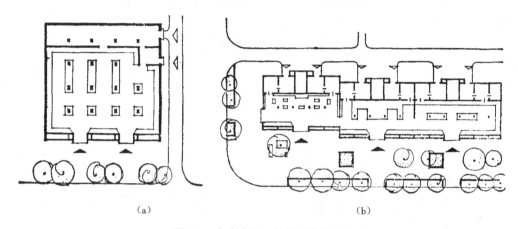

（a）　　　　　　　　　　　　　（b）

图 5-3　主次出入口的不同布置方式

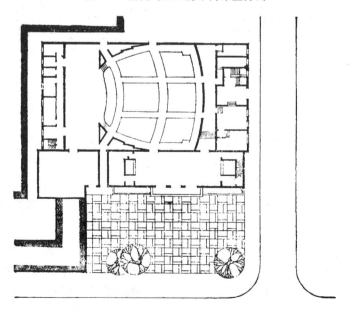

图 5-4　地段周围道路、广场对建筑平面布局、出入口位置的影响

系统的影响外,道路上行车还会产生噪声和废气,或者产生安全问题。因此,在进行建筑设计时,应当充分考虑这些因素。减少噪声干扰,是建筑设计中尤其应该重视的问题。如《中小学校设计规范》(GB 50099—2011)中规定:各类教室的外窗与相对的教学用房或室外运动场地边缘间的距离不应小于25m。该规范还规定了中小学校主要教学用房与周边可能有的铁路及各种交通流量的道路之间的距离。此类规定主要是针对噪声问题而设。若建筑物本身就带有噪声源,如一些有特殊设备的厂房等,在设计时更应采取局部隔声构造措施,同时,注意从布局上处理好同周边建筑物的关系。

建筑物与基地周围原有建筑物之间有的要求在功能上相互联系,有的需要连接在一起,为此,平面布局就要根据具体的要求采取适当的处理方式。即使在功能使用上不相关且要求分隔的情况下,也要根据日照、采光、通风、防火等方面的要求进行合适的布置,并考虑形体之间的相互协调问题。另外,建筑基地上原有的具有一定保留价值的树木和公共设施(如城市电力、给排水)的管道等,在基地周围的布置情况与走向,也会影响建筑物的平面布局。同时,消防问题也是十分重要的安全问题。《建筑设计防火规范》(GB 50016—2014)对于各类建筑之间的防火间距作了严格的规定,还规定了基地上消防车可以通过的道路与建筑物之间的位置关系,这些规定在设计时都应严格遵守。

例如,图5-5所示为一个旅馆的总平面布局,它在不大的地段上很好地安排了建筑物的各个组成部分。多层的主体建筑布置在地段靠后的位置,前面毗邻的低层餐厅和厨房同作为茶室的原有平房连接在一起,前院中保留了两棵原有大树,整个建筑与地段现状做到了很好的配合。

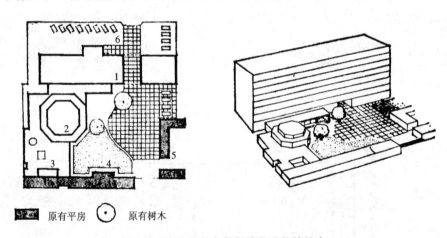

图5-5 建筑平面布局与地段现状的结合
1—旅馆主楼;2—餐厅;3—厨房;4—茶室;5—门房;6—停车场

2. 建筑地区的自然条件对房屋建筑空间组合的影响

房屋建筑空间组合的平面、总体布局还要受所在地区的地形、气候以及建筑地段的地质情况等自然条件的影响。

任何建筑基地都会存在自然的高差,设计时为了地面排水的需要,也应形成一定的地面高差和坡度。建筑设计规范要求,建筑物的底层地面应该至少高于其基底外的室外地面约150 mm。如果建筑底层地面架空铺设的话,底层地面最好高于室外地面450~600 mm,一般可以在150~900 mm之间选择。

地形大致可以分为平地和坡地两类。对于地势平坦的基地,建筑的平面交通和高度关系处理较为容易。当建筑物处于平坦地形时,平面组合的灵活性较大,可以有多种布局方式。

在地势起伏较大、地形复杂的情况下,平面组合将受到多方面因素的制约,在坡地上建造房屋则困难和复杂一些。在坡地上进行平面设计应遵循的原则是依山就势,充分利用地势的变化减少土方量,妥善解决好朝向、道路、排水以及景观要求。坡度较大时还应注意滑坡和地震带来的影响。

根据建筑物和地形等高线的相互关系,坡地建筑主要有以下两种布置方式。

(1) 平行于等高线布置

一般说来,当基地坡度较小时,建筑可以采取平行于等高线布置的方式。其中,当地面坡度小于25%时,房屋多平行于等高线布置,这种布置方式土方量少、造价经济。当基地坡度较缓,如当基地坡度在 10% 左右时,可将房屋放在同一标高上,只需把基地稍作平整,或者把房屋前后勒脚调整到同一标高即可节省土方,如图 5-6(a)所示。否则可以采取图 5-6 中其余的方法,或者整理出一部分平台来建房,如图 5-6(b)所示,或者令建筑物局部适应基地的高差,如图 5-6(c)所示,或者在建筑物的不同高度上分层设出入口,如图 5-6(d)所示。不过建筑物靠近基地高起部分房间的通风、采光问题还是应当予以重视,尽量不要以降低这些方面的质量来换取其他利益。

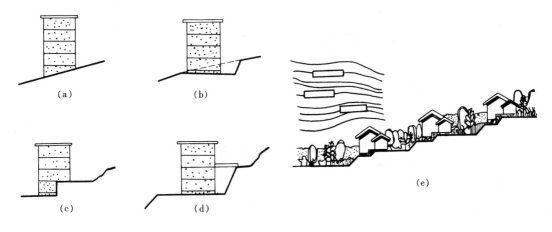

图 5-6　建筑物平行于等高线的布置

(a)前后勒脚调整到同一标高;(b)筑台;(c)横向错层;
(d)出入口分层设置;(e)平行于等高线布置示意

(2) 垂直于等高线布置

当基地坡度较大、建筑物平行于等高线布置对朝向不利时,往往会采取垂直或斜交于等高线布置的方式。当坡度大于 25% 时,如仍平行于等高线布置,这时建筑土方量、道路及挡土墙等室外工程投资较大,且对通风、采光、排水都不利,甚至受到滑坡的威胁,此时,要将建筑物垂直于等高线布置,即采用错层的办法解决上述问题。这样,通风、排水问题都比较容易解决,但是这种布置方式使房屋基础比较复杂,道路布置也有一定的困难,如图 5-7(a)所示。

以上可见,建筑单体设计与相互组合的可能性之间以及与构成室外空间的形态之间有着密切的关系。建筑设计的过程是由里而外、由外而里多次反复的过程。必须在设计前充分地了解,并给予综合的考虑。

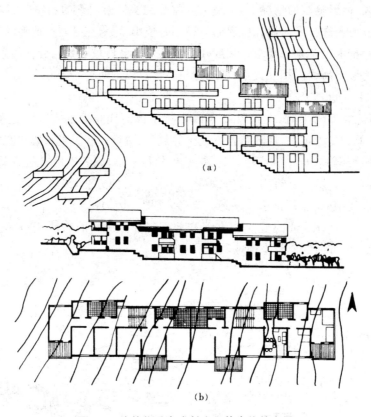

图 5-7　建筑物垂直或斜交于等高线的布置

(a)垂直于等高线布置示意；(b)斜交于等高线布置示意

5.2.2　建筑物的布置与其周边生态环境的关系

建筑、人、环境，是建筑发展永恒的主题。不管何时，争取良好的日照、天然采光和自然通风等，始终是房屋建筑总体和单体空间组合设计的重要任务，只有这样才能使所建造的供生产、生活的人工环境纳入自然生态环境的良性循环系统之中。为此，在进行建筑物总平面的具体布置时，可以从以下几个方面进行调解与控制。

1. 满足建筑的采光环境

采光环境最基本的衡量标准是建筑获得日照的状况和有效的日照时间。例如，根据我国所处地理位置的特点，相关标准要求每套居民住宅必须有一间居室获得日照，日照时间为分别在大寒日 2 h 或冬至日 1 h 连续满窗日照。对卫生要求较高的建筑物，如托儿所、幼儿园、疗养院、养老建筑等，该标准提高为每间活动室或者居室都必须获得日照，而且连续满窗日照时间为 3 h。为此，设计中应根据建筑物的特点，除了在平面组合时考虑有关房间的朝向和可能的开窗面积外，还要考虑是否会造成对日照的遮挡，在总平面布置时则要注意基地的方位、建筑物的朝向，以及注意保持建筑物之间日照间距的问题。

（1）确定合理的建筑物朝向

建筑物的朝向主要是综合考虑太阳辐射强度、日照时间、主导风向、建筑使用要求及地形条件等因素来确定的。

在不同的季节与时间里，太阳的位置、高度都在发生变化，阳光射进房间里的深度和日照时间也不相同。太阳在天空的位置可以用高度角和方位角来确定,如图 5-8 所示。太阳高度角是指太阳射到地球表面的光线与地平面的夹角 h;方位角是指太阳射到地球表面的光线与南北轴线所成的夹角 A。方位角在南北轴线之西标注正值,在南北轴线之东标注负值。

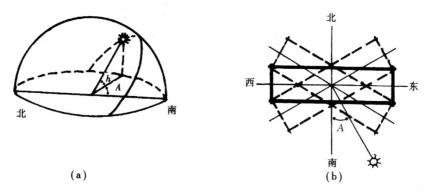

图 5-8　太阳的高度角和方位角
(a)太阳运动轨迹图;(b)平面示意图

　　我国大部分地区处于夏季热、冬季冷的状况。为了改善室内卫生条件,人们常将主要房间朝南或南偏东、偏西少许角度。原因在于我国夏季南向太阳高度角大,射入室内光线很少、深度小;冬季太阳高度角小,射入室内光线多、深度大,房间朝南或南偏东设置有利于做到冬暖夏凉。但设计时不可能所有的房间都能有理想的朝向,例如,内廊式平面当一侧房间朝南向时,另一侧房间为北向。确定建筑朝向时,还可根据主导风向的不同加以适当调整,以此来改变室内气候条件,创造较舒适的室内环境。在寒冷地区,因为冬季时间长、夏季不热,应争取日照,建筑朝向以东、南、西为宜,同时要避免正对冬季的主导风向。

　　另外,对于人流集中的公共建筑,确定房屋朝向主要需考虑人流走向、道路位置和邻近建筑的关系,对于风景区建筑,则应以创造优美的景观作为考虑朝向的主要因素。

　　(2)确定合理的建筑物间距

　　影响建筑物之间间距的因素有很多,主要包括日照间距,防火间距,防视线干扰间距,隔声间距,绿化、道路及室外工程所需要的间距以及地形利用、建筑空间处理等问题。在民用建筑设计中,日照间距是确定房屋间距的主要依据,一般情况下,只要满足了日照间距,其他要求也就能得到满足。

　　日照间距是指为保证房间有一定的日照时长,建筑物彼此互不遮挡所必须具备的距离。从图 5-8 中看出,太阳的高度角从早晨到晚上在不断发生变化,不同季节太阳的位置也在不断发生变化。为保证日照的卫生要求,日照间距的计算一般以冬至日正午 12 时太阳光线能照到南向房屋底层窗台高度为设计依据,如图 5-9 所示。

　　日照间距的计算式为:

$$L = H/\tan h$$

　　式中,L 为房屋间距;H 为南向前排房屋檐口至后排房屋底层窗台的高度;h 为冬至日正午的太阳高度角。

　　在实际工程中,一般房屋日照间距通常用房屋间距和南向前排房屋檐口至后排房屋底层窗台高度 H 的比值来控制。我国大部分地区日照间距为 $1.0\,H \sim 1.7\,H$。由于太阳高度角在南方要大于北方,所以,越往南日照间距越小,越往北则日照间距越大。此外,有的建筑物对房屋间距有特殊要求,如防止

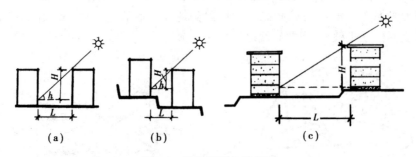

图 5-9　建筑物的日照间距
(a)平地；(b)向阳坡；(c)背阳坡

声音、视线的干扰的要求等。

对日照间距没有严格要求的建筑，其房屋间距应满足防火规范中规定的防火间距。

以上是从基地的方位、建筑物的朝向及保持建筑物之间的日照间距等方面谈到如何满足建筑采光的环境要求，当然，对于南方炎热地区，遮阳是做好建筑物的防热和防止过度日照的措施之一。这里不再作具体介绍。

2. 满足建筑的通风环境

通风状况是否良好是建筑设计所要考虑的重要标准。为了满足卫生、舒适、节能的需求，除了建筑物的室内最好能通过开窗的方式组织穿堂风和自然通风外，整个基地上建筑物的布置都应该有利于形成良好的气流，并且不要对周边的固有环境造成不良影响。

建筑设计中常用风玫瑰图帮助决定建筑物之间的高低错落关系。如我国南方地区，不希望受到南向的高大建筑物的遮挡。另外，建筑物相互位置之间的疏密远近，对自然风通过时的风向、风速会产生局部的影响。如双面临街的高层建筑，会加快中间风的流速，在寒冷的冬季令行人感到不舒适。为此，在进行总平面布置时，很多建筑还应进行模拟计算，甚至进行风洞试验。

在总体布置时，首先考虑的是当地的主导风向，特别是夏季的主导风向。在考虑建筑布置时，应使房间朝向有利的方位。

选择良好的方位，对加强房屋的自然通风及减少太阳的辐射影响有着重要的作用。要获得良好的自然通风，对一幢建筑物来说，建筑物的主要迎风面应尽可能地与夏季主导风向垂直布置，但对一组建筑群来讲，如一个居住区，这样布置就会影响它后面建筑物的通风。所以，针对一个建筑群的布置，为了使所有房屋都有一定的进风量，应按 30°～60° 的风向投射角(指风向与建筑物主要墙面的法向夹角)布置房屋。

如果当风向投射角相同，而前后两幢建筑物间距不同时，间距与檐口高度之比为 2 时，要比比值为 1 时通风效果好。

建筑物相互之间错开来布置，可同时解决日照、通风、室外空间组织等多方面问题。实践中，人们常把行列式建筑的各行、各列错开布置，使斜向气流便于导入间距内，增加越流的气流长度，这对改善建筑群的通风，特别是对层数较多、长度较长的建筑群十分有利，如图 5-10 所示。

图 5-11 为上海天钥新村住宅群的布置图。在沿北面的道路旁，布置了体型较长的住宅楼，以减少冬季西北风向坊内吹袭；南边的住宅楼较短，布置得也比较开敞，为的是引导夏季东南风送入坊内。以上所示的建筑群体关系，表达出良好的设计理念，值得借鉴。

图 5-10　建筑总体布置与通风关系

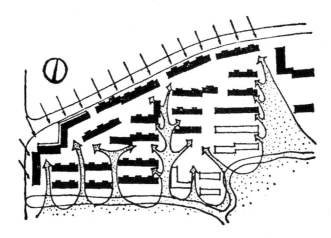

图 5-11　天钥新村总体布置

3. 满足建筑的绿化、卫生条件

（1）满足建筑的绿化条件

绿化是创造优良社区生活环境的重要条件。

绿化是在人工环境中求得生态平衡的重要手段,在建筑总平面的安排中,要留出绿化的面积,也要为绿色植物的生长提供有利的环境。为此,将绿化设计深化到树种和草种配置,并一定要和建筑设计进行有机结合。例如在高层建筑围绕下的绿地,虽然由于高层之间间距大,从平面图上看,似乎绿地的规模不小,很有气派,但实际上建成后由于绿地常年处于建筑物的阴影之下,很多树种难以存活,效果就不是很好。此外,对于基地上具有保留意义的生态环境,如一些有一定树龄的老树及一片城市中仅存的湿地等也应尽量给予保护。同时,为鼓励绿化,小区应配置立体绿化设备,发展阳台、屋顶的绿化等。

（2）满足建筑的卫生条件

要合理规划水环境,提供安全卫生的水供应系统和处理再利用系统,优化水资源结构,节约用水。在环境方面,尽量减少废水、废气、固定废物的排放,并采用处理技术实现废水、废物的无害化和资源化,使其得到再生利用。

4. 满足建筑节能的要求

建筑的布置应满足节能的要求。人们研究开发可再生的资源,包括太阳能、风能、水能、生物能、地热能等无污染型的能源,都对建筑节能有利。

5.3　建筑物在基地上的总体布置

总平面设计对于各个单体建筑物,除考虑内部功能要求外,还要在总平面所规定的外部条件下,采取适当的组合方式。确定房屋建筑在基地上的总体布置也常常要由整体到局部、由局部到整体进行多次反复调整,才能使建筑单体与总体布置成为一个有机的整体。

(1) 根据使用要求考虑总体的功能分区

当基地中只有单独一幢建筑物时,这时总体的功能分区主要指室外各种活动场地与建筑物各部分之间的功能关系。如图 5-12 所示的某小学总平面布置,教学楼的位置根据基地的条件作如下布置:B、C 两翼为教学楼,其中 1~3 层为教室,4 层为电化教室及图书馆;A 在 B、C 之间,布置楼梯间和年级办公室;D 为多功能教室,布置在大楼一端。这样布置的优点是教学楼各区之间既方便联系,又适当分隔,教学楼与操场之间干扰小。大部分教室都有好的朝向,操场日照不受影响。建筑采用对内封闭的周边式布置,主要出入口正对街道中心,出入口位置同总平面所规定的条件互相配合,保证了学校与周围环境的协调。

图 5-12 某小学总平面设计分析
A—办公楼;B、C—教学楼;
D—多功能教室;E—扩建教学楼;
F—操场

当一种类型的房屋建筑以若干幢独立的建筑物在地段上分散布置时,它的总体布置,即通常所说的建筑群体的布置,首先要确定这些建筑物在总平面中的相互关系。由于功能使用要求不同,分散布置的建筑物有的彼此在功能上有密切的联系,有的没有直接的联系,有的要求适当隔离。这些都要结合基地的具体条件,根据主次、内外、联系与隔离等关系,连同室外部分的布置,适当安排它们的位置,使总体布局形成更为明确的功能分区。

图 5-13 是一个包括有教学楼、食堂、宿舍等几幢建筑物的中学校园。教学楼是学校的主要建筑物,靠近校园主要出入口布置;食堂有时兼作会堂,与教学楼相对布置,分列校园主要道路的两侧;而宿舍则布置在较隐蔽的位置。在群体布局上体现了主次、内外以及适当的联系与隔离关系。整个校园结合运动场地、实验园地的布置,组织了道路交通系统,安排了绿化、小建筑物的位置。各幢建筑物本身又根据在总平面中的位置采取适当的组合方式。

图 5-14 是一所医院的总平面图,它包括门诊部、病房楼、辅助供应的营养厨房、洗衣房等几个部分。门诊部靠近主要出入口,并以走廊与病房楼相联系;传染病房则与一般病房隔开布置,以便隔离;营养厨

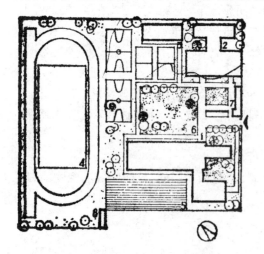

图 5-13 某中学总平面设计分析
1—教学楼;2—食堂;3—宿舍;4—运动场;
5—实验园地;6—绿化;7—门房;8—厕所

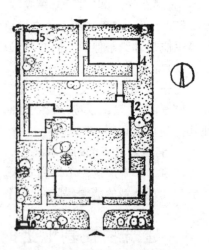

图 5-14 某医院总平面设计分析
1—门诊部;2—病房楼;3—隔离病房;
4—营养厨房、洗衣房;5—太平间;6—厕所

房、洗衣房与病房楼有方便的联系,并邻近辅助供应的对外出入口;太平间设在远离其他建筑物的西北角,也有单独的对外出入口。各部分的主次、内外、联系与隔离关系以及道路系统的分工都比较明确。

在一个地段上布置成群的居住建筑,通常称为居住街坊设计。与相互之间有功能关系的公共建筑群体布置不同,它的各幢建筑物之间不存在功能上的联系关系。居住街坊的群体设计主要考虑要有利于各幢居住建筑取得较好的朝向,根据地段的现状和自然条件以及日照、通风、防火、节约用地等要求,采取适当的布置方式。如在冬季太阳高度角小的地区,首先要考虑房屋有必要的日照间距;炎热地区建筑群体布置要有利于自然通风;坡地上布置建筑群组还要有利于减少土方工程量等。居住街坊设计除了安排居住建筑群组,以及同城市道路相连接的居住街坊道路以外,还要适当安排居住街坊内绿化场地、儿童游戏场地以及其他公共设施,并组织居住建筑群组同这些公共设施相联系。图 5-15(a)是一组两层的居住街坊的一部分,它结合地段周围道路、河流的现状采取交错的行列式布置方式,建筑物之间

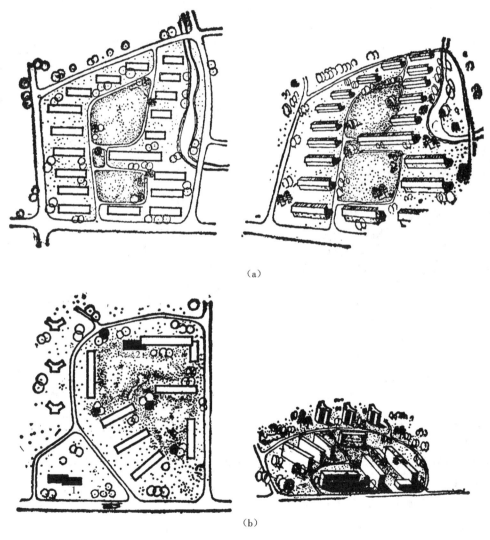

(a)

(b)

图 5-15　居住建筑群体布置

1—幼儿园;2—商店

有适当的间距。街坊内保留了两块绿地,保证了较好的日照、通风条件及室外环境。图 5-15(b)是一组设有商店、幼儿园的四五层居住街坊,它采取较灵活的布局,由于房屋层数较高,建筑物间距也比较大,保证了良好的日照和通风条件。

(2)根据基地条件创造良好的总体条件

通常,建筑基地情况往往是多种多样的,建筑设计就要考虑如何充分利用基地的条件和特点来创造满足建筑功能使用要求和人们生理、心理及审美要求的总体环境问题。

图 5-16 所示为某大学留学生活动区的总体布置。原中央区有一个水塘,设计时根据地形特点把建筑布置在水塘四周,并通过道路、绿化及建筑小品等巧妙安排与设计,形成庭园式空间,创造出一个轻松、活泼、幽雅、宁静的总体空间环境。

图 5-17 所示是上海某中学的总体环境布置。其基地条件相当苛刻,但通过巧妙的构思,创造了很好的总体环境。这种利用山、水、溪、道路等自然条件,创造良好的总体环境的例子有许多,设计手法也多种多样,例如桂林的七星岩月牙楼、天津的水上公园茶室以及赖特设计的流水别墅等。

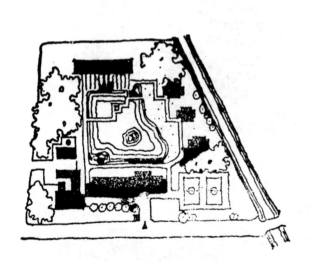

图 5-16　某大学留学生活动区总体布置

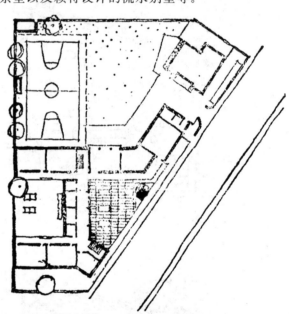

图 5-17　上海某中学的总体环境布置

(3)平面与垂直方向的关系

设计中不仅要注意平面上的组合关系,还要注意垂直方向上的组合关系。由于现代城市是一个立体交叉的空间城市,例如高架的道路、天桥、地下通道、地下商业街等,因此设计时要地面、天上、地下一起考虑,综合安排。

总之,建筑基地上除了布置建筑物外,常常要结合建筑物的使用性质布置必要的室外活动场地,以及道路、绿化、建筑小品、停车场等室外设施,所以,在基地布置建筑物时,应该把室外部分作为建筑物不可分的组成部分,在总体上予以考虑。

【**本章要点**】

① 建筑在总平面中的布置主要是根据建筑物的性质和规模,结合基地条件和环境特点,确定建筑

物或建筑群的位置和布局,规划基地范围内的绿化、道路和出入口,以及布置其他的总体设施,使建筑总体满足使用要求和艺术要求。

②　建筑物布置与基地红线的关系。

③　建筑物布置与基地形状、大小的关系。

④　建筑物布置与基地高程的关系。

【思考题】

5-1　建筑物布置与基地红线的关系。

5-2　建筑物布置与基地形状、大小的关系。

5-3　建筑物布置与基地高程的关系。

5-4　如何确定合理的建筑物朝向?

5-5　如何确定合理的建筑物间距?

5-6　坡地建筑的主要布置方式。

附　房屋建筑学课程设计任务书

题目 1:十八班中学教学楼设计

1. 目的要求

通过理论教学、参观和设计实践,使学生初步了解一般民用建筑的设计原理,初步掌握建筑设计的基本方法与步骤,进一步训练和提高绘图技巧。

2. 设计条件

(1) 地点及位置

本建筑位于城市街道一侧,基底平坦;也可以根据各地区情况自拟。建筑位置如图 5-18 所示。

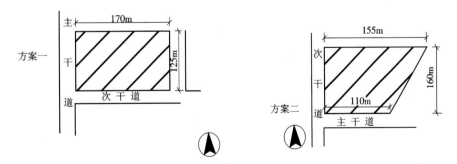

图 5-18　设计的地点及位置

(2) 房间的名称和面积

房间的名称和面积如表 5-1 所示。

表 5-1　房间的名称和面积

分项	房间名称		使用面积/ m²	备注
教学用房	普通教室	18 间	63～72	(每班 50 人)
	音乐教室	2 间	70	
	乐器室	2 间	15～20	
	多功能大教室	1 间	100～120	
	实验室	3 间	75～85	
	准备室	3 间	40～45	
	语音室	1 间	75～85	
	控制室	1 间	25～35	
	教师阅览室	1 间	40～45	
	学生阅览室	1 间	40～60	
	书库	1 间	40～45	
	科技活动室	3 间	25～35	
办公用房	教师休息室及一般办公室	20 间	12～18	
	会议室	1 间	40～45	
	传达室	1 间	8～12	
生活辅助用房	开水房	1 间	12～18	按照人数确定
	厕所	1 间		

(3) 总平面布置

① 教学楼:按照占地面积计算。

② 运动场:按照 200～250 m 环形跑道(附 100 m 直跑道)设计。

③ 田径场 1 个,篮球场 2 个,排球场 1 个。

④ 绿化用地(兼生物园地)300～500 m²。

(4) 建筑质量标准

① 层数:4～5 层。

② 层高:教学用房 3.6～3.9 m,办公用房 3.0～3.4 m。

③ 结构:混合结构,条形刚性基础。

④ 门窗:木门窗。

⑤ 采光:教室窗地面积比 1:4,其他用房 1:8～1:6。

⑥ 卫生情况如下述。

厕所:男女人数各半。

男生:每 40～50 人一个大便池,两个小便池(或 1 m 长小便槽)。

女生:每 20～25 人一个大便池。

⑦ 装修:内外墙抹灰,内墙设油漆墙裙;地面全部用水磨石地面。

3. 设计内容及要求

(1) 设计说明书

说明并分析建筑方案;说明承重方案,简要说明建筑构造要点,如装修处理、屋面排水、楼梯间设计、变形缝等。

（2）设计图纸

① 建筑总平面图。

② 建筑平面图：至少包括底层及标准层平面图。

③ 建筑立面图：按照需要确定。

④ 建筑剖面图：楼梯间、主要出入口以及其他需要表达处。

⑤ 建筑详图：大墙节点详图。

4. 参考资料

［1］《中小学校建筑设计》，中国建筑工业出版社。

［2］《建筑设计资料集》，中国建筑工业出版社。

［3］《中小型民用建筑图集》，中国建筑工业出版社。

［4］《建筑制图》教材的施工图部分。

［5］各地区通用的民用建筑配件图。

题目 2：单元式多层住宅设计

1. 目的和要求

通过本次设计使学生能够运用已学过的建筑空间环境设计原理和方法进行一般的建筑初步设计，进一步理解建筑设计的基本原理，了解初步设计的步骤和方法。

2. 地点及位置

本建筑位于城市新建的居住小区内，基地平坦，也可以根据各地区情况自拟。建筑位置如图 5-19 所示。

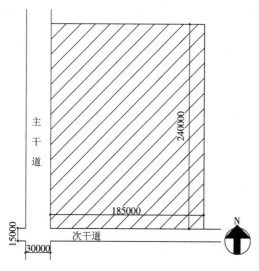

图 5-19　设计的地点及位置(单位：mm)

3. 设计要求

① 建筑面积：3000～3200 m²。

② 结构形式：混合结构。

③ 套型:一梯两户,一梯三户。

④ 使用面积:一户室 34~40 m²,二户室 45~60 m²,三户室 70~100 m²。其中双人卧室使用面积不小于 15 m²,单人卧室面积不小于 12 m²,兼起居室的卧室面积不小于18 m²。

⑤ 层数:4~6 层。

⑥ 层高:2.8~3.0 m。

⑦ 采光:户内窗地面积比不小于1:7,楼梯间窗地面积比不小于1:12。

⑧ 装修:不限。

⑨ 卫生间:至少布置两件卫生洁具(大便器、洗手池),面积大的考虑盆浴或淋浴,二户室以上适当考虑双卫。

⑩ 厨房:面积 5~7 m²,并设置服务阳台。

⑪ 三户室:设置两个阳台。

⑫ 室内外地坪高差:不大于 0.6 m。

4. 绘图要求

① 总平面图(规划图):1:500。

② 建筑平面图(底层,标准层,顶层):1:100~1:200。

③ 建筑立面图:不少于两个,1:100~1:200。

④ 建筑剖面图:至少一个,1:100~1:200。

⑤ 建筑大样图:墙身。

⑥ 设计说明书:不少于 500 字。

⑦ 主要的经济技术指标。

⑧ 表现方式不限。

⑨ 1 号图纸:自备 A4 档案袋一个,答辩前装好。

5. 参考资料

[1]《建筑设计资料集》,中国建筑工业出版社。

[2]《住宅建筑设计原理》,中国建筑工业出版社。

[3] 各地区及全国的住宅方案图集。

[4] 各地区通用的民用建筑配件图。

第6章　民用建筑常用的结构形式
及所适用的建筑类型

建筑结构是由基本构件按一定规则组成的空间受力体系。建筑结构的种类很多。按照结构的受力体系建筑结构可以分为混合结构、框架结构、剪力墙结构、筒体结构、塔式结构、悬索结构、悬吊结构、壳体结构、刚架结构、拱结构、排架结构、墙板结构、板柱结构、充气结构、膜结构等。按照使用的材料建筑结构可以分为砌体结构、混凝土结构、钢结构、木结构等。本章主要讲述民用建筑中常用的结构形式。

6.1　砌体结构的特点及其适用的建筑类型

6.1.1　砌体结构概况

砌体结构有着悠久的历史。早期的土木工程中主要使用的就是砌体结构。石材是人类历史上最早使用的建筑材料。大约在一万多年前人们发明了土坯砖,后来又发明了烧结砖。许多砌体工程都创造了人类建筑史上的辉煌。

6.1.2　砌体结构的种类

根据砌体中是否配筋,可以把砌体分为无筋砌体和配筋砌体。按照砌块的不同,无筋砌体又可分为砖砌体、砌块砌体和石砌体。

1. 无筋砌体

（1）砖砌体

在民用建筑中,砖砌体一般用作内外墙、柱、基础、围护墙和隔墙等。墙体的厚度要满足强度和稳定性的要求,对于外墙还要满足保温和不透气要求。

（2）砌块砌体

砌块砌体主要用于民用建筑,如居民楼、学校、综合楼和一般工业建筑的承重墙和围护结构。目前我国常用的砌块砌体为中小型混凝土空心砌块,可以砌筑 240 mm、190 mm、200 mm 等厚度的墙体。

（3）石砌体

石砌体是由石材和砂浆或石材和混凝土砌筑而成。石砌体可以分为料石砌体、毛石砌体和毛石混凝土砌体。

2. 配筋砌体

为了提高砌体的强度、减小截面的尺寸、增强砌体结构的整体性,可在砌体灰缝、砂浆面层或混凝土中配置适量的钢筋,构成配筋砌体。配筋砌体有两种:一种是配筋砖砌体,又可分为网状配筋砖砌体、组合砖砌体、砖砌体和钢筋混凝土构造墙;另一种是配筋砌块砌体,又可分为约束配筋砌块砌体和均匀配筋砌块砌体。

网状配筋砖砌体是在砌体水平灰缝内配置钢筋网。在砌体受压时,网状配筋约束砌体的横向变形,从而提高了结构的抗压强度。

砖砌体和钢筋混凝土构造柱组合墙是由钢筋混凝土构造柱和圈梁以及砌体墙形成一个整体。这种结构的各个构件共同受力大大增加了房屋的抗变形能力和抗倒塌能力。施工时,在砌体与构造柱连接面上砌筑马牙槎,先砌墙后浇筑混凝土构造柱,以保证两者共同工作。

均匀配筋砌块砌体是在墙体上下贯通的孔洞中配置钢筋,并用混凝土灌实。墙体中的纵、横钢筋就可以协同工作形成一个整体,其受力性能类似于钢筋混凝土剪力墙,故又称为配筋砌体剪力墙。这种结构不但抗震性能好,而且造价低。

配筋砌体使得砌体在很多方面的性能得以大大提高,从而扩大了砌体结构的使用范围。相对于混凝土结构,配筋砌体还有不需要支模、耐火性能好等优点。

6.1.3 砌体结构的布置及适用的建筑类型

砌体结构的形式一般为长方体盒子结构,沿横截面长边方向的称为纵向,沿横截面短边方向称为横向。沿纵向方向的墙称为纵墙,沿横向方向的墙称为横墙。从受力的角度分析,称直接承受上部构件传来荷载的墙为承重墙;不承受上部荷载而只承受自重的墙为非承重墙。由此产生了以下几种承重方案:横墙承重体系、纵墙承重体系、纵横墙承重体系、内框架承重体系。

1. 横墙承重体系

在横墙承重体系中,楼屋盖的荷载主要传递给横墙。如果选择单向板做楼屋盖,则单向板直接搭在横墙上,纵墙主要起围护、隔断和联系横墙的作用。

这种承重体系中,外纵墙的立面布置灵活,纵墙上门窗洞口设置方便。横墙间距较小(一般为3~4.5 m),又有纵墙拉结,因此,房屋的空间刚度大,整体性好。相对于纵墙承重结构,这种承重体系在抵抗风、地震等水平作用和地基不均匀沉降等方面要好得多。图6-1就是横墙承重体系的例子。

横墙承重体系适用于开间不大的建筑,如宿舍、住宅、旅馆和小型办公楼等。这种体系墙体材料承载力潜力较大,故可用于建造较高的房屋。

2. 纵墙承重体系

在纵墙承重体系中(见图6-2),楼屋盖的荷载主要传递给单向板,由单向板传至纵墙,再由纵墙传递给基础。横墙主要是为了隔断和满足整体刚度、整体性而设的。

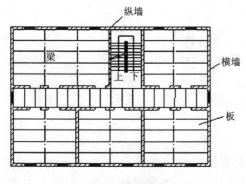

图 6-1 横墙承重体系

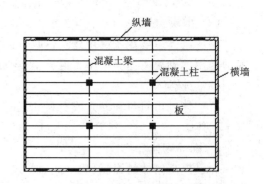

图 6-2 纵墙承重体系

这种体系中,横墙间距可以很大,因而室内空间较大,房屋的划分比较灵活。由于纵墙承受荷载,纵墙上设置门窗洞口就受到一定限制。与横墙承重体系相比,横墙数量较少,房屋的整体性和空间刚度较小,而且楼盖材料用量较多。

纵墙承重体系适用于有较大空间的建筑,如教学楼、图书馆、食堂、俱乐部等。纵墙承重的房屋墙体材料承载力利用率高,因而不能建造层数太高的楼房。

3. 纵横墙承重体系

在这种体系中,楼屋盖的主要荷载往往既传给横墙又传给纵墙,从而形成了纵横墙承重体系(见图6-3)。在实际房屋中,往往要求建筑物既有灵活布置的房间,又有较大的刚度和整体性,因而常采用纵横墙承重体系。

纵横墙承重体系平面布置灵活,能够协调横墙承重体系和纵墙承重体系各自的优缺点,既可以满足较大空间使用要求,又有较好的空间刚度。这种承重体系适合多层塔式房屋,纵横墙都承受上部结构传来的荷载,且纵横两个方向上的刚度都很大,抗风能力强,适用于教学楼、办公楼、医院等。

4. 内框架承重体系

为增大房屋内部使用空间,在砌体结构内部用混凝土柱和梁代替内部承重墙,这就形成内框架承重体系(见图6-4)。在这种承重体系中,楼屋盖的荷载由外墙和内部柱与楼盖梁形成的钢筋混凝土框架共同承担。

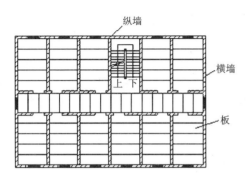

图 6-3　纵横墙承重体系

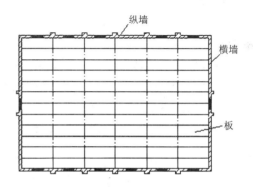

图 6-4　内框架承重体系

内框架承重体系的优点:可以有较大的空间,而梁的跨度并没有相应增大。不足之处:横墙较少,导致房屋的空间刚度和整体性较差;由于钢筋混凝土柱和砖墙的压缩性能和变形不同,故结构容易产生不均匀沉降和变形不协调。

内框架承重体系主要适用于层数不多的工业厂房、仓库、商店等要求较大空间的房屋。

6.1.4　砌体结构的优缺点

1. 砌体结构的优点

① 耐久性:砌体结构的材料使用时间长,保养和维修费用低。

② 耐高温:砖、石或砌块砌体耐高温,与钢、木等结构相比具有良好的耐火性。

③ 承重和围护双重功能:砌体结构的墙体有良好的隔声、隔热和保温性能,并且具有耐火性和耐久性。

④ 施工方便:与混凝土结构相比,砌体施工时不需要模板和其他特殊设备,且新砌筑的砌体具有一定的承载能力,可以连续施工。

⑤ 取材方便:一般砖用黏土烧制;石材使用天然石;砌块可以用工业废料制作,来源广泛,且价格低廉,同时也节约了水泥和钢材。

2. 砌体结构的缺点

① 砌体的强度较低,构件截面尺寸大,材料使用多,自重大。

② 块材和砂浆的黏结力弱,抗拉和抗剪强度都很低,加上砌体本身自重大,因而抗震性能差,使用上受到限制。

③ 砌体砌筑基本采用手工,劳动量大,效率低。

④ 黏土砖的生产破坏农田,在某些地区过分占用农田,影响农业生产。

6.2　框架结构的特点及其适用的建筑类型

6.2.1　框架结构的定义、组成

采用梁、柱等杆件刚接组成的空间体系作为建筑物承重骨架的结构称为框架结构。墙体只起围护作用。框架柱一般垂直布置,梁水平布置,如图 6-5(a)所示。由于排水等方面的要求,屋面也可布置成斜梁,如图 6-5(b)所示。框架结构节点一般为刚性节点,即结构受力变形过程中梁柱夹角保持不变(或变形微小,相对整个结构可忽略不计)。在特殊情况下,框架节点也有做成铰节点或半铰节点的。当梁与柱节点全部为铰接时,称之为多层排架,如图 6-5(c)所示。梁和柱能作为一个整体共同承担竖向荷载和水平荷载,是因为框架梁、柱依靠节点的刚性组成几何不变体系。刚节点在受力前后虽可转动,但由于夹角始终保持不变,所以能承受并传递垂直和水平荷载。框架节点也是整个框架结构的关键部位,也是应力集中的部位。因此,框架节点常常是导致结构破坏的薄弱环节。

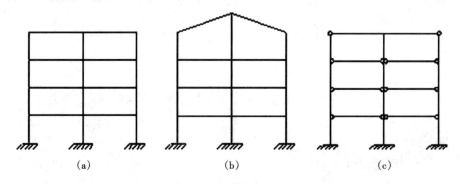

(a)　　　　　　　　(b)　　　　　　　　(c)

图 6-5　框架结构形式

为了使框架结构有更好的受力,框架梁一般对直、拉通,框架柱上、下轴线对齐,梁柱轴线共面。但有时为满足建筑、功能等方面的要求,框架结构也可做成抽梁、抽柱、内收、外挑等,如图 6-6 所示。

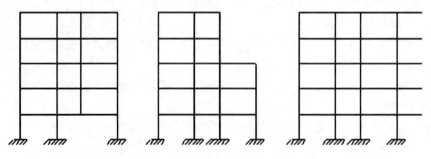

图 6-6　框架结构形式的变化

6.2.2　框架结构分类

1. 按使用材料的不同划分

按照使用材料不同,框架结构可分为混凝土框架结构和钢框架结构。钢框架结构是由工厂预制钢梁、钢柱等构件,运送到现场经拼装连接成整体框架。钢框架结构自重轻、抗震性能好、施工速度快、机械化程度高。与混凝土框架结构相比,钢框架结构的梁、柱截面较小,而跨度较大。但钢框架结构也有用钢量大、造价高、耐火性能差、维修费用高等缺点。而钢筋混凝土框架结构具有取材方便、造价低廉、耐久性好、可模性好等优点,在国内得到广泛的应用。

2. 按施工方式的不同划分

钢筋混凝土框架结构按施工方式不同可分为全现浇式框架、半现浇式框架、装配式框架和装配整体式框架。

全现浇式框架即框架结构的全部构件均为现浇混凝土。在施工过程中,板和梁的钢筋要分别伸入梁、柱内锚固,因而其整体性好,抗震性能高。

半现浇式框架指梁和柱现浇、楼板预制,或柱为现浇、梁和楼板预制的结构框架。这种框架中采用了预制楼板,不但大大减少了现场浇筑混凝土的工作量,而且提高了施工效率,降低了成本。

装配式框架指梁、柱、楼板均为预制构件,运送到施工现场经焊接拼装成整体的框架结构。这种结构施工速度快,但运输和吊装增加了造价。这种结构整体性差,对抗震不利,一般不在震区使用。

装配整体式框架指梁、柱、楼板均为预制,通过吊装就位后,焊接或绑扎节点区钢筋,然后浇筑混凝土,形成框架节点,从而将梁、柱及楼板连成整体框架。这种结构具有现浇框架和装配框架的优点,但施工复杂。

6.2.3　框架结构的布置

框架结构实际上是由横向框架和纵向框架组成空间结构。通常把承受楼板荷载的框架称为主框架。根据承重方式的不同,框架结构可以分为三类:横向承重框架、纵向承重框架和双向承重框架。

(1) 横向承重框架

在横向承重框架中,主梁沿横向布置,竖向荷载和沿房屋纵向的水平荷载由横向框架承担。横向框架由纵向连系梁和板相连,这些连系梁和柱形成几榀框架,承担纵向水平荷载,如图 6-7(a)所示。由于竖向荷载主要由横向框架承担,横梁高度较大,因而结构横向刚度较大。纵向框架的跨数一般比较多,而房屋短部横墙受风面积较小,纵向水平荷载所产生的框架内力常可忽略不计,计算时只考虑横向框架。横向框架中,预制楼板沿纵向布置,现浇楼板一般需要设纵向次梁。这种承重体系在实际中应用较多。

(2) 纵向承重框架

在纵向承重框架中,主梁沿纵向布置,竖向荷载和沿房屋横向的水平荷载由纵向框架承担。横向框架由横向连系梁和板相连,形成几榀框架,承担横向水平荷载,如图 6-7(b)所示。这种承重方案因为横向连系梁高度小,对于房屋空间利用有利。但由于房屋的横向刚度很弱,在实际中很少采用。

(3) 纵横向(双向)承重框架

在纵横向承重框架中,竖向荷载和水平荷载由纵、横框架共同承担,如图 6-7(c)所示。楼盖一般为现浇双向楼盖或井式楼盖。这种承重方案多用于柱网为正方形或接近正方形的情况,楼盖上活荷载较大时也常被采用。

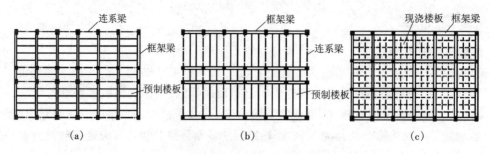

图 6-7 承重框架布置方案

(a)横向框架承重;(b)纵向框架承重;(c)纵横向框架承重

6.2.4 框架结构的优缺点及适用的建筑类型

框架结构具有结构轻巧、平面布置灵活、室内空间大、结构延性好、工程造价低等优点,广泛用于教学楼、办公楼、图书馆、宾馆、商店、多层厂房等建筑中。在使用过程中,可以根据需要用隔断把大房间隔成小房间,也可拆除隔断把小房间改成大房间,使得平面设计灵活多样。

由于受到横截面尺寸限制,梁、柱的侧向刚度较小,在水平荷载作用下较其他结构侧移大,这是框架结构的主要缺点。此外,由于结构承载力较低,结构抗震缺少二道防线,框架结构的使用高度受到了限制,尤其是在震区,框架结构一般用于多层和层数不太多的高层建筑中。高层框架很容易因层间变形过大而发生非框架构件的破坏,结构维修费用高。在混凝土框架结构中,若采用轻质墙体可做到 30 层。

6.3 剪力墙结构、框架-剪力墙结构、框筒结构的特点及其适用的建筑类型

6.3.1 剪力墙结构

1. 剪力墙结构的概念

剪力墙结构是由墙体承担竖向荷载和水平荷载的空间钢筋混凝土板系结构。在剪力墙结构中的墙体抗侧移刚度大、抗剪能力强,通常称为抗剪墙或剪力墙。这种结构有两个特点:一是结构由混凝土材料构成;二是以承担水平荷载为主。当把砌体结构中的墙体材料由砖换成钢筋混凝土时,砌体结构就成为剪力墙结构。剪力墙结构的承载能力和抗震能力都比较高,使之成为高层建筑的主要结构体系。

在竖向荷载作用下,剪力墙结构中的墙体相当于薄壁柱,承担上部竖向荷载;在水平荷载作用下,相当于底部固定、顶端自由的悬臂梁,其水平变形由弯曲变形和剪切变形两部分组成。剪力墙受力复杂,同时承受压力、弯矩、剪力作用。在遇到地震时,连梁是剪力墙结构的第一道防线,吸收地震过程中释放的一部分能量;墙肢是第二道防线,抵抗地震作用,大大减轻了建筑物在地震作用下受到的破坏。

2. 剪力墙结构的布置与施工

(1)布置

在布置剪力墙结构时应注意:① 剪力墙一般应双向布置,上下贯通,在各层不应中断、错层,门窗洞口应对齐;② 宜在剪力墙端部设翼缘以增大墙体的刚度,提高剪力墙平面内的抗弯性;③ 剪力墙的总高度 H 与墙体宽度 B 的比值 H/B(高宽比)是衡量剪力墙延性的重要依据。在震区应将剪力墙设计成高

宽比较大的高墙或中高墙,矮墙延性差。

（2）施工

剪力墙结构按施工方式可分为全现浇剪力墙结构,全预制墙板装配的剪力墙结构,部分现浇、部分预制装配剪力墙结构。目前大多采用全现浇式剪力墙结构,当采用大模板或滑升模板施工时,施工速度快。在预制装配剪力墙结构中,由于墙体是预制构件装配而成,各个构件间的联系较现浇的差,这就较多地降低了房屋的整体刚度和强度,因此,一般用于多层房屋。

3. 剪力墙结构的优缺点及适用的建筑类型

（1）优缺点

剪力墙结构的优点是结构抗侧移刚度大、位移小,水电管线等非承重构件损伤小、维护费用低。结构弹塑性问题不严重,次生内力小。结构延性也可通过构造措施得以满足,抗震性能高,震害较轻。

剪力墙结构的缺点是房屋由于设置剪力墙而使得平面布置单调。受楼板的限制,房间大小受到限制,结构自重大、刚度大而导致自振周期短,从而所受的震力大。

（2）适用的建筑类型

现浇钢筋混凝土剪力墙结构成本较低,整体性好,施工方便,一般建造层数在 10～30 层。层数在 20 层左右的建筑中剪力墙结构用得比较普遍。由于竖向荷载直接传到墙体上,剪力墙的间距受楼板跨度的影响,剪力墙结构广泛应用于住宅、旅馆等小开间建筑中。对于旅馆中不可或缺的门厅、会议室等大空间部分,一般采取附建底层或是放在建筑的顶层,顶层改为框架结构等方法来实现。

6.3.2 框架-剪力墙结构

1. 框架-剪力墙结构的基本概念

由框架和剪力墙共同承担荷载的空间结构体系称为框架-剪力墙结构。在框架结构中设置剪力墙,结合两者的优点,共同抵抗荷载。它一方面克服了框架结构抗侧移刚度小的缺点,另一方面也使剪力墙结构不能获得大开间的不足得以弥补。它使得建筑平面布置相对灵活,又能提供高层建筑所需要的刚度和抗震能力。在结构布置方面,剪力墙往往用于电梯间、楼梯间、管道井等墙体,这也十分符合剪力墙结构设置的原理。在材料利用率方面,框架-剪力墙结构较剪力墙结构也有很大的提高,是一种经济可靠、广泛应用的结构体系,如图 6-8 所示。

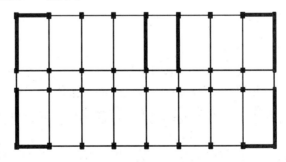

图 6-8 框架-剪力墙结构

在框架-剪力墙结构中,剪力墙作为抗震设防的第一道防线抵抗地震作用。当剪力墙在地震中吸收部分地震能量受到破坏后,其刚度降低且部分剪力墙退出工作。这时,框架结构继而发挥第二道防线作用,继续抵抗地震作用。这种设计既要使剪力墙结构抵抗大部分地震作用,又要使剪力墙部分退出工作后框架结构能够继续抵抗地震作用,这主要通过楼板协同工作,共同抵抗水平荷载,协调变形。

2. 框架-剪力墙结构的布置与施工

（1）布置

剪力墙布置的一般原则是"对称、周边、分散、均匀"。纵横两个方向剪力墙的数量不能相差太大。"对称、周边"主要是为了满足结构抗扭要求，使水平合力通过整个结构的刚度中心，增加结构抗扭力臂，增大结构抗扭能力。"均匀、分散"指的是剪力墙的设置应该数量多、刚度较小，而不是只设置少量大刚度的剪力墙，防止地震时剪力墙被逐个破坏，导致结构部分或整体被破坏。

一般情况下剪力墙宜设置在荷载较大处、平面形状变化处、楼梯间和电梯间等处。在竖向荷载较大处，主要考虑用剪力墙承担竖向荷载，可以避免设置框架柱占用较大的空间，同时剪力墙作为抗震的第一道防线承担地震荷载时，较大的竖向荷载可以提高其承载能力。在平面形状变化处设置剪力墙，主要是为了对墙体进行加强。楼梯间、电梯间部位由于上下贯通，应力集中现象严重，刚度严重削弱，故设置剪力墙。在楼（电）梯间设置剪力墙至少应在两侧设置，以避免洞口处楼板承受过大的水平地震力。在不至于使剪力墙间距过小的前提下，横向剪力墙一般布置在端部，纵向剪力墙一般布置在中部。纵横剪力墙宜连接在一起，使之互为翼缘，以提高抗震能力。

（2）施工方式

框架-剪力墙结构的施工方式有现浇式及装配整体式两种。在震区，一般宜采用现浇式，以加强结构的整体性，提高抗震能力。

3. 框架-剪力墙结构的优缺点及适用的建筑类型

（1）优缺点

框架-剪力墙结构集框架结构和剪力墙结构的优点于一身，所以它既有框架结构可以提供较大房屋使用空间、建筑平面布置灵活、工程造价低的优点，又具有剪力墙结构刚度大、位移小、房屋维护费用低的特点，具有侧移小、节点负担轻、超静定次数增加、层间位移均匀等优点。它与框架结构、剪力墙结构一起成为当前最常用的结构。框架-剪力墙结构的主要缺点是由于水平方向既有框架又有剪力墙，造成了结构水平方向刚度不均匀。

（2）适用的建筑类型

框架-剪力墙结构在震区使用层数一般为 8～18 层，由于框架-剪力墙结构具有框架结构和剪力墙结构的特点，因此广泛应用于高层住宅、宾馆、医院、办公楼等公用高层建筑中。

6.3.3 框筒结构

1. 筒体结构的基本概念

框架结构是空间杆系结构，剪力墙结构是空间板系结构，它们分别由杆和板组成。筒体结构组成的构件——筒，属于立体构件，由线性构件或平面构件组成，其水平截面为箱形。筒体的基本特征是结构由一个或多个竖向筒体承受水平力，其受力如同一个竖向筒体悬臂梁，同时承受水平荷载和竖向荷载，产生整体弯曲和扭转变形。

筒体为薄壁空间构件，楼板在筒体中还起到联系作用，保证了筒体的整体性。由密柱深梁或剪力墙构成的筒体，在水平力作用下承载力和刚度要比单片剪力墙大得多，其原因是翼缘的存在增加了结构的整体性。筒体结构由剪力墙结构发展而来，它的抗侧力结构是内部的筒体，具有很大的抗侧刚度。随着建筑物的高度增加，筒体的空间作用也增加。

在建筑物筒体四周的墙体上每层都有规则布置的门窗洞口，在洞口上下形成"梁"，左右两侧形成"柱"。由于这些梁的截面较高、柱距较小，其特点就是"密柱深梁"，这就构成了框筒结构（见图 6-9）。框筒结构的实质是空间网格结构,类似于四榀首尾顺次连接的框架,它与普通框架结构的受力有很大的不同。对于普通框架,可以看作平面框架,只考虑平面内的承载力和刚度,不计平面以外的作用。框筒结构在水平荷载的作用下,除了与水平力平行的两榀腹板框架参与工作外,与水平力垂直的两榀翼缘框架也参与工作,形成了一个空间受力体系。其中水平剪力主要由两榀腹板框架承担,整体弯矩则主要由一侧受拉、另一侧受压的两榀翼缘框架承担。

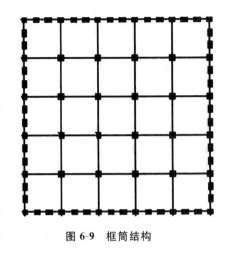

图 6-9　框筒结构

2. 框筒结构的优缺点及适用范围

框筒结构的优点是承载力高、空间刚度大,适用于层数较多的高层建筑;不足之处在于结构计算复杂,计算量大,必须运用计算机计算,施工难度大。此外,框筒系单筒,不能单独使用,也不能在震区使用。框筒结构多数情况下与实腹筒联合作为筒中筒使用。高层建筑中的电梯间一般为实腹筒,所以单纯的框筒结构很难在工程中看到。

6.4　板柱结构的特点及其适用的建筑类型

6.4.1　板柱结构的概念

由楼板和柱组成的承重结构体系称为板柱结构,其主要特点是没有梁(见图 6-10)。由于钢筋混凝土板直接支承在柱上,故板比框架结构板要厚。板柱结构一般采用钢筋混凝土为主要材料,普通板柱结构跨度为 6 m,而预应力混凝土板柱结构跨度可达到 9 m。在板柱结构中,楼板一般采用实心平板,当柱网尺寸大于 6 m 时,常采用双向密肋板或预应力混凝土平板以减轻楼板自重。为使板与柱整体连接,可增大柱顶部尺寸做成柱帽,增强楼层刚度,同时减小板的计算跨度、楼板受的冲切力。因建筑造型而不能设置柱帽时,应进行局部加强措施。板柱结构与框架结构相比缺点如下:由于没有梁,结构强度和刚度比较低,抗震能力弱。在震区不宜单独采用板柱

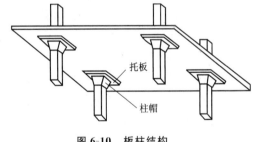

图 6-10　板柱结构

结构,必要时应采取可靠的抗震措施。如设置剪力墙或支撑,以限制结构的水平位移,增强抗震能力。

6.4.2　板柱结构的布置及节点设计

1. 结构布置

板柱结构的柱网一般布置成正方形或近似正方形,以正方形最为经济,每一方向的跨数不宜少于三跨,普通板柱结构跨度一般不超过 6 m,预应力板柱结构跨度不超过 9 m。板柱结构边缘的板可以适当外伸形成悬臂板,以减少边柱的不平衡弯矩,减少钢筋使用量,同时边柱可以与中柱使用同样的柱帽,减少了柱帽类型,方便施工。

2. 节点设计

(1) 柱帽

在板柱结构中,全部楼面荷载通过板柱连接面上的剪力传给柱,由于受力面积小,截面上剪应力往

往很大,容易造成板柱连接面上剪应力承载能力不足而发生破坏,沿柱周边产生 45°斜裂缝,板柱之间错位,产生冲切破坏。为了增大柱与板之间的连接面,增强板柱连接处的抗冲切能力,通常在柱顶部设置柱帽。此外,设置柱帽还可以减小板的计算跨度以及柱的计算长度。但是设置柱帽可能会减少室内的使用空间,给施工造成不便。

(2)常用柱帽的类型

常用柱帽有三种类型(见图 6-11):①台锥形柱帽,主要用于荷载较小的情况。②折线形柱帽,用于荷载较大的情况,这种柱帽可以使从板到柱的传力更为平缓。③带托板柱帽,这种柱帽传力性能稍次于第二种,但施工较为简单。柱帽的计算宽度按 45°压力线确定,托板宽度一般取板区格的边长,托板厚度一般取板厚的一半。

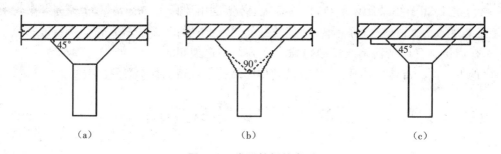

图 6-11　常用柱帽的类型
(a)台锥形柱帽;(b)折线形柱帽;(c)带托板柱帽

6.4.3　板柱结构的特点及适用的建筑类型

板柱结构的结构体系简单,传力路径短,平面布置灵活,空间通畅简洁,楼层的净空较大,能降低建筑物层高。此外,采用板柱结构的房屋天棚平整,方便装修,对采光、通风等条件也有较大改善。根据经验,当楼面可变荷载标准值在 5 kN/m² 以上,跨度在 6 m 以内时,板柱结构较肋梁楼盖更经济。当采用升板法施工时,可节约大量的模板,提高工程质量,加快施工速度。板柱结构适用于各种民用建筑与多层工业建筑,如公共建筑的大厅、商场、仓库、冷库和书库等,也可用于办公楼和住宅。在层数较少而层高受限制或施工场地狭窄的建筑中也常用。

由于板柱结构没有梁,故构件节点的强度和刚度比框架结构要低,其抗震能力较弱。根据以往的地震灾害调查表明,无梁楼盖或密肋楼盖的板柱结构的建筑震害严重。因此,震区一般不用仅有无梁楼盖的板柱结构体系,需要时,应采取可靠措施,如增设剪力墙或支撑。

6.5　单层刚架、拱、排架的特点及其适用的建筑类型

6.5.1　单层刚架

1. 单层刚架的基本概念

刚架是梁与柱刚性连接的结构,一般层数不多(多层多跨刚架常称为框架),单层刚架又称为门式刚架(见图 6-12)。单层刚架由于梁和柱之间刚接,其内力小于排架,梁柱截面高度相对排架较小。单层刚架的梁和柱通过刚节点相互约束,因而梁在竖向荷载作用下跨中弯矩和挠度较小,柱在水平荷载作用下

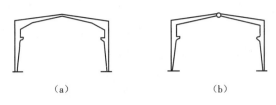

图 6-12 刚架形式

(a)两铰刚架;(b)三铰刚架

的弯矩和变形也较小。门式刚架有水平横梁式和折线横梁式两种,设计时应根据建筑造型和排水的要求选择。

钢筋混凝土门式刚架按支座约束条件可分为两铰刚架和三铰刚架。

2. 门式刚架的形式及布置

1)门式刚架的形式

门式刚架按构件材料可分为钢结构门式刚架和钢筋混凝土门式刚架。

(1)钢结构门式刚架

钢结构门式刚架有实腹式和格构式两种(见图 6-13)。

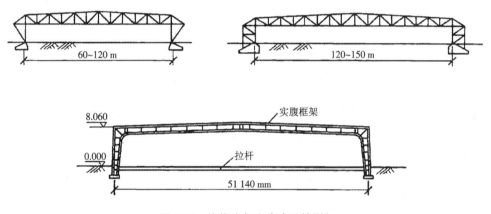

图 6-13 格构式与实腹式双铰刚架

①实腹式刚架:其梁和柱一般为焊接工字钢,也可用热轧 H 型钢或其他截面的型钢,可以减少施工时的工作量,同时节省材料。实腹式刚架适用于跨度不是很大的结构,常做成两铰式结构。其截面高度一般随弯矩图而变化,横梁高度可取跨度的 1/20～1/12。实腹式刚架的外形可以做得比较美观,制造和安装比较方便。

②格构式刚架:其结构的刚度大,用钢量小,具有广泛的适用范围。格构式刚架的梁高一般取跨度的 1/20～1/15。当格构式门式刚架跨度较小时可采用三铰式结构,而跨度较大时则采用无铰或两铰式结构。为了调整结构的受力状态,增加刚度,减小基础所受弯矩,可以在结构上施加预应力。预应力拉杆一般设置在支座平面内。

(2)钢筋混凝土门式刚架

钢筋混凝土门式刚架由于结构自重大、材料强度低等原因,一般用于跨度不超过18 m且檐高不超过 10 m 的建筑中。若用于工业厂房中,则吊车起重量不应超过 100 kN。钢筋混凝土刚架的构件截面形式一般为矩形,也可以采用工字形截面。刚架构架的截面尺寸可根据结构在竖向荷载作用下的弯矩的大小改变,一般采用截面不变而高度成线性变化的方式改变截面。对于两铰或三铰刚架,立柱和横梁截面从刚节点处向两个方向减小,上大下小,呈楔形(见图 6-14)。

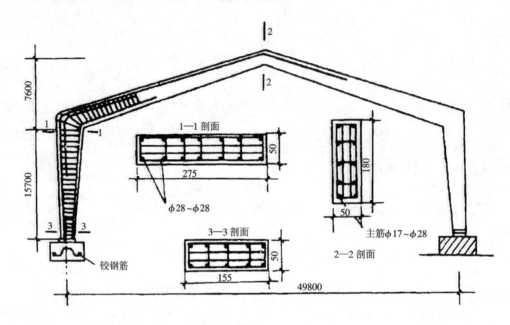

图 6-14 广州体育馆混凝土刚架(单位:mm)

2) 布置

刚架结构为平面受力体系,为保证结构在施工和使用过程中的整体稳定性,并可靠传递水平荷载,应在纵向柱间布置连系梁及柱间支撑,在横梁之间设置上弦横向水平支撑。柱间支撑和横梁上弦横向水平支撑一般设置在同一开间内(见图 6-14)。

门式刚架布置一般分为等间距、等跨度结构布置方案和主次结构布置方案。等间距、等跨度结构布置方案一般应用于长方形平面建筑,刚架纵向柱距一般为 6 m,横向柱距一般取建筑模数的整数倍,如 18 m、24 m、27 m、30 m、33 m 等跨度。设计时应考虑施工工艺、技术水平等因素,同时还应考虑经济原因。主次结构布置方案把结构中部分刚架放大,起主要支撑作用,其余刚架依附在主要刚架上。

门式刚架的基本形式由高跨比(结构的高度与跨度之比)决定,这也直接影响了结构的受力状态。从结构受力角度看,刚架的高度增加,支座处水平推力将减小,因而对于三铰刚架来说最好是高度大于跨度,即高跨比大于 1。但对于两铰或无铰刚架来说,由于横梁跨中存在弯矩,跨度和高度相当就比较合理了。

3. 门式刚架的优缺点及其适用的建筑类型

门式刚架的优点是梁和柱合为一体,构件数量少,制作简单,结构轻巧,内部净空间较大,当建筑物高度和跨度都较小时,经济指标优于排架结构,因而被广泛应用于中小型厂房、体育馆、礼堂、食堂等建筑中。门式刚架的主要缺点是刚度较差,受荷载后产生挠度,梁柱转角处易产生早期裂缝,故门式刚架一般用于无吊车建筑中。

6.5.2 拱

1. 拱的基本概念

拱是一种古老的结构形式,在现代建筑中仍大量应用。拱结构以轴向受压为主,这正发挥了混凝土、砖、石的力学特点,使材料的强度得以充分发挥。我国 1400 年前就建造出了石拱桥——赵州桥,其跨度为 37.37 m,虽经过多次地震,至今仍在使用。拱的结构类型很多,按结构的支撑方式分为三铰拱、两铰拱和无铰拱(见图 6-15)。

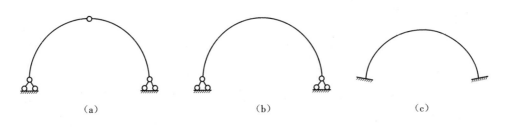

图 6-15
(a)三铰拱;(b)两铰拱;(c)无铰拱

无铰拱和两铰拱分别是三次和一次超静定结构,三铰拱为静定结构。因此,无铰拱一般用于地基良好或两侧拱脚处边跨结构稳固的情况下,如桥梁,但一般不用于房屋建筑中。两铰拱应用相对较多,当跨度较小、拱重不大时,一般采用整体预制式;当跨度较大时,一般分段预制,在现场装配吊装而成。两铰拱也是超静定结构,对温度变化、地基不均匀沉降等都比较敏感。三铰拱是静定结构,适应于软弱地基上的支座不均匀沉降和温度变化,同时,在跨中设置的永久铰也方便于分段制作,对大跨度拱有利。

拱最主要的特点:在竖向荷载作用下拱脚处产生水平反力,其内力主要为轴向压力,剪力和弯矩都比较小。

2. 拱的形式

拱的种类很多,按结构的支撑方式可以分为无铰拱、两铰拱和三铰拱;按应用材料,可分为钢筋混凝土拱结构、钢拱结构、胶合木拱结构、砖石砌体拱结构;按拱身截面分类,有格构式拱和实腹式拱、等截面拱和变截面拱。

3. 拱脚水平推力的结构处理

为保证拱的受力性能,使拱脚处的水平推力得到可靠传递,一般有以下四种结构形式传递水平推力。

(1)水平推力由拉杆直接承担

这种结构的优点是安全可靠,制作方便。拱脚处水平力全部由拉杆承担,拱的支承结构只承担竖向力,结构受力形式简单,经济安全(见图 6-16)。

这种结构形式的不足之处是,由于拉杆的存在,房屋使用净高减小。因此多应用于对净高要求不高的建筑,如食堂、礼堂、仓库、车间等。

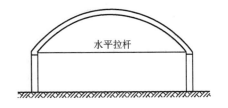

图 6-16 水平推力由拉杆直接承担

(2)水平结构承担水平推力

为了增加房屋的净高,可由水平结构(拱脚标高平面内的圈梁、挑檐板、边跨现浇钢筋混凝土楼屋盖等)承担水平推力(见图 6-17)。与上一种结构形式一样,本方案竖向结构顶部不承受水平推力,但比上一方案用料多、造价高。这种结构取消了拱内的拉杆,室内净高增大,建筑空间利用率有了较大提高。

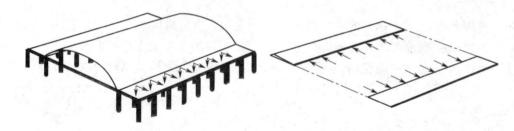

图 6-17　水平结构承担水平推力

（3）竖向结构承担水平推力

在竖向结构承担水平推力的结构形式下,拱脚处水平推力沿拱轴线切线方向,由于推力的方向与竖向构件不一致,该力对竖向构件的变形比强度要求更加严格。竖向结构应有较大刚度、较小变形。同时应使地基应力均匀,应力变化范围不能太大,否则容易导致竖向结构倾斜,拱内弯矩变化过大,不利于结构受力。抗推力竖向结构有以下几种形式。

①　斜柱墩:传力直接,用料经济,造型轻巧新颖,当跨度较大、拱脚推力较大时常采用这种形式。一些体育馆、展览馆建筑常采用双铰拱或三铰拱,不设拉杆支承在斜墩上。

②　边跨结构:当拱结构旁侧有边建筑时,就可让拱脚推力传给边跨结构,靠周边建筑把推力传递出去。这些推力的边跨竖向推力结构(见图 6-18),可以是墙体、刚架或其他各种结构。这些抗推力竖向结构的抗侧移刚度要足够大,以保证结构不产生较大位移。

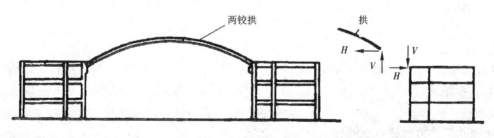

图 6-18　边跨结构承担水平推力

（4）水平推力直接传给基础

在地质条件比较好或拱脚水平推力较小时,拱脚可以直接作用在基础上——落地拱,水平推力直接传给基础,再通过基础传给地基。

落地拱把屋盖和墙柱合而为一,水平推力直接作用于基础,不仅省去了为抵抗拱脚推力而专门设计的结构,还简化了基础处理。大跨度拱一般都采用落地拱。落地拱拱脚还可以设置地下预应力混凝土拉杆(见图 6-19)。

6.5.3　排架结构

排架与刚架的主要区别在于其梁或其他支承屋面的水平构件(如屋架等)与柱子之间采用的是铰接的方式。这样各榀排架之间在垂直和水平方向都需要选择合适的地方来添加支承构件,以此增加其水

地下拉杆

图 6-19　落地拱

平刚度。同时,在建筑物两端的山墙部位还应添加抗风柱,使得排架建筑物的轴线定位与一般建筑物都不相同。排架能够承受大型的起重设备运行时所产生的动荷载,所以排架结构常用于重型的单层工业建筑。本书第三篇第 17 章将对大跨度单层工业建筑的结构及建筑特征作详细描述,在此不再叙述。

6.6　空间结构的特点及其适用的建筑类型

6.6.1　空间结构的概念

民用建筑要求有更大的覆盖空间,而通常使用的平面结构,如平面刚架、桁架、拱等受自身形式的限制,其跨度很难满足大跨度使用要求,这也促使了空间结构的发展。空间结构不仅建筑体形为三维空间状,其受力特性、工作状态也是三维立体的,这也是空间结构的主要特点。平面结构主要是根据结构的弯矩图设计结构构件截面,以充分发挥材料的受力性能,实现较大的跨度。与平面结构不同,空间结构不仅要发挥材料的受力性能,更主要的是依靠自身合理地实现不同建筑的造型和使用功能,实现更大的空间跨越。

6.6.2　空间结构的特点

平面结构的荷载是从次要构件向主要构件传递,如排架结构是从屋面板传至屋架或梁,再传到排架柱,最后由排架柱传至基础。而空间结构则是充分利用结构的空间几何构成,形成空间上受力合理、材料强度利用充分的受力体系。

6.6.3　空间结构的分类

空间结构发展到今天,已经出现了各种各样的空间结构形式,如网架结构、网壳结构、悬索结构等。把这些结构组合杂交又形成了很多新型空间结构。空间结构按刚度不同可分为刚性空间结构、柔性空间结构和杂交结构。

6.6.4　常用的空间结构形式及其适用的建筑类型

1. 网架结构

空间网架结构是一种空间杆系结构,属于空间网格结构。受力杆系通过节点构成大致相同的格子或尺寸较小的单元,这些单元有机结合起来形成整体。节点一般设计成铰接,杆件截面较小,主要承受轴向力。结构中各杆件互为支撑,实现了受力构件和支撑的统一,节省了大量材料。由于各杆件的组合具有一定规律,节点和杆件标准化程度高,方便在工厂中加工,也便于安装,因而网架结构在我国空间结构中发展最快,应用最广。近年来我国兴建的大型公共建筑,如体育建筑,多数都采用了网架结构。

习惯上,常常称平板型的空间网格结构为网架,曲面型的空间网格结构为网壳。为保证结构必要的刚度,网架一般是双层的,有时也做成三层。双层网架由上、下两个平面桁架作表层,中间由层间联系杆将两片桁架联系成整体;三层网架由三个平面桁架及层间联系杆组成。

2. 网壳结构

网架结构是以受弯为主体的平板结构,而网壳结构以曲面造型(见图 6-20)改变了结构受力,以薄膜内力为主要受力模式,可以跨越更大距离。此外,网壳结构还因优美的造型而深受建筑师的喜爱。

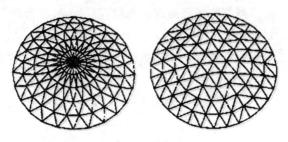

图 6-20　单层球面网壳

(1)基本曲面及形式

曲面表达方式可分为两类,一类是可以由几何方程表达的曲面,称为典型曲面,如球面、抛物面;另一类是不易用几何方程表达的曲面,称为非典型曲面。在实际工程中,根据建筑平面、空间功能和美观等方面的要求,可以将曲面进行切割、组合形成复杂的壳体。网壳结构形式的选择应根据建筑物的功能和形状,材料的供应,制作安装方法和施工条件等因素,取得良好的经济技术效益。网壳结构的常用形式:圆柱面网壳、球面网壳、椭圆抛物面网壳及双曲抛物面网壳。

(2)网壳结构的造型

单层网壳结构造型轻巧、施工方便,但其稳定性差,一般用于中小跨度的网壳。为加强其稳定性,节点必须设计成刚节点。此外,集中荷载和非对称荷载对单层网壳结构稳定性的影响非常大,设计时应优先选择稳定性好的结构;双层网架刚度大、稳定性好,适用于大跨度的结构,其节点可以铰接。

支承条件对网壳结构静力性能和经济指标也有很大影响,因而要处理好结构刚度与支承刚度之间的关系,确定合理的支承约束条件。

3. 悬索结构

悬索结构的主要受力构件是一系列的受拉钢索。钢索按照一定的排列规律悬挂在支承结构或边缘结构上,形成悬索结构(见图 6-21)。钢索一般采用高强钢丝组成钢丝束、钢绞线和钢丝绳等,以承受轴向拉伸抵抗外部荷载作用。支承结构或边缘构件承受悬索的拉力,同时起锚固钢索的作用。边缘构件形式应根据建筑平面和结构类型选择,常见的有圈梁、拱、桁架、框架等,有时也采用柔性拉索作为边缘结构。

(1)悬索结构的分类

悬索结构按受力特点可分为单层悬索结构、双层悬索结构和索网结构。

单层悬索结构由单层悬索组成,分为单层单向悬索结构(见图 6-21(a))和单层辐射状悬索结构(见图 6-21(b))。单层悬索结构的稳定性较差,为确保必要的稳定性,一般采用较重的屋面,利用屋面自重使悬索保持较大的张紧力,提高稳定性。

双层悬索结构由两层悬索组成,其中一层为承受屋面荷载的承重索,另一层为曲率与承重索相反的稳定索(见图 6-22)。

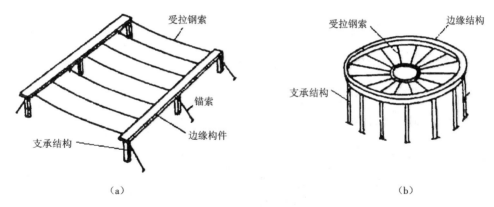

（a） （b）

图 6-21 单层悬索结构

(a)单层单向悬索结构;(b)单层辐射状悬索结构

（a） （b）

图 6-22 双层悬索结构

双曲面交叉索网结构由两组相互正交、曲率相反的承重索和稳定索组成。其中,承重索下凹,稳定索上凸,两者形成的曲面高斯曲率乘积为负,这种体系常称为鞍形曲面。

（2）悬索结构的特点

与其他结构相比,悬索结构有以下优点:① 受力合理,经济性好,能充分发挥高强钢索的力学性能,结构轻,用料省,跨度大;② 施工方便,钢索和屋面自重轻,施工时无需大型起重设备,降低了施工费;③ 建筑造型美观。

悬索结构的不足之处:① 悬索结构的边缘构件或支承结构受力较大,因而截面大、材料耗费多,且其刚度对悬索结构的受力有着较大的影响;② 悬索结构的受力特点为大变位、小应变,非线性强,常规结构计算方法难以计算,多采用计算机计算。

【本章要点】

① 砌体结构的特点及其适用的建筑类型。

② 框架结构的特点及其适用的建筑类型。

③ 剪力墙结构、框剪结构、框筒结构的特点及其适用的建筑类型。

④ 板柱结构的特点及其适用的建筑类型。

⑤ 单层刚架、拱及排架体系的特点及其适用的建筑类型。

⑥ 空间结构的特点及其适用的建筑类型。

【思考题】

6-1　砌体结构布置的承重方案及优缺点有哪些？

6-2　框架结构的定义、组成、分类、结构的布置、优缺点及适用的建筑类型有哪些？

6-3　剪力墙结构的定义、优缺点及适用的建筑类型有哪些？

6-4　框架-剪力墙结构的定义、优缺点及适用的建筑类型有哪些？

6-5　框筒结构的优缺点及适用范围有哪些？

6-6　板柱结构的概念、类型、特点及适用的建筑类型有哪些？

6-7　单层刚架、拱及排架体系的特点及适用的建筑类型有哪些？

6-8　空间结构的概念、特点、分类、常用的空间结构形式、特点及其适用的建筑类型有哪些？

第二篇
民用建筑构造

第7章 建筑构造概论

7.1 建筑构造研究内容和基本方法

7.1.1 建筑构造研究内容

建筑构造是一门研究建筑物各组成部分的构造原理和构造方法的学科。它是建筑设计不可分割的一部分,其任务是根据建筑的功能、材料、性质、受力情况、施工方法和建筑艺术等要求选择经济合理的构造方案,并为建筑设计解决技术问题,为进行施工图设计打下基础。

在本章中,将就组成建筑实体的各种构部件,构部件间的基本构成关系,相互连接的方式,建造实现的可能性和使用周期中的安全性、适用性,做细致讨论。

7.1.2 研究建筑构造的基本方法

建筑是劳动创造的财富,建造房屋是一种复杂的物质生产过程,要经历设计使用年限的考验。因此,在对建筑物进行设计之前,就要考虑到建造时的可行性,诸如造价标准和施工工艺的可行性,还应该考虑到建筑物在长期的使用过程中,是否能够适应环境和将来发展变化要求。同时应考虑其在使用周期中对周围环境的影响,例如能耗、排放物等。所以在进行建筑物设计时,必须注意每一个细部的构造,充分考虑各种因素的长期、综合的影响。

1. 建筑物变形因素

建筑物在施工和正常使用的过程中,往往会发生变形。即使变形很小,肉眼看不清楚,但变形却确实在发生,例如材料收缩、基础沉降、混凝土徐变、高层建筑在风荷载作用下产生水平位移等。从建筑构造的角度来看,变形因素对于建筑物可能造成的危害是不容忽视的。

2. 环境因素

一幢建筑物往往离不开周边的环境因素,仅以建筑物的屋顶为例,为了防水和保温,往往需要详细的构造设计。例如处于寒冷地区冬季室内采暖的建筑物,室内外温差很大,这样屋顶就需要进行保温处理。随着人类对客观环境的日益重视,工程技术人员应对环境因素给予足够的重视。

3. 建筑材料和施工工艺因素

建筑材料是建造房屋的物质基础,材料性能是建筑构造的基本依据,包括物理性能、化学性能和稳定性能。这些性能决定了材料的可加工性、构件相互连接的可能性、构造节点的安全性以及耐久性等。实际上,随着建材工业的不断发展,已经有越来越多的新型建筑材料不断问世,而且伴以相适应的构造节点做法和合适的施工方法。因此,只有了解建筑材料的发展趋势,不断加强对各种建筑材料(尤其是新材料)的性能和加工工艺的熟悉,掌握它们在长期使用过程中可能出现的变化,才有可能使相应的设计更趋于合理。

7.2 影响建筑构造的因素和设计原则

7.2.1 影响建筑构造的因素

为了提高建筑物对外界各种影响的抵御能力,满足建筑物使用功能的要求,在进行建筑物构造设计时,必须充分考虑各种因素影响。影响构造设计的因素很多,归纳起来大致可分为以下几个方面。

1. 外界作用力的影响

外界作用力称为荷载,分为静荷载和动荷载。静荷载,如人、设备、结构的自重等;动荷载,如风力和地震等。无论是静荷载还是动荷载,对选择结构类型和构造方案以及进行细部构造设计都是非常重要的。

2. 人为因素的影响

人们在使用建筑物时,往往会产生诸如机械振动、噪声、火灾和化学腐蚀等破坏因素,因此,在建筑构造上须采取相应的防振、隔声、防火和防腐蚀等措施,避免对建筑物使用功能的影响和损失。

3. 气候条件的影响

自然界中的气温变化、太阳的热辐射,以及风、霜、雨、雪等均对建筑物使用功能和建筑构件使用质量有影响,在构造上必须考虑必要的、相应的防护措施,如防潮防水、保温隔热、防温度变形和防蒸汽渗透等。

4. 建筑标准的影响

影响建筑构造的建筑标准主要是建设投资标准及建筑等级标准。一般来说,对于大量性建筑,构造方法往往是常规做法;而对大型的公共建筑,构造做法的标准要求更高,对美观的考虑也更多。

5. 建筑技术条件的影响

建筑技术条件包含结构、材料、施工等方面。因为建筑构造具有较强的技术综合性,建筑的结构形式,所采取的材料以及施工方法等均影响建筑构造的设计。

7.2.2 建筑构造的设计原则

在满足建筑物各项功能要求的前提下,必须综合运用有关技术知识,并遵循以下设计原则。

1. 满足使用要求

建筑构造设计必须最大限度地满足建筑物的使用功能,这也是整个设计的根本目的。综合分析诸多因素,设法消除或减少来自各方面的不利影响,以保证建筑物使用方便、耐久性好。

2. 确保结构安全可靠

房屋设计不仅要进行必要的结构计算,在构造设计时,也要认真分析荷载的性质、大小,合理确定构件尺寸,确保强度和刚度,并保证构件间连接可靠。

3. 适应建筑工业化的需要

建筑构造应尽量采用标准化设计,采用定型通用构配件,以提高构配件间的通用性和互换性,为构配件生产工业化、施工机械化提供条件。

4. 执行行业政策和技术规范,注意环保,经济合理

建设政策是建筑业的指导方针,技术规范常常是知识和经验的结晶。从事建筑设计应时常了解这些政策法规。对强制执行的标准,须严格执行。另外,从材料选择到施工方法都必须注意保护环境,降低消耗,节约投资。

5. 注意美观

有时一些细部构造,直接影响着建筑物的美观效果,所以构造方案应符合大众的审美观念。

综上所述,建筑构造设计的总原则应是结构坚固耐用、技术先进合理、造价低廉、方案经济美观。

7.3　建筑防水构造综述

7.3.1　建筑防水的重要性

建筑防水工程是保证建筑物(构筑物)的结构不受水的侵袭,内部空间不受水的危害的一项分部工程。建筑防水工程在整个建筑工程中占有重要的地位。建筑防水工程涉及建筑物(构筑物)的地下室、墙地面、墙身、屋顶等诸多部位,其功能就是要使建筑物(构筑物)在设计耐久年限内,防止雨水及生产用水、生活用水的渗漏和地下水的侵蚀,确保建筑结构、内部空间不受到损坏,为人们提供一个舒适和安全的生活空间环境。建筑防水工程是一个系统的工程,它涉及材料、设计、施工、管理等各个方面,其任务就是综合上述诸方面的因素,选择符合质量标准的防水材料,进行科学、合理、经济的设计,精心组织技术力量进行施工,完善维修、保养管理制度,以满足建筑物(构筑物)的防水耐用年限和使用功能的要求。

由此可见,建筑防水对建筑物的质量至关重要,在整个建筑工程施工中,必须严格、认真地做好建筑防水构造。

7.3.2　建筑防水构造的基本原则

① 有效控制建筑物的变形,例如热胀冷缩、不均匀沉降等。

② 对有可能积水的部位采取疏导的构造措施,使水能及时排走,不至于因积水而造成渗漏。

③ 对防水的关键部位,采取构造措施,将水堵在房屋构件的外部使之不得入侵。

7.3.3　建筑防水的基本内容

就土木工程类别来说,建筑防水分建筑物防水和构筑物防水。就防水部位来说,建筑防水分地上防水和地下防水。就渗漏流向来说,建筑防水分防外水内渗和防内水外漏。防水工程的基本内容包括如下几点。

1. 屋面防水

屋面防水包括防水混凝土结构自防水、找平层防水、卷材防水层防水、涂膜防水层防水、刚性防水层防水、接缝密封防水、瓦材防水、天沟防水、穿管防水、排水口防水、分格缝防水、整体屋面防水。

2. 墙体防水

墙体防水包括外墙体防水,厕浴间墙体防水,外墙面防水,厕浴间墙面防水,变形缝防水,大板、轻板、挂平板、竖缝防水。

3. 楼地面防水

楼地面防水包括楼面防水、地面防潮、厕浴间楼面防水、踢脚线防水、阳台楼面防水、楼面穿越管道防水。

4. 门窗及玻璃幕墙防水

门窗及玻璃幕墙防水包括框缝防水、框扇缝隙防水、阳台防水、玻璃镶嵌部位防水。

5. 地下室及电梯井坑防水

地下室及电梯井坑防水包括防水混凝土结构自防水,补偿收缩混凝土结构自防水,高效预应力混凝土底板自防水,墙体、顶板自防水,变形缝防水,后浇缝防水,防水砂浆刚性防水层防水,卷材防水层防水,涂膜防水层防水,金属防水层防水,穿墙管防水,埋设件防水。

7.3.4 建筑防水的分类

建筑防水工程依据设防部位、设防方法、设防材料性能和品种进行分类。

1. 按设防的部位进行分类

建筑防水按建(构)物工程出现渗漏水的主要部位可划分为屋面防水,地下防水,室内厕浴间防水,楼面、地面、管道等的防水,外墙面防水以及特殊建(构)筑物防水。

2. 按设防方法分类

建筑防水按设防方法分类,可分为复合防水和构造自防水。

(1)复合防水

复合防水是指采用各种防水材料进行防水,在设防中采用多种不同性能的防水材料,利用防水材料各自具有的特点,在防水工程中复合使用。发挥各种防水材料的优势,以提高防水工程的整体性能,做到"刚柔结合,多道设防,综合治理"。

(2)构造自防水

构造自防水是指采用一定形式或方法进行构造自防水或结合排水进行防水,如地铁车站为防止侧墙渗水采用双层侧墙内补墙(补偿收缩防水钢筋混凝土),为防止顶板结构产生裂纹而设置诱导缝和后浇带,为提高车站结构的抗浮稳定性而在底板下设置倒滤层(渗排水层)等。

3. 按设防材料性能分类

建筑防水按设防材料性能进行分类,可分为刚性防水和柔性防水。

(1)刚性防水

刚性防水是指用素浆、水泥浆和防水砂浆组成的防水层。它利用抹压均匀、密实的素灰和水泥砂浆分层交替施工,以构成一个整体防水层。

(2)柔性防水

柔性防水依据起防水作用的材料还可分为卷材防水、涂料防水等多种。

① 卷材防水:卷材防水是将几层卷材用胶结材料黏在结构基层上,从而构成防水层。卷材防水材料可分为三大类:沥青防水卷材、高聚物改性沥青防水卷材、合成高分子防水卷材。

② 涂料防水:防水涂料主要是以乳化沥青、改性沥青、橡胶及合成树脂为主要防水材料,在其固化前为无定形黏稠状液态物质,通过在施工表面喷涂防水涂料并铺设玻璃纤维布或聚酯纤维无纺布,经交联固化或溶剂、水分蒸发固化形成整体的防水涂膜,固化后形成的致密物质具有不透水性和一定的耐候性、延伸性。故涂料防水在建筑防水工程施工中得到了较为广泛的应用。

4. 按设防材料品种分类

防水工程按设防材料品种可分为卷材防水、涂膜防水、密封材料防水、混凝土防水、粉状憎水材料防水、渗透剂防水等。

7.4　建筑热工构造原理综述

7.4.1　建筑热工构造基本知识

建筑物常年受到各种气候因素的作用,如风、霜、雨、雪、太阳辐射等,一般统称为建筑气候的热湿作用。人们为了营造所需要的建筑和城市热环境,必须从建筑气候的变化规律出发考虑相应的对策。因此,建筑气候的热湿作用是建筑工程设计的重要依据,它不仅直接影响工程设计的热环境质量,也在很大程度上影响建筑和城市的可持续发展。

1. 围护结构的传热

(1) 传热方式与过程

热量从高温处向低温处转移,这种热的移动现象可分为热传导、热对流和热辐射三种方式。

在建筑物内外存在较大温差的情况下,如果要维持建筑室内的热稳定性,使室内温度在设定的舒适范围内不做大幅度的波动,而且要节省能耗,就必须尽量减少通过建筑外围护结构传递的热流量。其中,减少外围护结构的表面积,选择导热系数小、热阻大的材料是减少热量传递的重要途径。

(2) 围护结构的热阻

热量在传递过程中,会产生热损失。但散失的热量并不是一下子完全消失的,在不同的过程中,热量损失程度也不完全相同。这说明热量在传递过程中会遇到各种阻力,不会突然消失,这种阻力称为热阻。热阻越大,围护结构的保温性能越好。

(3) 材料的导热系数

材料的导热系数"λ"是衡量材料热工性能的重要指标。其物理意义是指在稳定条件下,1 m 厚的材料,两侧表面温差为 1 ℃,1 h 内通过 1 m² 面积传递的热量。"λ"的单位是 W/(m·K)。一般把导热系数值低于 0.29 W/(m·K) 的材料称为保温隔热材料。

2. 提高围护结构热阻的措施

(1) 增加围护结构的厚度

围护结构的热阻与围护结构的厚度成正比关系,要想提高围护结构的热阻,可增加结构层厚度。但厚度增加,势必增加围护结构的自重,导致结构和基础承受的荷载增大,同时材料的消耗也增多了。所以,虽然增加围护结构厚度能提高一定的热阻,但却是一种很不经济的办法。

(2) 选择导热系数小的材料

要增加围护结构的热阻,比较行之有效的措施是选用导热系数小的保温材料来组成围护结构。

保温材料按其材质构造,可分为多孔材料、板(块)状材料和松散状材料。按其化学成分可分为无机材料和有机材料,如膨胀矿渣、泡沫混凝土、加气混凝土、陶粒、膨胀珍珠岩、膨胀蛭石、浮石、矿棉及玻璃棉等为无机材料,又如软木、木丝板、甘蔗板、稻壳等为有机材料。随着化学工业的发展,各种新型保温隔热材料相继问世,如铝箔等是防热辐射性能良好的材料。

7.4.2　水蒸气对建筑热工性能的影响

1. 蒸汽渗透现象

空气有湿空气、干空气之分。湿空气中含水蒸气。空气温度越高,空气中水蒸气含量越大。空气中水蒸气含量的多少,可以用水蒸气分压力来表示。冬季,室内温度高,而室外温度低。由于室内烧饭、烧水等原因,室内空气中水蒸气含量高于室外,当围护结构两侧出现蒸汽分压力差时,则水蒸气分子便从压力高的一侧通过围护结构向分压力低的一侧渗透扩散,这种现象被称为蒸汽渗透。

2. 蒸汽渗透的危害

冬季,由于围护结构两侧存在温度差,且结构两侧的温度从内到外是在不断变化的,水蒸气通过围护结构渗透过程中,遇到露点温度(结露时的临界温度)时,蒸汽含量达到饱和并立即凝结成水。这种现象称为凝聚水,又称结露。如果蒸汽凝结发生在围护结构的表面,则称表面凝结;如果这种现象发生在围护结构的内部,使结构内部产生凝聚水,称内部凝结。当围护结构出现表面凝结时,将会使室内物体表面装修发生脱皮、粉化甚至生霉,会导致衣物发霉,严重时会影响人体健康;当这种凝聚水产生在围护结构中的保温层内时,则会使保温材料内的空隙中充满水分。因为水的导热系数远比干燥的空气要高,这样就使保温材料失去保温能力,于是围护结构保温失败。同时,保温层受潮,将影响材料的使用寿命,会带来一系列的问题。所以在建筑构造设计中,必须重视保温围护结构内蒸汽渗透以及内部凝结问题。

7.5 建筑隔声构造原理综述

隔声是研究在各种结构或设备中声传递现象的一门理论与技术,也就是研究如何防止外部的声音传入一个封闭空间的内部,或防止内部的声音传到外部。

隔声问题主要包括墙或板的传声、楼板的撞击噪声与固体传声、管道与孔缝的漏声等。构成隔声结构的材料大致可分为三类:密实板,如混凝土板、钢板、木板和塑料板等;多孔板,如玻璃棉、矿棉、泡沫塑料和毛毡等;减振板,如阻尼板、橡胶板和软木板等。

建筑的隔声要求包括隔除室外噪声和隔除相邻房间噪声。

噪声来源于空气传播的噪声和固体撞击传播的噪声。空气传播的噪声指的是露天中的声音传播,围护结构缝隙中的噪声传播和由于声波振动引起结构振动而传播的声音。固体撞击传播的噪声是物体的直接撞击或敲打物体所引起的撞击声。

【本章要点】

① 建筑构造是研究组成建筑各种构配件的组合原理和构造方法的学科,是建筑设计不可分割的一部分。

② 一幢建筑物由各种构配件组成,它们处在不同的部位,发挥着各自的作用。一座建筑物建成后,它的使用质量和耐久性经受着各种因素的检验。

③ 在进行建筑构造设计时,必须注意满足使用功能要求,确保结构坚固、安全,适应建筑工业化需要,考虑建筑的经济、社会和环境的综合效益以及美观要求等构造设计的原则。

④ 为最大限度满足建筑物的功能和适用性,在构造设计时应正确处理好防水、热工、隔声等相关构造细节。

【思考题】

7-1 学习建筑构造的目的何在?

7-2 影响建筑构造的主要因素有哪些?

7-3 建筑构造设计应遵循哪些原则?

7-4　建筑防水的基本内容有哪些？建筑防水有何重要性？建筑防水构造的基本原则有哪些？

7-5　建筑防水如何分类？

7-6　简述建筑防水的目的。

7-7　提高围护结构热阻的措施有哪些？

7-8　水蒸气对建筑热工性能有何影响？

7-9　建筑隔声设计包括哪些基本内容？

第8章 基础及地下室

8.1 基础与地基

8.1.1 基础与地基的概念

在建筑工程中,建筑物与土层直接接触的部分称为基础,直接承托建筑物重量的场地土层称为地基。基础是建筑物的组成部分,同时也是建筑物与地基之间的连接体。它承受着建筑物的全部荷载,并将其传给地基。而地基则不是建筑物的组成部分,它只是承受建筑物荷载的土壤层。建筑物地基由多层土组成时,直接与基础底面接触的土层称为持力层,持力层以下的其他土层称为下卧层。持力层和下卧层都应满足地基设计的要求,但对持力层的要求显然比对下卧层要高(见图 8-1)。

地基有天然地基和人工地基之分,天然土层或岩层作为建筑物地基时称为天然地基,经过人工加固处理的土层作为地基时称为人工地基。

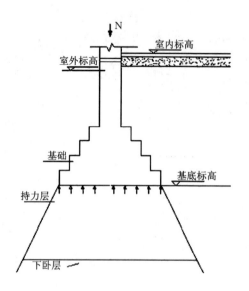

图 8-1 基础与地基

地基处理设计时,应考虑上部结构、基础和地基的共同作用,必要时应采取有效措施,加强上部结构的刚度和强度,以增加建筑物对地基不均匀变形的适应能力。常用的地基处理方法有压实法、换土法和打桩法。

8.1.2 基础应满足的要求

基础是建筑结构很重要的一个组成部分。基础设计时需要综合考虑建筑物的情况和场地的工程地质条件,并结合施工条件以及工期、造价等各方面要求,合理选择基础方案,因地制宜、精心设计,以保证基础工程安全可靠,经济合理。

基础的功能决定了基础设计必须满足以下几方面要求。

① 基础应具有足够的强度:通过基础而作用在地基上的荷载不能超过地基的承载能力,保证地基不因地基土中的剪应力超过地基土的强度而被破坏或开裂,并且应有足够的安全储备。

② 变形要求:基础的设计还应保证基础沉降或其他特征变形不超过建筑物的允许值,保证上部结构不因沉降或其他特征变形过大而受损或影响正常使用。

③ 满足基础构造要求:例如地下室的功能和抗浮防渗要求、抗变形和抗震构造、特殊土地基上的构造等。

④ 上部结构的其他要求:基础除满足以上要求外,还应满足上部结构对基础结构的强度、刚度和耐久性要求。

⑤ 基础在扰力作用下不应产生过大的振动,以免影响正常使用。

⑥ 应有良好的经济性。

8.1.3　影响基础埋置深度的因素

基础埋置深度一般是指室外设计地面到基础底面的距离,简称基础的埋深(见图8-2)。

基础埋深大于或等于 4 m 的称为深基础,埋深小于 4 m 的称为浅基础,基础直接做在地表面上的称为不埋基础。在保证安全使用的前提下,应优先选用浅基础,可降低工程造价。基础埋置深,基底两侧的超载大,地基承载力高,稳定性好;相反,当基础埋深过小时,有可能在地基受到压力后,会把基础四周的土挤出,使基础产生滑移而失去稳定,同时易受自然因素的侵蚀和影响,使基础破坏,故基础的埋深在一般情况下不要小于 0.5 m。

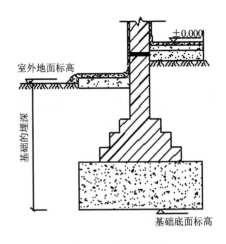

图 8-2　基础的埋深

影响基础埋置深度的因素较多,一般可从以下几方面考虑。

1. 工程地质条件及地下水影响

工程地质条件是影响基础埋深的最基本条件之一,当地基上层土较好,下层土较软弱,则基础尽量浅埋。反之,上层土软弱,下层土坚实,则需要区别对待。当上层软弱土较薄时,可将基础置于下层坚实土上;当上层软弱土较厚时,可考虑采用宽基浅埋的办法,也可考虑人工加固处理。必要时,应从施工难易、材料用量等方面进行分析比较来决定。

选择基础埋深时应考虑水文地质条件的影响。当基础置于潜水面以上时,不需要基坑排水,可避免涌土、流砂现象,方便施工,设计上一般不必考虑地下水的腐蚀作用和地下室的防渗漏问题等。因此,在地基稳定许可的条件下,基础应尽量置于地下水位之上。当承压含水层埋藏较浅时,为防止基底因挖土减压而隆起开裂,破坏地基,必须控制基底设计标高。

2. 建筑物的有关条件影响

① 建筑功能:确定基础埋深应考虑以下的建筑物条件,即当建筑物设有地下室时,基础埋深要受地下室地面标高的影响,在平面上仅局部有地下室时,基础可按台阶形式变化埋深或整体加深。当设计的工程是冷藏库或高温炉窑,其基础埋深应考虑热传导引起地基土因低温而冻胀或因高温而干缩的不利影响。

② 荷载效应:对于竖向荷载大,地震力和风力等水平荷载作用也大的高层建筑,基础埋深应适当增大,以满足稳定性要求;如在抗震设防区,高层建筑的基础埋深宜大于建筑高度的1/15。

③ 设备条件:在确定基础埋深时,须考虑给排水、供热等管道的标高;原则上不允许管道从基础底下通过,一般可以在基础上设洞口,且洞口顶面与管道之间要留有足够的净空高度,以防止基础沉降压裂管道而造成事故。

3. 相邻建筑物基础的影响

在城市房屋密集的地方,往往新旧建筑物紧靠在一起,为保证原有建筑物的安全和正常使用,新建筑物的基础埋深不宜大于原有建筑物的基础埋深,并应考虑新加荷载对原有建筑物的不利作用。当新建筑物荷重大、楼层高、基础埋深要求大于原有建筑物基础埋深时,新旧两基础之间应有一定的净距(见图 8-3)。

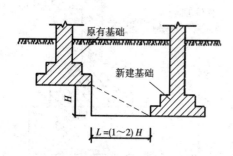

图 8-3　相邻基础的埋深

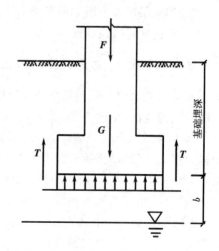

图 8-4　作用在基础上的冻胀力和冻切力

4. 地基冻融条件的影响

季节性冻土是指一年内冻结与解冻交替出现的土层,在全国分布很广,季节性冻土层厚度在0.5 m以上,最厚达 3 m。

如果基础埋于冻胀土内,当冻胀力和冻切力足够大时(见图 8-4),就会导致建筑物发生不均匀上抬,门窗不能开启,严重时墙体开裂;当温度升高解冻时,冰晶体融化,含水量增大,土的强度降低,使建筑物产生不均匀沉陷。

8.1.4　基础类型

房屋基础设计应根据工程地质和水文地质条件、建筑体型与功能要求、荷载大小和分布情况、相邻建筑基础情况、施工条件和材料供应以及地区抗震烈度等综合考虑,选择经济合理的基础形式和材料。

1. 按材料及受力特点分类

1) 刚性基础

由刚性材料制作的基础称为刚性基础。一般抗压强度高,而抗拉、抗剪强度较低的材料就称为刚性材料。常用的有砖、灰土、混凝土、三合土、毛石等。为满足地基容许承载力的要求,基底宽一般大于上部墙宽,为了保证基础不被拉力、剪力破坏,基础必须具有相应的高度。

(1) 砖基础

砖基础具有一定的抗压强度,但抗拉、抗剪强度较低,抗冻性较差。施工有等高砌法和二一间隔砌法两种,如图 8-5 所示。在基底宽度相同的情况下,二一间隔砌法可减小基础高度,并节省用砖量。为保证基础材料有足够的强度和耐久性,根据地基的潮湿程度和地区的气候条件不同,按照《砌体结构设计规范》(GB 50003—2011)的规定,对地面以下或防潮层以下的砌体,所用材料的最低强度等级应符合表 8-1 的规定。砖基础具有取材容易、价格便宜、施工简便的特点,因此广泛应用于六层和六层以下的民用建筑中。

(2) 灰土基础与三合土基础

灰土基础是用石灰和黏性土混合材料铺设、压密而成的。其体积比常用 3:7 或 2:8 的比例配制,经加入适量水拌匀,分层压实。每层虚铺220～250 mm,压实至150 mm,俗称 1 步,如图 8-6 所示。一

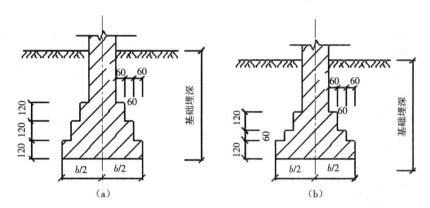

图 8-5 砖基础(单位:mm)

(a)等高砌法;(b)二一间隔砌法

般可铺 2～3 步。灰土基础适用于地下水较低、五层及五层以下的民用建筑及小型砖墙承重的单层工业厂房。

表 8-1 基础用砖、石料及砂浆最低强度等级

基土的潮湿程度	黏土砖		混凝土砌块	石 材	混合砂浆	水泥砂浆
	严寒地区	一般地区				
稍潮湿的	MU10	MU10	MU7.5	MU30	M5	M5
很潮湿的	MU15	MU10	MU7.5	MU30	—	M7.5
含水饱和的	MU20	MU15	MU10	MU40	—	M10

注:①石材的重度不应低于 18 kN/m³;

②地面以下或防潮层以下的砌体,不宜采用空心砖,当采用混凝土空心砖砌体时,其孔洞应采用强度等级不低于 C15 的混凝土灌实;

③各种硅酸盐材料及其他材料制作的块体,应根据相应材料标准的规定选择采用。

三合土基础是用石灰、砂、碎砖或碎石三合一材料铺设、压密而成。其体积比一般按 1:2:4～1:3:6 配制,经加入适量水拌和后,均匀铺入基槽,每层虚铺 200 mm,再压实至 150 mm,铺至一定高度后再在其上砌砖基础大放脚,如图 8-7 所示。三合土基础常用于我国南方地区,以及地下水位较低的四层及四层以下的民用建筑工程中。

(3)毛石基础

毛石基础用未经人工加工的石材和砂浆砌筑而成,如图 8-8 所示。其优点是能就地取材,价格低;缺点是施工劳动强度大。

(4)混凝土基础

混凝土基础的强度、耐久性与抗冻性都优于砖石基础,因此,当荷载较大或位于地下水位以下时,可考虑选用混凝土基础,如图 8-9 所示。

(5)毛石混凝土基础

毛石混凝土基础是在浇灌混凝土过程中,掺入少于基础体积 30% 的毛石,以节约水泥用量。由于其施工质量控制较困难,使用并不广泛。

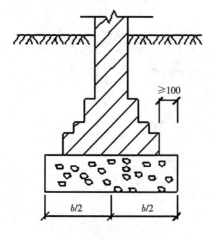

图 8-6　灰土基础(单位:mm)

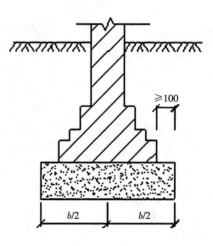

图 8-7　三合土基础(单位:mm)

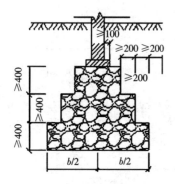

图 8-8　毛石基础(单位:mm)

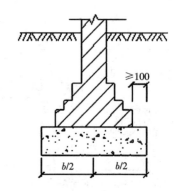

图 8-9　混凝土基础(单位:mm)

　　由于土壤单位面积的承载力小,上部结构通过基础将其荷载传给地基时,只有将基础底面积不断扩大,才能适应地基受力的要求。根据试验,上部结构(墙或柱)在基础中传递压力是沿一定角度分布的,这个传力角度称为压力分布角,或称为刚性角,用 α 表示,如图 8-10(a)所示。通常砖、石基础的刚性角控制在 $26°\sim33°$,混凝土基础刚性角控制在 $45°$ 以内。

　　由于刚性材料抗压能力强、抗拉能力差,因此,压力分布角只能在材料的抗压范围内控制。如果基础底面宽度超过控制范围,即由 B' 增大到 B,致使刚性角扩大。这时,基础会因受拉而破坏,如图 8-10(b)所示。所以,刚性基础底面宽度的增大要受到刚性角的限制。

　　2)柔性基础

　　当建筑物的荷载较大而地基承载能力较小时,基础底面必须加宽,如果仍采用混凝土材料做基础,势必加大基础的深度,这样,既增加了土方工作量,也很不经济,如图 8-11(a)所示。如果在混凝土基础的底部配以钢筋,利用钢筋来承受拉应力,如图 8-11(b)所示,使基础底部能够承受较大的弯矩,这时,基础宽度不受刚性角的限制,故称钢筋混凝土基础为非刚性基础或柔性基础。在同样条件下,采用钢筋混凝土基础与采用混凝土基础相比,可节省大量的材料和挖土工作量。

　　为了保证钢筋混凝土基础施工时,钢筋不致陷入泥土中,通常的做法是在基础与地基之间设置混凝

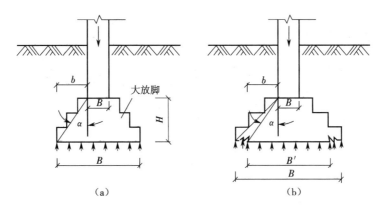

图 8-10　刚性基础的受力、传力特点

(a)基础在刚性角范围内传力；(b)基础底面宽超过刚性角范围而遭受破坏

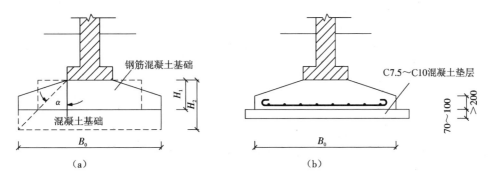

图 8-11　钢筋混凝土基础(单位：mm)

(a)混凝土基础与钢筋混凝土基础比较；(b)基础配筋情况

土垫层。

2. 按构造形式分类

确定基础的构造形式应考虑上部结构形式、荷载大小及地基土质情况,常见的基础形式有以下几种。

(1)条形基础

当建筑物上部结构采用墙承重时,基础沿墙身设置,多做成长条形,这类基础称为条形基础或带形基础,如图 8-12 所示。条形基础是墙承重式建筑基础的基本形式。

(2)独立式基础

当建筑物上部结构采用框架结构或单层排架结构承重,地基较好、荷载较小时,基础常采用方形或矩形的独立基础,这类基础称为独立式基础或柱下单独基础,如图 8-13 所示。独立式基础是柱下基础的基本形式,有现浇和预制之分。当柱采用预制构件时,则基础做成杯口形,然后将柱子插入并嵌固在杯口内,故称杯形基础,如图 8-13(a)所示。此外还有阶梯形、锥形基础和壳体基础等形式,如图 8-13(b)、(c)和图 8-14 所示。

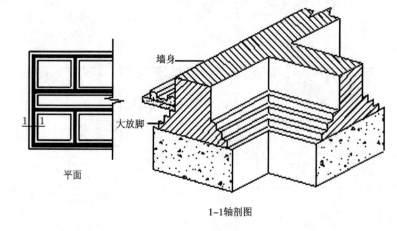

平面　　1—1轴剖图

墙身　大放脚

图 8-12　条形基础

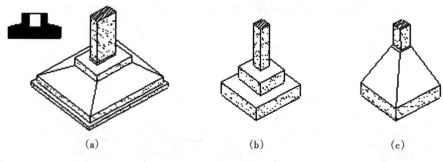

(a)　　(b)　　(c)

图 8-13　独立式基础

(a)杯形基础;(b)阶梯形基础;(c)锥形基础

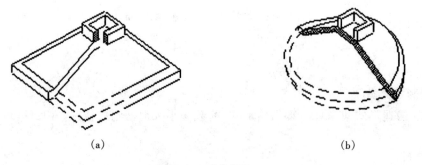

(a)　　(b)

图 8-14　壳体基础

(a)方壳;(b)圆壳

（3）井格式基础

当框架结构处在地基条件较差的情况时,为了提高建筑物的整体性,防止柱子之间产生不均匀沉降,常将柱下基础沿纵横两个方向扩展连接起来,做成十字交叉的井格基础,如图 8-15 所示。

（4）片筏式基础

当建筑物上部荷载大,而地基较弱,又不宜采用桩基或人工地基时,这时采用简单的条形基础或井格基础已不能适应地基变形的需要,通常将墙或柱下基础连成一片,使建筑物的荷载承受在一块整板上成为片筏式基础。片筏式基础有平板式和梁板式两种,如图 8-16 所示。

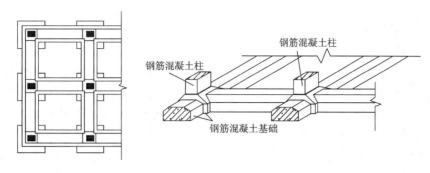

图 8-15　井格式基础

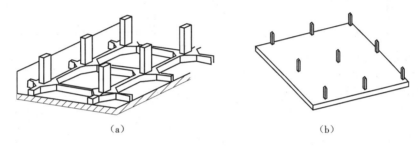

（a）　　　　　　　　　　　　（b）

图 8-16　片筏式基础

（a）梁板式；（b）平板式

（5）箱形基础

当板式基础做得很深时,常将基础改做成箱形基础。箱形基础一般有较大的基础宽度和埋深,能提高地基承载力,增强地基的稳定性。箱形基础是由钢筋混凝土底板、顶板和若干纵、横隔墙组成的整体结构,基础的中空部分可用作地下室(单层或多层的)或地下停车库,如图 8-17 所示。箱形基础整体空间刚度大、整体性强,能抵抗地基的不均匀沉降,较适用于高层建筑或在软弱地基上建造的重型建筑物。

（6）桩基础

桩是设置于土中的柱状构件。桩与连接桩顶的承台组成深基础,简称桩基。桩基由承台和桩柱组成,如图 8-18 所示。

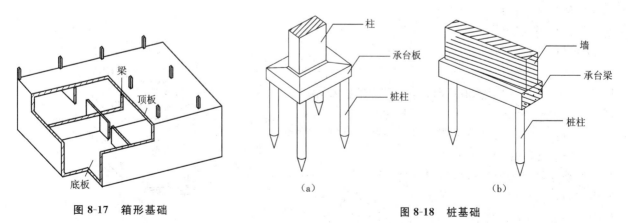

图 8-17　箱形基础

图 8-18　桩基础

（a）柱下基础；（b）墙下桩基

8.2 地下室构造

随着建筑科学技术的快速发展,建筑物和构筑物正在向高、深两个方向发展。就地下空间的利用和开发而言,随着设施不断增多(载人和载货电梯的设置、建筑物内部水电功能设备必要的安装空间及人民防空的战备防卫要求),通常建筑物的下部有一至多层的地下室。地下室是整个建筑物的结构基部,为了满足使用中的功能要求,保证整个建筑基部结构耐久性,将地下室防水、防潮提到了重要的位置。如果忽视防水、防潮工作,会导致内墙生霉、抹灰脱落,甚至危及地下室的使用和建筑物的耐久性,因此应妥善处理好地下室的防水和防潮构造。

8.2.1 地下室分类

建筑物下部的地下使用空间称为地下室。地下室一般由墙身、底板、顶板、门窗、楼梯等部分组成。

1. 按使用性质分

按使用性质不同,可分为如下两类。

① 普通地下室:一般用作高层建筑的地下停车库、设备用房。根据用途及结构需要,可做成一层、二层、三层、多层地下室。

② 人防地下室:结合人防要求设置的地下空间,用以应付战时人员的隐蔽和疏散,并具备保障人身安全的各项技术措施。

2. 按埋入地下深度分

按埋入地下深度的不同,可分为全地下室、半地下室。

全地下室是指地下室地面低于室外地坪的高度超过该房间净高的 1/2;半地下室是指地下室地面低于室外地坪的高度为该房间净高的 1/3~1/2。

8.2.2 地下室的防潮防水构造

1. 地下室的防潮构造

当地下水的常年水位和最高水位均在地下室地坪标高以下时,须在地下室外墙外面设垂直防潮层。其做法是在墙体外表面先抹一层 20 mm 厚的 1∶2.5 水泥砂浆找平,再涂一道冷底子油和两道热沥青;然后在外侧回填低渗透性土壤,如黏土、灰土等,并逐层夯实,土层宽度为 500 mm 左右,以防地面雨水或其他地表水的影响。另外,地下室的所有墙体都应设两道水平防潮层,一道设在地下室地坪附近,另一道设在室外地坪以上 150~200 mm 处,使整个地下室防潮层连成整体,以防地潮沿地下墙身或勒脚处进入室内。地下室防潮构造做法如图 8-19 所示。

另外也可以采用卷材防潮,其构造做法是 240 mm 厚砖墙内侧用 1∶2.5 水泥砂浆抹面 → 单组分聚氨酯涂抹 → SBS 改性沥青防水卷材 → 卷材面贴 2 cm 厚 1∶2.5 水泥砂浆保护层 → C25 钢筋混凝土侧墙。

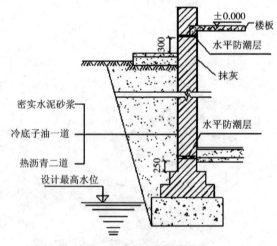

图 8-19 地下室防潮构造做法

2. 地下室防水构造

当设计最高水位高于地下室地坪时,地下室的外墙和底板都浸泡在水中,应考虑进行防水处理。

常采用的防水措施有以下几种。

1) 表面防水层防水

表面防水层防水有刚性表面防水层和柔性表面防水层两种。刚性防水层采用水泥砂浆防水层,它是依靠提高砂浆层的密实性来达到防水要求。这种防水层取材容易、施工方便、成本较低,适用于地下砖石结构的防水层或防水混凝土结构的加强层。但水泥砂浆防水层抵抗变形的能力较差,当结构产生不均匀下沉或受到较强烈振动荷载时,易产生裂缝或剥落,在恶劣环境下不宜采用。柔性防水层采用卷材防水层,卷材防水层应选用高聚物改性沥青防水卷材和合成高分子防水卷材。这种防水层具有良好的韧性和延伸性,可以适应一定的结构振动和微小变形,防水效果较好,目前仍作为地下工程的一种防水方案而被广泛采用。卷材防水层施工时所选用的基层处理剂、胶泥剂、密封材料等配套材料,均应与铺贴的卷材材性相容。柔性防水层的缺点是发生渗漏后修补较为困难。

卷材防水层施工的铺贴方法,按其与地下防水结构施工的先后顺序分为外贴法和内贴法两种。

(1) 外贴法

外贴法是指在地下室墙体做好后,直接将卷材防水层铺贴在地下室外墙的外表面,然后砌筑保护墙,这对防水有利,但维修困难。外防水构造的要点是:先在墙外侧抹 20 mm 厚的 1∶3 水泥砂浆找平层,并刷冷底子油一道,然后选定油毡层数,分层粘贴防水卷材,防水层须高出最高地下水位 500～1000 mm。油毡防水层以上的地下室侧墙应抹水泥砂浆并涂两道热沥青,直至室外散水处。垂直防水层外侧砌半砖厚的保护墙一道。图 8-20 为地下室沥青卷材外贴防水构造做法。

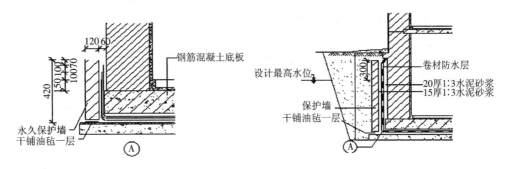

图 8-20 地下室沥青卷材外贴防水构造做法(单位:mm)

混凝土墙体外贴防水也可以在卷材外侧采用 50 mm 厚聚苯板作软保护一道,并回填 2∶8 灰土作隔水层(见图 8-21)。

(2) 内贴法

内贴法是指在地下室墙体施工前先砌筑保护墙,然后将卷材防水层铺贴在保护墙上,最后施工地下室墙体(见图 8-22)。地下室墙外侧操作空间很小时,多用内贴法。

地下室地坪的防水构造是先浇混凝土垫层,厚约 100 mm,再以选定的油毡层数在地坪垫层上做防水层,并在防水层上抹 20～30 mm 厚的水泥砂浆保护层,以便于上面浇筑钢筋混凝土。

2) 结构自防水

结构自防水是以调整结构混凝土的配合比或掺外加剂的方法来提高混凝土的密实度、抗渗性、抗蚀性,满足设计对地下室的抗渗要求,达到防水的目的。当地下室地坪和墙体均为钢筋混凝土结构时,应

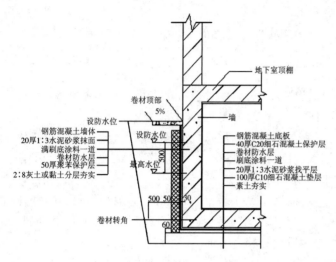

图 8-21　混凝土墙体防水做法(单位:mm)

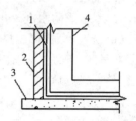

图 8-22　地下室卷材内贴防水做法
1—卷材防水层；2—保护墙；
3—垫层；4—尚未施工的构筑物

采用抗渗性能好的防水混凝土材料,结构自防水具有施工简便、工期短、造价低、耐久性好等优点,是目前地下建筑防水工程的一种主要方法。

普通混凝土主要是采用不同粒径的骨料进行级配,并提高混凝土中水泥砂浆的含量,使砂浆充满于骨料之间,从而堵塞因骨料间不密实而出现的渗水通路,以达到防水目的。外加剂混凝土是在混凝土中掺入加气剂或密实剂,以提高混凝土的抗渗性能。

(1)普通防水混凝土防水

普通防水混凝土防水是通过控制材料选择、混凝土拌制、浇筑、振捣的施工质量,以减少混凝土内部的空隙和消除空隙间的连通,最后达到防水要求。

普通防水混凝土应满足以下几点。首先,水泥品种应按设计要求选用,其强度等级不应低于 32.5 级,不得使用过期或受潮结块水泥。要求水泥品种抗水性好、泌水小、水化热低,并具有一定的抗腐蚀性。其次,细骨料要求颗粒均匀、圆滑、质地坚实,含泥量不得大于 3% 的中粗砂。砂的粗细颗粒级配适宜,平均粒径 0.4 mm。第三,粗骨料要求组织密实、形状整齐,含泥量不得大于 1%。颗粒的自然级配适宜,粒径宜为 5～40 mm,且吸水率不大于 1.5%。

(2)外加剂防水混凝土防水

外加剂防水混凝土防水是在混凝土中掺入一定的外加剂,改善混凝土的性能和结构组成,提高混凝土的密实性和抗渗性,从而达到防水目的。由于外加剂种类较多,各自的性能、效果及适用条件不尽相同,故应根据地下室防水结构的要求和施工条件,选择合适的防水外加剂。常用的外加剂防水混凝土有:三乙醇胺防水混凝土、加气剂防水混凝土、减水剂防水混凝土、氯化铁防水混凝土。

3)涂料防水

涂料防水层适用于受侵蚀性介质或受震动作用的地下室工程迎水面或背水面的涂刷。由于其施工简便、成本较低、防水效果较好,因而在防水工程中被广泛使用。涂料防水层在施工之前,应先在基层上涂一层与涂料相容的基层处理剂,涂料防水层应多遍涂刷而成,每遍涂刷应在前遍涂层干燥成膜后进行,每遍涂刷时应交替改变涂层的涂刷方向,同时涂膜的先后搭接宽度宜为 30～50 mm。涂刷顺序应先做转角处、穿墙管道、变形缝等部位的涂料加强层,后进行大面积涂刷。其构造见图 8-23 和图 8-24。

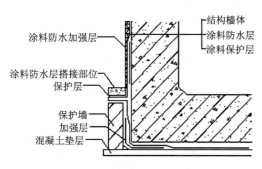

图 8-23　防水涂料外仿外涂做法

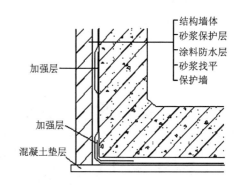

图 8-24　防水涂料外仿内涂做法

4) 弹性防水材料防水

随着新型高分子合成防水材料的不断涌现,地下室的防水构造也在更新。如我国目前使用的三元乙丙橡胶卷材,能充分适应防水基层的伸缩及开裂变形,拉伸强度高,拉断延伸率大,能承受一定的冲击荷载,是耐久性极好的弹性卷材;聚氨酯涂膜防水材料有利于形成完整的防水涂层,对在建筑内有管道、转折和高差等特殊部位的防水处理极为有利。

【本章要点】

① 基础与地基是不同的概念。基础按形式分类可分为条形基础、独立式基础、井格式基础、片筏式基础、箱型基础和桩基础;按材料和受力情况可分为刚性基础和柔性基础。基础的埋置深度与地基情况、地下水及冻土深度、相邻基础的位置以及设备布置等各方面因素有关。

② 地下室经常受到下渗地表水、土壤中的潮气和地下水的侵蚀,应妥善处理地下室的防潮和防水构造。根据防水材料的不同,地下室防水可以采用卷材防水、结构自防水、涂料防水和弹性材料防水。

【思考题】

8-1　基础和地基有何不同?它们之间的关系如何?

8-2　天然地基与人工地基有何不同?

8-3　何谓基础的埋深?影响它的因素有哪些?

8-4　常见的基础类型有哪些?各有何特点?应用范围如何?

8-5　何谓刚性基础和柔性基础?在使用上两者有何不同?

8-6　全地下室与半地下室有何不同?

8-7　为何要对地下室做防潮、防水处理?

8-8　地下室防潮构造的要点有哪些?构造上应注意哪些问题?

8-9　地下室在哪些情况下需要防水?防水做法有哪几种?

8-10　混凝土防水的细部构造的要点有哪些?

第9章 墙体构造

9.1 墙体类型及设计要求

9.1.1 墙体类型

1. 按墙体所在位置分类

墙体按所处位置不同可分为外墙和内墙,按布置方向又可分为纵墙和横墙。横墙的端部俗称山墙。对于一片墙来说,窗与窗之间和窗与门之间的墙称为窗间墙,窗台下面的墙称为窗下墙。墙体各部分名称如图 9-1 所示。

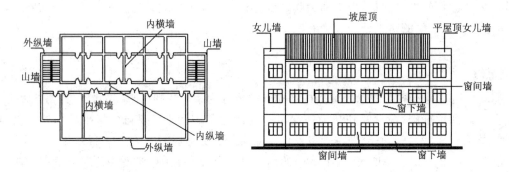

图 9-1　墙体各部分名称

2. 按墙体受力状况分类

在混合结构建筑中,墙按墙体受力方式分为两种:承重墙和非承重墙。直接承受上部屋顶、楼板所传来荷载的墙称为承重墙,不承受上部荷载的墙称为非承重墙。非承重墙包括隔墙、填充墙和幕墙。分隔内部空间,其重量由楼板或梁承受的墙称为隔墙;框架结构中填充在柱子之间的墙称为填充墙;而悬挂于外部骨架或楼板间的轻质外墙称为幕墙。外部的填充墙和幕墙不承受上部楼板层和屋顶的荷载,却承受风荷载和地震荷载。

3. 按墙体构造和施工方式分类

(1) 按构造方式

墙体可以分为实体墙、空体墙和复合墙三种。实体墙由单一材料组成,如砖墙、砌块墙等。空体墙也是由单一材料组成,既可由单一材料砌成内部空腔墙体,也可以是用具有孔洞的材料建造的墙。复合墙是由两种以上材料组合而成,其主体结构为黏土砖或钢筋混凝土,内侧为复合轻质保温板材。如加气混凝土复合板材墙,其中混凝土起承重作用,加气混凝土起保温隔热作用(见图 9-2)。

(2) 按施工方法

墙体可以分为砌体墙、板筑墙及板材墙三种。砌体墙是用砂浆等胶结材料将砖石块材等组砌而成,

 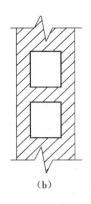 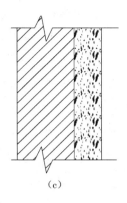

(a)　　　　　　　　　(b)　　　　　　　　　(c)

图 9-2　墙体构造形式

(a)实体墙;(b)空体墙;(c)复合墙

例如砖墙、石墙及各种砌块墙等。板筑墙是指在现场立模板、现浇而成的墙体,例如现浇混凝土墙等。板材墙是指预先制成墙板、施工时安装而成的墙,例如预制混凝土大板墙、各种轻质条板内隔墙等。

9.1.2　墙体的设计要求

1. 结构布置的要求

对以墙体承重为主的结构,常要求各层的承重墙上、下必须对齐,各层的门、窗洞孔也以上、下对齐为佳。此外,还应考虑以下两方面的要求。

(1)合理选择墙体结构布置方案

墙体结构布置方案有横墙承重、纵墙承重、纵横墙承重和部分框架承重等几种方式。

(2)墙体具有足够的强度和稳定性

强度是指墙体承受荷载的能力,它与所采用的材料、构造方式、施工方法有关。作为承重墙的墙体,必须具有足够的强度,以确保结构的安全。

墙体的稳定性与墙的高度、长度和厚度有关。高而薄的墙稳定性差,矮而厚的墙稳定性好;长而薄的墙稳定性差,短而厚的墙稳定性好。

2. 热工设计的要求

(1)墙体的保温要求

采暖建筑的外墙应有足够的保温能力,寒冷地区冬季室内温度高于室外温度,热量从高温传至低温,图 9-3 为外墙冬季的传热过程示意图。

对有保温要求的墙体,须提高其构件的热阻,通常采取以下措施。

① 增加墙体的厚度。

② 选择导热系数小的墙体材料:如泡沫混凝土、加气混凝土、陶粒混凝土、膨胀珍珠岩、膨胀蛭石、浮石及浮石混凝土、泡沫塑料、矿棉及玻璃棉等。

③ 采取隔蒸汽措施:为防止墙体产生内部凝结,常在墙体的保温层靠高温一侧,即蒸汽渗入的一侧,设置一道隔蒸汽层。隔蒸汽材料一般采用卷材、隔汽涂料、涂膜以及铝箔等防潮、防水材料,如图9-4所示。

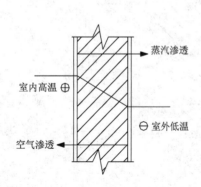

图 9-3 外墙冬季传热过程

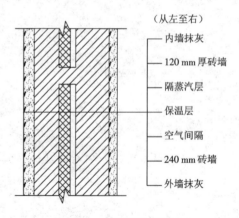

图 9-4 隔蒸汽层的设置

（2）墙体的隔热要求

隔热措施有如下四个方面的要求。

① 外墙采用浅色而平滑的外饰面,如白色外墙涂料、玻璃马赛克、浅色墙地砖、金属外墙板等,以反射太阳光,减少墙体对太阳辐射的吸收。

② 在外墙内部设通风间层,利用空气的流动带走热量,降低外墙内表面温度。

③ 在窗口外侧设置遮阳设施,以遮挡太阳光直射室内。

④ 在外墙外表面种植攀缘植物使之遮盖整个外墙,吸收太阳辐射热,从而起到隔热作用。

（3）建筑节能要求

建筑节能是指按节能设计标准进行设计和建造建筑,使其在使用过程中降低能耗,具体要求指应达到"四节(节水、节地、节能、节材)一环保"的指标。

为贯彻国家的节能政策,改善严寒和寒冷地区建筑采暖能耗大、热工效率差的状况,必须通过建筑设计和构造措施来节约能耗。

（4）墙体的隔声要求

墙体主要隔离由空气直接传播的噪声。一般采取以下措施进行隔声。

① 加强墙体缝隙的填密处理。

② 增加墙厚和墙体的密实性。

③ 采用有空气间层式多孔性材料的夹层墙。

④ 尽量利用垂直绿化降低噪声。

（5）其他方面的要求

其他方面如防火、防水、防潮等。

9.2 砌体墙的基本构造

砌体墙是指由各种块材与砂浆砌筑而成的墙体。图 9-5 为部分块材实图。

图 9-5 块材实图

(a)实心黏土砖;(b)多孔黏土砖;(c)粉煤灰硅酸盐砌块;(d)混凝土空心砌块

9.2.1 砖墙构造

1. 砖墙材料

砖墙是指用砂浆将一块块砖按一定技术要求砌筑而成的砌体,其材料是砖和砂浆。

(1)砖

砖按材料不同,有黏土砖、页岩砖、粉煤灰砖、灰砂砖、炉渣砖等;按形状分,有实心砖、多孔砖和空心砖等。

黏土砖以黏土为主要原料,经成型、干燥焙烧而成,有红砖和青砖之分。青砖比红砖强度高,耐久性好。

我国标准砖的规格为 240 mm×115 mm×53 mm,砖长∶宽∶厚=4∶2∶1(包括 10 mm 宽灰缝),标准砖砌筑墙体时是以砖宽度的倍数,即(115+10) mm=125 mm 为模数。这与现行《建筑模数协调标准》(GB 50002—2013)模数制不协调,因此在使用中,须注意标准砖的这一特征。

砖的强度以强度等级表示,分别为 MU30、MU25、MU20、MU10、MU7.5 六个级别。如 MU30 表示砖的极限抗压强度标准值为 30 MPa,即每平方毫米可承受 30 N 的压力。

(2)砂浆

砂浆是块材的胶结材料。常用的砂浆有水泥砂浆、混合砂浆、石灰砂浆和黏土砂浆。

① 水泥砂浆由水泥、砂加水拌和而成,属水硬性材料,强度高,但可塑性和保水性较差,适应砌筑潮湿环境下的砌体,如地下室、砖基础等。

② 石灰砂浆由石灰膏、砂加水拌和而成。由于石灰膏为塑性掺和料,所以石灰砂浆的可塑性很好,但它的强度较低,且属于气硬性材料,遇水强度即降低,所以适宜砌筑次要的民用建筑的地上砌体。

③ 混合砂浆由水泥、石灰膏、砂加水拌和而成,既有较高的强度,也有良好的可塑性和保水性,故在民用建筑地上砌体中被广泛采用。

④ 黏土砂浆是由黏土、砂加水拌和而成,强度很低,仅适用于土坯墙的砌筑,多用于乡村民居。它们的配合比取决于结构要求的强度。

砂浆强度等级有 M15、M10、M7.5、M5、M2.5、M1、M0.4 共七个级别。

2. 砖墙的组砌方式

为了保证墙体的强度,砖砌体的砖缝必须横平竖直、错缝搭接,避免通缝。同时砖缝砂浆必须饱满,厚薄均匀。常用的错缝方法是将丁砖和顺砖上下皮交错砌筑。每排列一层砖称为一皮。常见的砖墙砌式有全顺式(120 墙)、一顺一丁式、三顺一丁式或多顺一丁式、每皮丁顺相间式(也叫十字式(240 墙))、两平一侧式(180 墙)等,砖墙的组砌方式如图 9-6 所示。

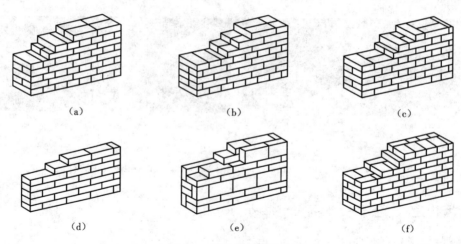

图 9-6 砖墙的组砌方式

(a)一顺一丁式(240)砖墙;(b)多顺一丁式(240)砖墙;(c)十字式(240)砖墙;

(d)120砖墙;(e)180砖墙;(f)370砖墙

3. 砖墙的尺度

(1)砖墙的厚度

砖墙的厚度习惯上以砖长为基数来称呼,如半砖墙、一砖墙、一砖半墙等。工程上以它们的标志尺寸来称呼,如12墙、24墙、37墙等。常用墙厚的尺寸规律见表9-1。

表 9-1 墙厚名称

墙厚名称	习惯称呼	实际尺寸/mm	墙厚名称	习惯称呼	实际尺寸/mm
半砖墙	12墙	115	一砖半墙	37墙	365
3/4砖墙	18墙	178	二砖墙	49墙	490
一砖墙	24墙	240	二砖半墙	62墙	615

(2)墙段和洞口尺寸

墙段尺寸是指窗间墙、转角墙体的长度。符合砖模数的墙段长度系列为 115 mm、240 mm、365 mm、490 mm、615 mm、740 mm、865 mm、990 mm、1115 mm、1240 mm、1365 mm、1490 mm 等;符合砖模数的洞口宽度系列为 135 mm、260 mm、385 mm、510 mm、635 mm、760 mm、885 mm、1010 mm 等。砖墙的洞口及墙段尺寸见图9-7。

在抗震设防地区,墙段长度应符合现行《建筑抗震设计规范》(GB 50011—2010)要求。

(3)砖墙高度

按砖模数要求,砖墙的高度应为53+10=63的整倍数。但现行统一模数协调系列多为 3M,如 2700 mm、3000 mm、3300 mm 等,住宅建筑中层高尺寸则按1M递增,如 2700 mm、2800 mm、2900 mm 等,均无法与砖墙皮数相适应。为此,砌筑前必须事先按设计尺寸反复推敲砌筑皮数,适当调整灰缝厚度,并制作若干根皮数杆以作为砌筑的依据。

4. 砖墙的细部构造

墙体的细部构造包括门窗过梁、窗台、勒脚、散水、明沟、变形缝、圈梁、构造柱和防火墙等。

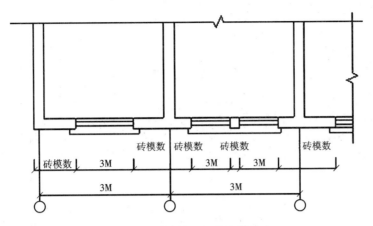

图 9-7 砖墙的洞口及墙段尺寸

1) 门窗过梁

为了支承洞口上部砌体所传下来的各种荷载,并将这些荷载传给窗间墙,常在门、窗洞口上设置横梁,该梁称为过梁。过梁的形式有砖拱过梁、钢筋砖过梁和钢筋混凝土过梁三种。

(1) 砖拱过梁

砖拱过梁分为平拱和弧拱。由竖砌的砖作拱圈,一般将砂浆灰缝做成上宽下窄,上不大于 20 mm,下不小于 5 mm。砖不低于 MU7.5,砂浆不低于 M2.5,砖砌平拱过梁净跨宜小于 1.2 m,不应超过 1.8 m,中部起拱高约为 1/50L。

(2) 钢筋砖过梁

钢筋砖过梁用砖不低于 MU7.5,砌筑砂浆不低于 M2.5。一般在洞口上方先支木模,砖平砌,下设 3~4 根 φ6 钢筋,要求伸入两端墙内不少于 240 mm,梁高砌 5~7 皮砖或≥L/4,钢筋砖过梁净跨宜为 1.5~2 m(见图 9-8)。

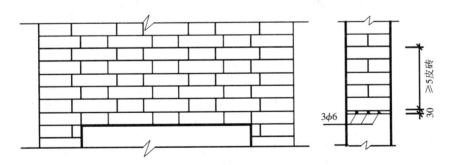

图 9-8 钢筋砖过梁构造示意图(单位:mm)

(3) 钢筋混凝土过梁

钢筋混凝土过梁有现浇和预制两种,梁高及配筋根据计算确定。为了施工方便,梁高应与砖的皮数相适应,以方便墙体连续砌筑,故常见梁高为 60 mm、120 mm、180 mm、240 mm,即 60 mm 的整数倍。梁宽一般同墙厚,梁两端支承在墙上的长度不少于 240 mm,以保证足够的承压面积。

过梁断面形式有矩形和 L 形。为简化构造、节约材料,可将过梁与圈梁、悬挑雨篷、窗楣板或遮阳板等结合起来设计。如在南方炎热多雨地区,常从过梁上挑出 300~500 mm 宽的窗楣板,既保护窗户不淋雨,又可遮挡部分直射太阳光(见图9-9)。

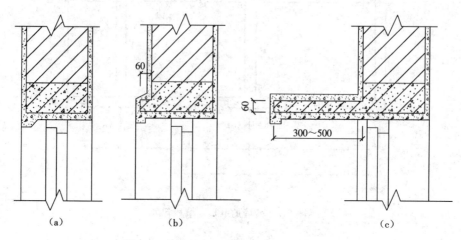

图9-9 钢筋混凝土过梁的形式(单位:mm)

2)窗台

为避免顺窗面淌下的雨水聚集在窗洞下框与窗洞之间的缝隙向室内渗流,也为了避免污染墙面,应在窗沿下靠室外一侧设置窗台。窗台有悬挑窗台和不悬挑窗台两种。常见做法如图9-10所示。

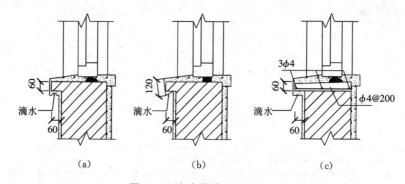

图9-10 窗台构造(单位:mm)

3)墙脚

室内地面以下、基础以上的墙体常称为墙脚。墙脚包括墙身防潮层、勒脚、散水和明沟等。

(1)勒脚

勒脚是外墙墙身接近室外地面的部分,为防止雨水上溅墙身和机械力等的影响,要求墙脚坚固耐久和防潮。一般采用以下几种构造做法。

① 抹灰:可采用20 mm厚,1:3水泥砂浆打底,12 mm厚,1:2水泥白石子浆水刷石或斩假石抹面。此法多用于一般建筑,如图9-11(a)所示。

② 贴面:可采用天然石材或人工石材,如花岗石、水磨石板等。其耐久性、装饰效果好,可用于高标准建筑,如图9-11(b)所示。

③ 勒脚采用石材、有条石等,如图9-11(c)所示。

(2)防潮层

在墙身中设置防潮层的目的是防止土壤中的水分沿基础墙上升以及勒脚部位的地面水影响墙身。

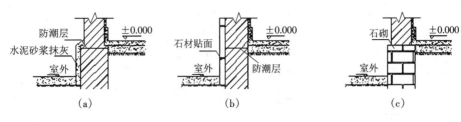

图 9-11　勒脚结构做法

(a)抹灰；(b)贴面；(c)石砌

它的作用是提高建筑物的耐久性,保持室内干燥卫生。通常有下面三种情况。

① 吸水性大的墙体(如黏土多孔砖)为防止墙基毛细水上升,一般在室内地坪下 0.06 m 处(地面混凝土垫层厚度范围内)设防潮层,如图 9-12(a)所示。

② 当墙身两侧的室内地坪有高差时,应在高差范围的墙身内侧做垂直防潮层,如图 9-12(b)所示。

③ 如果墙脚采用不透水的材料(如混凝土、条石等),或设有钢筋混凝土地圈梁时,可以不设防潮层(见图 9-13)。

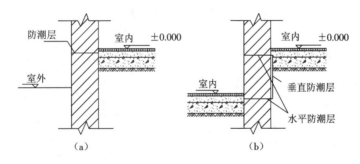

图 9-12　防潮层

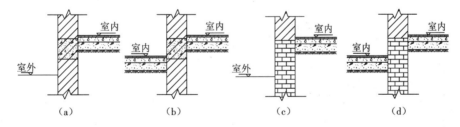

图 9-13　无防潮层

墙身水平防潮层的构造做法常用的有以下三种。

第一,防水砂浆防潮层,采用 1∶2 水泥砂浆加水泥用量 3％～5％防水剂,厚度为 20～25 mm,或用防水砂浆砌三皮砖作防潮层。此种做法构造简单,但砂浆开裂或不饱满时影响防潮效果。

第二,细石混凝土防潮层,采用 60 mm 厚的细石混凝土带,内配三根 φ6 钢筋,其防潮性能好。

第三,油毡防潮层,先抹 20 mm 厚水泥砂浆找平层,上铺一毡二油。此种做法防水效果好,但削弱了砖墙的整体性,不应在刚度要求高或地震区采用。

(3) 散水与明沟

房屋四周可采用散水或明沟排除雨水。当屋面为有组织排水时,一般设明沟或暗沟,也可设散水;

屋面为无组织排水时,一般设散水,但应加滴水砖(石)带。散水的做法通常是在素土夯实上铺三合土、混凝土等材料,厚度 60～70 mm。散水应设不小于 3% 的排水坡。散水宽度一般 0.6～1.0 m。散水与外墙交接处应设分格缝,分格缝用弹性材料嵌缝,防止外墙下沉时将散水拉裂。散水整体面层纵向距离每隔 6～12 m 做一道伸缩缝。另外,对严寒地区,还应附设 200 mm 以上粗砂垫层。

明沟的构造做法可用砖砌、石砌、混凝土现浇,沟底应做纵坡,坡度为 0.5%～1%,宽度为 220～350 mm。散水与明沟构造如图 9-14 和图 9-15。

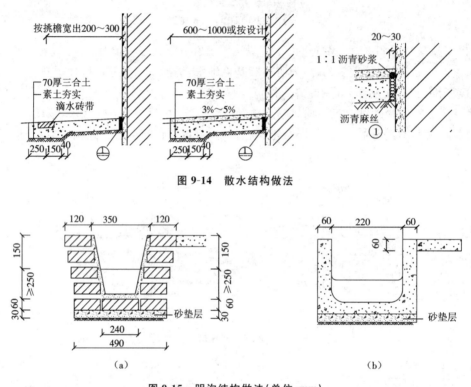

图 9-14　散水结构做法

图 9-15　明沟结构做法(单位:mm)

(a)砖砌明沟;(b)混凝土明沟

4)墙身的加固

(1)壁柱和门垛

当墙体的窗间墙上出现集中荷载,而墙厚又不足以承担其荷载,或当墙体的长度和高度超过一定限度并影响到墙体稳定性时,常在墙身局部适当位置增设凸出墙面的壁柱以提高墙体刚度。壁柱突出墙面的尺寸一般为 120 mm×370 mm、240 mm×370 mm、240 mm×490 mm 或根据结构计算确定。

当在较薄的墙体上开设门洞时,为便于门框的安置和保证墙体的稳定,须在门靠墙转角处或丁字接头墙体的一边设置门垛,门垛凸出墙面不少于 120 mm,宽度同墙厚(见图 9-16)。

(2)圈梁

① 圈梁的设置要求:圈梁是沿外墙四周及部分内墙设置在楼板处的连续闭合的梁,可提高建筑物的空间刚度及整体性,增加墙体的稳定性,减少由于地基不均匀沉降而引起的墙身开裂。对于抗震设防地区,利用圈梁加固墙身更加必要。

② 圈梁的构造:圈梁有钢筋砖圈梁和钢筋混凝土圈梁两种。

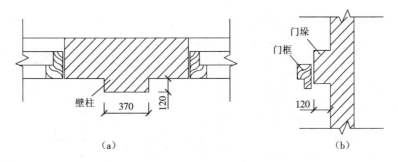

图 9-16　壁柱和门垛(单位:mm)

钢筋砖圈梁就是将前述的钢筋砖过梁沿外墙和部分内墙一周连通砌筑而成。钢筋混凝土圈梁的高度不小于 120 mm,宽度与墙厚相同(圈梁的构造见图 9-17)。

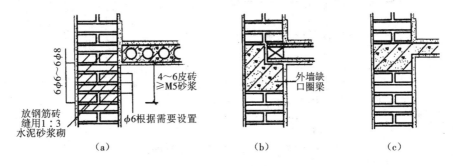

图 9-17　圈梁构造

当圈梁被门窗洞口截断时,应在洞口上部增设相同截面的附加圈梁,其配筋和混凝土强度等级均不变。附加圈梁与圈梁的搭接长度应不小于 $2h$,也不应小于 1 m,如图 9-18 所示。

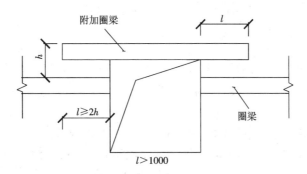

图 9-18　附加圈梁

(3) 构造柱

钢筋混凝土构造柱是从构造角度考虑设置的,是防止房屋倒塌的一种有效措施。构造柱必须与圈梁及墙体紧密相连,从而加强建筑物的整体刚度,提高墙体抗变形的能力。

① 构造柱的设置要求:由于建筑物的层数和地震烈度不同,构造柱的设置要求也不相同。

② 构造柱的构造(如图 9-19):构造柱最小截面为 180 mm×240 mm,纵向钢筋宜用 4ϕ12,箍筋间距不大于 250 mm,且在柱上下端宜适当加密;7 度时超过 6 层、8 度时超过 5 层和 9 度时,纵向钢筋宜用

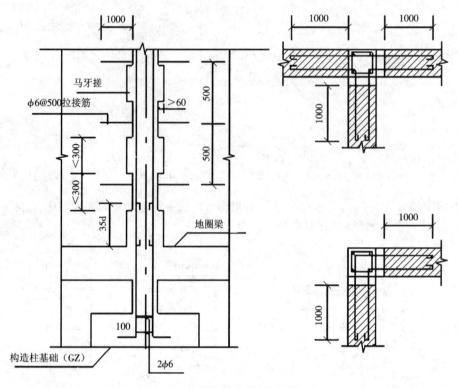

图 9-19　构造柱的构造(单位:mm)

4ϕ14,箍筋间距不大于 200 mm;房屋角的构造柱可适当加大截面及配筋。

构造柱与墙连接处宜砌成马牙槎,并应沿墙高每 500 mm 设 2ϕ6 拉接筋,每边伸入墙内不少于 1 m (见图 9-19)。

构造柱可不单独设基础,但应伸入室外地坪下 500 mm,或锚入浅于 500 mm 的基础梁内。

9.2.2　砌块墙构造

砌块墙是指利用在预制厂生产的块材所砌筑的墙体,其最大优点是可以采用素混凝土或利用工业废料和地方材料,制作方便、施工简单,既容易组织生产,又能减少对耕地的破坏,节约能源。

1. 砌块的材料及其类型

砌块一般为天然石料或以水泥、硅酸盐、煤矸石、天然熟料以及煤灰、石灰、石膏等胶结料,与砂石、煤渣、天然轻骨料等骨料,经原料处理加压或冲击、振动成型,再以干或湿热养护而制成的砌墙块材。

目前各地广泛采用的材料有混凝土、加气混凝土、各种工业废料(粉煤灰、煤矸石、石碴)等。我国各地生产的砌块,其规格、类型极不统一,从使用情况来看主要以中小型砌块和空心砌块居多。常见尺寸有:390 mm×190 mm×190 mm,290 mm×190 mm×190 mm,190 mm×190 mm×190 mm,90 mm×190 mm×190 mm。

2. 砌块墙的组砌与构造特点

(1)砌块的组合排列

砌块的组合是件复杂而重要的工作,必须根据建筑的初步设计,做砌块的试排。试排是按建筑物的平面尺寸、层高,对墙体进行合理的分块和搭接,以便正确选定砌块的规格、尺寸。

在设计时,必须考虑使砌块整齐划一、有规律性,要考虑到大面积墙面的错缝、搭接,避免通缝,同时还要考虑内、外墙的交接、咬砌,使其排列有致。此外,应尽量多使用主要砌块,并使其占砌块总数的70％以上。砌块的排列组合如图 9-20 所示。

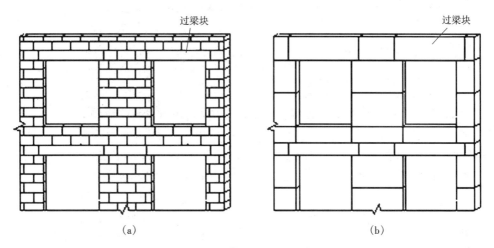

图 9-20　中型砌块墙面的划分

(a)多皮划分;(b)四皮划分

（2）过梁和圈梁

过梁是砌块墙的重要构件之一,既起连系梁和承受门窗洞口上荷载的作用,同时又是一种可调砌块。

层高和砌块出现差异时,过梁高度的变化可起调解作用,从而使砌块的通用性更大。砌块建筑每层应设圈梁,用以加强砌块墙的整体性。当圈梁与过梁位置接近时,往往圈梁与过梁合二为一（见图9-21）。

圈梁有现浇和预制两种。现浇圈梁整体性强,对加固墙身较为有利,但施工支模较麻烦。有些地区用 U 形预制砌块代替模板,然后在凹槽内配置钢筋,并现浇混凝土（见图 9-22）。

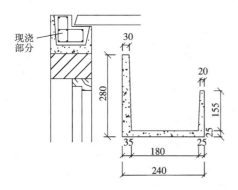

图 9-21　砌块现浇圈梁（一）（单位:mm）

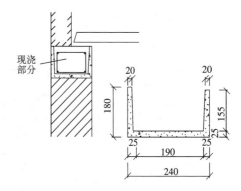

图 9-22　砌块现浇圈梁（二）（单位:mm）

（3）砌块缝型和通缝处理

由于砌块墙体积远比砖块大,故墙体接缝更显得重要。在砌块两端一般设有封闭式的灌浆槽,如图9-23 所示。

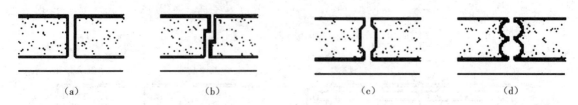

图 9-23 砌块缝型

(a)平接缝;(b)高低缝;(c)单槽缝;(d)双槽缝

砌筑时一般采用 M5 砂浆砌筑。灰缝宽度一般为 15～20 mm。当垂直灰缝宽度大于 30 mm 时,须用 C20 细石混凝土灌实。

中型砌块砌体的错缝搭接、上下皮砌块的搭缝长度不得小于 150 mm。当搭缝长度不足时,应在水平灰缝内增设 2φ4 的钢筋网片,如图 9-24 所示。

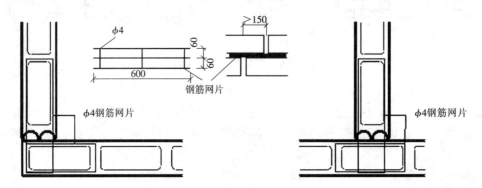

图 9-24 砌块接缝构造(单位:mm)

(4)砌块墙芯柱构造

当采用混凝土空心砌块时,应在房屋四角、外墙转角、楼梯间四角设构造柱,构造柱多利用空心砌块将其上下孔洞对齐,于孔中插入钢筋,并用 C20 细石分层填实。构造柱与圈梁、基础须有较好的连接,对抗震有利,如图 9-25 所示。

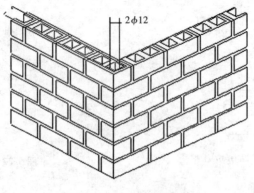

图 9-25 芯柱构造示意图

9.3 复合墙的构造

复合墙体是指由两种以上材料组合而成的墙体。其主体结构为黏土砖或钢筋混凝土,内侧或外侧为复合轻质保温板材。复合墙体包括主体结构和辅助结构部分,其中主体结构部分用于承重、自承重或空间限定,辅助结构用于满足特殊的功能要求,如保温、隔热、隔声、防火以及防潮、防腐蚀等要求。目前,国内使用的复合墙体主要以保温复合外墙为主。

按保温材料的设置,复合墙分为外保温墙、内保温墙和夹芯墙。

9.3.1 内保温复合外墙

内保温复合外墙含有主体结构和保温结构两部分。主体结构一般为砖砌体、混凝土墙或其他承重墙体。保温结构由保温板和空气间层组成。单一材料的保温板兼有保温和面层的功能,而复合材料的保温板则包括保温层和面层。保温层中的空气间层的作用是防止保温材料受潮并提高外墙的热阻,空气间层的设置主要是防止保温层的吸湿和受潮。内保温复合外墙的构造如图 9-26 所示。

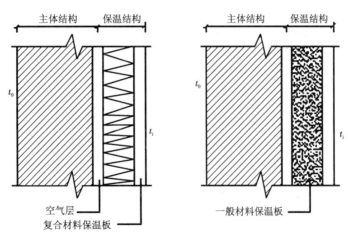

图 9-26 外墙内保温的构造

t_0—室外温度;t_i—室内温度

9.3.2 外保温复合外墙

外保温复合外墙的做法是在主体结构的外侧贴保温层,然后再做面层,其构造如图 9-27 所示。外保温复合外墙的特点是保护主体结构,减少热应力的影响,主体结构的表面温度差可以大幅度降低。这种墙体有利于室内水蒸气通过墙体向外散发,以避免水蒸气在墙体内凝结而使之受潮,还可以防止热桥的产生,并且在施工时不影响室内活动,便于建筑保温,如图 9-28 和图 9-29 所示。

9.3.3 保温材料加芯复合外墙

国产的保温材料加芯复合外墙有钢筋混凝土岩棉复合外墙板、混凝土岩棉复合外墙板、泰柏板(三维板)和舒乐舍板等类型。

内保温复合外墙在构造上存在一些薄弱环节,必须对其进行保温处理。

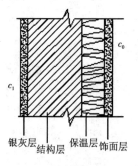

图 9-27　外保温复合
外墙结构

c_0—室外温度；

c_1—室内温度

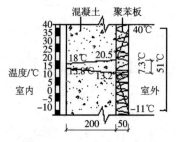

图 9-28　温度下降示意(单位:mm)

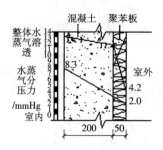

图 9-29　水蒸气向外散发
示意(单位:mm)

注:1 mmHg=133.3 Pa。

9.3.4　节能墙体构造

环保、节能将成为今后新型建筑的主要特征。近年来,我国对建筑节能技术给予了充分的重视。在建筑设计和施工、新型建筑材料的开发和应用、建筑节能法规的制定和实施、建筑节能产品的认证和管理等方面做了很多的工作,不但节省了大量的能源,同时也取得了可观的经济效益。表 9-2 为部分节能外墙的构造及热工性能指标。

表 9-2　外墙构造及热工性能指标

编号	外墙构造简图/mm	保温隔热层厚度/mm	外墙总厚度/mm	主体部位		
				热惰性指标 D 值	传热阻 R_0/ $[(m^2 \cdot K)/W]$	传热系数 K/ $[W/(m^2 \cdot K)]$
1	—20厚混合砂浆抹灰 —20厚加气混凝土墙体 ($\rho=500$ kg/m³) —20厚混合砂浆抹灰 室外 20　200　20	20	240	3.62	0.9	1.11
2	—3厚专用面层 —8厚硅酸盐节能涂料 —10厚混合砂浆找平层 —240厚KP1多孔砖墙 —20厚混合砂浆抹灰 室外 21　240　20	8.0	281	3.59	0.69	1.45

续表

编号	外墙构造简图/mm	保温隔热层厚度/mm	外墙总厚度/mm	主体部位		
				热惰性指标 D 值	传热阻 R_0/ $[(m^2 \cdot K)/W]$	传热系数 K/ $[W/(m^2 \cdot K)]$
3	20厚混合砂浆抹灰 240厚KP1多孔砖墙 20厚隔热保温砂浆 5厚水泥砂浆抹灰 室外 20 240 25	20	285	3.60	0.68	1.50
4	基层墙体 界面剂 ZL保温层（按设计厚度） 抗裂砂浆 压入抗碱玻纤网格布 外饰面 20 240 δ 20	10	290	3.78	0.82	1.22
		20	300	3.91	0.97	1.03
		30	310	4.04	1.15	0.87
5	20厚混合砂浆抹灰 240厚KP1多孔砖墙 20厚水泥砂浆抹灰 室外 20 240 20	—	260	3.56	0.66	1.52
6	20厚混合砂浆抹灰 240厚KP1多孔砖墙 20厚隔热保温砂浆 5厚水泥砂浆抹灰 室外 20 240 δ 5	15	260	3.60	0.70	1.48
		20	265	3.67	0.72	1.40
		25	270	3.78	0.74	1.35
7	20厚混合砂浆抹灰 190厚混凝土空心砌块 聚苯板隔热保温砂浆 25厚水泥砂浆 室外 20 190 δ 25	20	250	1.65	0.84	1.19
		30	260	1.68	1.05	0.95
		40	270	2.11	1.28	0.78

编号	外墙构造简图/mm	保温隔热层厚度/mm	外墙总厚度/mm	主体部位		
				热惰性指标 D 值	传热阻 R_0/ $[(m^2 \cdot K)/W]$	传热系数 K/ $[W/(m^2 \cdot K)]$
8	20厚混合砂浆抹灰 190厚混凝土空心砌块 聚苯板隔热保温材料 20厚钢丝网水泥砂浆抹灰 室外 20 190 δ 20	30	260	1.88	1.00	1.00
		40	270	2.26	1.23	0.81
9	20厚石膏板 玻璃棉板 190厚混凝土空心砌块 20厚水泥砂浆抹灰 室外 20 δ 190 20	30	260	2.05	0.98	1.02
		40	270	2.51	1.32	0.76
10	12厚石膏板 聚苯板隔热保温材料 （挤塑型） 190厚混凝土空心砌块 20厚水泥砂浆抹灰 室外 12 δ 190 20	25	247	1.78	0.89	1.12
		30	252	1.95	1.05	0.95
		35	257	2.12	1.22	0.81
		40	262	2.29	1.39	0.72
11	20厚混合砂浆抹灰 190厚黏土空心砖 6厚粘贴层 20厚钢丝网水泥砂浆抹灰 室外 20 190 δ 20	15	245	3.21	0.76	1.32
		20	250	3.26	0.84	1.19
		25	255	3.30	0.92	1.09
		30	260	3.35	1.00	1.00
12	20厚混合砂浆抹灰 加气混凝土板 200厚钢筋混凝土墙体 20厚水泥砂浆抹灰 室外 20 δ 200 20	80	320	3.86	0.72	1.39
		100	340	4.02	0.81	1.23
		120	360	4.18	0.90	1.10
13	石膏板 聚苯板隔热保温材料 （挤塑型） 空气层 200厚钢筋混凝土墙体 20厚水泥砂浆抹灰 室外 12 δ 200 20 20 20	20	272	2.49	0.80	1.25
		30	282	2.58	0.96	1.04
		40	292	2.66	1.11	0.90
		50	302	2.75	1.27	0.79

续表

编号	外墙构造简图/mm	保温隔热层厚度/mm	外墙总厚度/mm	主体部位		
				热惰性指标 D 值	传热阻 R_0/ $[(m^2 \cdot K)/W]$	传热系数 K/ $[W/(m^2 \cdot K)]$
14	面板 200厚钢筋混凝土墙体 粘贴层 聚苯板隔热保温材料 20厚钢丝网水泥砂浆抹灰 室外 20 200 20	20	266	2.63	0.63	1.59
		30	276	2.72	0.79	1.27
		40	286	2.80	0.94	1.06
		50	296	2.89	1.10	0.91
15	石膏板 岩棉板或玻璃棉板 空气层 200厚钢筋混凝土墙体 20厚水泥砂浆抹灰 室外 200 20 12 20	20	272	2.65	0.85	1.18
		30	282	2.82	1.04	0.96
		40	292	2.99	1.22	0.82
		50	302	3.16	1.41	0.71

9.4 轻质内隔墙、隔断的构造

隔墙是分隔建筑物内部空间的非承重构件,本身重量由楼板或梁来承担。隔断是指分隔室内空间的装修构件。与隔墙有相似之处,但也有根本区别。隔断的作用在于变化空间或遮挡视线。利用隔断分隔的空间,在空间变化上可以产生丰富的意境效果,增加空间的层次和深度,使空间既分又合,互相连通。利用隔断能创造一种似隔非隔、似断非断、虚虚实实的景象,是现今居住建筑、公共建筑,如住宅、办公室、旅馆、展览馆、餐厅、门诊等在设计中常用的处理手法。

设计要求隔墙自重轻、厚度薄,有隔声和防火性能,便于拆卸,浴室、厕所的隔墙能防潮、防水。常用隔墙有块材隔墙、轻骨架隔墙和板材隔墙三大类。这里重点介绍轻质内隔墙和板材隔墙的基本构造。

9.4.1 立筋隔墙

立筋隔墙是在轻钢骨架外铺钉面板而制成的隔墙,具有重量轻、强度高、刚度大、结构整体性好等特点。骨架由各种薄壁型钢加工而成,如图 9-30 所示。

钢板厚 0.6~1.5 mm,经冷轧成型为槽型截面,其尺寸为 100 mm×50 mm 或 75 mm×45 mm。

骨架包括上槛、下槛、墙筋和横档(见图 9-31)。骨架和楼板、墙或柱等构件相连接时,多用膨胀螺栓或膨胀铆钉来固接。螺钉间距 600~1000 mm。墙筋、横档之间靠各种配件相互连接。墙筋间距由面板尺寸确定,一般为 400~600 mm。面板多为胶合板、纤维板、石膏板和纤维水泥板等,面板用镀锌螺丝、自攻螺丝、膨胀铆钉或金属夹子固定在骨架上。

轻质隔墙由于自重较小,隔声效果通常不够理想。安装时可以在骨架的空隙间填入吸声材料。例如,轻钢龙骨两面为双层纸面石膏板且内填超细玻璃棉毡的轻质墙体,其隔声效果与 240 mm 厚的砖墙

图 9-30　轻钢龙骨立筋隔墙构造实例

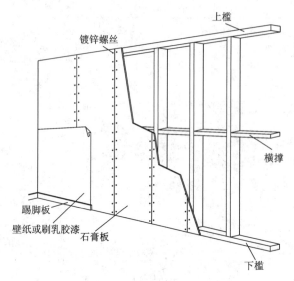

图 9-31　立筋类隔墙龙骨构成

大体相当。

9.4.2　条板隔墙

条板隔墙系指采用各种轻质材料制成的具有一定厚度和刚度的各种条形板材安装而成的隔墙。常见板材有加气混凝土条板、空心加强石膏条板、纸面石膏条板、水泥玻纤空心板条(GRC 板)、钢丝网岩棉水泥砂浆复合墙板(GY 板)、内置发泡材料或复合蜂窝板彩钢板等。这些条板自重轻、安装方便,不需要内骨架来支撑。

普通条板的安装、固定主要靠各种黏结砂浆或黏结剂进行黏结,待安装完毕,再在表面进行装修。其构造如图 9-32 所示。

9.4.3　活动隔墙

活动隔墙可分为拼装式、滑动式、折叠式、卷帘式和起落式等多种形式。其主体部分的制作工艺可参照门扇的做法。其移动多由上下两条轨道或单由上轨道来控制和实现。悬吊的活动隔断一般不用下面的轨道,可以使地面完整,不妨碍行走以及地面美观,但需要用临时固定的措施来实现其使用时的稳定性。

9.4.4　常见隔断

隔断形式很多,有屏风式隔断、镂空式隔断、玻璃式隔断、移动式隔断以及家具式隔断。

1. 屏风式隔断

屏风式隔断通常不隔到顶,使空间通透性强。隔断与顶棚保持一段距离,起到分隔空间和遮挡视线的作用,形成大空间中的小空间。隔断高一般为 1050 mm、1350 mm、1500 mm、1800 mm 等。

从构造上分类,屏风式隔断有固定式和活动式两种。

固定式构造有立筋骨架式和预制板式之分。预制板式隔断借预埋铁件与周围墙体、地面固定。而立筋骨架式屏风隔断则与隔墙相似,它可在骨架两侧铺钉面板,亦可镶嵌玻璃。

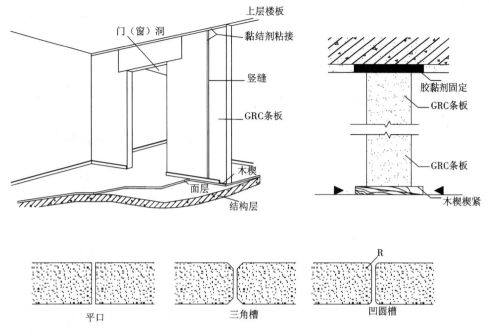

图 9-32　板材隔墙构造图

活动式屏风隔断可以移动放置。最简单的支承方式是在屏风扇下安装一金属支承架。

2. 镂空式隔断

镂空花格式隔断是分隔建筑门厅、客厅等外分隔空间常采用的一种形式。隔断与地面、顶棚的固定也根据材料不同而变化。可以用钉焊等方式连接。

3. 玻璃式隔断

玻璃式隔断有玻璃砖隔断和空透式隔断两种。玻璃砖隔断是采用玻璃砖砌筑而成,既可分隔空间又透光,常用于公共建筑的接待室、会议室等,如图 9-33(a)所示。

透空玻璃隔断采用普通平板玻璃、磨砂玻璃、刻花玻璃、压花玻璃、彩色有机玻璃等嵌入木框或金属框的内架中,具有透光性。当采用普通玻璃时,还具有可视性,主要用于幼儿园、医院病房、精密车间走廊等,如图 9-33(b)所示。

当采用彩色玻璃、压花玻璃和彩色有机玻璃时,除遮挡视线外,还具有丰富的装饰性,可用于餐厅、会议室、会客室。

4. 移动式隔断

移动式隔断可以随意闭合、开启,使相邻空间随之变化成独立或合一的空间,分为拼装式、滑动式、折叠式、悬吊式、卷帘式等,多用于餐厅、宾馆活动室、会堂中。图 9-34 为移动式玻璃隔断实例。

5. 家具式隔断

家具式隔断是指利用各种适用的室内家具来分隔空间的一种设计处理方式。它把空间分隔与功能使用以及家具配套巧妙地结合起来,既节约费用又节省面积。多用于住宅的室内设计及办公室的分隔等。

(a)　　　　　　　　　　　(b)

图 9-33　玻璃隔断

(a)玻璃砖内隔断；(b)玻璃隔断

图 9-34　移动式玻璃隔断实例

9.5　墙面装修

9.5.1　墙面装修的作用

墙面在人的视觉因素中,占有非常重要的地位。它是人们经常观赏的部位,人们进入任何空间时先进入眼帘的就是对面的墙面,它能直接影响人的视觉和心理感受。同时,墙体装修起着保护墙体、增强墙体的坚固性、耐久性,延长墙体的使用年限,改善墙体的使用功能,提高墙体的保温、隔热和隔声能力,提高建筑的艺术效果,美化环境的作用。墙面装修具有十分重要的意义。

9.5.2　墙面装修的设计要求

1. 外墙装修

由于处于室外空间中的装修材料直接与风、霜、雨、雪及空气中的污染物相接触,受自然气候的直接侵袭和温度剧烈变化的影响,因此,外墙饰面的选材及其构造方法在兼顾环境设计要求的同时必须考虑到这些自然因素的影响,选用恰当的饰面装修材料。为此,所选的材料应注意具有良好的抗温差变化、抗磨损、抗腐蚀、抗浸湿等性能。

2. 内墙装修

内墙装修与外墙装修的要求有相同的地方,但在许多方面还存在着差异,通常考虑以下三个方面。

① 围护功能:室内的墙面虽然没有自然因素的侵袭,但在使用过程中,会因为各种其他因素而受到影响,如湿度影响、人为破坏等,水的飞溅也会使墙体受潮。所以在选材与构造时必须考虑保护墙体。

② 使用功能:为了保证人们在室内正常的生活和工作,墙面应易于清洁,且具有良好的反光、反射声波和吸声的功能,以及保温与隔热的功能。

③ 装饰功能:装饰和美化作用是目前人们意识上的内墙饰面最主要的作用,内墙装饰可以对家具和陈设起到衬托作用,同时对地面和天花的装饰也会起到一定的协调功能。

9.5.3　墙面装修的分类

① 按装修所处部位不同,有室外装修和室内装修两类。室外装修要求采用强度高、抗冻性强、耐水

性好以及具有抗腐蚀性的材料;室内装修材料则因室内使用功能不同,要求有一定的强度、耐水及耐火性。

② 根据饰面材料和构造的不同,有清水勾缝、清水混凝土墙、抹灰类、贴面类、涂刷类、裱糊类、条板类、玻璃(或金属)幕墙等。

9.5.4　墙面装修构造

1. 清水砖墙

清水砖墙是指不做抹灰和饰面的墙面。为防止雨水浸入墙身和整齐美观,可用1∶1或1∶2水泥细砂浆勾缝。

2. 清水混凝土墙

清水混凝土的墙面不加任何其他饰面材料,而以精心挑选的木质花纹的模板或特制的钢模板浇筑,经设计排列,浇筑出具有特色的清水混凝土墙。

清水混凝土墙装饰的特点是外表朴实、自然、坚固、耐久,不易发生冻胀、剥离、褪色等问题。

3. 抹灰类墙面装修

抹灰又称粉刷,抹灰类墙面装修是以水泥、石灰膏为胶结料,以砂或石渣料为骨料加水抹成各种水泥砂浆或混合砂浆做成的饰面抹灰层,适用于各种普通建筑的墙面装修。抹灰类装修因取材广、施工简单、造价低,所以应用相当普遍。但是抹灰类装修的墙面耐久性差,易开裂、变色,因多系手工操作而工效低。

抹灰分为一般抹灰和装饰抹灰两类。

（1）一般抹灰

抹灰一般有石灰砂浆、混合砂浆、水泥砂浆等。外墙抹灰厚度一般为 20～25 mm,内墙抹灰厚度为 15～20 mm,顶棚抹灰厚度为 12～15 mm。在构造上和施工时须分层操作,一般分为底层、中层和面层,各层的作用和要求不同。

① 底层抹灰主要起到与基层墙体黏结和初步找平的作用。

② 中层抹灰在于进一步找平,以减少打底砂浆层干缩后可能出现的裂纹。

③ 面层抹灰主要起装饰作用,因此要求面层表面平整、无裂痕、颜色均匀。

抹灰按质量及工序要求分为三种标准,如表 9-3 所示。

表 9-3　抹灰类的三种标准

标准 ＼ 层次	底层(层)	中层(层)	面层(层)	总厚度/mm	适 用 范 围
普通抹灰	1	—	1	≤18	简易宿舍、仓库等
中级抹灰	1	1	1	≤20	住宅、办公楼、学校、旅馆等
高级抹灰	1	若干	1	≤25	公共建筑、纪念性建筑如剧院、展览馆等

常用一般抹灰的做法及应用如表 9-4 所示。

表 9-4 常用一般抹灰的做法及选用表

部位		底层		中层		面层		总厚度
		砂浆种类	厚度	砂浆种类	厚度	砂浆种类	厚度	
内墙面	砖墙	石灰砂浆 1:3	6	石灰砂浆 1:3	10	纸筋灰浆:普通及做法一遍;中级做法两遍;高级做法三遍,最后一遍用滤浆灰。高级做法厚度为 3.5 mm	2.5	18.5
		混合砂浆 1:1:6	6	混合砂浆 1:1:6	10		2.5	18.5
	砖墙(高级)	水泥砂浆 1:3	6	水泥砂浆 1:3	10		2.5	18.5
	砖墙(防潮)	混合砂浆 1:1:6	6	混合砂浆 1:1:6	10		2.5	18.5
	混凝土	水泥砂浆 1:3	6	水泥砂浆 1:2.5	10		2.5	18.5
	加气混凝土	混合砂浆 1:1:6	6	混合砂浆 1:1:6	10		2.5	18.5
	钢丝网板条	石灰砂浆 1:3	6	石灰砂浆 1:3	10		2.5	18.5
		水泥纸筋砂浆 1:3:4	8	水泥纸筋砂浆 1:3:4	10		2.5	20.5
外墙面	砖墙	水泥砂浆 1:3	6~8	水泥砂浆 1:3	8	水泥砂浆 1:2.5	10	24~26
	混凝土	混合砂浆 1:1:6	6~8	混合砂浆 1:1:6	8	水泥砂浆 1:2.5	10	24~26
		水泥砂浆 1:3	6~8	水泥砂浆 1:3	8	水泥砂浆 1:2.5	10	24~26
	加气混凝土	107胶溶液处理	—	107胶水泥刮腻子	—	混合砂浆 1:1:6	8~10	8~10
梁柱	混凝土梁柱	混合砂浆 1:1:4	6	混合砂浆 1:1:5	10	纸筋灰浆、三次罩面、第三次滤浆灰	3.5	19.5
	砖柱	混合砂浆 1:1:6	8	混合砂浆 1:1:4	10		3.5	21.5
阳台雨篷	平面	水泥砂浆 1:3	10	水泥纸筋砂浆 1:2:4	5	水泥砂浆 1:2	10	20
	顶面	水泥纸筋砂浆 1:3:4	5	水泥砂浆 1:2.5		纸筋灰浆	2.5	12.5
	侧面	水泥砂浆 1:3	5		6	水泥砂浆 1:2	10	21
其他	挑檐、腰线、窗套、窗台线、遮阳板	水泥砂浆 1:3	5	水泥砂浆 1:2.5	8	水泥砂浆 1:2	10	23

(2) 装饰抹灰

装饰抹灰有水刷石、干黏石、斩假石、水泥拉毛、弹涂等。装饰抹灰一般是指采用水泥、石灰砂浆等抹灰的基本材料,除对墙面做一般抹灰之外,还可利用不同的施工操作方法将其直接做成饰面层,具有丰富的装饰效果。常用的装饰抹灰的构造层次见表 9-5。

表 9-5 常用石渣类装饰抹灰做法及选用表

种类	做法说明	厚度/mm	适用范围	备注
水刷石	底:1:3水泥砂浆	7	主要适用于外墙、窗套、阳台、雨篷、勒脚等部位的饰面	用中八厘石子,当用小八厘石子时比例为 1:1.5,厚度为 8 mm
	中:1:3水泥砂浆	5		
	面:1:2水泥白石子用水刷洗	10		
干黏石	底:1:3水泥砂浆	10	主要适用于外墙的装修	石子粒径 3~5 mm,做中层时按设计分格
	中:1:1:1.5 水泥石灰砂浆	7		
	面:刮水泥浆,干黏石压平实	1		

续表

种类	做法说明	厚度/mm	适用范围	备　注
斩假石	底:1:3水泥砂浆	7	主要适用于外墙局部加门套、勒脚等装修	—
	中:1:3水泥砂浆	5		
	面:1:2水泥白石子用斧斩	12		

4. 贴面类墙面装修

贴面类装修指在内外墙面上粘贴各种天然石板、人造石板、陶瓷面砖等。这类装修具有耐久性强、施工方便、质量高、装饰效果好等特点。

（1）面砖饰面

面砖应先放入水中浸泡,安装前取出晾干或擦干净,安装时先抹 15 mm 厚 1:3 水泥砂浆找底并划毛,再用 1:0.3:3 水泥石灰混合砂浆或掺有 107 胶（水泥用量 5%～7%）的 1:2.5 水泥砂浆满刮 10 mm 厚于面砖背面紧粘于墙上。对贴于外墙的面砖常在面砖之间留出一定缝隙（见图 9-35）。

（2）锦砖饰面

锦砖也称为马赛克,有陶瓷锦砖和玻璃锦砖之分。它的尺寸较小,根据其花色品种,可拼成各种花纹图案。铺贴时先按设计的图案将小块材正面向下贴在 500 mm×500 mm 大小的牛皮纸上,然后牛皮纸面向外将马赛克贴于饰面基层上,待半凝后将纸洗掉,同时修整饰面（构造见图 9-36）。

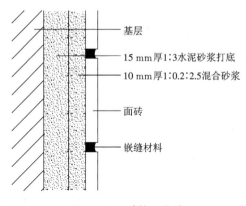

图 9-35　面砖饰面构造

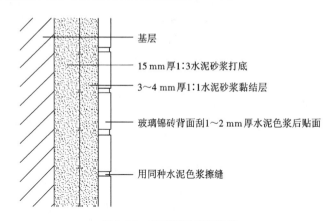

图 9-36　玻璃锦砖饰面构造

（3）天然石材和人造石材饰面

石材按其厚度分为两种,通常厚度为 30～40 mm 的称为板材,厚度为 40～130 mm 以上的称为块材。常见天然板材饰面有花岗石、大理石和青石板等,具有强度高、耐久性好等优点,多作高级装饰用。常见人造石板有预制水磨石板、人造大理石板等。

① 石材拴挂法（湿法挂贴）:天然石材和人造石材的安装方法相同,先在墙内或柱内预埋 φ6 铁箍,间距依石材规格而定,而铁箍内立 φ6～φ10 竖筋,在竖筋上绑扎横筋,形成钢筋网。在石板上下边钻小孔,用双股 16 号钢丝绑扎固定在钢筋网上。上下两块石板用不锈钢卡销固定。板与墙面之间预留 20～30 mm 缝隙,上部用定位活动木楔做临时固定,校正无误后,在板与墙之间浇筑 1:3 水泥砂浆,待砂浆初凝后,取掉定位活动木楔,继续上层石板的安装（构造见图 9-37）。

② 干挂石材法（连接件挂接法）:干挂石材的施工方法是用一组高强耐腐蚀的金属连接件,将饰面

石材与结构可靠地连接,其间形成空气间层不做灌浆处理(构造示意见图 9-38)。

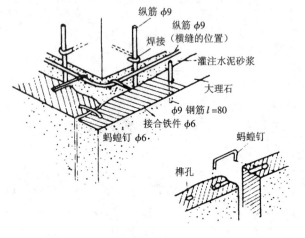

图 9-37 石材拴挂法构造(单位:mm)

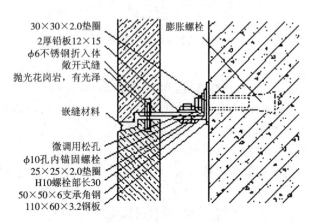

图 9-38 干挂石材法构造示意(单位:mm)

③ 聚酯砂浆黏结法:这种做法的特点是采用聚酯砂浆黏结固定。聚酯砂浆的胶砂比一般为 1:4.5 ～1:5.0,固化剂的掺加量根据要求而定。施工时先固定板材的四角并填满板材之间的缝隙,待聚酯砂浆固化并能起到固定拉结作用以后,再进行灌缝操作。砂浆层一般厚 20 mm 左右。灌浆时,一次灌浆量应不高于 150 mm,待下层砂浆初凝后再灌注上层砂浆。

④ 树脂胶黏结法:这种做法的特点是采用树脂胶黏结板材。它要求基层必须平整,最好是用木抹子搓平的砂浆表面,抹 2～3 mm 厚的胶粘剂,然后将板材粘牢。

一般应先把胶粘剂涂刷在板材的背面相应位置,尤其是悬空板材,涂胶必须饱满。施工时将板材就位、挤紧、找平、找正、找直后,应马上进行钉、卡固定,以防止脱落伤人。近年来还有在工厂里事先在板材中打入带罗口的锚栓,运到工地安装的方法,称为背栓法(见图 9-39)。

(4) 涂料类墙面装修

涂料系指喷涂、刷于基层表面后,能与基层形成完整而牢固的保护膜的涂层饰面装修。涂料按其主要成膜物的不同,可以分为有机涂料和无机涂料两大类。

① 无机涂料:常用的无机涂料有石灰浆、大白浆、可赛银浆、无机高分子涂料等。多用于一般标准的室内装修。无机高分子涂料有 JH80-1 型、JH80-2 型、JHN84-1 型、F832 型、LH-82 型、HT-1 型等。有机高分子涂料有耐水、耐酸碱、耐冻融、装修效果好、价格较高等特点,多用于外墙面装修和有耐擦洗要求的内墙面装修。

② 有机涂料:有机合成涂料依其主要成膜物质和稀释剂的不同,可分为溶剂型涂料、水溶性涂料和乳液型涂料三种。

建筑涂料的施涂方法,一般分刷涂、滚涂和喷涂。当施涂溶剂型涂料时,后一遍涂料必须在前一遍涂料干燥后进行,否则易发生皱皮、开裂等质量问题。施涂水溶性涂料时,要求与做法同上。每遍涂料均应施涂均匀,各层结合牢固。当采用双组分和多组分的涂料时,施涂前应严格按产品说明书规定的配合比,根据使用情况可分批混合,并在规定的时间内用完。

(5) 裱糊类墙面装修

裱糊类墙面装修是将各种装饰性的墙纸、墙布、织锦等材料裱糊在内墙面上的一种装修饰面。墙纸

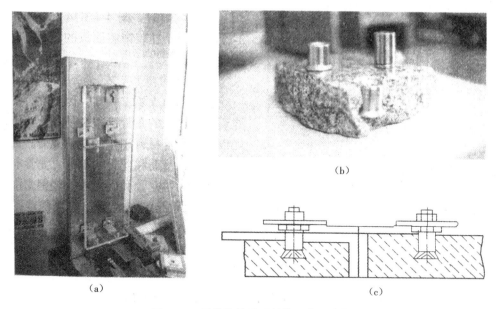

图 9-39　用锚栓锚固石材的工艺示意图

(a)用锚栓锚固石材的工艺;(b)预先打入锚栓的石材;(c)可用锚栓调节石材面板的安装尺寸

品种很多,目前国内使用最多的是塑料墙纸和玻璃纤维墙布等。

① 基层处理:在基层刮腻子,以使裱糊墙纸的基层表面达到平整光滑。同时为了避免基层吸水过快,还应对基层进行封闭处理。处理方法为:在基层表面满刷一遍按 1∶0.5~1∶1 稀释的 107 胶水。

② 裱贴墙纸:粘贴剂通常采用 107 胶水。图 9-40 为裱糊类墙面装修的施工工艺示意图。

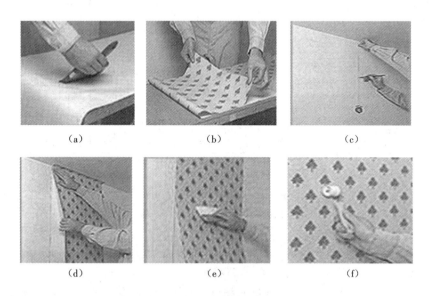

图 9-40　裱糊类墙面装修的施工工艺示意图

(a)上胶;(b)放置一段时间收胶;(c)确定基准线;(d)贴墙纸;(e)赶气泡;(f)边沿压实

（6）板材类墙面装修

板材类墙面装修是指采用天然木板或各种人造薄板借助于镶钉胶等固定方式对墙面进行装饰处理。板材类墙面由骨架和面板组成,骨架有木骨架和金属骨架,面板有硬木板、胶合板、纤维板、石膏板等各种装饰面板和近年来应用日益广泛的金属面板。常见的构造方法如下。

① 木质板墙面:木质板墙面是用各种硬木板、胶合板、纤维板以及各种装饰面板制成,具有美观大方、装饰效果好,且安装方便等优点,但防火、防潮性能欠佳,一般多用作宾馆、大型公共建筑的门厅以及大厅。木质板墙面装修构造是先立墙筋,然后外钉面板。

② 金属薄板墙面:金属薄板墙面是指利用薄钢板、不锈钢板、铝板或铝合金板作为墙面装修材料。以其精密、轻盈,体现着新时代的审美情趣。

金属薄板墙面装修构造,也是先立墙筋,然后外钉面板。墙筋用膨胀铆钉固定在墙上,间距为 60～90 mm。金属板用自攻螺丝或膨胀铆钉固定,也可先用电钻打孔后用木螺丝固定。

③ 石膏板墙面:一般构造做法是,首先在墙体上涂刷防潮涂料,然后在墙体上铺设龙骨,将石膏板钉在龙骨上,最后进行板面修饰。

（7）其他部位装修

① 踢脚:踢脚是外墙内侧或内墙两侧的下部和室内地坪交界处的构造,目的是防止扫地时污染墙面。踢脚的高度一般在 120～150 mm。常用的材料由水泥砂浆、水磨石、木材、油漆等,选用时一般应与地面材料一致。

② 墙裙:在内墙抹灰中,为保护墙身容易受到碰撞的部位(如门厅、走道的墙面和厨房、浴厕的墙面)而做的保护处理,称为墙裙或台度(见图 9-41),其高一般为 1.0～1.8 m。墙裙做法有很多,如水泥砂浆抹灰、贴瓷砖、钉胶合板、刷涂料等。

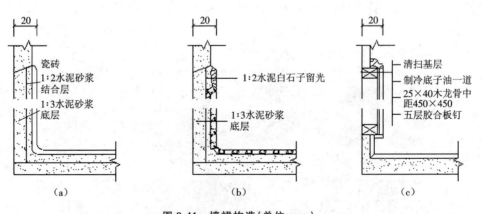

图 9-41　墙裙构造(单位:mm)

(a)瓷砖墙裙;(b)磨石墙裙;(c)幕墙裙

③ 护角:对于易受碰撞的内墙凸出的转角或门洞的两侧,常抹以高 1.5 m 的 1∶2 水泥砂浆打底,以素水泥浆捋小圆角进行处理,俗称护角,如图 9-42 所示。

④ 引条线:在外墙抹灰中,由于墙面抹灰面积较大,为避免面层产生裂纹且方便操作,以及立面处理的需要,常对抹灰面层做分格处理,俗称引条线,如图 9-43 所示。为防止雨水通过引条线渗透至室内,必须做好防水处理,通常利用防水砂浆或其他防水材料作勾缝处理。

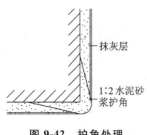

图 9-42　护角处理

图 9-43　引条线实图

【本章要点】

① 墙是建筑物重要的承重结构,设计中需要满足强度、刚度和稳定性的结构要求。同时墙体也是建筑物重要的围护结构,设计中需要满足不同的使用功能和热工要求。墙身的构造组成包括墙脚构造、门窗洞口构造和墙身加固措施等。

② 隔墙是非承重墙,有轻骨架隔墙、块材隔墙和板材隔墙。

③ 墙面装修分外墙装修和内墙装修。大量性民用建筑的墙面装修可分为清水墙、抹灰类、涂料类、铺贴类和裱糊类。

④ 北方建筑墙体节能日益受到重视,目前各个地区拥有各种不同的做法,国家的节能标准与规范也日趋完善。

【思考题】

9-1　简述墙体类型的分类方式及类别。

9-2　简述砖混结构的几种结构布置方案及特点。

9-3　提高外墙的保温能力有哪些措施?

9-4　墙体设计在使用功能上应考虑哪些设计要求?

9-5　简述砖墙优缺点。普通黏土砖(即标准砖)的优点是什么?

9-6　砖墙组砌的要点有哪些?

9-7　什么是砖模? 它与建筑模数如何协调?

9-8　简述墙脚水平防潮层的设置位置、方式及特点。

9-9　墙身加固措施有哪些? 有何设计要求?

9-10　砌块墙组砌要求有哪些?

9-11　试比较几种常用隔墙的特点。

9-12　简述墙面装修的基层处理原则。

9-13　简述墙面装修的种类及特点。

9-14　构造柱有何特点? 画图说明。

9-15　当地推广的节能技术有哪些? 强制性条文有些什么规定?

9-16　结合当地工程实践绘制一种墙身节能构造图,并加以说明。

第10章 楼 地 层

楼地层包括楼层地面和底层地面。楼层是分隔建筑上下空间的水平承重构件,它把作用于其上面的各种荷载传递给承重的墙或梁、柱,同时对墙体起水平支撑的作用,以减少风和地震作用产生水平力对墙体的不利影响,加强建筑物的整体刚度,此外,楼层还具有一定的隔声、防火、防水、防潮、保温、防腐蚀、防静电等功能。地层是指建筑物底层室内地面与土壤相接触的构件,它把作用于其上各种荷载直接传递给地基。

10.1 概述

10.1.1 楼板层、地层的设计要求和类型

1. 楼板层、地层的设计要求

1) 楼板层的设计要求

(1) 具有足够的强度和刚度

强度要求是指楼板层应保证在自重和活荷载作用下安全可靠,不发生任何破坏。这主要是通过结构设计来满足要求。刚度要求是指楼板层在一定荷载作用下不发生过大变形,以保证正常使用。

(2) 具有一定的隔声能力

不同使用性质的房间对隔声的要求不同,如我国对住宅楼板的隔声标准中规定:一级隔声标准为65 dB,二级隔声标准为75 dB 等。

(3) 具有一定的防火能力

保证在火灾发生时,在一定时间内不至于因楼板塌陷而造成生命危险和财产损失。建筑设计防火规范中规定:一级耐火等级建筑的楼板应采用非燃烧体,耐火极限不低于1.5 h;二级耐火极限不低于1 h;三级耐火极限不低于0.5 h;四级耐火极限不低于0.25 h。

(4) 具有防潮、防水能力

对有水的房间,都应该进行防潮、防水处理,以防止水渗漏影响建筑物的正常使用(如渗入墙内使结构内部产生冷凝水,破坏墙体饰面层)。

(5) 满足各种管线的设置

在现今建筑中,由于各种服务设施日趋完善,家电产品更加普及,有更多的管道和线路将借楼板层来敷设。为保证室内平面布置更加灵活、空间使用更加完整,在楼板层的设计中,必须仔细考虑各种设备管线的走向。

(6) 满足建筑经济、美观和建筑工业化等方面的要求

在通常情况下,多层混合结构房屋楼板层的造价占房屋土建造价的20%~30%。因此,应根据建筑的质量标准、使用要求以及施工技术条件,选择合理的结构形式和构造方案,满足建筑审美。同时,应尽量节省材料、减轻板的自重,并为工业化创造条件,以加快建设速度。

2）地层的设计要求

地层是人和家具设备直接接触的部分,经常受到摩擦,并需要经常清扫或擦洗。因此,地面首先必须满足的基本要求是坚固耐磨、表面平整光洁并便于清洁。标准较高的房间,地面还应满足吸声、保温和弹性等要求,特别是人们长时间逗留且要求安静的房间,如居室、办公室、图书阅览室、病房等。具有良好的消声能力、较低的热传导性和一定弹性,能有效地控制室内噪声,并使人行走时感到温暖舒适,不易疲劳。对有些房间,地面还应具有防水、耐腐蚀、耐火等性能,如厕所、浴室、厨房等用水的房间,地面应具有防水性能;某些实验室等有酸碱作用的房间,地面应具有耐酸碱腐蚀的能力;厨房等有火源的房间,地面应具有较好的防火性能等。

2. 楼板层、地层的类型

（1）楼板层的类型

根据结构层所用材料不同,楼板可分为木楼板、钢筋混凝土楼板和钢衬板组合楼板等多种类型,如图 10-1 所示。

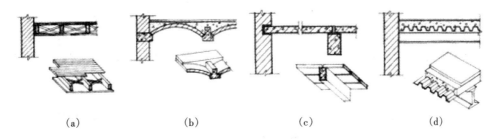

图 10-1　楼板的类型

(a)木楼板;(b)砖楼板;(c)钢筋混凝土楼板;(d)压型钢板组合楼板

① 木楼板:木楼板自重轻,保温隔热性能好、舒适、有弹性,只在木材产地采用较多,但耐火性和耐久性均较差,且造价偏高,为节约木材和满足防火要求,现采用较少。

② 钢筋混凝土楼板:强度高、刚度好、耐火性和耐久性好,还具有良好的可塑性,在我国便于工业化生产,应用最为广泛。按其施工方法不同,可分为现浇整体式、装配预制式和装配整体式三种。

③ 压型钢板组合楼板:是在钢筋混凝土基础上发展起来的,利用凹凸相间的压型薄钢衬板作为楼板的受弯构件和底模,在其上现浇混凝土层,并以钢梁为支撑构成的整体式楼板结构,既提高了楼板的强度和刚度,又减轻了结构的自重,加快了施工进度。主要适用于大空间、高层建筑和大跨度工业建筑,是目前提倡推广的一种楼板形式。

（2）地层的类型

① 按地坪层与土层间的关系不同,可分为实铺地层和空铺地层两类。

② 按面层所用材料和施工方式不同,常见地面做法有整体地面、块材地面、塑料地面和木地面。

10.1.2　楼板层、地层的组成

1. 楼板层的组成

楼板层主要由面层、结构层和顶棚层三个基本层次组成。当基本构造层次不能满足使用或构造要求时,可增设附加层,如图 10-2(a)所示。

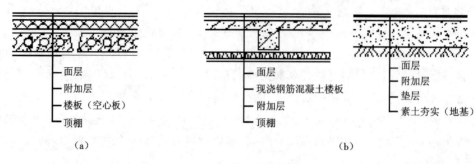

图 10-2 楼地面的组成

(a)楼层地面;(b)底层地面

（1）面层

面层位于楼板层的最上层,起着保护楼板层、分布荷载和绝缘的作用,同时对室内起到美化装饰作用。

（2）结构层

结构层是楼板层的承重部分,主要功能在于承受楼板层上的全部荷载并将这些荷载传给墙或柱;同时还对墙身起水平支撑作用,帮助墙身抵抗和传递由风或地震等所产生的水平力,增强建筑的整体刚度。结构层是楼板层中的核心层。

（3）附加层

附加层又称功能层,根据楼板层的具体要求而设置,主要作用是隔声、隔热、保温、防水、防潮、防腐蚀、防静电等。根据需要,有时与面层合二为一,有时又与吊顶合为一体。

（4）顶棚

顶棚位于楼板层最下层,主要作用是保护楼板、安装灯具、遮挡各种水平管线,改善使用功能,装饰美化室内空间。

2. 地层的组成

地层主要由面层、垫层和附加层三个基本层次组成,如图 10-2(b)所示。

（1）面层

地坪的面层又称地面,起着保护结构层和美化室内的作用。

（2）垫层

垫层是基层和面层之间的填充层,其作用是承重传力。

（3）附加层

附加层主要是为了满足某些有特殊使用要求而设置的一些构造层次,如防水层、防潮层、保温层、隔热层、隔声层和管道敷设层等。

10.2 钢筋混凝土楼板

钢筋混凝土楼板按其施工方法不同,可分为现浇整体式、装配预制式和装配整体式三种。

10.2.1 现浇钢筋混凝土楼板

现浇整体式钢筋混凝土楼板是指在施工现场按支模、绑扎钢筋、浇注混凝土等施工程序而成形的楼板结构。由于楼板系现场整体浇注成形,结构整体性好、刚度大,特别适用于有抗震设防要求的多层房屋和对整体性要求较高的其他建筑,对有管道穿过的房间、平面形状不规整的房间、尺度不符合模数要求的房间和防水要求较高的房间,都适合采用现浇钢筋混凝土楼板。现浇钢筋混凝土楼板主要有以下形式。

1. 平板式楼板

将楼板现浇成一块平板,并直接支承在墙上,这种楼板称为平板式楼板。平板式楼板底面平整,便于支模施工,是最简单的一种形式,适用于平面尺寸较小的房间(如住宅中的厨房、卫生间等)以及公共建筑的走廊。

楼板根据受力特点和支承情况,分为单向板和双向板。当板的长边与短边之比大于 2 时,作用于板上的荷载主要是沿板的短向传递的,此时板的两个短边起的作用很小,因此称为单向板;当长边与短边之比小于或等于 2 时,作用于板上的荷载是沿板的双向传递的,此时板的四边均发挥作用,因此称之为双向板,如图 10-3 所示。

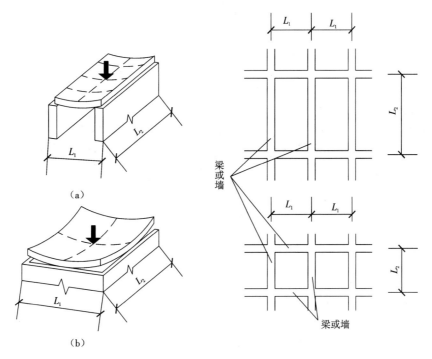

图 10-3 楼板的受力和传递方式

(a)单向板;(b)双向板

为满足施工和经济要求,对各种板式楼板的最小厚度和最大厚度,一般规定如下。

① 单向板时(板的长边与短边之比>2):屋面板板厚 60~80 mm;民用建筑楼板厚 70~100 mm;工业建筑楼板厚 80~180 mm。

② 双向板时(板的长边与短边之比≤2):板厚为 80~160 mm。

此外,板的支承长度规定:当板支承在砖石墙体上,其支承长度不小于 110 mm 或板厚;当板支承在钢筋混凝土梁上时,其支承长度不小于 60 mm;当板支承在钢梁或钢屋架上时,其支承长度不小于 50 mm。

2. 肋梁式楼板

对平面尺寸较大的房间或门厅,若仍采用平板式楼板,会因板跨较大而增加板厚。这不仅使材料用量增多、板的自重加大,而且使板的自重在楼板荷载中所占的比重增加。为此,应采取措施控制板的跨度,通常可在板下设梁来增加板的支点,从而减小板跨。这时,楼板上的荷载先由板传给梁,再由梁传给墙或柱,这种由板和梁组成的楼板称为肋梁式楼板,如图10-4所示。

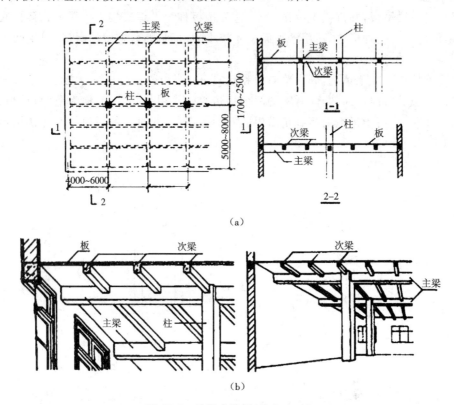

图 10-4　肋梁式楼板(单位:mm)
(a)单向肋梁楼板布置图;(b)单向肋梁楼板透视图

肋梁式楼板包括单向和双向肋梁楼板,单向肋梁楼板通常在纵横两个方向都设置梁,有主梁和次梁之分,其荷载传递路线为板→次梁→主梁→柱(或墙)。主梁和次梁的布置应整齐有规律,并应考虑建筑物的使用要求、房间的大小形状以及荷载作用情况等。一般主梁沿房间短跨方向布置,次梁则垂直于主梁布置。对短向跨度不大的房间,可只沿房间短跨方向布置一种梁即可。梁应避免搁置在门窗洞口上。在设有重质隔墙或承重墙的楼板下部也应布置梁。另外,梁的布置还应考虑经济合理性。主梁的经济跨度为5~8 m,主梁高为主梁跨度的1/14~1/8,主梁宽为高的1/3~1/2;次梁的经济跨度为4~6 m,次梁高为次梁跨度的1/18~1/12,宽度为梁高的1/3~1/2,次梁跨度即为主梁间距;板的厚度确定同板式楼板,由于板的混凝土用量占整个肋梁楼板混凝土用量的50%~70%,因此板宜取薄些,通常板跨不大于3 m,其经济跨度为1.7~2.7 m。

双向板肋梁楼板常无主次梁之分,由板和梁组成,荷载传递路线为板→梁→柱(或墙)。当双向板肋梁楼板的板跨相同,且两个方向的梁截面也相同时,就形成了井式楼板。井式楼板适用于长宽比不大于1.5的矩形平面,井式楼板中板的跨度在3.5~6 m之间,梁的跨度可达20~30 m,梁截面高度不小于梁跨的 1/15,宽度为梁高的 1/4～1/2,且不少于 120 mm。井式楼板可与墙体正交放置或斜交放置。由于井式楼板可以用于较大的无柱空间,而且楼板底部的井格整齐划一,很有韵律,稍加处理就可形成艺术效果很好的顶棚,如图 10-5 所示。

井格的布置形式有正交正放、正交斜放、斜交斜放,如图 10-6 所示。

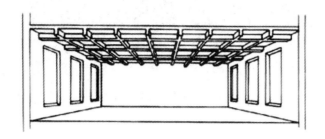

图 10-5　井式楼板透视图

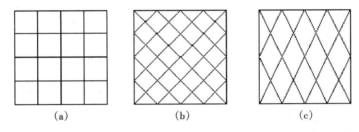

(a)　　　　　　　　(b)　　　　　　　　(c)

图 10-6　井式楼板井格布置形式

(a)正交正放;(b)正交斜放;(c)斜交斜放

3. 无梁式楼板

无梁楼板为等厚的平板直接支承在柱上,分为有柱帽和无柱帽两种。当楼面荷载比较小时,可采用无柱帽楼板;当楼面荷载较大时,必须在柱顶加设柱帽。无梁楼板的柱可设计成方形、矩形、多边形和圆形;柱帽可根据室内空间要求和柱截面形式进行设计;板的最小厚度不小于 150 mm 且不小于板跨的 1/35～1/32。无梁楼板的柱网一般布置为正方形或矩形,间跨一般不超过 6 m,如图 10-7 所示。

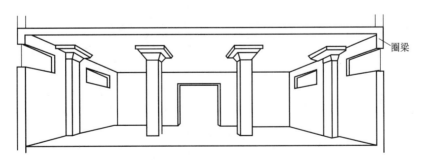

图 10-7　无梁楼板透视图

4. 压型钢板组合式楼板

压型钢板组合楼板是利用截面为凹凸相间的压型钢板做衬板,与现浇混凝土面层浇筑在一起支承在钢梁上的板,是整体性很强的一种楼板,如图 10-8 所示。

图 10-8　压型钢板组合楼板

10.2.2　装配式钢筋混凝土楼板

装配式钢筋混凝土楼板是指在构件预制加工厂或施工现场外预先制作,然后运到工地现场进行安装的钢筋混凝土楼板。预制板的长度一般与房屋的开间或进深一致,为 3M 的倍数,板的宽度一般为 1M 的倍数,板的截面尺寸须经结构计算确定。

1. 板的类型

预制钢筋混凝土楼板有预应力和非预应力两种。预应力楼板是指在预制加工中,预先给构件下部的混凝土施加压应力,在楼板安装好受荷载作用以后,混凝土所受到的拉应力和预压应力平衡。混凝土的预压应力是通过张拉钢筋的方法实现的,钢筋张拉有先张法和后张法两种工艺。预应力楼板的抗裂性和刚度均强于非预应力楼板,且板型规整、节约材料、自重减轻、造价降低。预应力楼板和非预应力楼板相比可节约钢材 30%～50%,节约混凝土 10%～30%。

预制钢筋混凝土楼板常用类型有实心平板、槽形板、空心板、T 形板等。

(1) 实心平板

实心平板规格较小,跨度一般在 1.5 m 左右,板厚一般为 60 mm。平板上下表面平整,制作简单,但自重较大,隔声效果较差。预制实心平板由于其跨度小,常用于过道和小房间、卫生间、厨房、阳台、雨篷、管沟盖板等处,如图 10-9 所示。

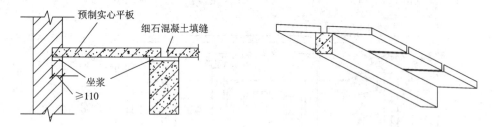

图 10-9　实心平板

(2) 槽形板

槽形板是一种肋、板结合的预制构件,即在实心板的两侧设有边肋,作用在板上的荷载都由边肋来承担,板宽为 500～1200 mm,非预应力槽形板跨长通常为 3～6 m。板肋高为 120～240 mm,板厚仅为 30 mm。槽形板减轻了板的自重,具有省材料、便于在板上开洞等优点,但隔声效果差,如图 10-10 所示。

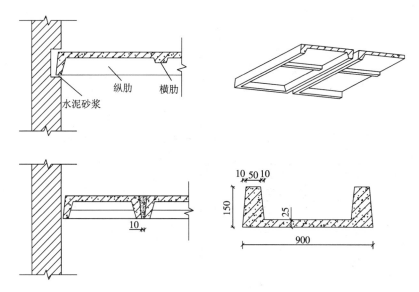

图 10-10　槽形板（单位：mm）

槽形板的搁置有正置和倒置两种：正置板底不平，一般需要另做吊顶棚；倒置板底平整，但需要做面板。槽内可置轻质隔声、保温材料。

槽形板两端用端肋封闭，当板长达到 6 m 时，需在板的中部每隔 600～1 500 mm 增设横肋一道。

（3）空心板

空心板是一种梁、板结合的预制构件，其结构计算理论与槽形板相似，两者的材料消耗也相近，但空心板上下板面平整，且隔声效果优于槽形板，因此是目前广泛采用的一种形式，如图 10-11 所示。

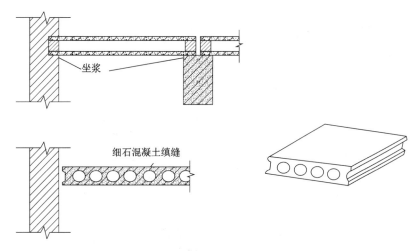

图 10-11　空心板

目前我国预应力空心板的跨度可达到 6 m、6.6 m、7.2 m 等，板的厚度为 120～300 mm。空心板安装前，应在板端的圆孔内填塞 C15 混凝土短圆柱（即堵头）以避免板端被压坏。

由于装配式楼板层存在接缝多、整体性不好、抗震性能差、施工质量不能保证等问题，目前国家在民用建筑工程中推选现浇钢筋混凝土楼板层的做法。

2. 板的结构布置方式

板的结构布置方式应根据房间的平面尺寸及房间的使用要求进行结构布置,可采用墙承重系统和框架承重系统。当预制板直接搁置在墙上时称为板式结构布置,当预制板搁置在梁上时称为梁板式结构布置,如图 10-12 所示。

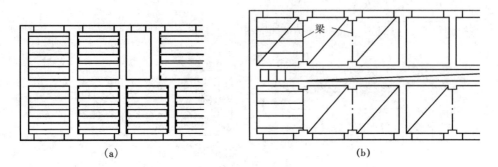

图 10-12　预制钢筋混凝土楼板结构布置

(a)板式结构布置;(b)梁板式结构布置

具体布置楼板时,一般要求板的规格、类型越少越好。应避免出现板的三边支承情况,即板的纵边不得伸入砖墙内,否则在荷载作用下,板会产生纵向裂缝,且使得压在边肋上的墙体因受局部承压影响而削弱墙体承载能力。

3. 板的搁置要求

支承于梁上时,板的搁置长度应不小于 80 mm;支承于内墙上时,板的搁置长度应不小于 100 mm;支承于外墙上时,板的搁置长度应不小于 120 mm。铺板前,先在墙或梁上用 10~20 mm 厚 M5 水泥砂浆找平(即坐浆),然后再铺板,使板与墙或梁有较好的连接,同时也使墙体受力均匀。

当采用梁板式结构时,板在梁上的搁置方式一般有两种:一种是板直接搁置在梁顶上;另一种是板搁置在花篮梁或十字梁上,如图 10-13 所示。

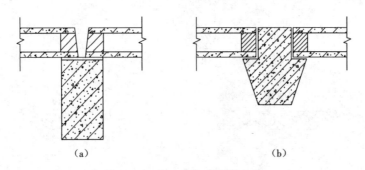

图 10-13　板在梁上的搁置方式

(a)搁置在矩形梁上;(b)搁置在花篮梁上

4. 板缝处理

板与板之间的缝隙分端缝和侧缝两种。

端缝一般需将板缝内灌以砂浆或细石混凝土,使其相互连接。为增强建筑物抗水平力的能力,可将板端甩出的钢筋交错搭接在一起,或加钢筋网片,然后在板缝内灌细石混凝土。

侧缝一般有 V 形缝、U 形缝和凹槽缝三种形式,如图 10-14 所示。缝内灌水泥砂浆或细石混凝土,其中凹槽缝板的受力状态较好,但灌缝较困难,常见的为 V 形缝。

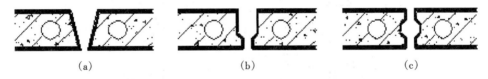

图 10-14　板缝的形式
(a)V 形缝;(b)U 形缝;(c)凹槽缝

预制板板缝起着连接相邻两块板协同工作的作用,使楼板成为一个整体。在排板过程中,当板的横向尺寸与房间平面尺寸出现差额(这个差额称为板缝差)时,可采用以下解决方式。

① 当缝差在 50 mm 以内时,调整板缝宽度,使其小于或等于 30 mm,并灌 C20 细石混凝土,如图 10-15(a)所示。

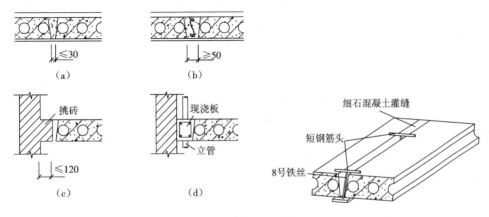

图 10-15　板缝的处理(单位:mm)

② 当缝差在 50～120 mm 之间时,可沿墙边挑两皮砖解决或在灌缝的混凝土中加配 2φ6 通长钢筋,如图 10-15(b)所示。

③ 当缝差在 120～200 mm 之间时,或竖向管道沿墙边通过时,则用局部现浇板带的方法解决,如图 10-15(c)和图 10-15(d)所示。

④ 当缝差超过 200 mm 时,重新选择板的规格。

5. 装配式钢筋混凝土楼板的抗震构造

圈梁应紧贴预制楼板的板底设置,外墙则应设缺口圈梁(L 型梁),将预制板箍在圈梁内。当板的跨度大于 4.8 m,并与外墙平行时,靠外墙的预制板边应设拉结筋与圈梁拉结。圈梁与楼板的连接如图 10-16所示。

为了增强房屋的整体刚度,对楼板与墙体之间及楼板之间用锚固钢筋即拉结钢筋予以锚固(见图 10-17)。

10.2.3　装配整体式钢筋混凝土楼板

装配整体式钢筋混凝土楼板是将楼板中预制的部分构件,移至现场安装,再以整体浇筑的方式连接

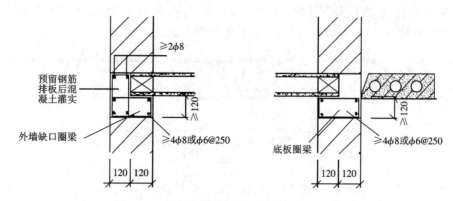

图 10-16 圈梁与墙体、楼板的连接(单位:mm)

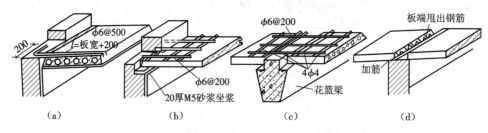

图 10-17 锚固筋的配置(单位:mm)

而成的楼板。它综合了现浇式楼板整体性好和装配式楼板施工简单、工期较短的优点,又避免了现浇式楼板作业量大、施工复杂和装配式楼板整体性较差等缺点。常用的装配整体式楼板有密肋楼板、叠合式楼板和压型钢板组合楼板三种。

1. 密肋楼板

密肋楼板是在现浇(或预制)密肋小梁间安放预制空心砌块并现浇面板而制成的楼板结构。它有整体性强和模板利用率高等特点,如图 10-18 所示。

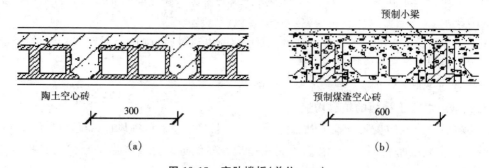

图 10-18 密肋楼板(单位:mm)

(a)现浇密肋楼板;(b)预制小梁密肋楼板

2. 叠合式楼板

近年来,随着城市高层建筑和大开间建筑的不断涌现,在设计中要求加强建筑物的整体性,采用现浇钢筋混凝土楼板的建筑越来越多。这种楼板以预制混凝土薄板为永久模板来承受施工荷载,板面现浇混凝土叠合层。

　　叠合楼板跨度一般为 4～6 m,最大可达 9 m,通常以 5.4 m 以内较为经济。预应力薄板厚度为 60～70 mm,板宽 1.1～1.8 m,板间应留缝 10～20 mm。为了保证预制薄板与叠合层有较好的连接,薄板上表面需做处理,常见的有两种。一种是在上表面做刻槽处理,见图 10-19(a),刻槽直径 50 mm、深 20 mm、间距 150 mm;另一种是在薄板表面露出较规则的三角形结合钢筋,见图 10-19(b)。现浇叠合层的混凝土等级为 C20,厚度一般为 70～120 mm。叠合楼板的总厚度取决于板的跨度,一般为 150～250 mm,楼板厚度以薄板厚度的 2 倍为宜。

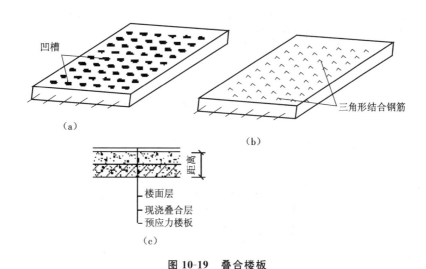

图 10-19　叠合楼板

(a)板面刻槽;(b)板面露出三角形结合钢筋;(c)叠合组合楼板

3. 压型钢板组合楼板

　　压型钢板组合楼板实质是一种钢与混凝土组合的楼板。其做法是用截面为凹凸相间的压型薄钢板作底衬模板(与钢梁用抗剪栓钉连接),与现浇钢筋混凝土浇筑在一起支承在钢梁上,构成整体性很强的楼板支承结构。多用于大空间高层民用建筑及大跨度工业厂房。目前在国际上已普遍采用。

　　压型钢板组合楼板的钢板有单层和双层之分,如图 10-20 所示。

　　压型钢板楼板层主要由楼面层、组合板(现浇钢筋混凝土和压型钢衬板)、钢梁三部分组成,此外,还可根据需要设吊顶棚,如图 10-21 所示。楼板跨度为 1.5～4.0 m,其经济跨度在 2.0～3.0 m 之间。

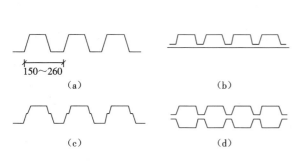

图 10-20　压型钢板组合楼板

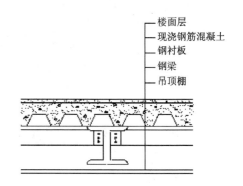

图 10-21　压型钢板楼板层的组成

钢衬板之间和钢衬板与钢梁之间的连接,一般采用焊接、自攻螺栓、膨胀铆钉或压边咬接等方式连接,压型钢板与下部梁连接构造及分段间的咬合如图 10-22 所示。

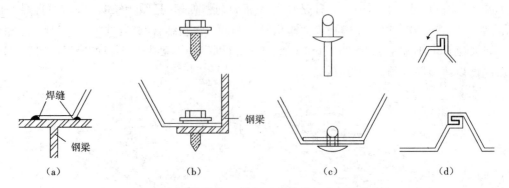

图 10-22　压型钢板与下部梁连接构造及分段间的咬合

10.3　地坪层构造

地坪层指建筑物底层房间与土层的交接部分,它所起的作用是承受地坪上的荷载,并均匀地传给地坪以下土层。

按地坪层与土层间的关系不同,可分为实铺地层和空铺地层两类。

10.3.1　实铺地层

实铺地层是指将开挖基础时挖去的土回填到指定标高,并且分层夯实后,在上面铺碎石或三合土,然后再铺素混凝土结构层。实铺地层的基本组成部分有面层、垫层和基层,对有特殊要求的地坪,常在面层和垫层之间增设一些附加层。实铺地坪层构造如图 10-23 所示。

(1)面层

地坪的面层又称地面,起着保护结构层和美化室内的作用。地面的做法和楼面相同。

(2)垫层

垫层是基层和面层之间的填充层,其作用是承重传力,一般采用 60~100 mm 厚的 C10 混凝土垫层。垫层材料分为刚性垫层和柔性垫层两大类:刚性垫层如混凝土、碎砖三合土等,有足够的整体刚度,受力后不产生塑性变形,多用于整体地面和小块块料地面;柔性垫层如砂、碎石、炉渣等松散材料,无整体刚度,受力后产生塑性变形,多用于块料地面。

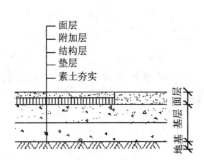

图 10-23　实铺地坪层构造

(3)基层

基层即地基,一般为原土层或填土分层夯实。当上部荷载较大时,增设 2:8 灰土 100~150 mm 厚,或碎砖、道渣、三合土 100~150 mm 厚。

(4)附加层

附加层主要应满足某些有特殊使用要求而设置的一些构造层次,如防水层、防潮层、保温层、隔热层、隔声层和管道敷设层等。

10.3.2 空铺地层

空铺地层是指用预制板或沿游木将底层室内地层架空,使地层以下的回填土同地层结构之间保留一定距离,相互不接触;同时利用建筑物室内外高差,在接近室外地面的墙上留出通风洞,使土中的潮气不容易像实铺地面那样可以直接对建筑物底层地面造成影响。

为防止房屋底层房间受潮或满足某些特殊使用要求(如舞台、体育训练、比赛场等的地层需要有较好的弹性),可将地层架空形成空铺地层,如图 10-24 所示。

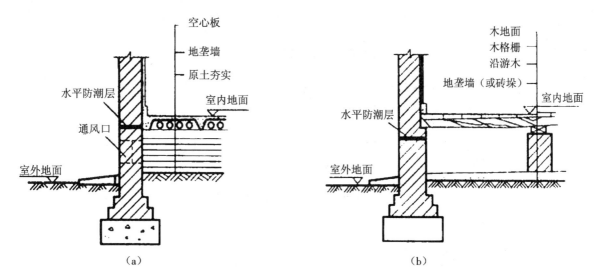

图 10-24 空铺地层构造
(a)钢筋混凝土板空铺地层;(b)木板空铺地层

10.4 楼地面构造

10.4.1 楼地面装修

楼地面装修主要是指楼板层和地坪层的面层装修。面层一般包括面层和面层下面的找平层两部分。

按面层所用材料和施工方式不同,常见地面类型可分为以下几类。

① 整体地面:水泥砂浆地面、细石混凝土地面、水泥石屑地面、水磨石地面等。

② 块材地面:铺砖地面、地面砖、缸砖及陶瓷锦砖地面等。

③ 塑料地面:聚氯乙烯塑料地面、涂料地面等。

④ 木地面:常采用条木地面和拼花木地面。

1. 整体地面

(1)水泥砂浆地面

通常有单层和双层两种做法。单层做法只抹一层 20~25 mm 厚 1∶2 或 1∶2.5 水泥砂浆;双层做法是增加一层 10~20 mm 厚 1∶3 水泥砂浆找平,表面再抹 5~10 mm 厚 1∶2 水泥砂浆抹平压光。

（2）水泥石屑地面

水泥石屑地面是将水泥砂浆里的中粗砂换成粒径为 3～6 mm 的石屑,然后在垫层或结构层上直接做 1∶2 水泥石屑 25 mm 厚,水灰比不大于 0.4,刮平拍实,碾压多遍,出浆后抹光。这种地面表面光洁、不起尘、易清洁,造价是水磨石地面的 50%,且强度高,性能近似水磨石地面。

（3）水磨石地面

水磨石地面为分层构造,底层为 1∶3 水泥砂浆 10～20 mm 厚找平,面层为(1∶1.5)～(1∶2)水泥石渣 10～15 mm 厚,石渣粒径为 8～10 mm,分格条一般高 10 mm,用 1∶1 水泥砂浆固定,如图 10-25所示。

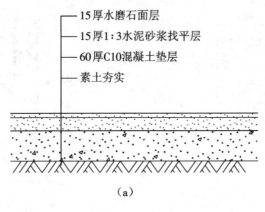

- 15厚水磨石面层
- 15厚1∶3水泥砂浆找平层
- 60厚C10混凝土垫层
- 素土夯实

（a）

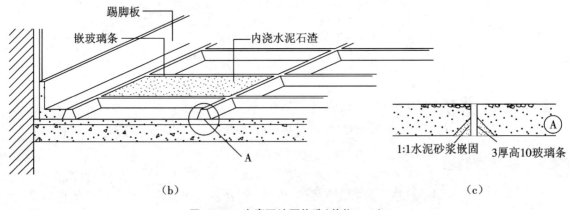

（b）　　　　　　　　　　　　（c）

图 10-25　水磨石地面构造(单位:mm)

2. 块料地面

块料地面是利用各种人造的和天然的预制块材、板材,借助胶结材料粘贴或镶铺在结构层上面。胶结材料既起胶结作用又起找平作用,也有先做找平层再做胶结层的。常用的胶结材料有水泥砂浆、油膏等,也有用细砂和细炉渣做结合层的。块料地面种类很多,有黏土砖、水泥砖、大理石、缸砖、陶瓷锦砖、陶瓷地砖等。

（1）铺砖地面

铺砖地面有黏土砖地面、水泥砖地面、预制混凝土块地面等。铺设方式有干铺和湿铺两种。干铺是在基层上铺一层 20～40 mm 厚的砂子,将砖块等直接铺设在砂上,板块间用砂或砂浆填缝;湿铺是在基层上铺 1∶3 水泥砂浆 12～20 mm 厚,用 1∶1 水泥砂浆灌缝。

（2）缸砖、地面砖及陶瓷锦砖地面

① 缸砖：是陶土加矿物颜料烧制而成的一种无釉砖块，主要有红棕色和深米黄色两种。缸砖质地细密坚硬，强度较高，耐磨、耐水、耐油、耐酸碱，易于清洁、不起灰，施工简单，因此广泛应用于卫生间、盥洗室、浴室、厨房、实验室及有腐蚀性液体的房间地面。

② 地面砖：它的各项性能都优于缸砖，且色彩图案丰富，装饰效果好，但造价也较高，多用于装修标准较高的建筑物地面。

缸砖、地面砖构造做法：20 mm 厚 1∶3 水泥砂浆找平，3～4 mm 厚水泥胶（水泥∶107 胶∶水＝1∶0.1∶0.2）粘贴缸砖，用素水泥浆擦缝。

③ 陶瓷锦砖：质地坚硬，经久耐用，色泽多样，耐磨、防水、耐腐蚀、易清洁，适用于有水、有腐蚀的地面。做法类同缸砖，后用滚子压平，使水泥胶挤入缝隙，用水洗去牛皮纸，用白水泥浆擦缝。

（3）天然石板地面

常用的天然石板指大理石和花岗石板，由于它们质地坚硬、色泽丰富艳丽，属高档地面装饰材料，一般多用于高级宾馆、会堂、公共建筑的大厅及门厅等处。

天然石板地面的做法是在基层上刷素水泥浆一道后，用 30 mm 厚 1∶3 干硬性水泥砂浆找平，面上撒 2 mm 厚素水泥（洒适量清水）粘贴石板。

综上所述，常用地面、楼面做法详见表 10-1 和表 10-2。

表 10-1　常用地面做法　　　　　　　　　　　　　　单位：mm

名　　称	材料及做法
水泥砂浆地面	25 厚 1∶2 水泥砂浆面层铁板赶光，水泥浆结合层一道，80～100 厚 C10 混凝土垫层，素土夯实
水泥豆石地面	30 厚 1∶2 水泥豆石（瓜米石）面层铁板赶光，水泥浆结合层一道，80～100 厚 C10 混凝土垫层，素土夯实
水磨石地面	15 厚 1∶2 水泥白石子面层表面草酸处理后打蜡上光，水泥浆结合层一道，25 厚 1∶2.5 水泥砂浆找平层，水泥浆结合层一道，80～100 厚 C10 混凝土垫层，素土夯实
聚乙烯醇缩丁醛地面	面漆三道，清漆二道，填嵌并满抹腻子，清漆一道，25 厚 1∶2.5 水泥砂浆找平层，80～100 厚 C10 混凝土垫层，素土夯实
陶瓷锦砖（马赛克）地面	陶瓷锦砖面层白水泥擦缝，25 厚 1∶2.5 干硬性水泥浆结合层，上撒 1～2 厚干水泥并洒清水适量，水泥浆结合层一道，80～100 厚 C10 混凝土垫层，素土夯实
缸砖地面	缸砖（防潮砖、地红砖）面层配色白水泥擦缝，25 厚 1∶2.5 干硬性水泥浆结合层，上撒 1～2 厚干水泥并洒清水适量，水泥浆结合层一道，80～100 厚 C10 混凝土垫层，素土夯实
陶瓷地砖地面	厚陶瓷地砖面层白水泥擦缝，25 厚 1∶2.5 干硬性水泥浆结合层，上撒 1～2 厚干水泥并洒清水适量，水泥浆结合层一道，80～100 厚 C10 混凝土垫层，素土夯实

表 10-2　常用楼面做法　　　　　　　　　　　　　　　　　　单位：mm

名　称	材料及做法
水泥砂浆楼面	25 厚 1:2 水泥砂浆面层铁板赶光，水泥浆结合层一道，结构层
水泥石屑楼面	30 厚 1:2 水泥石屑面层铁板赶光，水泥浆结合层一道，结构层
水磨石楼面(美术水磨石楼面)	15 厚 1:2 水泥白石子面层表面草酸处理后打蜡上光，水泥浆结合层一道，25 厚 1:2.5 水泥砂浆找平层，水泥浆结合层一道，结构层
陶瓷锦砖(马赛克)楼面	陶瓷锦砖面层白水泥擦缝，25 厚 1:2.5 干硬性水泥浆结合层，上撒 1～2 厚干水泥并洒清水适量，水泥浆结合层一道，结构层
陶瓷地砖楼面	10 厚陶瓷地砖面层配色水泥擦缝，25 厚 1:2.5 干硬性水泥浆结合层，上撒 1～2 厚干水泥并洒清水适量，水泥浆结合层一道，结构层
大理石楼面	20 厚大理石块面层配色水泥擦缝，25 厚 1:2.5 干硬性水泥浆结合层，上撒 1～2 厚干水泥并洒清水适量，水泥浆结合层一道，结构层

3. 木地面

木地面的主要特点是有弹性、不起灰、不返潮、导热系数小，常用于住宅、宾馆、体育馆、剧院舞台等建筑中。木地面材料有纯木材、复合木地板以及软木等。木地面按其构造方式分为架空、实铺和粘贴三种。

(1) 架空式木地面

架空式木地面常用于底层地面，它是将支撑木地板的格栅搁置于事先砌好的地垄墙上，使地板下有足够的空间便于通风，以防止木地板受潮腐烂。然后在格栅上钉木地板。由于占用空间多、构造复杂、费材料，因而采用较少。

(2) 实铺木地面

实铺木地面是将木地板直接钉在钢筋混凝土基层上的木格栅上。木格栅为 50 mm×60 mm 方木，中距 400 mm，40 mm×50 mm 横撑，中距 1000 mm，与木格栅钉牢。为了防腐，可在基层上刷冷底子油和热沥青，格栅及地板背面满涂防腐油或煤焦油。

(3) 粘贴木地面

粘贴木地面的做法是先在钢筋混凝土基层上采用沥青砂浆找平，然后刷冷底子油一道、热沥青一道，用 2 mm 厚沥青胶环氧树脂乳胶等随涂随铺贴 20 mm 厚硬木长条地板。

木地板按其板材规格常采用宽 50～150 mm 的条木企口地板、拼花木地板(长度 200～300 mm 窄条硬木纵横穿插而成)或强化复合木地板。

强化复合木地板有无铺底板和有铺底板两种做法。

无铺底板做法是面层为 8 mm 厚企口强化复合木地板，下铺 3～5 mm 泡沫塑料衬垫；35 mm 厚 C15 细石混凝土随打随抹平，1.5 mm 厚聚氨酯涂膜防潮层，50 mm 厚 C15 细石混凝土随打随抹，100 mm 厚 3：7 灰土，素土夯实。

有铺底板做法是面层为 8 mm 厚企口强化复合木地板，下铺 3～5 mm 泡沫塑料衬垫；18 mm 松木毛地板，背面刷氟化钠防腐剂及防火涂料，水泥钉固定，35 mm 厚 C15 细石混凝土随打随抹光，1.5 mm 厚聚氨酯涂膜防潮层，50 mm 厚 C15 细石混凝土随打随抹，100 mm 厚 3：7 灰土，素土夯实。

有一些场所对木地板有特殊要求,例如室内体育用房、排练厅、舞台等,使用者往往会有较为激烈的运动,为了减少发生碰撞时产生危险的可能性,需要在地板下设置橡皮条、木弓、钢弓等缓冲装置。

4. 塑料地面

塑料地面包括一切由有机物质为主所制成的地面覆盖材料,如一定厚度平面状的块材或卷材形式的油地毡、橡胶地毯、涂料地面和涂布无缝地面等。

塑料地面装饰效果好,色彩鲜艳,施工简单,维修保养方便,有一定弹性,脚感舒适,步行时噪声小,但它有易老化、日久失去光泽、受压后产生凹陷、不耐高热、硬物刻画易留痕等缺点。

5. 涂料地面

用于地面的涂料有地板漆、过氯乙烯地面涂料、苯乙烯地面涂料等。这些涂料施工方便、价格低廉、整体性好、易清洁、不起灰,可以提高地面耐磨性和韧性以及不透水性,弥补了水泥砂浆地面和混凝土地面的缺陷。涂料地面适用于民用建筑中的住宅、医院等。

10.4.2 顶棚装修

顶棚,亦称平顶,是指在室内空间上部,通过采用各种材料及形式组合,形成具有功能与美学目的的建筑装修部分,在建筑上又称之为吊顶、天花或天棚。在重要建筑中,顶棚往往是各种设备和管线(风道、电路、风口、灯口、消防水管、冷热空调、喷淋口、报警器探头等)集中设置的地方,用来遮挡屋顶结构、美化室内环境、改善采光条件、提高屋顶的保温隔热能力,增进室内音质效果。顶棚的设计必须考虑这些因素,因而格外复杂。通常,为了隐蔽这些设施,求得一个较平整的顶面,需在结构层下另吊一个顶棚。顶棚在人的视场中占有一定比例,越是高大、宽敞的室内空间,顶棚在视场中占的比重越大。所以说,顶棚装修作为围合空间的要素之一是三个界面中最为复杂的,是现代建筑装修不可缺少的重要组成部分。

1. 顶棚类型

(1)直接式顶棚

直接式顶棚是在钢筋混凝土屋面板或楼板下表面直接喷浆、抹灰或粘贴装修材料的一种构造方法。当板底平整时,可直接喷、刷大白浆或106涂料;当楼板结构层为钢筋混凝土预制板时,可用1:3水泥砂浆填缝刮平,再喷刷涂料。这类顶棚构造简单,施工方便,具体做法和构造与内墙面的抹灰类、涂刷类、裱糊类基本相同,常用于装饰要求不高的一般建筑。

(2)悬吊式顶棚

悬吊式顶棚又称"吊顶",它离屋顶或楼板的下表面有一定的距离,通过悬挂物与主体结构连接在一起。在许多民用建筑和部分工业建筑中,屋顶下面设有顶棚。设计吊顶应满足以下要求。

① 吊顶不但可以用来遮挡结构构件,而且还可用来隐藏各种设备管道和装置,所以吊顶应有足够的净空高度。

② 对于有声学要求的房间顶棚,其表面形状和材料应根据音质要求来考虑。

③ 吊顶的耐火极限应满足防火规范的规定,特别是大量人群使用的大厅吊顶更应注意防火。

④ 吊顶是室内装修的重要部位,应结合室内设计进行统筹考虑,装设在顶棚上的各种灯具和空调风口应与吊顶装修组成一个有机整体。

⑤ 要便于维修隐藏在吊顶内的各种装置和管线,可以将吊顶面层做成拆卸式的。

⑥ 吊顶应便于工业化施工并尽量避免湿作业。

2. 吊顶的类型

① 根据结构构造形式的不同,吊顶可分为整体式吊顶、活动式装配吊顶、隐蔽式装配吊顶和开敞式吊顶等。

② 根据材料的不同,吊顶可分为板材吊顶、轻钢龙骨吊顶、金属吊顶等。

3. 吊顶的构造组成

吊顶一般由龙骨与面层两部分组成。

(1) 吊顶龙骨

吊顶龙骨分为主龙骨与次龙骨。主龙骨为吊顶的承重结构,次龙骨则是吊顶的基层。主龙骨通过吊筋或吊件固定在屋顶(或楼板)结构上,次龙骨用同样的方法固定在主龙骨上。龙骨可用木材、轻钢、铝合金等材料制作,其断面大小视其材料品种、是否上人(吊顶承受人的荷载)和面层构造做法等因素而定。主龙骨断面比次龙骨大,间距通常为 1 m 左右。悬吊主龙骨的吊筋为 $\phi 8 \sim \phi 10$ 钢筋,间距也是 1 m 左右。次龙骨间距视面层材料而定,间距不宜太大,一般为 300～500 mm。刚度大的面层不易翘曲变形,可允许扩大至 600 mm。

(2) 吊顶面层

吊顶面层分为抹灰面层和板材面层两大类。抹灰面层为湿作业施工,费工费时。板材面层既可加快施工速度,又容易保证施工质量。板材吊顶有植物板材、矿物板材、金属板材等。

4. 抹灰吊顶构造

抹灰吊顶的龙骨可用木材或型钢。当采用木龙骨时,主龙骨断面宽为 60～80 mm,高为 120～150 mm,中距约 1 m。次龙骨断面一般为 40 mm×60 mm,中距为 400～500 mm,并用吊木固定于主龙骨上。当采用型钢龙骨时,主龙骨选用槽钢,次龙骨为角钢(20 mm×20 mm×3 mm),间距同木龙骨。

抹灰面层有以下几种做法:板条抹灰、板条钢板网抹灰、钢板网抹灰。板条抹灰一般采用木龙骨,这种顶棚是传统做法,构造简单、造价低,但抹灰层由于干缩或结构变形的影响,很容易脱落,且不防火,目前已很少使用。

板条钢板网抹灰顶棚的做法是在前一种顶棚的基础上,加钉一层钢板网以防止抹灰层的开裂脱落。

钢板网抹灰吊顶一般采用钢龙骨,钢板网固定在钢筋上,如图 10-26 所示。这种做法未使用木材,可以提高顶棚的防火性、耐久性和抗裂性,多用于公共建筑的大厅顶棚和防火要求较高的建筑。

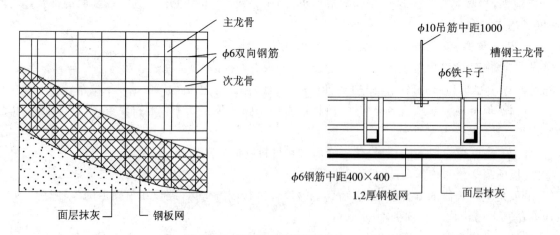

图 10-26　钢板网抹灰吊顶(单位:mm)

5. 矿物板材吊顶构造

矿物板材吊顶常用石膏板、石棉水泥板、矿棉板等板材作面层,轻钢或铝合金型材作龙骨。这类吊顶的优点是自重轻、施工安装快、无湿作业、耐火性能优于植物板材吊顶和抹灰吊顶,故在公共建筑或高级工程中应用较广。

轻钢和铝合金龙骨的布置方式有如下两种。

(1)龙骨外露的布置方式

龙骨外露布置方式的主龙骨采用槽形断面的轻钢型材,次龙骨为 T 形断面的铝合金型材。次龙骨双向布置,矿物板材置于次龙骨翼缘上,次龙骨露在顶棚表面成方格形,方格大小为 500 mm×500 mm 左右,如图 10-27(a)所示。悬吊主龙骨的吊挂件为槽形断面,吊挂点间距为 0.9~1 m,最大不超过 1.5 m。次龙骨与主龙骨的连接采用 U 形连接吊钩,图 10-27(b)为它们之间的连接关系。

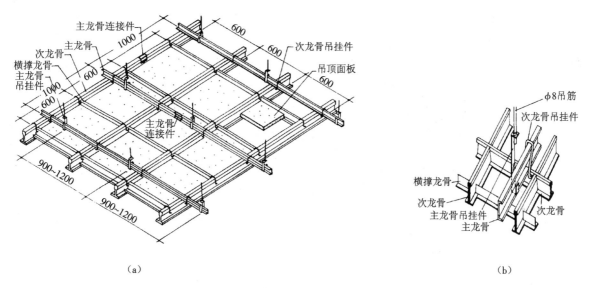

(a) (b)

图 10-27　龙骨外露吊顶的构造(单位:mm)

(a)吊顶龙骨布置;(b)细部构造

(2)不露龙骨的布置方式

不露龙骨布置方式的主龙骨仍采用槽形断面的轻钢型材,但次龙骨采用 U 形断面轻钢型材。用专门的吊挂件将次龙骨固定在主龙骨上,面板用自攻螺钉固定于次龙骨上。图 10-28(a)为主次龙骨的布置示意图,图 10-28(b)、(c)为主次龙骨及面板的连接节点构造。

6. 金属板材吊顶构造

金属板材吊顶通常是以铝合金条板作面层,龙骨采用轻钢型材。当吊顶无吸音要求时,条板采取密铺方式,不留间隙,如图 10-29;当吊顶有吸音要求时,条板上面需加铺吸音材料,条板之间应留出一定的间隙,以便投射到顶棚的声音能从间隙处被吸音材料所吸收,如图 10-30。

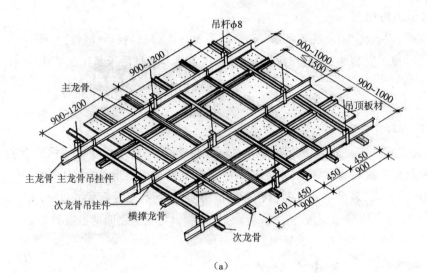

图 10-28 不露龙骨吊顶的构造(单位:mm)

(a)龙骨布置；(b)细部构造；(c)细部构造

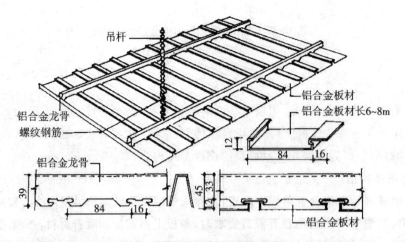

图 10-29 密铺铝合金条板吊面(单位:mm)

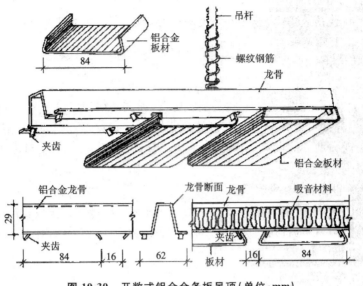

图 10-30　开敞式铝合金条板吊顶(单位:mm)

10.5　阳台与雨篷

阳台是连接室内的室外平台,给居住在建筑里的人们提供一个舒适的室外活动空间,是多层住宅、高层住宅和旅馆等建筑中不可缺少的一部分。

10.5.1　阳台

1. 阳台的类型和设计要求

1) 类型

阳台按其与外墙面的关系分为挑阳台、凹阳台、半挑半凹阳台。按其在建筑中所处的位置可分为中间阳台和转角阳台。阳台按使用功能不同又可分为生活阳台(靠近卧室或客厅)和服务阳台(靠近厨房)。当阳台的长度占两个或两个以上开间时,称为外廊。

2) 设计要求

(1) 安全适用

悬挑阳台的挑出长度不宜过大,应保证在荷载作用下不发生倾覆现象,以 1.2~1.8 m 为宜。低层、多层住宅阳台栏杆净高不低于 1.05 m;中高层住宅阳台栏杆净高不低于 1.1 m,但也不宜大于 1.2 m。阳台栏杆形式应防坠落(垂直栏杆间净距不应大于 110 mm)、防攀爬(不设水平栏杆),以免造成恶果。放置花盆处,也应采取防坠落措施。

(2) 坚固耐久

阳台所用材料和构造措施应经久耐用,承重结构宜采用钢筋混凝土,金属构件应做防锈处理,表面装修应注意色彩的耐久性和抗污染性。

(3) 适用、美观

阳台应考虑地区气候特点。南方地区宜采用有助于空气流通的空透式栏杆,而北方寒冷地区和中高层住宅应采用实体栏杆,并满足立面美观的要求,为建筑物的形象增添风采。

(4) 排水顺畅

为防止阳台上的雨水流入室内,设计时要求阳台地面标高低于室内地面标高 60 mm 左右,并将地面抹出 5‰的排水坡将水导入排水孔,使雨水能顺利排出。

2. 阳台结构布置方式

(1) 挑梁式

挑梁式是指从横墙内外伸挑梁,其上搁置预制楼板,如图 10-31(a)。这种结构布置简单,传力直接明确,阳台长度与房间开间一致。挑梁根部截面高度 H 为 $(1/5\sim1/6)L$,L 为悬挑净长,截面宽度为 $(1/2\sim1/3)H$。为美观起见,可在挑梁端头设置面梁,既可以遮挡挑梁头,又可以承受阳台栏杆重量,还可以加强阳台的整体性。

(2) 挑板式

当楼板为现浇楼板时,可选择挑板式布置方式,悬挑长度一般为 1.2 m 左右。即从楼板外延挑出平板,板底平整美观,而且阳台平面形式可做成半圆形、弧形、梯形、斜三角形等各种形状。挑板厚度不小于挑出长度的 1/12,如图 10-31(b)。

(3) 压梁式

阳台板与墙梁现浇在一起,墙梁的截面应比圈梁大,以保证阳台的稳定,而且阳台悬挑不宜过长,一般为 1.2 m 左右,并在墙梁两端设拖梁压入墙内,见图 10-31(c)。

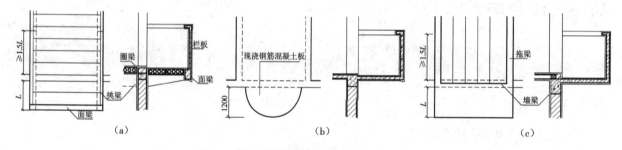

图 10-31　阳台结构布置方式

(a)挑梁式;(b)挑板式;(c)压梁式

3. 阳台细部构造

(1) 阳台栏杆

阳台栏杆的形式有空花式、混合式和实体式,如图 10-32 所示。

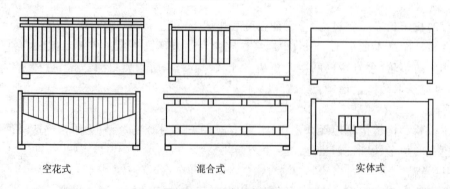

空花式　　　　混合式　　　　实体式

图 10-32　阳台栏杆形式

（2）栏杆扶手

栏杆扶手有金属和钢筋混凝土两种：金属扶手一般为钢管与金属栏杆焊接；钢筋混凝土扶手用途广泛，形式多样，有不带花台、带花台、带花池等形式。

（3）细部要点

阳台细部要点主要包括栏杆与扶手的连接、栏杆与面梁（或称止水带）的连接、栏杆与墙体的连接等。

10.5.2 雨篷

雨篷位于建筑物出入口的上方，用来遮挡雨雪、保护外门免受侵蚀，给人们提供一个从室外到室内的过渡空间，并起到保护门和丰富建筑立面的作用。

不设竖向支承构件的雨篷有悬挑式和悬挂式等形式。就材料而言，有钢筋混凝土雨篷和钢雨篷等形式。根据雨篷板的支承方式不同，有悬板式和悬挑梁板式两种。雨篷在构造上需解决好两个问题：一是防倾覆，保证雨篷梁上有足够的压重；二是板面上要做好排水和防水措施。通常沿板四周用砖砌或现浇混凝土做凸檐挡水，板面用防水砂浆抹面，并向排水口做出 1% 的坡度。防水砂浆应顺墙上卷至少300 mm。

1. 悬板式

悬板式雨篷外挑长度一般为 0.9～1.5 m，板根部厚度不小于挑出长度的 1/12。雨篷宽度比门洞每边宽 250 mm。雨篷排水方式可采用无组织排水和有组织排水两种。雨篷顶面距过梁顶面 250 mm 高，板底抹灰可抹 1：2 水泥砂浆内掺 5% 防水剂的防水砂浆 15 mm 厚，多用于次要出入口，如图 10-33 所示。

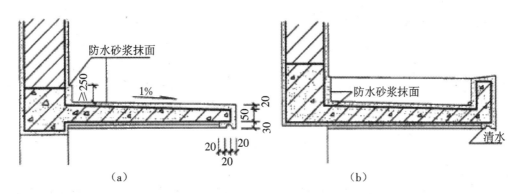

图 10-33 悬板式钢筋混凝土雨篷构造（单位：mm）
(a)悬板式雨篷；(b)板端加高

2. 悬挑梁板式

悬挑梁板式雨篷多用在宽度较大的入口处，如影剧院和商场等。悬挑梁从建筑物的柱上挑出，为使板底平整，多做成倒梁式，如图 10-34 所示。

3. 悬挂式

悬挂式雨篷多为钢结构，悬挂节点则采用铰接方式，如图 10-35 所示。

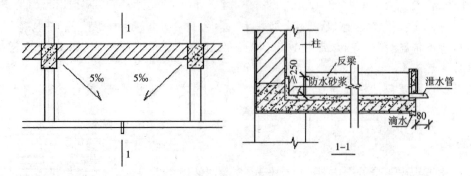

图 10-34　悬挑梁板式雨篷构造(单位:mm)

图 10-35　悬挂式雨篷

10.6　建筑隔声构造

　　保持室内环境的安静,对人们的工作、学习和休息非常重要。当今不少城市噪声严重,噪声已成为城市环境公害中最突出的一项,并且大有蔓延和加剧之势。因此在建筑设计中,必须重视维护结构的隔声问题。

10.6.1　噪声的危害及传播

　　噪声通常系指由各种不同强度、不同频率的声音混杂在一起的嘈杂声。强烈的噪声对人们的健康和工作能力有很大影响。一个人如果长期在 90 dB(A)以上的噪声环境中工作,持续不断地受高噪声的刺激,听觉疲劳又得不到恢复,听觉器官就会受到损伤,造成噪声性的耳聋。此外还会使健康水平下降,抵抗力减弱,从而诱发其他疾病。

　　噪声一般以空气传声和撞击传声两种方式进行传递。

　　1. 空气传声

　　噪声自声源发生之后,借空气而传播的方式称为空气传声。空气传声又有两种情况,一种是声音直接在空气中传递,称为直接传声;另一种是由于声波振动,经空气传至结构,引起结构的强烈震动,致使结构向其他空间辐射声能,这种声音的传递方式称为振动传声。

　　2. 撞击传声

　　撞击传声指凡由于直接打击或冲撞建筑物构件而产生的声音称撞击声或固体声,即由固体载声而传播的声音。虽然这种声音最后都是以空气传声而传入人耳的,但是由于它在建筑中传播的条件不同,所采取的隔绝措施也就不同,因而在实际工作中必须注意两者的区别。

10.6.2　围护结构的隔声措施

隔声是降低噪声干扰的重要手段。隔声设计的目的就在于将通过维护结构透入室内的噪声限制在一个不影响人们正常工作、学习及休息的水平以内。由于噪声通过两种情况向室内传播,因此,隔声也必须从两方面入手,分别针对不同情况,采取不同措施。

1. 对空气传声的隔绝

隔绝空气传声主要是指在设计过程中,在声源与接收者之间采取各种有效措施,以减低其声能噪声级。在一般情况下,各种措施的大致效果如下。

① 总体布局及平、剖面的合理设计可降低 10～40 dB。

② 吸声减噪处理可降低 8～10 dB。

③ 消声控制处理可降低 10～50 dB。

④ 构件隔声处理可降低 10～50 dB。

2. 撞击传声的隔绝

在建筑构件中,楼上人的脚步声、拖动家具、撞击物体所产生的噪声,对楼下房间的干扰特别严重。因此,楼板层是隔绝撞击声的重点。所以要减低撞击声的声级,首先应对震源进行控制,然后是改善楼板层隔绝撞击声的性能,通常可以从三个方面考虑。

（1）对楼面进行处理

对楼面进行处理即在楼面上铺设富有弹性的材料,如铺设地毯、橡胶地毡、塑料地毡、软木板等,以降低楼板本身的振动,使撞击声的声能减弱。采用这种措施,效果显著。

（2）利用弹性垫层进行处理

利用弹性垫层进行处理即在楼板结构层与面层之间增设一道弹性垫层,以降低结构的振动。弹性垫层可以是具有弹性的片状、条状或块状的材料,如木丝板、甘蔗板、软木片、矿棉毡等。弹性垫层使楼面与楼板完全被隔开,使楼面形成浮筑层,所以这种楼板层又称浮筑楼板。但必须注意,要保证楼面与结构层(包括面层与墙面交接处)完全脱离,防止产生"声桥"。

（3）做楼板吊顶处理

做楼板吊顶处理即在楼板下做吊顶。它主要是为了解决楼板层所产生的空气传声问题。楼板被撞击后会产生撞击声,于是利用隔绝空气声的措施来降低其撞击声。吊顶的隔声能力取决于它单位面积的质量及其整体性,即质量越大,整体性越强,其隔声效果越好。此外,还决定于吊筋与楼板之间刚性连接的程度。

【本章要点】

① 楼地层是水平方向分隔房屋空间的承重构件。楼板层主要由面层、楼板、顶棚三部分组成,楼板层的设计应满足建筑在使用、结构、施工以及经济等方面的要求。

② 钢筋混凝土楼板根据其施工方法不同可分为现浇式、装配式和装配整体式三种。装配式钢筋混凝土楼板常用的板型有平板、槽型板、空心板。为加强楼板的整体性,应注意楼板的细部构造。现浇式钢筋混凝土楼板有现浇肋梁楼板、井式楼板和无梁楼板。装配整体式楼板有密肋填充块楼板和叠合式

楼板。

③ 地坪层由面层、垫层和素土夯实层构成。

④ 楼地面按其材料和做法可分为四大类,即整体地面、块料地面、塑料地面和木地面。

⑤ 顶棚分为直接顶棚和吊顶棚。

⑥ 阳台、雨篷也是水平方向的构件,阳台应满足安全坚固、实用、美观的要求,中间阳台的结构布置可采用挑梁搭板和悬挑阳台板的方式。阳台栏杆按其形式可分为实体栏杆、空花栏杆和混合式栏杆。雨篷常采用过梁悬挑板式。

【思考题】

10-1　楼板层与地坪层有什么相同和不同之处?

10-2　楼板层的基本组成及设计要求有哪些?

10-3　楼板隔绝固体传声的方法有哪三种?绘图说明。

10-4　常用的装配式钢筋混凝土楼板的类型及其特点和适用范围。

10-5　装配式钢筋混凝土楼板的细部构造。

10-6　简述现浇肋梁楼板的布置原则。

10-7　简述井式楼板和无梁楼板的特点及适用范围。

10-8　简述地坪层的组成及各层的作用。

10-9　简述水泥砂浆地面、水泥石屑地面、水磨石地面的组成、优缺点及适用范围。

10-10　简述常用的块料地面的种类、优缺点及适用范围。

10-11　简述塑料地面的优缺点及主要类型。

10-12　简述直接抹灰顶棚的类型及适用范围。

10-13　绘图说明挑阳台的结构布置。

10-14　绘图说明钢筋混凝土栏杆压顶及栏杆与阳台板的连接构造。

10-15　结合当地气候简述地面如何防潮,绘图说明其构造做法。

第11章　楼梯及其他交通设施

　　楼梯、电梯、自动扶梯、台阶、坡道以及爬梯等是联系房屋各层不同高度空间的垂直交通设施。其中,楼梯是多层和高层建筑中必需的竖向交通设施,用于竖向交通和人员紧急疏散;电梯一般用于七层以上的多层和高层建筑,在一些标准较高的宾馆、办公楼等底层建筑中也常使用;自动扶梯用于人流量大且要求连续通行的公共建筑;台阶用于联系室内外高差或室内局部高差;坡道常用于通行车辆或无障碍高差通行设计。

　　本章重点论述民用建筑中广泛应用的楼梯。

11.1　楼梯的组成和形式

11.1.1　楼梯的组成

　　楼梯一般由梯段、平台、栏杆扶手三部分组成,如图 11-1 所示。

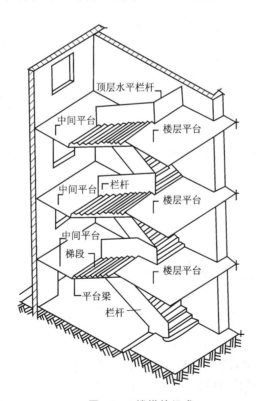

图 11-1　楼梯的组成

1. 梯段

梯段常称为梯跑,其上设有踏步,是联系两个不同标高平台以供人行走的倾斜构件。根据结构受力不同,分为板式梯段和梁式梯段。板式梯段直接把荷载传给平台梁,梁式梯段荷载由踏步先传给梯段梁,再由梯段梁把荷载传给平台梁。为了让人行走得安全和舒适,梯段的踏步步数不宜超过 18 级,如果超过 18 级,则需要在梯段中间设置宽度不小于 3 级台阶的平台,踏步步数也不宜少于 3 级,要引起人们的注意,防止摔倒。

2. 楼梯平台

与梯段相连的水平构件称为楼梯平台,按所处位置和高度不同,分为中间平台和楼层平台。与楼层地面标高相同的平台称为楼层平台,用来分配楼梯和各楼层之间的人流,同时供人们在行走过程中调节体力和改变行进方向。两楼层之间的平台称为中间平台,主要用来供行人休息和改变行进方向,又称为休息平台。

3. 栏杆扶手

栏杆扶手是设在梯段及平台边缘的安全保护构件。当梯段宽度小于 1400 mm 时,可只在梯段临空面设置;当梯段宽度大于 1400 mm 时,非临空面也应加设靠墙扶手;当梯段宽度超过 2200 mm 时,还应在梯段中间加设中间扶手。扶手的高度一般为从踏面中心线起 900 mm,儿童使用的楼梯还应在 500~600 mm 处再设一道儿童扶手;当楼梯栏杆水平段超过 500 mm 时,水平段楼梯栏杆高度不应小于 1050 mm;楼梯竖向栏杆水平净空不应大于 110 mm,如图 11-2 所示。

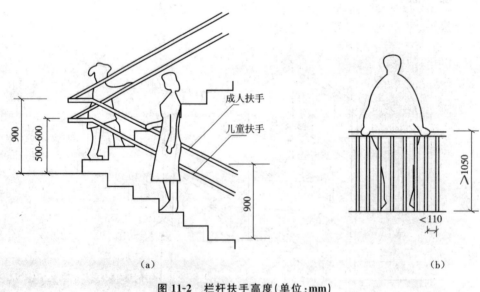

图 11-2 栏杆扶手高度(单位:mm)
(a)梯段处;(b)顶层平台处安全栏杆

11.1.2 楼梯形式

楼梯是建筑空间竖向联系的主要部件,其形式的选择取决于建筑平面功能要求、室内设计的美观需要、楼梯间的平面形状与尺寸、楼层高低、人流多少与缓急等因素,设计时须综合考虑这些影响因素。如门厅中的主要楼梯选用平行双分双合楼梯、造型灵活优美的弧形楼梯和螺旋楼梯等通常能起到美化室内空间的作用。

楼梯根据布置方式和造型的不同,可以分为直上式(直跑楼梯)、曲尺式(折角楼梯)、双折式(双跑楼梯)、多折式(多跑楼梯)、剪刀式、弧形和螺旋式等,如图 11-3 所示。

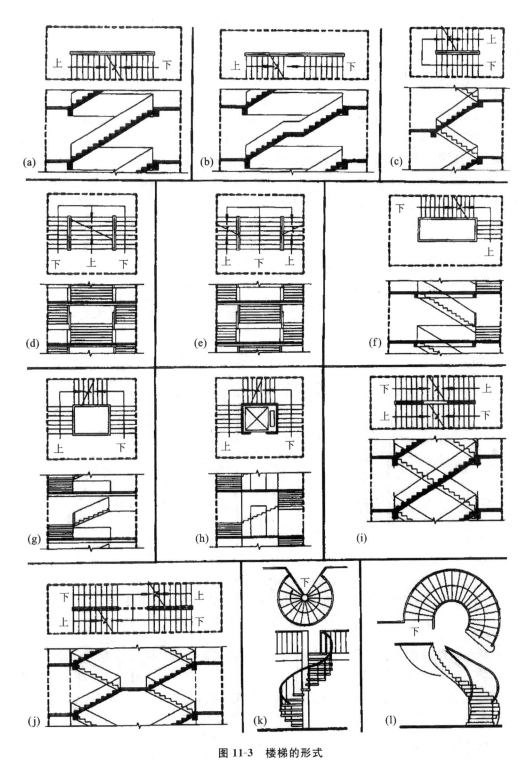

图 11-3　楼梯的形式

(a)直行单跑楼梯;(b)直行多跑楼梯;(c)平行双跑楼梯;(d)平行双分楼梯;(e)平行双合楼梯;(f)折行双跑楼梯;
(g)折行三跑楼梯;(h)设电梯折行三跑楼梯;(i)交叉跑(剪刀)楼梯;(j)交叉跑(剪刀)楼梯;(k)螺旋楼梯;(l)弧形楼梯

11.2 楼梯的结构形式和施工工艺

11.2.1 楼梯的结构形式

楼梯的常用结构形式有:梁式楼梯、板式楼梯、悬臂式楼梯、悬挂式楼梯和悬挑式楼梯。

（1）梁式楼梯

梁式楼梯是指以梯梁作为主要支承构件的楼梯,结构荷载由踏板传递到梯梁,经平台梁传给柱。梁式楼梯有双梁式、单梁式和扭梁式等形式,如图 11-4(a)所示。这种楼梯可用木、钢或组合材料制作,也可由钢筋混凝土现浇或预制组合而成。梁式楼梯结构承载力和稳定性都比较高,适用于层高较高和荷载较大的场合。

（2）板式楼梯

板式楼梯是指以板作支承构件的楼梯,结构荷载直接由板传递给平台梁,由平台梁传至柱。支承板分为搁板、平板、折板、扭板,如图 11-4(b)所示。由于荷载直接由梯段板支承,板厚较大,因此这种楼梯的用钢量和混凝土量较多,自重较大,一般用作层高较小建筑的预制或现浇钢筋混凝土楼梯。

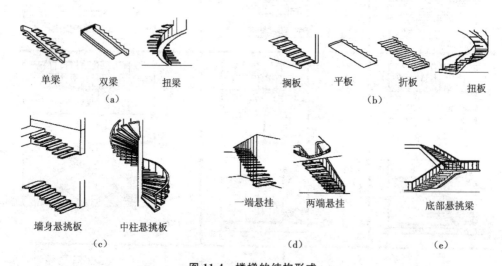

单梁　　双梁　　扭梁　　　　　搁板　　平板　　折板　　扭板
(a)　　　　　　　　　　　　　(b)

墙身悬挑板　　中柱悬挑板　　　　　一端悬挂　　两端悬挂　　　　底部悬挑梁
(c)　　　　　　　　　　　(d)　　　　　　　　(e)

图 11-4 楼梯的结构形式
(a)梁式楼梯;(b)板式楼梯;(c)悬臂式楼梯;(d)悬挂式楼梯;(e)悬挑式楼梯

（3）悬臂式楼梯

悬臂式楼梯是以踏步悬臂作支承体的楼梯,这种楼梯各级踏步相互独立,作用在踏步上的荷载分别由各级踏步直接传递给墙体。常见的有墙身悬臂和中柱悬臂两种形式,如图 11-4(c)所示。楼梯踏步可用木、金属、钢筋混凝土或组合材料制作。这种楼梯结构美观、占用空间少,但承载力不高,适用于住宅建筑或作辅助楼梯。

（4）悬挂式楼梯

悬挂式楼梯是将踏步用金属拉杆悬挂在上部结构上的楼梯,有一端悬挂和两端悬挂的形式,如图 11-4(d)所示。这种楼梯各级踏步也相互独立,荷载在悬挂端由拉杆传递给上部结构。踏步可用木材、金属、钢筋混凝土或组合材料制作。这种楼梯的构件连接较多,安装要求高,施工复杂。

（5）悬挑式楼梯

悬挑式楼梯是将整个梯段悬挑的楼梯，如图 11-4(e)所示。结构荷载踏步经梯段梁或板传递给上部和下部结构。踏步可用钢筋混凝土、金属材料制作。

11.2.2　钢筋混凝土楼梯的构造及施工工艺

1. 现浇钢筋混凝土楼梯

现浇钢筋混凝土楼梯是指在施工现场整体支模浇筑形成的楼梯。这种楼梯刚度大、整体性能好，充分发挥了混凝土的可塑性，对抗震较为有利。但缺点在于需要现场支模，模板消耗量大，施工速度慢，且构件不宜抽空，难以做成空心构件，其混凝土用量大，自重较大。现浇整体式钢筋混凝土楼梯有梁承式、梁悬臂式、扭板等类型。

（1）现浇板式楼梯

板式楼梯的梯段作为一块整体板两端支承在平台梁上，如图 11-5(a)所示。它具有结构简单、施工方便、底面平整等优点，但由于板厚较厚，所以自重较重，材料消费较多。板式楼梯也可不设平台梁，将梯段板和平台板作为一个整体支承在墙上梁上。板式楼梯适用于跨度不大的楼梯。

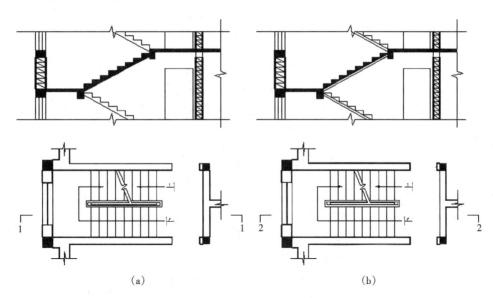

图 11-5　现浇混凝土楼梯构造
(a)现浇板式楼梯；(b)现浇梁板式楼梯

（2）现浇梁板式楼梯

现浇梁板式楼梯的梯段板与梯段梁现浇在一起，梯段梁与平台梁现浇在一起，梯段板支承在梯段梁上，梯段梁支承在平台梁上，如图 11-5(b)所示。与预制装配式楼梯相比，现浇梁板式楼梯的构件搭接支承关系制约少，梯段梁可布置在梯段踏步板的下面或侧面。梯段梁布置在侧面时可以两面布置，也可一面布置梯段梁，另一面支承在墙上。梯段梁布置在侧面时可以上翻或下翻形成梯帮，如图 11-5(b)中2—2剖面所示。梁板式楼梯较板式楼梯板厚小，使板跨缩小，可用于跨度较大的楼梯。

（3）现浇悬臂式楼梯

现浇悬臂式钢筋混凝土楼梯是指踏步板从梯段梁上悬挑出来的楼梯形式，可以采用单梁或双梁悬臂支承踏步板和平台板。单梁悬臂常用于中小型楼梯或景观楼梯，双梁悬臂一般用于人流较大、梯段较宽的大型楼梯。踏步板分平板式、折板式和三角式三种。平板式的各个踏步板独立支承于梯段梁上,踢面漏空,常常用于室外楼梯,为了降低踏步板的自重,悬臂部分可以做成变截面形式,如图 11-6(a)所示;折板式踏步板的踢面和踏面现浇在一起,整体性好并可以防止灰尘下落,常用于室内,如图 11-6(b)所示;为了使梯段底板平整且容易支模,常采用三角式踏步板,但这种做法增加了混凝土用量,自重增大,如图 11-6(c)所示。

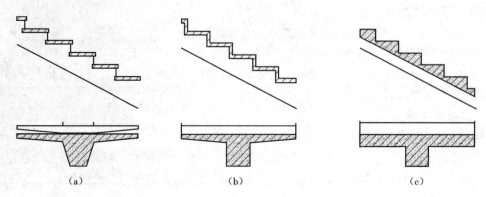

图 11-6 现浇钢筋混凝土悬臂式楼梯
(a)平板式;(b)折板式;(c)三角式

为了减少现场支模,可采用梁现浇踏步板预制装配代替整体现浇施工方式。采用这种施工方式须慎重处理梯段梁与踏步板之间的连接部位,以保证其安全可靠,如图 11-7 所示。在现浇梁和预制踏步板上分别预埋焊件,施工时进行焊接,在踏步之间用钢筋插接并用高标号水泥砂浆灌浆填实,加强其整体性。

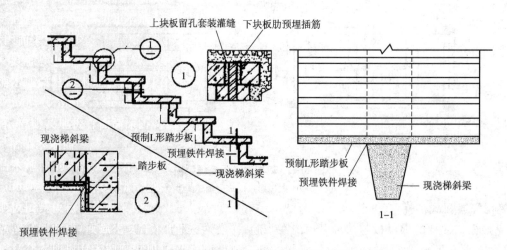

图 11-7 部分现浇式悬臂钢筋混凝土楼梯

2. 预制装配式钢筋混凝土楼梯

（1）构件类型

预制装配式钢筋混凝土楼梯的预制构件主要有钢筋混凝土预制踏步、平台板、斜梁和平台梁等,预制踏步断面形式一般有一字形、L 形和三角形三种,梯段梁断面有矩形和锯齿形两种。其中一字形和 L 形踏步与锯齿形斜梁配套,而三角形踏步和矩形斜梁配套使用,如图 11-8 所示。平台梁一般采用 L 形断面,以便于支承斜梁。为了提高机械化施工程度,加快施工进度,可以将楼梯梯段和平台各做成一个构件,或者把梯段和平台预制成一个构件,形成大型预制装配构件。

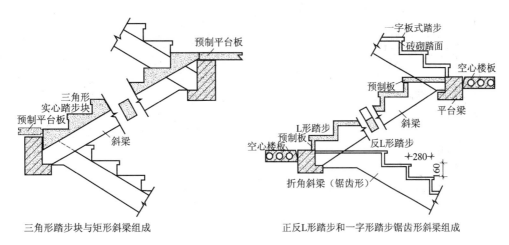

图 11-8　踏步与梯段梁的组合(单位:mm)

(2) 踏步支承方式

常用的踏步支承方式有墙承式、悬臂踏步式和梁承式三种。

① 墙承式:这种方式直接把预制踏步搁置在两面墙上,梯段上不设置梁,不必设置栏杆,墙上可设置扶手,一般适用于直上式楼梯或中间设电梯间的三折式楼梯。墙承式楼梯踏步可采用一字形、L 形和三角形,平台可采用空心或槽形板。若在双折式楼梯中采用这种方式,两个梯段之间须设置一道支承墙,支承墙会阻挡视线、光线,不利于搬运家具和较多人流上下。通常可在中墙上适当部位开设观察口,但对抗震不利,如图 11-9 所示。

② 悬臂踏步式:这种方式是依次将预制的悬挑踏步构件砌入一面砖墙中,而踏步板另一侧悬空的形式,如图 11-10(a)所示。悬臂踏步式楼梯踏步可以采用一字形或正反 L 形预制踏步,带上肋的 L 形踏步,如图 11-10(b)所示,结构合理,应用最为广泛。休息平台一般可用空心板或槽形板,不设平台梁和斜梁。悬臂踏步楼梯要求支承踏步板的墙体不小于 240 mm,悬挑部分长度不应大于 1500 mm。

悬臂踏步式楼梯占用空间小,造型轻巧,在住宅建筑中使用较多。但其楼梯间整体刚度极差,不能用于 7 度以上的地震区建筑中。

③ 梁承式:这种方式是将预制踏步搁置在梯段梁上,梯段梁支承在平台梁上,平台梁支承在柱上或墙上的形式。梁承式楼梯踏步可采用一字形、L 形和三角形三种,其中一字形和正反 L 形踏步板均要用锯齿形斜梁搭配,如图 11-11(a)所示;暗步形式时可用 L 形梯段梁,如图 11-12(b)所示;而三角形踏步明步可用矩形截面斜梁搭配,如图 11-11(c)所示。楼梯休息平台可用空心板或槽形板搁在两边墙上或用平台板搁在平台梁和纵墙上。

预制踏步一般用水泥砂浆叠置于梯段梁上,如需加强,可在梯段梁上预埋插铁,将踏步板上的预留孔套于梯段梁的插铁上,然后用砂浆填实,如图 11-11(d)所示。这个插铁还可作为栏杆的固定件。

平台梁常采用 L 形断面,将斜梁搁置于平台梁挑出的翼缘上,焊接各自连接端的预埋铁件,或用插铁套装在预留孔中,然后用水泥砂浆填实,如图 11-11(d)所示。

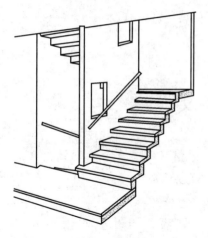

图 11-9 墙承式预制踏步楼梯

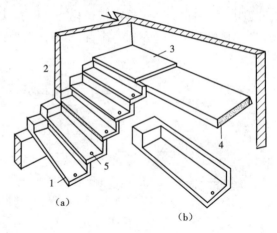

图 11-10 悬臂踏步楼梯

(a)悬臂踏步楼梯示意;(b)踏步构件

1—预制悬臂踏步;2—砖墙;3—现浇混凝土面层;4—平台板;5—栏杆孔

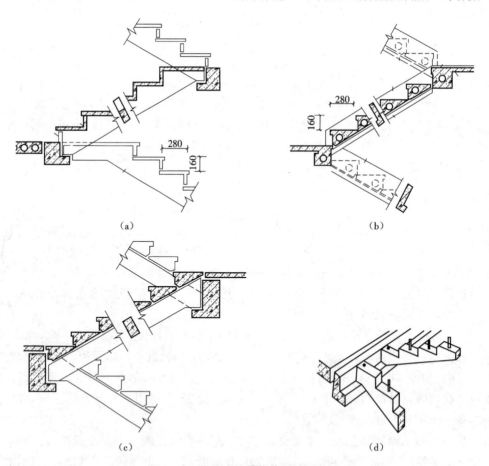

图 11-11 梁承式楼梯构造(单位:mm)

(a)一字形和正反 L 形踏步与锯齿形梯段梁组合;(b)三角形踏步暗步与 L 形梯段梁组合

(c)三角形踏步与矩形梁组合 ;(d)齿形梯段梁,每个踏步打孔插铁窝牢

3. 栏杆和扶手

（1）栏杆的类型

楼梯的栏杆和扶手是梯段设置的安全设施，可分为空花式栏杆、实心栏板、组合式等类型。

① 空花式栏杆一般采用钢材、木材、铝合金和不锈钢材等制成，分为实心和空心两种，式样可结合装修要求设计。

② 实心栏板的材料有砖、混凝土、钢丝网水泥、有机玻璃、钢化玻璃等。

③ 组合式是空花栏杆和实心栏板组合在一起，形成部分镂空、部分实心的栏杆。栏板常采用轻质美观材料制作，如铝板、有机玻璃、塑料贴面板等。栏杆常采用钢材或不锈钢材等。

（2）扶手

扶手位于栏杆或栏板顶部，常用木材、塑料、金属管材等制作。木材和塑料扶手手感舒适、断面形式多样，是最常用的室内扶手。金属管材扶手方便弯成弧形，常用于螺旋形、弧形楼梯扶手。铝管和不锈钢管扶手造价较高，常用于要求高级装修的楼梯中。

11.3　楼梯设计

楼梯设计应根据有关规范和该建筑物的具体要求进行，楼梯数量、尺寸、平面样式、细部做法等均应满足建筑功能要求。楼梯承载力、采光、变形等方面应满足结构、构造方面的要求。此外，楼梯还要满足防火、安全方面的要求。

11.3.1　楼梯平面和剖面设计

1. 楼梯的尺寸要求

在楼梯设计时，各部分尺寸均应满足 3M(300 mm)的扩大模数，具体要求如下。

（1）楼梯坡度

梯段各级踏步前缘连线与水平面成的夹角称为坡度，楼梯坡度一般在 20°～45°之间，其中以 30°左右较为常用，坡度大于 45°为爬梯，小于 20°为坡道。

一般来说，楼梯坡度越小，行走越舒适，但楼梯占用的空间也大。楼梯坡度的确定，应考虑到行走舒适、攀登效率和空间状态等因素。在人流量较大、标准较高，或面积较充裕的场所，楼梯坡度宜平缓些；人流量小或不经常使用的辅助楼梯，坡度可以陡些，但一般不超过 38°。

（2）踏步尺寸

踏步尺寸应与人脚尺寸及步幅相适应，其确定方法和计算公式有多种。通常采用的公式是：$b+2h=600\sim630$ mm（其中 b 为踏步宽，一般为 250～350 mm；h 为踏步高，不应大于 180 mm；600～630 mm 为女子行走时的平均步距）。不同建筑物，其踏步尺寸具体要求也不同。常用楼梯的踏步尺寸参见表 11-1。

表 11-1　常用踏步尺寸　　　　　　　　　　　　　　　　　　　　单位:mm

名称	住宅	学校办公楼	剧院、会堂	医院（病人用）	幼儿园
踢面高	156～175	140～160	120～150	150	120
踏面宽	250～300	280～340	300～350	300	250～380

注：本资料摘自《建筑设计资料集》。

对于踏步两端宽度不一致的楼梯(如螺旋楼梯),当梯段宽度小于 1100 mm 时,以梯段的中线处踏面宽度为准;当梯段宽度大于 1100 mm 时,以距其内侧 500~550 mm 处的宽度为准。

(3)梯段尺寸

梯段的宽度是指从墙边到梯段外边缘的距离,它取决于同时通过的人流的股数和消防要求。按通行人流计算时,每股人流按 550~700 mm 计算,即人的平均肩宽加少许提物;按消防要求计算时,每个梯段最少两股人流,即最小宽度为 1100~1400 mm。多人通行楼梯最小宽度一般为 1650~2400 mm;室外疏散楼梯最小宽度为 900 mm;多层住宅梯段最小宽度为 1000 mm。

梯段的长度由该段的踏步数和踏面宽度决定。由于平台与梯段之间存在一步高差,因此楼梯段的投影长度为踏步高度数减 1 再乘以踏步宽度。

(4)梯井和平台的尺寸

两个楼梯之间的空隙称为梯井,如图 11-12 所示。梯井宽一般需满足施工的要求,通常取 100~200 mm。公共建筑梯井宽度不宜小于 150 mm,以满足消防要求。在满足施工要求的前提下,梯井宽度不宜过大。装配式钢筋混凝土双折楼梯,梯井最小宽度可做到 20~30 mm;现浇钢筋混凝土双折楼梯,梯井宽度最小为 50~60 mm。

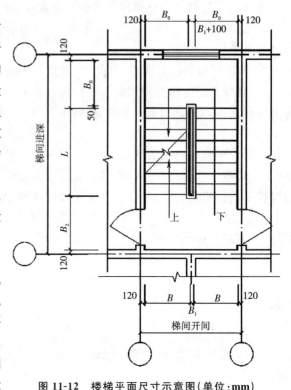

图 11-12　楼梯平面尺寸示意图(单位:mm)

B-梯段宽度;B_0-梯段净宽;B_1-梯井宽度;
B_2-楼层平台宽度;B_3-休息平台净宽度;L-梯段长度

平台的宽度 B_2 不应小于梯段的宽度 B。当楼梯平台通向多个出入口或有门开向平台时,平台的宽度 B_2 应适当加大。若楼梯的踏步数为奇数时,平台的计算点应在梯段较长的一边。考虑结构和安全等因素,平台边线或楼梯起步应该退离转角或门边一个踏面,如图 11-13 所示。

梯段或平台的净宽 B_3 是指扶手中心线到楼梯墙边的距离,从扶手中心线到梯段或平台的外边缘的距离一般为 50~60 mm,常取 50 mm(见图 11-12)。

(5)楼梯的净高要求

考虑到行走安全,梯段上任一踏步与上层结构之间的垂直高度不小于 2200 mm;楼梯平台梁边缘水平 300 mm 范围内到下层平台或梯段最高点的垂直距离不小于 2000 mm;当首层休息平台下设置出入口时,平台梁底至首层地面垂直距离不小于 2000 mm(见图 11-14)。

2. 楼梯剖面和平面设计方法

了解上述的楼梯尺度要求和相关建筑规范后,要进行楼梯设计还需了解建筑物的具体条件,如层高、墙厚、室内外向差、首层休息平台下是否设置入口等,依据这些条件可以确定楼梯间的开间尺寸、进深尺寸和楼梯各部分(包括踏步、梯段、平台、梯井等)的具体尺寸,使其满足功能、尺度和规范的要求。最后绘制楼梯各层平面图和楼梯剖面图。楼梯设计应先设计标准层楼梯,然后再设计非标准层楼梯。标准层楼梯设计主要是确定楼梯间的开间、进深尺寸和各部分的尺寸。非标准层楼梯设计主要是确保首层和顶层要满足一些特殊要求。

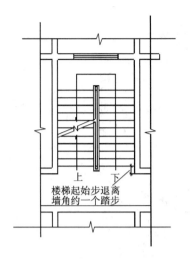

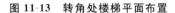

图 11-13　转角处楼梯平面布置

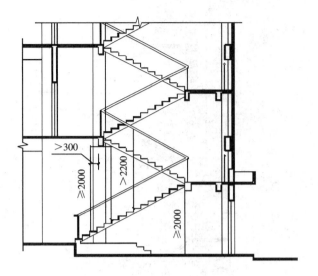

图 11-14　楼梯净高要求(单位:mm)

下面以多、高层建筑中广泛使用的平行双折式楼梯为例,讨论楼梯设计的一般方法。

(1) 标准层楼梯设计(见图 11-12)

① 确定开间尺寸:首先根据建筑的功能和消防要求,确定梯段的最小宽度,然后由公式开间尺寸＝墙厚(楼梯间进深方向的墙体夹在两条轴线之间的半墙体宽度之和)＋梯段宽(两跑梯段宽度 B 之和)＋梯井宽 B_1,得出开间尺寸,再根据建筑模数、柱网尺寸等具体条件确定楼梯开间尺寸,调整梯段宽度。

② 确定踏步尺寸:根据建筑物的具体使用功能、层高 H,由公式 $2h+b=600\sim630$ mm 或根据表 9-2,确定踏步的高度 h 和宽度 b 的具体尺寸。

③ 确定梯段踏步数:每层楼梯的梯段总踏步数为 $n=H/h$。根据两跑楼梯长度之比确定每跑梯段的踏步数,若为等跑梯段,则每跑梯段的踏步数为 $n/2$。

④ 确定进深尺寸:进深尺寸＝墙厚(楼梯间开间方向的墙体夹在两条轴线之间的半墙体宽度之和)＋楼层平台 B_2＋休息平台宽＋梯段长度水平投影 L。其中,梯段长 L＝踏面宽×(梯段踏步数 $n-1$),踏步数应为两跑梯段中较长梯段的踏步数,若为等跑梯段则梯段长为 $L=b\times(n/2-1)$。在确定进深的同时也确定了楼层平台 B_2 和休息平台的宽度,要注意楼层平台和休息平台净宽(楼层平台或休息平台宽度为扶手中心线到平台外边缘的宽度,一般为 50 mm)均应不小于楼梯净宽度。

(2) 首层楼梯设计

在对首层楼梯有特殊要求的建筑中,可以在标准层楼梯的基础上做一些必要的调整来满足要求。如在首层楼梯下设置出入口,由于层高的限制常常不能满足楼梯净高的要求,常用的调整办法如下。

① 将首层楼梯休息平台提高,这样第一梯段增长而第二梯段减短形成不等跑楼梯,同时也加大了首层楼梯的进深,如图 11-15(a)所示。

② 首层楼梯休息平台高度不变,降低平台下地面的高度,即将入口处部分台阶移至首层楼梯起始处。采用此种方法时应注意入口处至少保留 100 mm 的室内外高差,以防止室外雨水倒灌。这种做法虽然简单,但却提高了建筑物高度,增加了造价和日照间距,不经济,如图 11-15(b)所示。

③ 有时将上述两种办法结合使用,能收到良好的综合效果,如图 11-15(c)所示。使用这种方法设计楼梯时应注意平台梁的位置和梯段板的形式,平台梁应该布置在较长梯段的两端,梯段板的形式应该

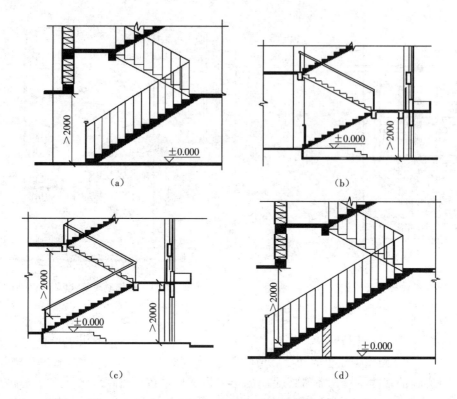

图 11-15 休息平台下做出入口时满足净高的几种常用做法(单位:mm)

(a)将双跑楼梯设计成不等跑楼梯;(b)降低底层平台下室内地面标高;(c)前两种方法结合;(d)底层采用直跑梯段

满足净空的要求。如图 11-16 所示,梯段板的几种形式,在选择时应注意满足净空要求。如图 11-17 中, A、B 两处虚线所示就是两种典型的错误:A 处平台梁位置不对,B 处梯段走向不能满足净高要求。

④ 在住宅中两层采用直跑楼梯,直达二楼。此种方法楼梯须伸至室外,不利于安装防盗门和保温,如图 11-15(d)。

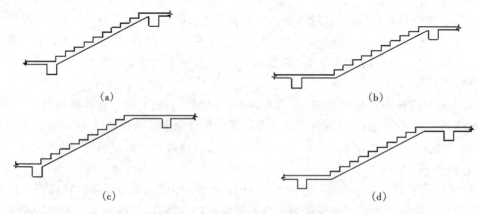

图 11-16 梯段板和平台板的几种形式

(a)由踏步组成的梯段板 ;(b)、(c)由踏步和一侧平板组成的梯段板;(d)由踏步和两侧平板组成的梯段板

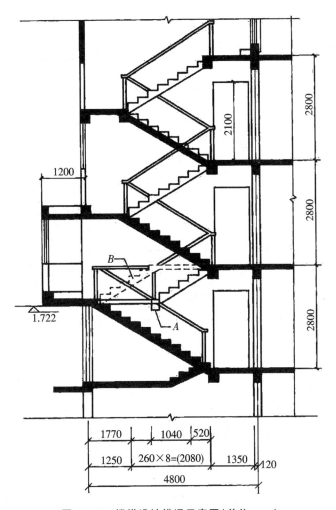

图 11-17 楼梯设计错误示意图(单位:mm)

11.3.2 设计实例

在进行楼梯设计时,首先要了解已有资料,如建筑的功能、层高、柱网尺寸等;再根据资料选择楼梯的形式,如直跑楼梯、两跑楼梯、平行双跑楼梯等,还要注意是开敞式楼梯、封闭式楼梯还是防烟楼梯;最后进行楼梯计算,确定各个部分的尺寸,画平面图和剖面图。具体设计步骤如下。

① 根据已有资料选择楼梯的形式。

② 根据建筑物的功能、消防要求、使用人数等,确定楼梯的梯段宽度 B、梯井宽度 B_2。

③ 由进深方向墙体厚度和轴线位置、梯段宽度 B、梯井宽度 B_2 确定楼梯间开间尺寸。

④ 根据楼梯的性质和用途,确定楼梯的适宜坡度,选择踏步高 h、踏步宽 b。

⑤ 确定踏步数量:确定方法是用楼层高 H 除以踏步高 h,得出踏步数量 $n(n=H/h)$。踏步数应为整数。确定每个楼梯段的踏步数。一个楼梯段的踏步数最少为 3 步,最多为 18 步,总数多于 18 步应做成双跑或多跑楼梯。

⑥ 确定中间平台宽度和楼层平台宽度,中间平台宽度≥楼梯间净宽度。

⑦ 由已确定的踏步宽 b,确定楼梯段的水平投影长度 $L_1=(n-1)b$。

⑧ 由开间方向、墙体厚度和轴线位置、中间平台宽度、楼层平台宽度,确定楼梯间的进深。

⑨ 若首层平台下设置出入口,则可以提高中间平台高度,加长首层第一跑楼梯,或将室外台阶移到室内,以增加平台下的空间尺寸。

【例1】 某三层办公楼,建筑面积约 $3600 m^2$,首层和标准层层高均为 3600 mm,内墙为 240 mm,轴线居中,外墙为 370 mm,轴线外侧为 250 mm,内侧为 120 mm,首层楼梯平台有出入口,室内外高差为 750 mm,试设计此楼梯。

【解】

① 本题为多层办公楼,建筑面积约 $3600 m^2$,初步选定开敞式双跑楼梯。

② 要同时通行两股人流,梯段宽度最少为 1100～1400 mm,这里取 1800 mm。为满足公共建筑的消防要求,取梯井宽度为 160 mm。

③ 于是楼梯间开间尺寸为 $(120+120+2\times1800+160)mm=4000 mm$。

④ 对于办公楼,由表 9-2 初步选定 $b=300$ mm,$h=150$ mm。

⑤ 确定踏步数:$3600\div150=24$ 步,设计成等跑楼梯,每跑 12 步。

⑥ 确定休息平台宽度为 $(1800+150)mm=1950 mm$。

⑦ 确定楼梯段水平投影长度:$300\times(12-1)mm=3300 mm$。

⑧ 考虑结构和安全等因素,楼梯起步应该退离转角一个踏面 300 mm,故楼梯间的进深为 $(2\times120+1950+3300+300)mm=5727 mm$。

⑨ 画平面、剖面草图,如图 11-18 所示。

对于首层楼梯,如果休息平台设在中间,平台下高度为 $150\times12 mm=1800 mm<1950 mm$,则可以将室内外高差 750 mm 中的 450 mm 用于室内,300 mm 用于室外,$(1800+450)mm=2250 mm$,满足开门及梁下通行高度至少在 1950 mm 以上的要求。

还可以将首层楼梯做成不等跑楼梯,第一跑楼梯设为 14 步,第二跑楼梯设为 10 步,此时楼梯间进深按第一跑计算,第一跑梯段水平投影为 $300\times(14-1)mm=3900 mm$,楼梯间进深为 $(2\times120+1950+3900+300)mm=6327 mm$。此时,首层楼梯休息平台下高度为 $(14\times150)mm=2100 mm$,符合要求。

有些情况下,由于建筑平面等要求,楼梯间的尺寸已经确定,只需要根据已知条件设计其他部分即可。

【例2】 某住宅楼楼梯间开间尺寸为 2700 mm,进深尺寸为 5100 mm,层高为 2700 mm,属封闭式楼梯,内墙为 240 mm,轴线居中,外墙为 370 mm,轴线外侧为 250 mm,内侧为 120 mm。室内外高差为 750 mm,楼梯间一楼平台设出入口,试设计此楼梯。

【解】

① 对于住宅楼梯,一般设计为封闭式楼梯,层高为 2700 mm,初步确定步数为 16 步。

② 确定踏步高度:$h=(2700\div16)mm=168.75 mm$,踏步宽度 b 取 250 mm。

③ 楼梯间下部开门,设计为不等跑楼梯,第一跑取 9 步,第二跑取 7 步,二层以上每跑取 8 步。

④ 根据开间净尺寸确定梯段宽度为 $(2700-2\times120)mm=2460 mm$,取梯井宽度为 160 mm,梯段宽为 $(2460-160)\div2 mm=1150 mm$。

⑤ 确定休息平台宽度,取休息平台宽度为 $(1150+130)mm=1280 mm$。

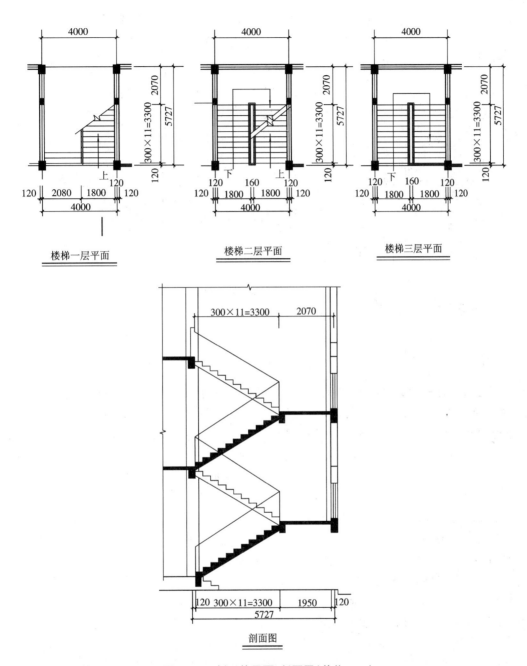

图 11-18 例 1 的平面、剖面图(单位:mm)

⑥ 计算梯段投影长度,以第一跑为准,梯段水平投影长度为 $250 \times (9-1)$ mm$=2000$ mm。

⑦ 楼梯间底层作出入口,平台下高度为 1518.75 mm,将室内外高差 750 mm 中的 500 mm 用于室内,250 mm 用于室外,$(1518.75+500)$ mm$=2018.75$ mm>2000 mm,满足净高要求。

⑧ 画平面草图,如图 11-19 所示。

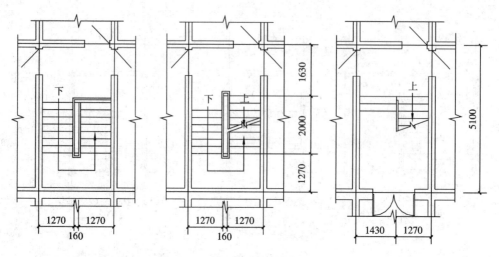

图 11-19　例 2 的平面图(单位:mm)

11.4　台阶和坡道的构造

11.4.1　台阶

台阶是联系室内外地面或楼层不同标高处的交通设施,其坡度一般不大。室外台阶由踏步和平台组成,常见的有单面踏步(一出)、双面踏步、三面踏步(三出)、带花池、带坡道和曲线型等形式。

室内台阶踏面宽度一般不宜小于 300 mm,踢面高度不宜超过 150 mm,踏步数不宜小于 2 级;室外台阶应注意室内外高差,其踏步尺寸可以比楼梯踏步尺寸稍宽,踏步宽度常取 300～400 mm,高度常取 100～150 mm,高宽比不宜大于 1:2.5。室外底层台阶要考虑防水、防冻。楼层台阶要注意与楼层结构的连接。

为了人流出入的安全和方便,在台阶与建筑出入口大门之间,常留有一定宽度的缓冲平台,作为室内外空间的过渡。平台表面向室外找 1%～4%的排水坡,以利于排除雨水。

由于室外台阶和平台常处于露天环境下,易受雨水、霜冻的侵蚀,其面层材料应选择防滑、耐久、耐磨的材料,如大理石、斩假石、水泥石屑、防滑地面砖等。在人流量大的建筑中,在台阶平台处还应设置泥槽,且刮泥槽的方向应与人流方向垂直。

室外台阶的基础一般采用挖掉地面上层腐质土做一垫层即可。级数较少的台阶,其垫层常采用素土夯实,做 C10 混凝土垫层或砖、石垫层。要求较高或地基土质较差的地基还可在垫层下加铺一层碎砖或碎石基层。级数较多或地基土质太差的台阶,为避免过多填土或产生不均匀沉降,可用钢筋混凝土做成架空台阶。严寒地区的台阶还需考虑地基冻土因素,可用含水率低的砂石垫层换土至冻土线以下。图 11-20 为几种台阶做法示例。

为防止台阶和建筑物之间产生不均匀沉降,台阶施工应在建筑主体施工结束有一定沉降量后进行,这对减少台阶变形造成倒泛水、开裂甚至破坏有一定好处。也可在台阶和建筑主体之间设置沉降缝,使台阶和建筑主体单独沉降。

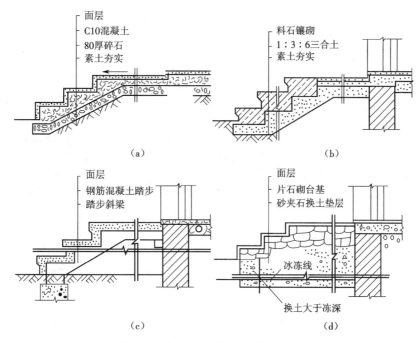

图 11-20　台阶的构造示意图(单位:mm)

(a)混凝土台阶;(b)石砌台阶;(c)钢筋混凝土架空台阶;(d)换土地基台阶

11.4.2　坡道

在车辆经常出入或不宜作台阶的部位,室内外有高差处可采用坡道来联系。坡道和台阶可以结合起来应用,如正面作台阶,两侧作坡道,使人员和车辆各行其道,如图 11-21 所示。

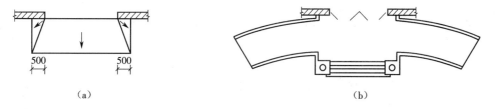

图 11-21　坡道的形式(单位:mm)

(a)普通坡道;(b)与台阶结合回车坡道

室内坡道的坡度不宜大于 1/8,室外坡道坡度不宜大于 1/10。当坡道坡度大于 1/8 时必须有防滑设施,一般可把坡道面做成锯齿形或设防滑条,如图 11-22(d)所示。对于安全疏散口,如剧院太平门的外面必须做坡道,而不能做台阶。

坡道表面应选择防滑、耐久、耐磨、抗冻的材料,如大理石、混凝土等。常用的几种做法如图 11-22所示。

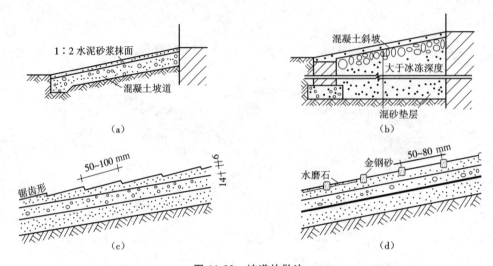

图 11-22　坡道的做法
(a)钢筋混凝土坡道;(b)换土地基坡道;(c)锯齿形坡道;(d)防滑条坡道

11.5　楼梯、坡道、台阶的无障碍设计

解决建筑物不同地面之间高差的垂直交通设施,如楼梯、台阶、坡道等,在给某些身体上有残疾的人使用时造成了不便,尤其是对下肢残疾需要借助拐杖和轮椅代步的人和视觉残疾需要借助导盲棍行走的人。无障碍设计就是帮助残疾人顺利通过高差的设计。

以下对楼梯、台阶、坡道的无障碍设计的构造要求作介绍。

11.5.1　楼梯形式及扶手栏杆

1)楼梯的形式和尺度

供挂拐者及视力残疾者使用的楼梯应尽量采用方便行走、适合挂拐或轮椅等通过的直行楼梯,如直上式楼梯、平行双折楼梯或直角折行的楼梯等,见图 11-23,而不应采用弧形梯段,也不应在休息平台上设置扇形踏步,如图 11-24 所示。

为了方便残疾人使用拐杖、导盲棍行走,楼梯的梯段宽度公共建筑不宜小于 1 500 mm,居住建筑不宜小于 1 200 mm,坡度应尽量平缓,不宜超过 35°,踢面高度不宜大于 170 mm,且踏步应保持等高。

2)踏步设计要求

供残疾人使用的楼梯踏步应选用合理的构造形式和饰面材料。踏步形式应线形光滑、无直角突沿,以防勾绊到行人或其助行工具而发生意外事故,见图 11-25;踏步表面应防滑且不积水,防滑条高出踏面不超过 5 mm。

3)楼梯、坡道的栏杆扶手

楼梯、坡道的栏杆扶手应在两侧同时设置,两端楼梯或坡道的扶手应连续,公共楼梯可设上下两层;在楼梯的梯段或坡道的起始及终结处,扶手应水平向前伸出 300 mm 以上,以帮助残疾人行走;扶手末端应向下弯曲或伸向墙面结束,以防刮碰行人,见图 11-26;扶手的断面应做成便于抓握的形式,见图 11-27。

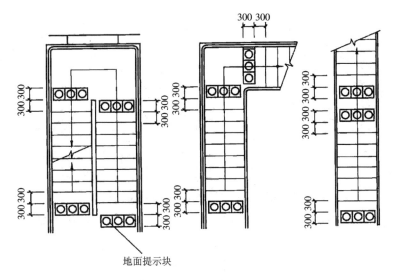

图 11-23　楼梯梯段宜采用直行梯段(单位:mm)

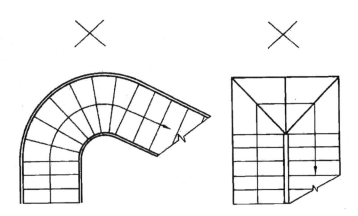

图 11-24　不宜采用弧形楼梯和扇形踏面楼梯

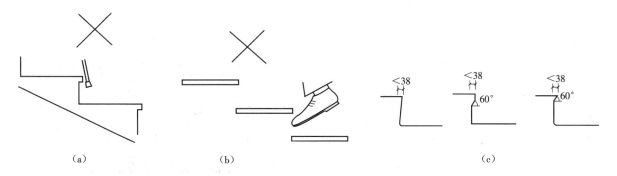

图 11-25　踏步的构造形式(单位:mm)

(a)有直角突缘不可用;(b)踏步踢面不可用;(c)踏步线形光滑流畅,可用

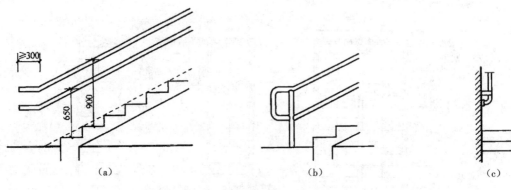

图 11-26 扶手的基本形式及收头(单位:mm)
(a)扶手高度及起始、终结处伸出尺寸;(b)扶手末端向下;(c)扶手末端伸向墙面

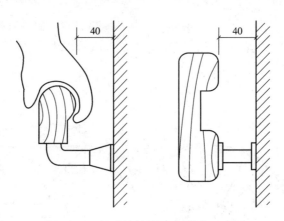

图 11-27 扶手的断面形式(单位:mm)

11.5.2 坡道的坡度和宽度

1)坡道的坡度

我国规定为便于残疾人通行,坡道的坡度不应大于 1/12,每段坡道的最大高度为 750 mm,最大坡段水平长度为 9 000 mm。

2)坡道的宽度和平台的深度

为方便轮椅通行,室内坡道的宽度不应小于 900 mm,室外坡道的宽度不应小于 1 500 mm。坡道的平台的最小深度如图 11-28 所示。

11.5.3 导盲块的设置和构件边缘处理

1)导盲块的设置

导盲块,即地面提示块,视力残障者通过导盲棍碰触其表面上的特殊构造来获得道路信息,从而得知该停步或改变行进方向等信息。导盲块一般设置在有障碍物、需要转折或存在高差的地方。常用的导盲块有图 11-29 所示两种形式,导盲块同样可以在楼梯和坡道中设置。

2)构件边缘处理

为约束轮椅和防止拐杖或导盲棍等工具向外滑出,凌空构件的边缘都应该向上翻起,如楼梯梯段与

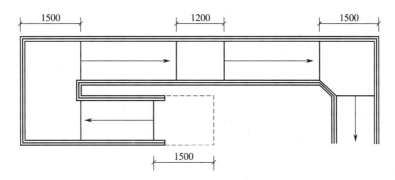

图 11-28　坡道休息平台的最小深度(单位:mm)

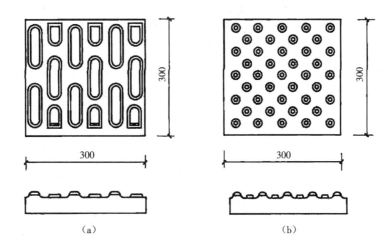

(a)　　　　　　　　　　　　(b)

图 11-29　地面提示块示例(单位:mm)

(a)地面提示行进块材;(b)地面提示停步块材

坡道的凌空一面、室内外平台的凌空边缘等都应该向上翻起,见图 11-30。

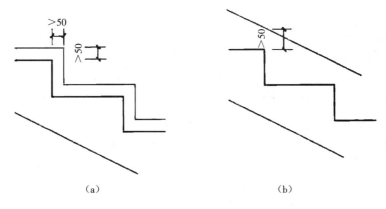

(a)　　　　　　　　　　　　(b)

图 11-30　构件边缘处理(单位:mm)

(a)立缘;(b)踢脚面

11.6 电梯和自动扶梯

11.6.1 电梯

电梯是解决垂直交通常用的一种措施,它具有速度快、节省时间、省力等优点。在大型商场、医院、宾馆、办公楼、高层住宅等建筑中常设置电梯。

1)电梯的类型

按照电梯的使用性质可以分为:客梯、货梯、消防电梯和观光电梯。

客梯主要用于人们在建筑物中各个楼层之间的垂直联系,常用于高层住宅、办公楼和有特殊要求的多层建筑。货梯主要用于各个楼层之间垂直运送货物及设备,常用于有较多货物和设备的建筑,如医院、商场、图书馆等。消防电梯用于在发生火灾、爆炸等紧急情况下,消防人员紧急救援和安全疏散人员使用,应按规范在建筑中设置相应的消防电梯。观光电梯集交通工具和观光游览于一身,透明的轿厢使得人们在上下楼层时可以欣赏外部景观,常用于大型公共建筑中,如大型商场、高层办公楼等。

2)电梯的组成

电梯由电梯机房、电梯井道和井道地坑三部分组成,电梯轿厢通过钢索与平衡锤相连,由机房内的拖曳机和控制板控制运送人员和货物,如图 11-31 所示。

(1)电梯机房

电梯机房一般设置在井道的顶部,其平面应根据电梯设备尺寸以及日后适用、维修所需要的空间布置,一般沿井道平面向任意一个或两个相邻方向伸出。

(2)电梯井道

电梯井道是电梯运行的孔道,根据不同性质的电梯需要有各种井道尺寸,以适应不同的轿厢。井道一般采用钢筋混凝土墙,同时还可以起到抗震和消防作用。当建筑物高度小于 4 500 mm 时,为使轿厢达到规定的高度,井道应高出建筑物。

(3)井道地坑

井道地坑是指建筑物底层楼面以下的井道部分,为了安装轿厢下降时所需的缓冲器,其高度应≥1.4 m。

(4)其他部件

① 轿厢:是指载人、运货的厢体,通过钢缆牵引在井道内上下安全运行。

② 井壁导轨及导轨支架:是支承、固定轿厢上下升降的轨道,井壁导轨由导轨支架固定。

③ 电梯门:是电梯井壁在每层露面设置的专用门。为了安全起见,电梯门应全部封闭。

④ 牵引轮及其钢支架、钢丝绳、平衡锤、检修起重吊钩等。

⑤ 有关电器部件。

3)电梯与建筑物相关部位构造

井道、机房建筑的一般要求如下。

① 通向电梯机房的楼梯等通道宽度不小于 1.2 m,坡度不大于 45°。

② 电梯机房楼板应能承受 6 kPa 的均布荷载,且平坦整洁。

③ 钢筋混凝土井道壁应预留 150 mm 见方、150 mm 深孔洞,垂直中距 2 m,以便安装支架。

④ 框架(圈梁)上应预埋钢板,钢板应与梁中钢筋焊牢。每个楼层中间加圈梁一道,同时设置预埋

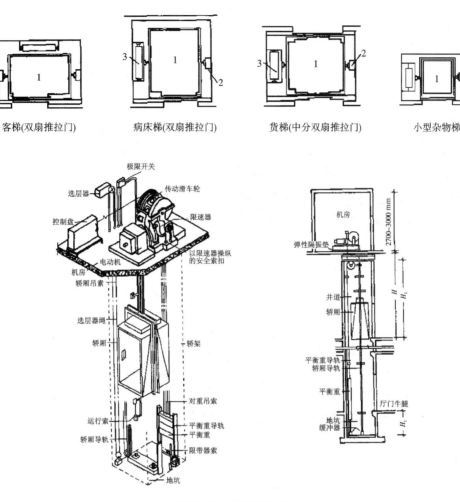

客梯(双扇推拉门)　　病床梯(双扇推拉门)　　货梯(中分双扇推拉门)　　小型杂物梯

图 11-31　电梯的组成

1—电梯箱;2—导轨及撑架;3—平衡重

钢板。

⑤ 两台电梯并列时,中间可不用隔墙而是按一定距离设置钢筋混凝土梁或型钢过梁,以便安装支架。

11.6.2　自动扶梯

自动扶梯是建筑物层间连续运输效率最高的载客设备,一般可以正、逆两个方向运行,当扶梯停止时还可当作临时楼梯。自动扶梯采用机电系统技术,由电动机械牵引,梯段踏步连同扶手同步运行,如图 11-32 所示。

自动扶梯平面可单台设置或双台并列,如图 11-33 所示。双台并列时常采用一上一下布置,使得竖向交通具有连续性,但两者之间必须保持一定的距离,以方便装修和保证运行安全。自动扶梯的机械动力装置在楼面以下,楼面上下做装饰处理,底层做地坑,同时应做防水处理。

自动扶梯运输的垂直高度一般为 0~20 m,常用坡度为 30°、35°,速度在 0.45 m/s~0.75 m/s 之间,常用速度为 0.5 m/s。理论载客量为 4 000~13 500 人次/h。

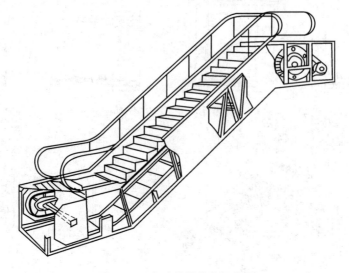

图 11-32　自动扶梯构造示意图

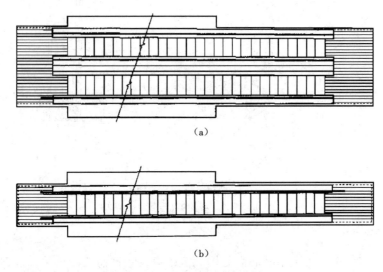

（a）

（b）

图 11-33　自动扶梯的平面布置
（a）双台并列设置；（b）单台设置

【本章要点】

本章着重讲述了楼梯、台阶与坡道、电梯与自动扶梯三部分内容。

楼梯部分除有关设计内容外,重点讲了钢筋混凝土楼梯的构造。

① 楼梯是建筑物中重要的部件,由楼梯段、平台和栏杆构成。常见的楼梯平面形式有单跑梯、双跑梯、多跑梯、交叉梯、剪刀梯等。楼梯的位置应明确,光线充足,避免交通拥挤、堵塞。同时必须构造合理、坚固耐用,满足安全疏散的要求和美观要求。

② 楼梯段和平台的宽度应按人流股数确定,且应保证人流和货物的顺利通行。楼梯段应根据建筑物的使用性质和层高确定其坡度,一般最大坡度不超过 38°。梯段坡度与楼梯踏步密切相关,而踏步尺

寸又与行人步距有关。

③ 楼梯的净高在平台部位应大于 2 m;在梯段部位应大于 2.2 m。在平台下设置出入口,当净高不足 2 m 时可采用长短跑或利用室内外地面高差等办法予以解决。

④ 钢筋混凝土楼梯有现浇式和预制装配式之分。现浇式楼梯可分为板式梯段和梁板式梯段两种结构形式。而梁板式梯段又有双梁布置和单梁布置之分。

⑤ 掌握楼梯设计的要点。

⑥ 室外台阶与坡道是建筑物入口处解决室内外地面高差,方便人们进出的辅助构件,其平面布置形式有单面踏步式、两面踏步式、三面踏步式、坡道式和踏步、坡道结合式之分。构造方式又按其所采用材料而定。

⑦ 掌握楼梯、坡道、台阶的无障碍设计要点。

⑧ 电梯是高层建筑的主要交通工具。由机房、电梯井道、井道地坑及运载设备等部分构成。

⑨ 自动扶梯适用于人流较大的大型公共建筑之中。

【思考题】

11-1　楼梯是由哪几部分组成的? 各部分的要求和作用有哪些?

11-2　楼梯常见的形式有哪些? 各适用于什么建筑?

11-3　钢筋混凝土楼梯常见的结构形式有哪些? 各有何特点?

11-4　楼梯设计有哪些要求? 各部分尺寸如何确定?

11-5　简述建筑物中确定楼梯的数量和位置的原则。

11-6　楼梯坡度如何确定? 踏步高与踏步宽和行人步距的关系如何?

11-7　陈述平行双跑楼梯设计的一般方法。

11-8　楼梯的净高一般指什么? 为保证人流和货物的顺利通行,要求楼梯净高一般是多少?

11-9　当底层平台下作出入口时,为增加净高,常采取哪些措施?

11-10　绘图示意楼梯踏步面层防滑和楼梯基础构造。

11-11　预制装配式楼梯的预制踏步形式有哪几种?

11-12　预制装配式楼梯的构造形式有哪些?

11-13　室外台阶和坡道的形式有哪些? 其构造有哪些要求?

11-14　常用的电梯有哪几种? 电梯井道要求如何?

11-15　简述自动扶梯的特点和设计要求。

附　楼梯构造设计任务书

1) 题目

楼梯构造设计

2) 设计条件

第一题:

某内廊式办公楼为 3 层,层高为 3.30 m,室内外地面高差为 0.45 m。该办公楼的次要楼梯为平行双跑楼梯,楼梯间的开间为 3.30 m,进深为 5.70 m,楼梯底层中间平台下做通道。楼梯间的门洞口尺寸为 1 500 mm×2 100 mm,窗洞口尺寸为 1 500 mm×1 800 mm。楼梯间的墙体为砖墙,墙厚 240 mm。采用现浇整体式或预制装配式钢筋混凝土楼梯。楼梯的结构形式、栏杆扶手形式等自定,不考虑无障碍设计。

第二题:

某 6 层单元式住宅楼,砖混结构,层高 2.80 m,室内外高差 0.55 m,按 8 度设防。入口设在楼梯间,楼梯为平行双跑楼梯。楼梯间开间为 3.00 m,进深为 5.10 m;楼梯间入口门洞尺寸为 1 500 mm×2100 mm,窗洞口尺寸为 1500 mm×2100 mm。楼梯间的墙体为砖墙,外纵墙厚 370 mm,内横、纵墙厚 240 mm。采用现浇钢筋混凝土板式楼梯,或者预制装配式钢筋混凝土楼梯。楼梯的结构形式、栏杆扶手形式等自定,不考虑无障碍设计。

3) 设计内容及图纸要求

用 A2 图纸一张,按建筑制图标准规定,绘制楼梯间平面图、剖面图和节点详图。

(1) 楼梯间底层、二层和顶层三个平面图,比例 1:50。

① 画出楼梯间墙、门窗、踏步、平台及栏杆扶手等,底层平面图应画出投影所见室外台阶或坡道、部分散水等。

② 外部标注两道尺寸。

开间方向:第一道:细部尺寸,包括梯段宽度、梯井宽度和墙内缘至轴线尺寸。第二道:轴线尺寸。

进深方向:第一道:细部尺寸,包括梯段长度(标注方式为(踏步数量-1)×踏步宽度= 梯段长度)、平台深度和墙内缘至轴线尺寸。第二道:轴线尺寸。

③ 内部标注楼面和中间平台面标高、室内外地面标高,标注楼梯上下行指示线,并注明踏步数量和踏步尺寸。

④ 注写图名和比例,底层平面图还应标注剖切符号。

(2) 楼梯间剖面图,比例 1:50。

① 画出梯段、平台、栏杆扶手、室内外地坪、室外台阶或坡道、雨篷以及剖切到或投影所见的门窗、梯间墙等(可不画出屋顶,画至顶层水平栏杆扶手以上断开,断开处用折断线表示),剖切到的部分用材料图例表示。

② 外部标注两道尺寸。

水平方向:第一道:细部尺寸,包括梯段长度、平台深度和墙内缘至轴线尺寸。第二道:轴线尺寸。

垂直方向:第一道:细部尺寸,包括室内外地面高差和各梯段高度(标注形式为踏步数量×踏步高度= 梯段高度)。第二道:层高。

③ 标注室内外地面标高、各楼面和中间平台面标高、底层中间平台到平台梁底面标高以及栏杆扶手高度等尺寸。

④标注详图索引符号,注写图名和比例。

(3) 楼梯节点详图 2~4 个,比例 1:10。

要求表示清楚各部位的细部构造,注明构造做法,标注有关尺寸。

第 12 章　屋 顶 构 造

屋顶是房屋最上层覆盖的外围护结构,其主要功能是抵御自然界的风霜雨雪、气温变化、太阳辐射和其他不利因素的影响。屋顶的作用主要有两点,一是围护作用,二是承重作用。因此,一方面,其围护作用要求屋顶在构造上解决防火、防水、保温、隔热、隔声等问题;另一方面,屋顶又是房屋上层的承重结构,承担着作用于屋顶上的各种荷载,并对房屋上部发挥水平支撑作用,要求屋顶结构满足强度、刚度和整体空间稳定性的需求。

12.1　概述

12.1.1　屋顶的设计要求

屋顶设计应考虑其功能、结构、建筑艺术三方面的要求。

1. 功能要求

屋顶是建筑物的围护结构,应能抵御自然界各种环境因素对建筑物的不利影响,还应能抵御气温的影响。我国地域辽阔,南北气候悬殊,采取适当的保温隔热措施,使屋顶具有良好的热工性能,给人们提供舒适的室内环境,也是屋顶设计的一项重要内容。

2. 结构要求

屋顶要承受风、雨、水等的荷载及其自身的重量,上人屋顶还要承受人和设备等的荷载,所以屋顶也是房屋的承重结构,应有足够的强度和刚度,以保证房屋的结构安全,并防止因过大的结构变形引起防水层开裂、漏水。

3. 建筑艺术要求

屋顶是建筑外部形体的重要组成部分,屋顶的形式对建筑的造型极具影响。中国传统建筑的重要特征之一就是其变化多样的屋顶外形和装修精美的屋顶细部。现代建筑也应注重屋顶形式及其细部的设计,以满足人们对建筑艺术方面的需求。

12.1.2　屋顶的类型

由于地域不同、自然环境不同、屋面材料不同、承重结构不同,屋顶的类型也有很多。屋顶的类型与房屋的使用功能、屋面盖料、结构选型及建筑造型要求等密切相关。房屋的支撑结构一般为平面结构和空间结构,前者常见的有梁板、屋架等结构形式,后者有折板、壳体、网架、悬索等结构形式,相应的屋顶就有平屋顶、坡屋顶、曲面屋顶和折板屋顶等类型。

1. 平屋顶

平屋顶是指屋面坡度在10%以下的屋顶。一般是用现浇或预制钢筋混凝土结构构件作为承重结构,屋面应做防水、隔热、保温等处理。为便于排水,平屋顶应有一定坡度。这种屋顶具有屋面面积小、构造简便的特点,但需要专门设置屋面防水层。这种屋顶是多层房屋常采用的一种形式。

2. 坡屋顶

坡屋顶是指屋面坡度在10%以上的屋顶。坡屋顶的形式有单坡、双坡(悬山、硬山)、四坡(歇山、庑殿)等多种形式,一般用屋架等作为承重结构。这种屋顶的屋面坡度大,屋面排水速度快。其屋顶防水可以采用构件自防水(如平瓦、石棉瓦等自防水)的防水形式。坡屋顶构造简单、较经济,但自重大、瓦片小,不便于机械化施工。

3. 曲面屋顶

曲面屋顶形式多样,有拱形屋顶、球形屋顶、鞍形屋顶、双曲面屋顶以及各种薄壳结构屋顶和悬索结构屋顶等形式,如图 12-1 所示。由于曲面屋顶结构构造、施工工艺较复杂,因而其较少被采用。

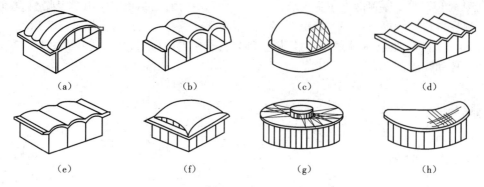

图 12-1 其他形式的屋顶
(a)双曲拱屋顶;(b)砖石拱屋顶;(c)球形网壳屋顶;(d) V 形网壳屋顶;
(e)筒壳屋顶;(f)扁壳屋顶;(g)车轮形悬索屋顶;(h)鞍形悬索屋顶

4. 折板屋顶

折板屋顶是由钢筋混凝土薄板形成折板构成的屋顶,结构合理经济,但施工和构造比较复杂,目前较少使用。折板的形式有 V 形折板、U 形折板等。

12.1.3 屋顶排水组织设计

1. 屋顶排水坡度的表示方法

常用的坡度表示方法有角度法、斜率法和百分比法。斜率法以屋顶倾斜面的垂直投影长度与水平投影长度之比来表示,百分比法以屋顶倾斜面的垂直投影长度与水平投影长度之比的百分比值来表示,角度法以倾斜面与水平面所成夹角的大小来表示。坡屋顶多采用斜率法,平屋顶多采用百分比法,角度法应用较少。

2. 影响屋顶坡度的因素

屋顶坡度太小容易漏水,坡度太大则多用材料,浪费空间。要使屋面坡度恰当,须考虑所采用的屋面防水材料和当地降雨量两方面的因素。

(1)屋面防水材料与排水坡度的关系

防水材料如尺寸较小,接缝必然就较多,容易产生缝隙渗漏,因而屋面应有较大的排水坡度,以便将屋面积水迅速排除。坡屋顶的防水材料多为瓦材(如小青瓦、机制平瓦、琉璃筒瓦等),其覆盖面积较小,故屋面坡度较陡。如果屋面的防水材料覆盖面积大、接缝少而严密,屋面的排水坡度就可以小一些。平屋顶的防水材料多为各种接材、涂膜或现浇混凝土等,故其排水坡度通常较小。

(2)降雨量大小与坡度的关系

降雨量大的地区,屋面渗漏的可能性较大,屋顶的排水坡度应适当加大。

综上所述可以得出如下规律:屋面防水材料尺寸越小,屋面排水坡度就越大,反之则越小。

3. 屋顶坡度的形成方法

屋顶坡度的形成有材料找坡和结构找坡两种做法。

4. 排水方式

屋顶排水方式分为无组织排水和有组织排水两大类。

（1）无组织排水

无组织排水是指屋面雨水直接从檐口滴落至地面,故又称自由落水。其具有构造简单、造价低廉的优点,但雨水直接从檐口流落至地面,外墙脚常被飞溅的雨水浸蚀,降低了外墙的坚固耐久性,并且从槽口滴落的雨水可能影响人行道的交通等。当建筑物较高、降雨量又较大时,这些缺点就更加突出。

（2）有组织排水

有组织排水是指雨水经由天沟、雨水管等排水装置被引导至地面或地下管沟的一种排水方式。其优缺点与无组织排水正好相反,由于优点较多,在建筑工程中得到广泛应用。

5. 排水方式的选择

确定屋顶的排水方式时,应根据气候条件、建筑物的高度、质量等级、使用性质、屋顶面积大小等因素加以综合考虑。一般可按下述原则进行选择。

① 对于高度较低的简单建筑,为了控制造价,宜优先选用无组织排水。

② 积灰多的屋面应采用无组织排水,如铸工车间、炼钢车间这类工业厂房在生产过程中散发大量粉尘积于屋面,下雨时被冲进天沟易造成管道堵塞,故这类屋面不宜采用有组织排水。

③ 有腐蚀性介质的工业建筑也不宜采用有组织排水,如铜冶炼车间、某些化工厂房等,生产过程中散发的大量腐蚀性介质会使铸铁雨水装置等遭受侵蚀,故这类厂房也不宜采用有组织排水。

④ 在降雨量大的地区或房屋较高的情况下,应采用有组织排水。

⑤ 临街建筑的雨水排向人行道时,宜采用有组织排水。

6. 有组织排水的方案

在工程实践中,由于具体条件的不同,有多种有组织排水方案,现按内排水、外排水可归纳成两种不同的排水方案。

（1）外排水方案

外排水是指雨水管装在建筑外墙以外的一种排水方案,优点是雨水管不影响室内空间的使用和美观,使用广泛,尤其适用于湿陷性黄土地区,因为可以避免雨水管渗漏造成地沉陷。外排水构造简单,雨水管不进入室内,有利于室内美观和减少渗漏,故南方地区应优先采用。

（2）内排水方案

在有些情况下,采用外排水不一定恰当,例如高层建筑不宜采用外排水,因为维修室外雨水管既不方便也不安全;又如严寒地区的建筑不宜采用外排水,因为低温会使室外雨水管中的雨水冻结;再如某些屋面宽度较大的建筑,无法完全依靠外排水排除屋面雨水,自然要采用内排水方案。

7. 屋面排水组织设计

排水组织设计就是把屋面划分成若干个排水区,将各区的雨水分别引向各雨水管,使排水线路短而快捷,雨水管负荷均匀,排水顺畅。为此,屋面须有适当的排水坡度,设置必要的天沟、雨水管和雨水口,并合理地确定这些排水装置的规格、数量和位置,最后将它们标绘在屋顶平面图上,这一系列的工作就是屋顶排水组织设计。

进行屋顶排水组织设计时,必须注意下述事项。

（1）划分排水分区

划分排水分区的目的是为了便于均匀地布置雨水管。按所积的雨水考虑,屋面面积按水平投影面积计算。

（2）确定排水坡面的数目

进深较小的房屋或临街建筑常采用单坡排水。进深较大时,为了不使水流的路线过长,坡屋顶则应结合造型要求选择单坡、双坡或四坡排水。

（3）确定天沟断面大小和天沟纵坡的坡度值

天沟即屋顶上的排水沟,位于外檐边的天沟又称槽沟。天沟的功能是汇集和迅速排除屋面雨水,故其断面大小应恰当,沟底沿长度方向应设纵向排水坡,简称天沟纵坡。天沟纵坡的坡度不宜小于1%。箭头指示沟内的水流方向,天沟可用镀锌钢板或钢筋混凝土板等制成。金属天沟的耐久性较差,因而无论是在平屋顶还是在坡屋顶中大多采用钢筋混凝土天沟。

天沟的净断面尺寸应根据降雨量和汇水面积的大小来确定。一般建筑的天沟净宽不应小于200 mm,天沟上口至分水线的距离不应小于120 mm。

（4）落水管的布置

落水管依材料分为铸铁、塑料、镀锌铁皮、石棉水泥等多种,根据建筑物的耐久等级加以选择。

屋面落水管的布置量与屋面集水面积大小、每小时最大降雨量、排水管管径等因素有关。它们之间的关系可用下式表示:

$$F = \frac{438D^2}{H} \tag{12-1}$$

式中　F——单根落水管允许集水面积(水平投影面积 m^2);

　　　D——落水管管径(cm,采用方管时面积可换算);

　　　H——每小时最大降雨量(mm/h,由当地气象部门提供)。

例:某地每小时最大降雨量 $H = 145$ mm/h,落水管径 $D = 10$ cm,每个落水管允许集水面积为

$$F = \frac{438 \times 10^2}{145} \text{m}^2 = 302.07 \text{ m}^2 \tag{12-2}$$

若某建筑的屋顶集水面积(屋顶的水平投影面积)为 1 000 m,则至少要设置 4 根落水管。

通过上述经验公式计算得到的落水管数量,并不一定符合实际要求。在降雨量小或落水管管径较粗时,单根落水管的集水面积就大,落水管间的距离也大,天沟必然要长。由于天沟要起坡,天沟内的高差也大。很显然,过大的天沟高差对屋面构造不利。在工程实践中,落水管间的距离(天沟内流水距离)以 10～15 m 为宜。当计算间距大于适用距离时,应按适用距离设置落水管;当计算间距小于适用间距时,按计算间距设置落水管。

12.2　平屋顶的构造

屋顶的坡度小于1/10的屋顶称为平屋顶。与坡屋顶相比,平屋顶具有屋面面积小、减少建筑所占体积、降低建筑总高度、屋面便于上人等特点,因而被大量性建筑广泛采用。

12.2.1　平屋顶的类型与组成

平屋顶按用途可分为上人屋面和不上人屋面。在城市中,将建筑做成上人屋面,在其上做屋顶花

园、屋顶游泳池、休息平台等,可以充分利用建筑空间,收到特殊的效果。

平屋顶的结构层一般为钢筋混凝土结构,其基本组成除结构层之外,主要还有防水层、保护层等,结构层上常设找平层。寒冷地区为了防止热量的损耗,在屋顶增设保温层;炎热地区,为了防止太阳辐射,屋顶应设置隔热层,采取通风措施,一般设置架空隔热板或设置通风层。

根据防水层做法的不同,分为柔性防水屋面和刚性防水屋面。

12.2.2　平屋顶的排水

要使屋面排水通畅,首先应选择合适的屋面排水坡度,平屋顶应设置不小于1%的屋面坡度。坡度的大小要根据屋面材料的表面粗糙程度和功能需要确定,常见的防水卷材屋面和混凝土屋面多采用2%~3%的坡度,上人屋面多采用1%~2%的坡度。

1. 平屋顶起坡方式

形成坡度的方法有两种:第一种方法是材料找坡,也称垫坡,如图12-2(a)所示。这种找坡法是把屋顶板平置,屋面坡度由铺设在屋面板上的厚度有变化的找坡层形成。设有保温层时,利用屋面保温层找坡。第二种方法是结构起坡,也称搁置起坡,如图12-2(b)所示。把顶层墙体或圈梁、大梁等结构构件的上表面做成一定坡度,屋面板依势铺设形成坡度。

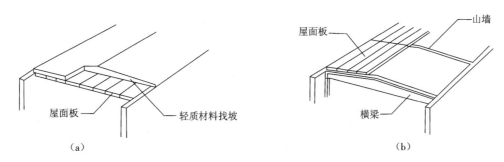

图 12-2　平屋顶起坡方式

(a)材料找坡;(b)结构起坡

2. 平屋顶排水方式

由于平屋顶的排水坡度较小,要将屋面上的雨雪水尽快排除,就要组织好屋顶的排水系统。平屋顶排水可分为有组织排水和无组织排水两种方式,主要有如下几类。

(1)外檐自由落水

外檐自由落水又称无组织排水。是利用屋面伸出外墙,形成挑出的外檐,使屋面水经外檐自由落至地面。该种做法构造简单、经济,但落水时,雨水将溅湿勒脚,有风时排水还可能冲刷墙面,因而,一般适用于低层及雨水较少的地区。

(2)外檐沟排水

天沟即屋面上的排水沟,位于檐口部位时又称檐沟。屋面可以根据房的结构和外形需要,做成单坡、双坡或四坡排水,相应地,在单面、双面或四面设置排水檐沟,如图12-3所示。雨水从屋面排至檐沟,沟内垫出不小于0.5%的纵向坡度,将雨水引向雨水口,经落水管排到地面的明沟和集水井,并排放到地下的城市排水系统中。根据上人或造型的需要,也可在外檐内设置栏杆或易于泄水的女儿墙。

设置天沟的目的是汇集屋面雨水,并将屋面雨水有组织地迅速排除。天沟根据屋顶类型的不同有多种做法。平屋顶的天沟一般用钢筋混凝土制作,当采用女儿墙外排水方案时,可利用倾斜的屋面与垂直的墙面构成三角形天沟,如图 12-4 所示;当采用檐沟外排水方案时,通常用专用的槽形板做成矩形天沟,如图 12-5 所示。

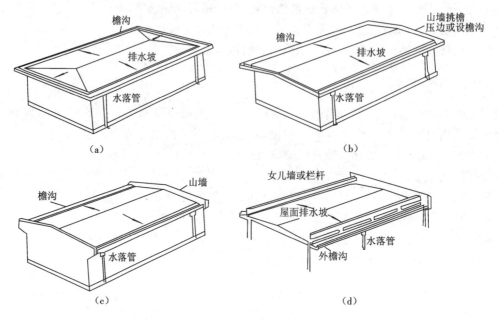

图 12-3 平屋顶外檐沟排水形式

(a)四周檐沟;(b)四周檐沟或山墙挑檐压边;(c)两面檐沟,山墙出顶;(d)两面檐沟,设女儿墙

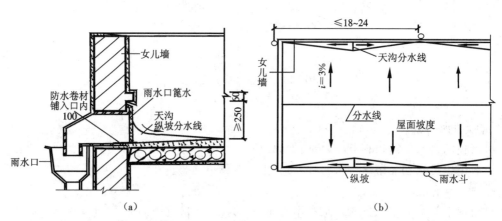

图 12-4 平屋顶女儿墙外排水三角形天沟(单位:mm)

(a)女儿墙断面图;(b)屋顶平面图

(3)女儿墙内檐排水

设女儿墙的平屋顶,可在女儿墙内设内檐沟或近外檐处垫坡排水,雨水口可穿过女儿墙,在外墙外面设落水管,也可设在外墙里面管道井内,如图 12-6(a)、(b)所示。

(4)内排水

大面积、多跨、高层及有特殊要求的平屋顶常做成内排水,如图 12-6(c)、(d)所示。内排水是指将雨水经雨水口流入室内落水管,再由地下管道排放到室外排水系统的方式。

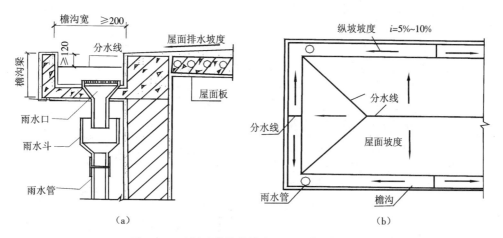

图 12-5 平屋顶檐沟外排水矩形天沟(单位:mm)

(a)挑檐沟断面;(b)屋顶平面图

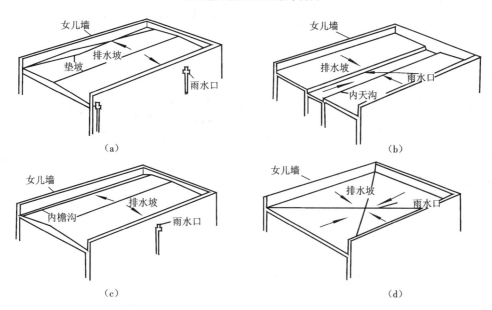

图 12-6 平屋顶内檐排水和内排水形式

(a)女儿墙内垫排水坡;(b)内天沟排水;(c)女儿墙内檐沟;(d)内排水

12.2.3 平屋顶的保温层与隔热层

1. 平屋顶保温层的设置

(1)保温层设置在防水层之下

这种形式又称正铺法,是一种常用的构造方式,如图 12-7 所示。其保温层所用材料一般都是空隙多、容重轻的散料,如炉渣、珍珠岩等。如果保温层上做卷材防水层,就必须在散状材料上先抹水泥砂浆找平层。由于散料上抹水泥砂浆较困难,找平层宜适当厚些,一般为 25~30 mm。为了有一个过渡层,散状材料的一部分可用白灰、水泥等胶结材料做成轻质混凝土层,在其上抹找平层后再铺油毡防水层。为方便施工,可以采用轻质板材或块材做保温层,如膨胀珍珠岩、膨胀蛭石板和加气混凝土块等。应注意水蒸气的排除,防止水汽破坏屋面防水层。

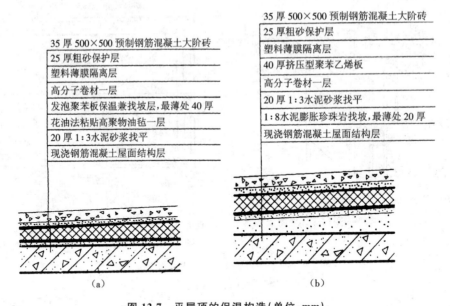

图 12-7 平屋顶的保温构造(单位:mm)
(a)"正铺屋面"保温构造;(b)"倒铺屋面"保温构造

一般是将块状保温材料作为预制板的胎膜制成预制屋面板,既是结构构件又是保温构件。屋面板上抹水泥砂浆找平层后可铺卷材防水层或做细石混凝土防水层。

(2)保温层设置在防水层之上

这种做法因为有别于将保温层铺设在屋面防水层之下的习惯做法,所以又称倒铺法。只有具有自防水功能的保温材料才可以使用这种构造方法,例如聚苯乙烯板。由于保温层铺设在屋面防水层之上,防水层不会受到阳光的直射,而且温度变化幅度较小,对防水层有很好的保护作用。但保温层处于最上层时容易遭到破坏,所以应该在上面再做保护层。

2. 平屋顶的隔热

由于屋面受太阳辐射最大,为减少传至室内的热量,降低室内温度,必须采取有效的隔热措施。常用的方法有两种:一是在承重结构层上设空气隔热层;二是在屋面板下面吊顶棚,并在屋顶和顶棚之间的墙上开设通风洞。该做法多用于有设备层的屋顶,常用的构造做法有如下几种。

(1)通风隔热屋面

通风隔热屋面是指在屋顶中设置通风间层,使上层表面起到遮挡阳光的作用,利用风压和热压作用把间层中的热空气不断带走,以减少传到室内的热量,从而达到隔热降温的目的。通风隔热屋面一般有架空通风隔热屋面和顶棚通风隔热屋面两种做法。

① 架空通风隔热屋面:通风层设在防水层之上,其做法很多,其中以架空预制板或大阶砖最为常见。架空通风隔热层设计应满足以下要求:架空层应有适当的净高,一般以180~240 mm为宜;距女儿墙500 mm范围内不铺架空板;隔热板的支点可做成砖垄墙或砖墩,间距视隔热板的尺寸而定。架空通风隔热屋面构造如图12-8所示。

② 顶棚通风隔热屋面:这种做法是利用顶棚与屋顶之间的空间作隔热层,顶棚通风隔热层设计应满足以下要求:顶棚通风层应有足够的净空高度,一般为500 mm左右;需设置一定数量的通风孔,以利

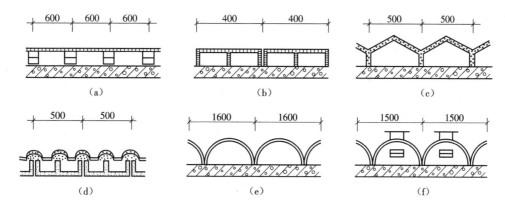

图 12-8　架空通风隔热构造(单位:mm)

(a)架空预制板(或大阶砖);(b)架空混凝土山形板;(c)架空钢丝网水泥折板;

(d)倒槽板上铺小青瓦;(e)钢筋混凝土半圆拱;(f)1/4 厚砖拱

于空气对流;通风孔应考虑防飘雨措施。

(2)蓄水隔热屋面

蓄水屋面是指在屋顶蓄积一层水,利用水蒸发时需要大量的汽化热,从而大量消耗晒到屋面的太阳辐射热,以减少屋顶吸收的热能,从而达到降温隔热的目的。蓄水屋面构造与刚性防水屋面基本相同,主要区别是增加了一壁三孔,即蓄水分仓壁、溢水孔、泄水孔和过水孔。蓄水隔热屋面构造应注意以下几点:合适的蓄水深度,一般为 150~200 mm;根据屋面面积划分成若干蓄水区,每区的边长一般不大于10 m;足够的泛水高度,至少高出水面 100 mm;合理设置溢水孔和泄水孔,并应与排水檐沟或落水管连通,以保证多雨季节不超过蓄水深度和检修屋面时能将蓄水排除;注意做好管道的防水处理。

(3)种植隔热屋面

种植隔热屋面是指在屋顶上种植植物,利用植被的蒸腾和光合作用吸收太阳辐射热,从而达到降温隔热的目的。种植隔热屋面构造如图 12-9 所示。

现在市场上还有一种带有锥壳的塑料层板,可以用来代替种植土下面的陶粒或卵石,大大降低屋面荷载,已在许多工程中得到了推广使用,如图 12-10 所示。

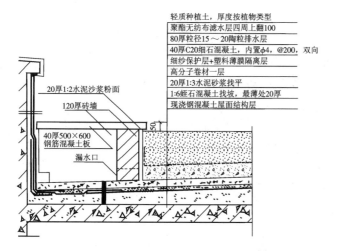

图 12-9　种植屋面做法(单位:mm)

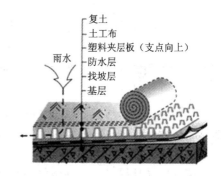

图 12-10　用于滤水层的塑料夹层板

12.2.4 屋顶防水及构造

平屋顶的防水是屋顶使用功能的重要组成部分,它直接影响整个建筑的使用功能。平屋顶的防水方式根据所用材料及施工方法的不同可分为两种:柔性防水和刚性防水。

1. 柔性防水屋面

柔性防水屋面是将柔性的防水卷材或片材用胶结材料粘贴在屋面上,形成大面积的封闭防水覆盖层。该种防水层需有一定的延伸性,因为屋面在昼夜温差的作用下周而复始地热胀冷缩(见图 12-11),需要防水材料能够随这些变化而伸展、回缩,不至于被拉裂或产生鼓泡等现象,因此称柔性防水屋面,亦称卷材防水屋面。

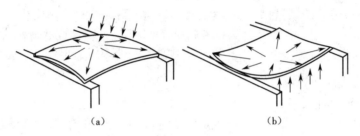

图 12-11 平屋面热胀冷缩变形状态示意
(a)阳光辐射下,屋面内外温度不同,出现起鼓变形;(b)室外气温低,室内温度高,出现挠起状

1) 柔性防水屋面的构造

卷材防水屋面由多层材料叠合而成,其基本构造层次按构造要求由结构层、找坡层、找平层、结合层、防水层和保护层组成,如图 12-12 所示。

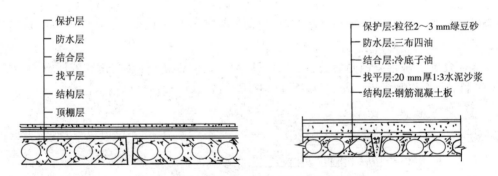

图 12-12 卷材防水屋面的构造组成

（1）结构层

通常为预制或现浇钢筋混凝土屋面板,要求具有足够的强度和刚度。

（2）找坡层(结构找坡和材料找坡)

材料找坡应选用轻质材料形成所需要的排水坡度,通常是在结构层上铺 1:8～1:6 的水泥焦渣或水泥膨胀蛭石等。

（3）找平层

柔性防水层要求铺贴在坚固而平整的基层上,因此必须在结构层或找坡层上设置找平层。

（4）结合层

结合层的作用是使卷材防水层与基层黏结牢固。结合层所用材料应根据卷材防水层材料的不同来选择，如油毡卷材、聚氯乙烯卷材及自黏型彩色三元乙丙复合卷材用冷底子油在水泥砂浆找平层上喷涂一至二道，三元乙丙橡胶卷材则采用聚氨酯底胶，氯化聚乙烯橡胶卷材需用氯丁胶乳等。

（5）防水层

防水层是由胶结材料与卷材黏合而成，卷材连续搭接，形成屋面防水的主要部分。当屋面坡度较小时，卷材一般平行于屋脊铺设，从檐口到屋脊，层层向上粘贴，上下搭接不小于 70 mm，左右搭接不小于 100 mm。

油毡屋面在我国已有几十年的使用历史，具有较好的防水性能，对屋面基层变形有一定的适应能力，但这种屋面施工麻烦、劳动强度大，且容易出现油毡鼓泡、沥青流淌、油毡老化等方面的问题，使油毡屋面的寿命大大缩短，平均 10 年左右就要进行大修。

目前所用的新型防水卷材主要有三元乙丙橡胶防水卷材、自黏型彩色三元乙丙复合防水卷材、聚氯乙烯防水卷材、氯化聚乙烯防水卷材、氯丁橡胶防水卷材及改性沥青油毡防水卷材等，这些材料一般为单层卷材防水构造，防水要求较高时可采用双层卷材防水构造。这些防水材料的共同优点是自重轻，适用温度范围广，耐气候性好，使用寿命长，抗拉强度高，延伸率大，冷作业施工，操作简便，大大改善劳动条件，减少环境污染。

（6）保护层

①不上人屋面保护层的做法：当采用油毡防水层时为粒径 3～6 mm 的小石子，称为绿豆砂保护层，绿豆砂要求耐风化、颗粒均匀、色浅。三元乙丙橡胶卷材采用银色着色剂，直接涂刷在防水层上表面。彩色三元乙丙复合卷材防水层直接用 CX－404 胶黏结，不需另加保护层。

②上人屋面的保护层构造做法：通常可采用水泥砂浆或沥青砂浆铺贴缸砖、大阶砖、混凝土板等，也可现浇 40 mm 厚 C20 细石混凝土。

2）柔性防水屋面的细部构造

卷材防水屋面除大面积防水层外，还必须特别注意各个节点部位的构造处理。因为这些部位都是防水层被切断的地方，是防水的薄弱环节，如果处理不当，就会造成渗漏。

（1）泛水构造

屋面防水层与垂直墙面相交处的构造处理叫泛水，如女儿墙、出屋面的水箱和楼梯间与屋面相交的部位，均应做泛水。泛水有多种构造，通常采用卷材泛水，如图 12-13 所示。在屋面防水层与垂直墙面相交处用水泥砂浆做成圆弧（$R=50～100$ mm）或钝角（$>125°$），防止在粘贴卷材时因直角转弯而折断。卷材在竖直墙面上的粘贴高度不宜小于 250 mm，常取 300 mm。为了增加泛水处的防水能力，一般把泛水处卷材和屋面防水层的卷材交叉连接，并在底层加铺一层卷材。卷材的收口应严实，以防收口处渗水。卷材的收头在砖砌的女儿墙处可以采用如图 12-14（a）所示的方法，在女儿墙上做一条凹口，卷材上端用水泥钉钉在垂直墙面里预埋的木砖上，用镀锌铁皮覆盖，砂浆嵌固收头，然后用密封膏嵌

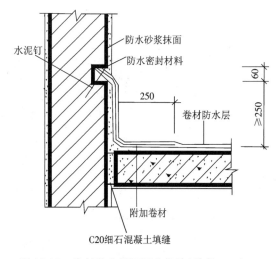

图 12-13 卷材防水屋面泛水构造（单位：mm）

实。在钢筋混凝土的女儿墙处,则可采用图 12-14(b)所示的方法,直贴卷材或一直到女儿墙压顶的下面。

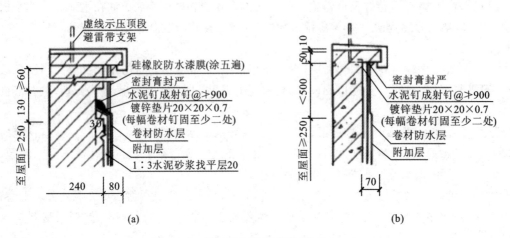

图 12-14 防水卷材收头做法(单位:mm)

(2)檐口构造

卷材防水屋面的檐口有自由落水、挑檐沟、女儿墙带檐沟、女儿墙不带檐沟和女儿墙内排水等几种,如图 12-15 所示。自由落水檐口处应做滴水线,并用水泥砂浆抹面,屋面卷材收头处用油膏嵌绿豆砂保护。有檐沟时,其檐沟口的油毡收头可用压砂浆、嵌油膏、插铁卡等做法。当屋面采用有组织排水时,雨水须经雨水口排至落水管。雨水口分为设在挑天沟底部的雨水口和设在女儿墙垂直面上的雨水口两种。雨水口处应排水通畅,不易堵塞,不渗漏。雨水口与屋面防水层交接处应加铺一层卷材,屋面防水卷材应铺设至雨水口内,雨水入口处应有挡杂物设施。

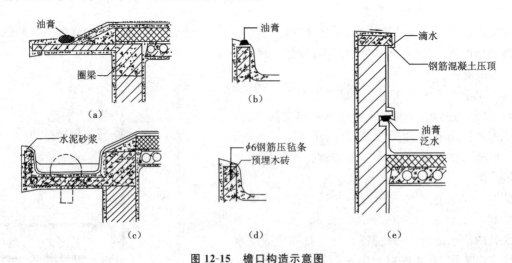

图 12-15 檐口构造示意图

(3)雨水口构造

雨水口的类型有用于檐沟排水的直管式雨水口和女儿墙外排水的弯管式雨水口两种。雨水口在构造上要求排水通畅、防止渗漏水堵塞。直管式雨水口为防止其周边漏水,应加铺一层卷材并贴入连接管内 100 mm,雨水口上用定型铸铁罩或铅丝球盖住,用油膏嵌缝。弯管式雨水口穿过女儿墙预留孔洞内,屋面防水层应铺入雨水口内壁四周不小于 100 mm,并安装铸铁篦子以防杂物流入造成堵塞。

2. 刚性防水屋面

以细石混凝土、防水砂浆等刚性材料作为屋面防水层的,叫刚性防水屋面。该种屋面适用于屋面平整、形状方正的屋面,以及在使用上无较大振动的房屋和地基沉降比较均匀、温差较小的地区,若不属上述情况,则必须另外增加措施,如伸缩缝、沉降缝或表面另加防水层等。渗漏问题是刚性防水屋面处理的关键。

(1)刚性防水材料

刚性防水材料主要为砂浆和混凝土。由于砂浆和混凝土在拌和时掺水,且用水量超过水泥水化时所耗水量,混凝土内多余的水蒸发后,形成毛细孔和管网,成为屋面渗水的通道。为了改进砂浆和混凝土的防水性能,常采取加防水剂、膨胀剂、密实剂提高密实性等措施。

(2)刚性防水屋面的构造

刚性防水屋面一般由结构层、找平层、隔离层和防水层组成,做法如图 12-16 所示。

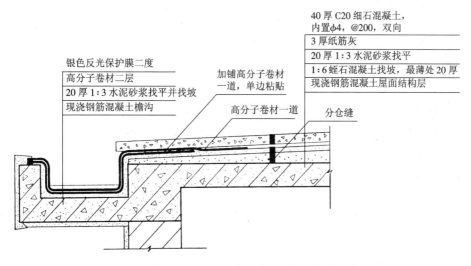

图 12-16 刚性防水屋面及在檐沟处的构造做法(单位:mm)

① 结构层:刚性防水屋面的结构层要求具有足够的强度和刚度,一般应采用现浇或预制装配的钢筋混凝土屋面板,并在结构层现浇或铺板时形成屋面的排水坡度。

② 找平层:为保证防水层厚薄均匀,通常应在结构层上用 20 mm 厚 1∶3 水泥砂浆找平。若采用现浇钢筋混凝土屋面板时,也可不设找平层。

③ 隔离层:为减少结构层变形及温度变化对防水层的不利影响,宜在防水层下设置隔离层。隔离层可采用纸筋灰、低强度等级砂浆或在薄砂层上干铺一层油毡等。当防水层中加有膨胀剂类材料时,其抗裂性有所改善,也可不做隔离层。

④ 防水层:一般采用 C20 细石混凝土,厚 30～45 mm,并配以 $\phi4@200$ 双向温度钢筋。由于裂缝较容易在面层出现,钢筋应置于中层偏上,使上面有 15 mm 保护层即可。为提高防水层的抗渗性能,可在细石混凝土内掺入适量外加剂(如膨胀剂、减水剂、防水剂等)以提高其密实性能。为了适应结构层的变形或地基沉陷引起刚性防水层的开裂,可采用浮筑防水层的构造做法,使刚性防水层与结构层分开。即

在结构层上用砂浆找平,再用沥青、废机油或石灰水涂刷,形成隔离层,再在隔离层上做刚性防水层,使防水层悬浮于结构层上。

(3)刚性防水层屋面的细部构造

① 泛水构造:女儿墙、山墙泛水构造因防水层与垂直墙面刚性连接往往会因温度和结构变形使转角处防水层开裂,常采用柔性节点处理。

② 檐口构造:自由落水的挑檐,可将防水层做到檐口,为防止爬水,需用水泥砂浆做滴水线。

带檐口的挑檐刚性防水构造,其关键是避免圈梁与屋面板交接处由于温度变化或结构变形引起裂缝而出现渗漏。

③ 分仓缝:用来找坡和找平的轻混凝土和水泥砂浆都是刚性材料,在变形应力的作用下,如果不经处理,不可避免地都会出现裂缝,尤其是会出现在变形的敏感部位。这样容易造成粘贴在上面的防水卷材的破裂。所以应当在屋面板的支座处、板缝间和屋面檐口附近这些变形敏感的部位,预先将用刚性材料所做的构造层次做人为的分割,即预留分仓缝,如图 12-17 所示。

分仓缝是为适应屋面变形而设置的人工缝,其目的是为了防止刚性防水屋面因温度变化产生无规则裂缝。其间距大小和设置的部位均需按照结构变形、温度升降等的需要确定。其位置一般在结构构件的支撑位置及屋面分水线处。屋面总进深在 10 m 以内,可在屋脊处设一道纵向分仓缝;超出 10 m,可在坡面中间板缝内设一道分仓缝。横向分仓缝可每隔 6～12 m 设一道,且缝口设在支承墙体上方。分仓缝的宽度在 20 mm 左右,缝内填沥青麻丝,上部填 20～30 mm 深油膏。横向及纵向屋脊处分仓缝可凸出屋面 30～40 mm;纵向非屋脊缝处应做成平缝,以免影响排水。为了适应分仓缝材料的老化,常在分仓缝上用卷材粘贴(见图 12-18)。分仓缝的服务面积一般控制在 15～25 m² 之间。

即使屋面的构成为现浇整体式的钢筋混凝土,也应在距离檐口 500 mm 的范围内,以及屋面纵横不超过 6 000 mm×6 000 mm 的间距内,做预留分仓缝的处理。

3. 涂膜防水屋面

涂膜防水屋面是指用防水材料刷在屋面基层上,利用涂料干燥或固化以后的不透水性来达到防水的目的。涂膜防水主要适用于防水等级为Ⅲ、Ⅳ级的屋面防水,也可用作Ⅰ、Ⅱ级屋面多道防水设防中的其中一道防水。防水涂料按其溶剂或稀释剂的类型可分为溶剂型、水溶型、乳液型等种类;按施工时涂料液化方法的不同则可分为热熔型、常温型等种类。目前,使用较多的胎体增强材料为 0.1×6×4 或 0.1×7×7 的中性玻璃纤维网格布或中碱玻璃布、聚酯无纺布等。涂膜防水屋面构造的层次如表 12-2 所示,构造做法如图 12-19 所示。

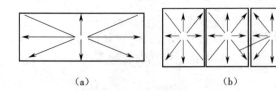

图 12-17 分仓缝的作用
(a)长形屋面温度引起内应力变形大(对角线最大);
(b)设分仓缝后内应力变形变小

图 12-18 在分仓缝中嵌柔性挡水条

表 12-2　涂膜防水屋面构造的层次

找平层	先在屋面板上用 1:3～1:2.5 的水泥砂浆做 15～20 mm 厚的找平层并设分格缝,分格缝宽 20 mm,其间距 ≤6m,缝内嵌填密封材料
底涂层	将稀释涂料(防水涂料:0.5～1.0 的离子水溶液 6:4 或 7:3)均匀涂布于找平层上作为底涂,干后再刷 2～3 次涂料
中涂层	中涂层要铺贴玻纤网格布,有干铺和湿铺两种施工方法:在已干的底涂层上干铺玻纤网格布,展开后加以点粘固定,当铺过两个纵向搭接缝以后依次涂刷防水涂料 2～3 次,待涂层干后按上述做法铺两层网格布,然后再涂刷 1～2 次
面层	面层根据需要可做细砂保护层或涂覆着色层。细砂保护层是在未干的中涂层上抛撒 20 mm 厚浅色细砂并辊压,着色层可使用防水涂料或耐老化的高分子乳液作黏合剂,加上各种矿物养料配制成成品着色剂,涂布于中涂层表面

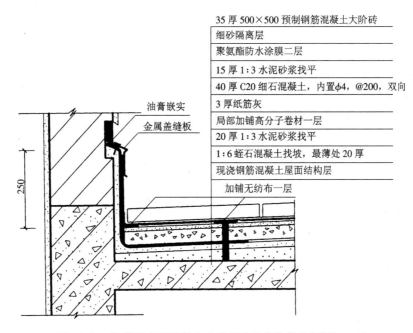

油膏嵌实
金属盖缝板

35 厚 500×500 预制钢筋混凝土大阶砖
细砂隔离层
聚氨酯防水涂膜二层
15 厚 1:3 水泥砂浆找平
40 厚 C20 细石混凝土,内置φ4,@200,双向
3 厚纸筋灰
局部加铺高分子卷材一层
20 厚 1:3 水泥砂浆找平
1:6 蛭石混凝土找坡,最薄处 20 厚
现浇钢筋混凝土屋面结构层
加铺无纺布一层

图 12-19　涂膜防水屋面及在女儿墙处的构造做法(单位:mm)

12.2.5　平屋顶屋面防水方案的选择

在具体工程项目中,平屋顶屋面的防水方案可以按照表 12-3 的规定做原则上的选择,至于具体所采用的材料以及构造层次的安排,可以根据建筑物所在地的气候条件、屋面是否上人、造价的限制等因素来决定。

表 12-3 屋面防水等级和防水要求

项目	屋面防水等级			
	I	II	III	IV
建筑类别	特别重要的民用建筑和有特殊要求的工业建筑	重要的工业与民用建筑、高层建筑	一般的工业与民用建筑	非永久性的建筑
使用年限/年	25	15	15	5
防水层选用材料	宜选用合成高分子卷材、高聚物改性沥青防水卷材、合成高分子防水涂料、细石混凝土等材料	宜选用高聚物改性沥青防水卷材、合成高分子卷材、合成高分子防水涂料、高聚物改性沥青防水涂料、细石混凝土、平瓦等材料	应选用三毡四油防水卷材、高聚物改性沥青防水卷材、高聚物改性沥青防水涂料、合成高分子防水涂料、沥青基防水涂料、刚性防水层、平瓦、油毡瓦等材料	应选用三毡四油防水卷材、高聚物改性沥青防水卷材、高聚物改性沥青防水涂料、合成高分子防水涂料、沥青基防水涂料、刚性防水层、平瓦、油毡瓦等材料
设防要求	三道或三道以上防水设防,其中应有一道合成高分子防水卷材,且只能有一道厚度不小于 2 mm 的合成高分子涂膜	二道防水设防,其中应有一道卷材,也可采用压型钢板进行一道防水设防	一道防水设防,或两道防水材料复合使用	一道防水设防

12.3 坡屋顶的构造

12.3.1 坡屋顶的形式与组成

1. 坡屋顶的形式

所谓坡屋顶是指屋面坡度在 10% 以上的屋顶。与平屋顶相比,坡屋顶的屋面坡度大,因而其屋面构造及屋面防水方式均与平屋顶屋面不同。坡屋面的屋面防水常采用构件自防水方式,由各类屋面防水材料覆盖。按屋面组织的不同,可分为双坡顶、四坡顶及其他形式屋顶等,如图 12-20 所示。

(1) 双坡顶

双坡顶根据檐口和山墙处理的不同可分为如下三种。

① 硬山屋顶,即山墙不出檐的双坡屋顶,北方少雨地区采用较多,如图 12-20(a)所示。

② 悬山屋顶,即山墙挑檐的双坡屋顶。挑檐可保护墙身,有利于排水,并有一定的遮阳作用,常用于南方多雨地区,如图 12-20(b)所示。

③ 出山屋顶,山墙超出屋顶,作为防火墙或装饰之用,如图 12-20(c)所示。

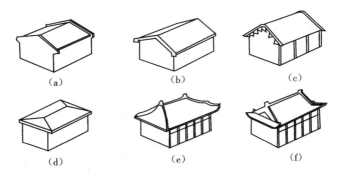

图 12-20 坡屋顶的形式

(a)硬山两坡顶;(b)悬山两坡顶;(c)出山屋顶;(d)卷棚顶;(e)庑殿顶;(f)歇山顶

（2）四坡顶

四坡顶亦称四坡水屋顶,古代宫殿庙宇中的四坡顶称为庑殿,如图 12-20(d)、(e)所示。四坡顶的两面形成两个小山尖,古代称为歇山,如图 12-20(f)所示,山尖可设百叶窗,有利于屋顶通风。

2. 坡屋顶的坡面组织

屋顶的坡面组织是由房屋平面和屋顶的形式决定的,它对屋顶的结构布置和排水方式均有一定的影响。在坡面组织中,因屋顶坡面交接的不同而形成屋脊(正脊)、斜脊、斜沟、檐口、内天沟和泛水等不同部位(见图 12-21)。

3. 坡屋顶的组成

坡屋顶通常由屋面层、承重结构层和顶棚等几部分组成,根据地区和房屋特殊需要增设保温层或隔热层等。

（1）屋面层

屋面层是屋顶的最表面层,直接承受大自然的侵袭,要求能防水、排水、耐久等。屋面的排水坡度与屋面材料和当地的降雨量等因素有关,一般在 18°以上。

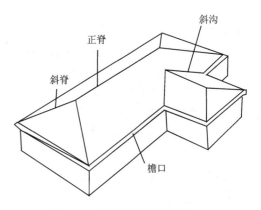

图 12-21 坡屋顶的坡面组织

（2）承重层

坡屋顶的承重层结构类型很多,若按材料分,则有木结构、钢筋混凝土结构、钢结构等。要求屋顶承重层除能承受屋面上全部荷载及自重外,还能将荷载明确地传递给墙或柱。

（3）顶棚

顶棚是最上层房间的顶面和屋顶最下层的一种构造设施,设置顶棚可使房屋天棚平整、美观、清洁。顶棚可吊挂在承重层上,也可搁置在柱、墙上。

（4）保温层、隔热层

保温层、隔热层是屋顶根据热工要求设置的围护部分。南方炎热地区可在屋顶的顶棚上设隔热层,北方寒冷地区则应设保温层。

12.3.2 坡屋顶的承重结构

坡屋顶的承重结构方式有两种:山墙承重和屋架承重。

1. 山墙承重(又称横墙承重)

山墙是指房屋的横墙,将横墙砌成山尖状,形成坡度;在横墙上搁置檩条,檩条上立椽条,再铺设屋面层,一般开间在4 m以内,适用于住宅、宿舍等横墙间距较小的民用建筑。如图12-22(a)所示。

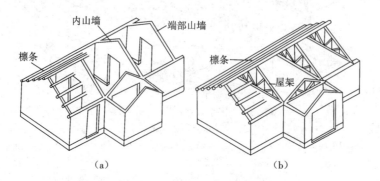

图 12-22 坡屋顶的承重结构类型
(a)横墙承重;(b)屋架承重

山墙承重结构方式的优点是构造简单、施工方便、节约木材,是一种较为经济合理的结构方案。把横墙上部砌成三角形,直接把檩条支承在三角形横墙上,叫做硬山搁檩。

檩条可采用木材、预应力钢筋混凝土、轻钢桁架、型钢等材料。檩条的斜距不得超过1.2 m。木质檩条常选用Ⅰ级杉圆木,木檩条与墙体交接段应进行防腐处理,常用方法是在山墙上垫上一层油毡,并在檩条端部涂刷沥青。

2. 屋架承重

当坡屋面房屋内部需要较大空间时,可把部分横向山墙取消,用屋架作为横向承重构件。一般民用建筑常采用三角形屋架(分豪式和芬克式两种)来支承檩条和屋面上的全部构件,通常屋架搁置在房屋纵墙或柱上,如图12-22(b)所示。屋架可用各种材料制成,有木屋架(Ⅰ级杉圆木)、钢筋混凝土屋架、钢屋架(角钢或槽钢)、组合屋架(屋架中受压杆件为木材,受拉杆件为钢材)等,如图12-23所示。例如图12-24所示的梁架支承的形式,就是我国传统的坡屋顶的结构形式。其中沿建筑物进深方向的柱和梁穿插形成梁架,梁架之间用搁置的木梁来托起屋面。这个层次搁置的梁又叫檩条或桁条。若房屋内部有一道或两道纵向承重墙,可以考虑选用三点支承或四点支承屋架。

屋架的跨度为9 m、12 m、15 m、18 m(3 m的倍数),一般用于木屋架。18 m以上跨度时采用钢筋混凝土屋架、钢屋架或组合屋架,其跨度递增以6 m为倍数,即24 m、30 m、36 m等。

为了保证屋架的纵向稳定性,防止屋架的倾覆,提高屋架及屋面结构的空间稳定性,需要在两榀屋架之间设置支撑构件,屋架支撑主要有垂直剪刀撑和水平系杆等。垂直支撑应每隔一榀屋架设置一道剪刀撑,使每两榀屋架连成一个整体。

屋架的布置如图12-25所示。房屋的平面有凸出部分时,房屋平面呈垂直相交处的承重结构布置一般有两种做法:当凸出部分的跨度比主体跨度小时,可把凸出部分插入屋顶的檩条搁置在主体部分屋面檩条上,如图12-25(a)所示;也可在屋面斜天沟处设置斜梁,把凸出部分檩条搭接在斜梁上。当凸出部分跨度比主体部分跨度大时,可采用半屋架(如图12-25(b)所示)或梯形屋架,以增加斜梁的支承点。半屋架的一端支承在外墙上,另一端支承在内墙上;当无内墙时,支承在中间屋架上。对于四坡形屋顶,当跨度较小时,在四坡屋顶的斜屋脊下设斜梁,用于搭接屋面檩条,其他转角与四坡顶的端部的屋架布置类似,如图12-25(c)、(d)所示。

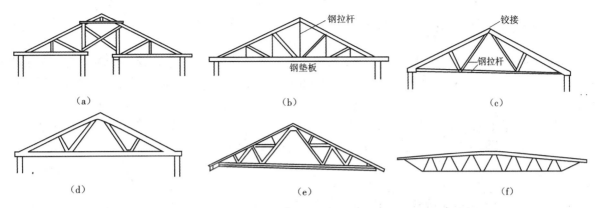

图 12-23 屋架形式

（a）四支点木屋架；（b）钢木组合豪式屋架；（c）钢筋混凝土三铰式屋架；（d）钢筋混凝土屋架；（e）芬式钢屋架；（f）棱形轻钢屋架

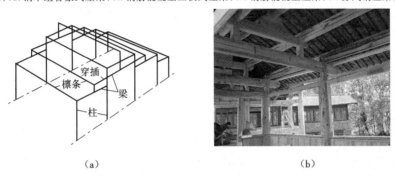

图 12-24 传统的梁架支承系统的坡屋顶

（a）梁架支承系统的坡屋顶结构构成示意；（b）梁架系统的坡屋顶实例

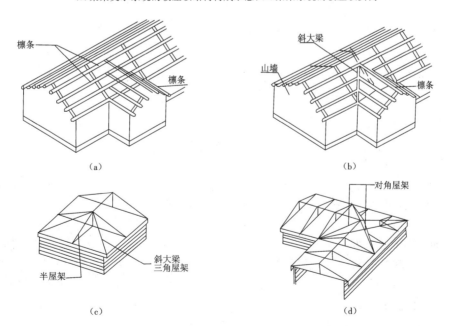

图 12-25 屋架布置示意

（a）丁字形交接处屋顶之一；（b）丁字形交接处屋顶之二；（c）四坡顶的屋架；（d）转角屋顶

12.3.3 坡屋顶的屋面构造

坡屋顶屋面由屋面支承构件和屋面防水层组成。支承结构由檩条、椽条、屋面板、挂瓦条等组成。屋面防水层有平瓦或小青瓦、水泥瓦、石棉水泥瓦、瓦楞铁皮、铝合金瓦、玻璃钢波形瓦、琉璃瓦等,应根据建筑要求选择。

常用坡屋面最小坡度:普通瓦屋面不设基层屋面板,1∶2;普通瓦屋面下设基层屋面板并铺油毡,1∶2.5;石棉瓦屋面,1∶3;波形金属瓦屋面,1∶4;压型钢板屋面,1∶7。

1. 屋面支承构件

（1）檩条

檩条一般搁置在山墙或屋架上,间距800~1 000 mm(水平投影),可用各种抗弯性能较好的材料制成,有木檩条、钢筋混凝土檩条、钢桁架组合檩条等。

木檩条的断面形式有圆形(ϕ50~ϕ100)、矩形(宽50~80 mm、高100~150 mm),长度不大于6 m。矩形檩条搁置在屋架上的方式有两种:一种是与屋架上弦垂直(倾斜搁置);另一种是与地面垂直。钢筋混凝土檩条的断面有矩形、L形、T形等。

（2）椽条

椽条又称椽子、桷子等。其断面形式为矩形40 mm×70 mm左右,垂直铺钉在檩条上,间距为300~600 mm,一般为400 mm左右。

（3）挂瓦条

挂瓦条的断面为矩形,有30 mm×25 mm、30 mm×30 mm、30 mm×40 mm等,间距280 mm,或根据瓦的尺寸试铺而定。此外,还有钢筋混凝土挂瓦条,是一种经济适用、代替木材的有效措施,不需要椽条、檩条和挂瓦条,直接搁置在钢筋混凝土屋架上或山墙上。

2. 屋面铺材与构造

（1）平瓦屋面

平瓦有机平瓦、水泥瓦、脊瓦等,其外形按防水及排水要求设计制作。机平瓦的外形尺寸约为400 mm×230 mm,其在屋面上的有效覆盖尺寸约为330 mm×200 mm。按此推算,每平方米屋面约需15块瓦。

平瓦屋面的主要优点是瓦本身具有防水性,不需特别设置屋面防水层,瓦块间搭接构造简单,施工方便。缺点是屋面接缝多,如不设屋面板,雨、雪易从瓦缝中飘进,造成漏水。为保证有效排水,瓦屋面坡度不得小于1∶2(26°34′)。在屋脊处需盖上鞍形脊瓦,在屋面天沟下需放上镀锌铁皮,以防漏水。平瓦屋面的构造方式有下列几种。

机平瓦屋面的构造方式如下。

① 冷摊瓦屋面:这是平瓦屋面最简单的一种做法。其构造方法是:在檩条上钉上断面为35 mm×60 mm、中距500 mm的椽条,在椽条上钉挂瓦条(注意挂瓦条间距符合瓦的标志长度),直接挂瓦,省去屋面板和油毡,如图12-26所示。挂瓦条尺寸视椽子间距而定。由于构造简单,它只用于简易或临时建筑,是南方地区较多采用的一种平瓦屋面形式。

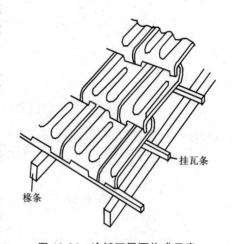

挂瓦条

椽条

图12-26 冷摊瓦屋面构成示意

② 屋面板作基层的平瓦屋面:在檩上钉厚度为 15~25 mm 的屋面板(板缝不超过 20 mm),板上平行屋脊方向铺一层油毡,上钉顺水条,再钉挂瓦条并安装机制平瓦,如图 12-27 所示。这种方案的屋面板与檩条垂直布置,为受力构件,因而厚度较大。

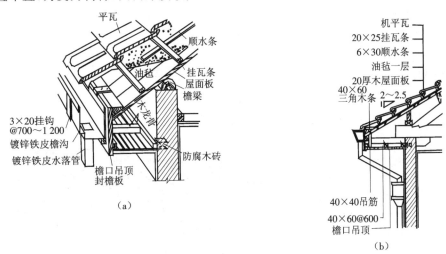

图 12-27 有屋面板的平瓦屋面构造示意图(单位:mm)
(a)有屋面板的平瓦屋面及挑檐檐口部分剖切透视;(b)有屋面板的平瓦屋面及挑檐檐口构造

(2)波形瓦屋面

波形瓦有石棉水泥瓦、钢丝网水泥波形瓦、玻璃钢波形瓦、瓦楞铁皮、钙塑瓦、金属钢板瓦、铝合金瓦、石棉菱苦土瓦等,规格尺寸各地不统一,根据波形瓦的波浪大小又可分为大波瓦、中波瓦和小波瓦三种。一般为 1 800 mm×900 mm,弧高 30~50 mm。波形瓦具有重量轻、耐火性能好等优点,但易折断,强度较低。

构造方法是直接铺搭在檩条上,用瓦钉加垫圈钉在木檩条上,或用钢筋勾勾住檩条。波形瓦上下搭接 100~200 mm,左右搭接 1~2 波。波形瓦在安装时应注意下列几点:第一,波形瓦的搭接开口应背着当地主导风向;第二,波形瓦搭接时,上下搭接不小于 100 mm,左右搭接不小于一波半;第三,波形瓦在用瓦钉或挂瓦钩固定时,瓦钉及挂瓦钩帽下应有防水垫圈,以防瓦钉及瓦钩穿透瓦面缝隙处渗水;第四,相邻四块瓦搭接时应将斜对的下两块瓦割角,以防四块重叠使屋面翘曲不平,否则应错缝布置。

(3)小青瓦屋面

小青瓦屋面在我国传统民居中采用较多,目前有些地方仍在采用。小青瓦断面呈弧形,尺寸及规格不统一,实例如图 12-28 所示。最简单的方法是将瓦叠接铺在椽条上,椽条断面为 40 mm×70 mm

图 12-28 传统的小青瓦坡屋面

@180 mm中距。铺设时分别将小青瓦仰俯铺排,覆盖成垄。仰铺瓦成沟,俯铺瓦盖于仰铺瓦纵向接缝处,与仰铺瓦间搭接瓦长1/3左右。上下瓦间的搭接长在少雨地区为搭六露四,在多雨区为搭七露三。小青瓦可以直接铺设于橼条上,也可铺设于望板(屋面板)上。

3. 构件自防水屋面

构件自防水屋面的防水,其关键在于混凝土构件本身的密实无裂缝和板面平整光滑,构造处理得当。自防水屋面构件有单肋板、F板、槽瓦、折板等。

(1) 保温夹芯板屋面

保温夹芯板是由彩色涂层钢板作表层,自熄性聚苯乙烯泡沫塑料或硬质聚氨酯泡沫作芯材,通过加压、加热固化制成的夹芯板,实例如图12-29所示。

图 12-29 保温夹芯板屋面实例

保温夹芯板屋面坡度为1/6~1/20,在腐蚀环境中屋面坡度应≥1/12。

① 保温夹芯板板缝处理:夹芯板与配件及夹芯板之间,全部采用铝拉铆钉连接,铆钉在插入铆孔之前应予涂密封胶,拉铆后的钉头用密封胶封死,如图12-30所示。顺坡连接缝及屋脊缝以构造防水为主,材料防水为辅;横坡连接缝采用顺水搭接,防水材料密封,上下两块板均应搭在檩条支座上,屋面坡度≤1/10时,上下板的搭接长度为300 mm;屋面坡度>1/10时,上下板的搭接长度为200 mm。

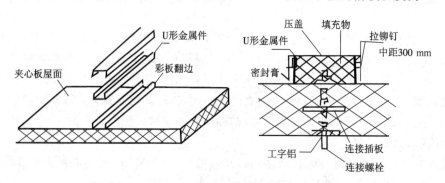

图 12-30 夹芯彩钢板屋面的板缝间防水构造示意图

② 保温夹芯板檩条布置:一般情况下,应使每块板至少有三个支承檩条,以保证屋面板不发生挠曲。在斜交屋脊线处,必须设置斜向檩条,以保证夹芯板的斜端头有支承。

(2) 彩色压型钢板屋面

彩色压型钢板屋面简称彩瓦屋面,是近十多年来在大跨度建筑中广泛采用的高效能屋面。它不仅自重轻、强度高,且施工安装方便。彩瓦的连接主要采用螺栓连接,不受季节气候影响。彩瓦色彩绚丽、质感好,大大增强了建筑的艺术效果。彩瓦除用于平直坡面的屋顶外,还可根据造型与结构的形式需要,在曲面屋顶上使用,构造做法如图12-31所示。因为钢板产品在设计时自带防水构造,所以不用特殊的防水处理。因板缝间扣接,减少了面板用钉钉入再打胶封堵所可能造成的屋面漏水的情况,其细部处理如图 12-32、图 12-33 所示。

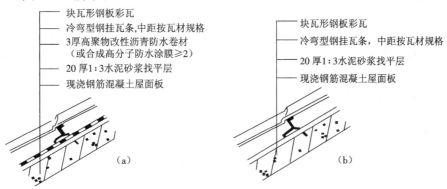

图 12-31　盖钢板彩瓦的钢筋混凝土坡屋面构造示意图（单位：mm）

(a)Ⅱ级防水屋面选择；(b)Ⅲ级防水屋面选择

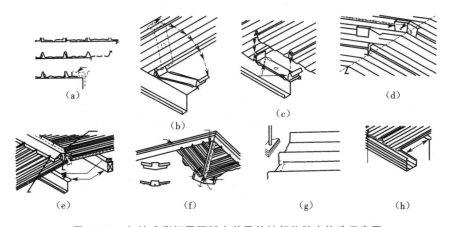

图 12-32　扣接式彩钢屋面板安装及关键部位防水构造示意图

(a)金属屋面板断面；(b)在梁上安装屋面板的固定件；

(c)固定件用螺钉固定在梁上，屋面板用卡口连接；(d)屋脊处折板以利防水；

(e)檐口处用扳金工具折边；(f)阳脊处金属盖板节点；(g)斜天沟节点；(h)檐口檐沟

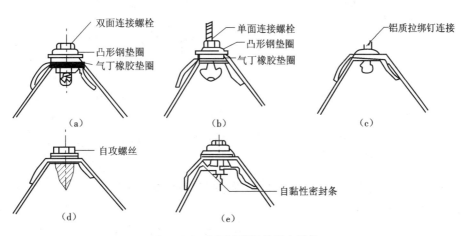

图 12-33　普通压型板的横向连接

12.3.4 坡屋顶的细部构造

1. 坡屋顶的檐口构造

挑檐是指屋面挑出外墙的部分,其作用是保护墙身和建筑装饰。一般南方多雨,出挑较大;北方少雨,出挑较小。出挑小的,较方便的是用砖挑檐;出挑较大的,通常采用木料挑檐。坡屋面的檐口做法主要有两种:一种是挑出檐口,要求挑出部分的坡度与屋面坡度一致;另一种是,做好女儿墙内侧的防水,以防渗漏。

下面介绍几种常见的檐口构造做法,以及山墙檐口的做法。

1)纵墙檐口

(1)挑檐

挑檐基本可分为如下三种情况。

① 用屋面板出挑檐口:由于屋面板较薄(一般为15~20 mm),出挑长度不宜大于300 mm。若能利用屋架托木或横墙砌入挑檐木,使之端头与屋面板及封檐板结合,则出挑长度可适当加大。挑檐木要注意防腐,压入墙内要大于出挑长度的两倍,如图12-34(a)、(b)所示。

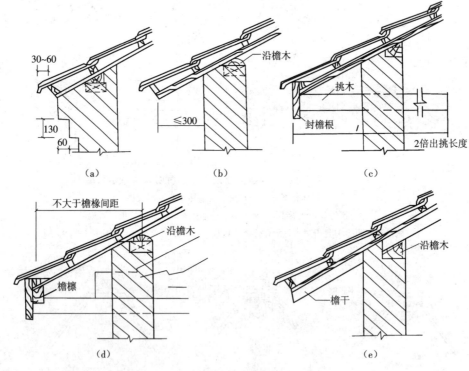

图 12-34 平瓦屋面纵墙挑檐檐口(单位:mm)
(a)砖挑檐;(b)屋面板挑檐;(c)挑檐木挑檐;(d)挑檩檐口;(e)挑椽檐口

② 挑檩檐口:在檐墙外面的檐口下加一檩条,利用屋架下弦的托木或横墙加一挑檐木(或混凝土挑梁)作为檐檩的支托,如图12-34(c)、(d)所示。

③ 挑椽檐口:利用已有的椽子或在采用檩条承重的屋顶檐边另加椽子挑出作为檐口的支托如图12-34(e)所示。

（2）女儿墙檐口（包檐）

女儿墙檐口是在檐口外墙上部用砖砌出屋檐的压檐墙（女儿墙）将檐口包住。女儿墙檐口内应很好地解决排水问题，一般均须做水平天沟式的檐沟，常用的做法是用镀锌铁皮放在木底板上，铁皮天沟一边应伸入油毡层下，一边在靠墙处做泛水。包檐檐口很易损坏，铁皮须经常油漆防腐，木材也须做防腐处理。地震区女儿墙易坍落，故非特殊需要不宜采用。

2）山墙檐口

山墙檐口可分为山墙挑檐和山墙封檐两种。

（1）山墙挑檐

山墙挑檐也称悬山，一般用檩条出挑。椽架式可另加挑檐木出挑，然后铺屋面板。在檩条或挑檐木端头一般钉以封檐板，也称博风板。平瓦在山墙檐边须做转角封边，称为"封山压边"或"瓦出线"。挑檐下也可和纵墙挑檐一样在檩条下钉顶棚龙骨做檐口顶棚。山墙挑檐构造如图 12-35 所示。

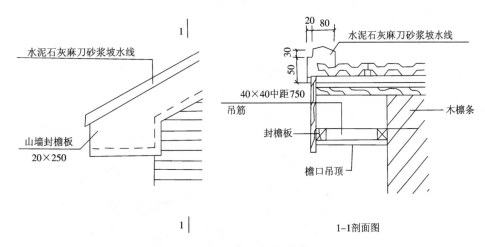

图 12-35　悬山檐口构造（单位：mm）

（2）山墙封檐

山墙封檐包括硬山和出山。硬山做法是屋面和山墙齐平，或挑出一二皮砖，用水泥砂浆抹压边瓦出线；出山做法是将山墙砌出屋面，高 500 mm 者可作封火墙。在山墙与屋面交界处的泛水做法有挑砖砂浆抹灰泛水、小青瓦坐浆泛水、镀锌铁皮泛水等，如图 12-36 所示。

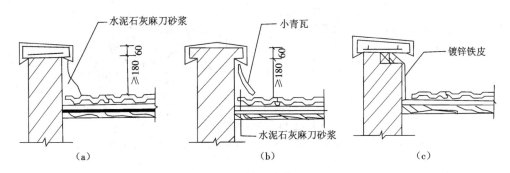

图 12-36　出山檐口构造（单位：mm）

（a）挑砖砂浆抹灰泛水；（b）小青瓦坐浆泛水；（c）镀锌铁皮泛水

2. 斜天沟

坡屋面的房屋平面形状有凹进部分,屋面上会出现斜天沟。构造上常采用镀锌铁皮折成槽状或用特殊的缸瓦,依势固定在斜天沟下的屋面板上,以做防水层,如图 12-37 所示。

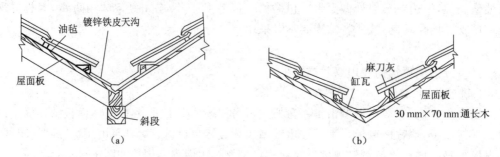

图 12-37 斜天沟做法
(a)镀锌铁皮天沟;(b)缸瓦斜天沟

3. 泛水构造

烟囱四周应做泛水,以防雨水的渗漏。一种做法是镀锌铁皮泛水,将镀锌铁皮固定在烟囱四周的预埋件上,向下披水,在靠近屋脊的一侧,铁皮伸入瓦下,在靠近檐口的一侧,铁皮盖在瓦面上。另一种做法是用水泥砂浆或水泥石灰麻刀砂浆做抹灰泛水,如图 12-38 所示。

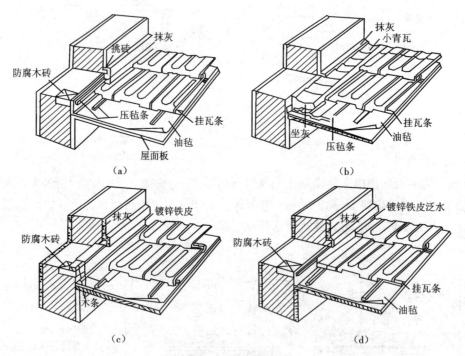

图 12-38 泛水构造做法
(a)挑砖抹灰泛水;(b)小青瓦坐灰泛水;(c)长镀锌铁皮泛水;(d)镀锌铁皮踏步泛水

4. 檐沟和落水管

坡屋面房屋采用有组织排水时,需在檐口处设檐沟,并布置落水管。坡屋面排水计算、落水管的布置数量、落水管、雨水斗、落水口等要求同平屋顶有关要求。坡屋面檐沟和落水管可用镀锌铁皮、玻璃钢、石棉水泥管等材料。

12.3.5 坡屋顶的顶棚、保温、隔热与通风

1. 坡屋顶的顶棚

为室内美观及保温隔热的需要,坡屋面房屋多数均设顶棚(吊顶),把屋面的结构层隐蔽起来,以满足室内使用要求,实例如图 12-39 所示。顶棚可以沿屋架下弦表面做成平天棚,也可沿屋面坡向做成斜天棚。吊顶一般由龙骨与面层两部分组成。

图 12-39 吊顶构造做法

(1)吊顶龙骨

吊顶龙骨分为主龙骨与次龙骨,主龙骨为吊顶的承重结构,次龙骨则是吊顶的基层。主龙骨通过吊筋或吊件固定在屋顶(或楼板)结构上,次龙骨用同样的方法固定在主龙骨上。龙骨可用木材、轻钢、铝合金等材料制作,主龙骨间距通常为 1 m 左右。悬吊主龙骨的吊筋为 $\phi 8 \sim \phi 10$ 钢筋,间距也是 1 m 左右。次龙骨间距视面层材料而定,一般为 $300 \sim 500$ mm。

(2)吊顶面层

吊顶的面层材料较多,常见的有抹灰天棚(板条抹灰、芦席抹灰等)和板材天棚(纤维板顶棚、胶合板顶棚、石膏板顶棚等)两大类。

2. 坡屋顶的保温

当坡屋顶有保温要求时,应设置保温层。若屋面设有吊顶,则保温层可铺设于吊顶的上方;不设吊顶时,保温层可铺设于屋面板与屋面面层之间。保温层材料可选用木屑、膨胀珍珠岩、玻璃棉、矿棉、石灰稻壳、柴泥等。在现浇钢筋混凝土坡屋面上设保温层的构造作法如图 12-40 所示。

3. 坡屋顶的隔热与通风

坡屋顶的隔热与通风处理有以下几种方法。

① 做通风屋面:把屋面做成双层,从檐口处进风、屋脊处排风,利用空气的流动带走屋面的热量,以降低屋面的温度。

② 吊顶隔热通风:吊顶层与屋面之间有较大的空间,通过在坡屋面的檐口下、山墙处或屋面上设置通风窗,使吊顶层内的空气有效流通,带走热量,降低室内温度。

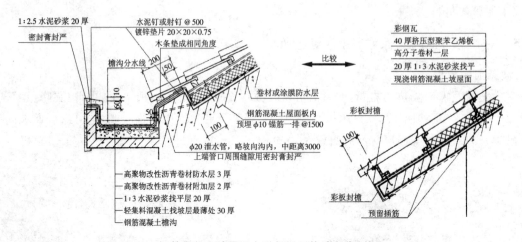

图 12-40　钢筋混凝土坡屋面上设保温层构造示意(单位:mm)

【本章要点】

① 屋顶是建筑物的承重和围护构件,由防水层、结构层和保温层等组成。屋顶按外形分为坡屋顶、平屋顶和曲面屋顶等。坡屋顶的坡度一般大于10%,平屋顶的坡度小于5%。曲面屋顶外形多样,坡度随外形变化。屋顶按屋面防水材料分为柔性防水屋面、刚性防水屋面、涂膜防水屋面、瓦屋面等。

② 屋顶设计的主要任务是解决好防水、保温隔热、坚固耐久、造型美观等问题。屋顶的排水方式主要有无组织排水和有组织排水两大类。有组织排水又分内排水和外排水。

③ 卷材防水屋面的构造。

④ 刚性防水屋面的构造。

⑤ 瓦屋面的承重结构有山墙搁檩、屋架搁檩、梁架搁檩三种形式。瓦屋面的屋脊、檐口、天沟等部位应做好细部构造处理。

⑥ 采用导热系数不大于0.25的材料作保温层。平屋顶的保温层铺于结构层上,坡屋顶的保温层可铺在瓦材下面或吊顶棚上面。屋顶隔热降温的主要方法有:架空间层通风、蓄水降温、屋面种植等。

【思考题】

12-1　屋顶按外形有哪些形式?注意各种形式屋顶的特点及适用范围。

12-2　设计屋顶应满足哪些要求?

12-3　什么叫无组织排水和有组织排水?它们的优缺点和适用范围是什么?

12-4　常见的有组织排水方案有哪几种?各适用于何种条件?

12-5　卷材屋面的构造层有哪些?各层的做法如何?

12-6　在屋顶保温层下设隔汽层的原因是什么?

12-7　卷材防水屋面的泛水、天沟、檐口、雨水口等细部构造的要点是什么?

12-8　何谓刚性防水屋面?刚性防水屋面有哪些构造层?各层具体做法是什么?

12-9　刚性防水屋面易开裂的原因是什么?如何预防?

12-10　为什么要在刚性屋面的防水层中设分格缝?分格缝应设在哪些部位?

12-11 什么叫涂膜防水屋面?

12-12 瓦屋面的承重结构系统有哪几种?

附 屋顶构造设计任务书

题目:屋顶构造设计

1. 目的要求

通过本设计了解和掌握民用建筑屋顶构造设计的程序、内容和深度,使学生对屋顶设计施工图的性质和内容有较完整的了解,通过学习达到具有设计和绘制小型民用建筑的屋顶施工图的能力。

2. 设计条件

根据墙体构造设计任务书中的某中学教学楼平、立、剖面图完成该教学楼屋顶平面的构造设计。本次设计中要求教学楼中的两个楼梯间都上屋顶,女儿墙高 1 200 mm 或 1 500 mm。

3. 设计内容及深度

本设计用 2 号图纸一张。完成下列内容。

(1)屋顶平面图(1∶100)

① 进行屋顶平面环境布置(需要考虑屋面种植),标注上人屋面室内外标高、建筑层数等,标注三道尺寸(总尺寸、轴线尺寸、平面布置尺寸)。

② 设计屋面排水系统,标注各部位标高。

③ 将局部屋面分层揭开,逐层表示构造层次,标注材料及做法。若采用刚性防水屋面,还需要画出屋面分仓缝。

④ 标注屋顶各部位的尺度、做法(可引自当地的标准图集)。

⑤ 在屋顶相关位置引出屋面详图出处。

(2)屋面详图(2~3 个,比例为 1∶10~1∶20)

详图可选择泛水构造、雨水口构造、屋面出入口构造以及与种植屋面相关的构造节点。

第 13 章　门　和　窗

门与窗是房屋建筑中的两个围护部件。它们在不同情况下有不同的要求。

常用门窗材料有木、钢、铝合金、塑料和玻璃等。目前,由于门窗在制作生产上已经基本标准化、规格化和商品化,各地均有一般民用建筑门窗通用图集,设计时即可按所需类型以及尺度大小直接从中选用。

13.1　门窗概述

13.1.1　门窗的作用

门窗属于房屋建筑中的围护及分隔构件,不承重。其中门的主要功能是供交通出入及分隔、联系建筑空间,带玻璃或亮子的门也可起通风、采光的作用;窗的主要功能是采光、通风及观望。另外,门窗对建筑物的外观及室内装修造型影响也很大,它们的大小、比例尺度、位置、材质、形状、组合方式等是决定建筑视觉效果的非常重要的因素之一。

13.1.2　门窗的要求

1. 采光和通风方面的要求

按照建筑物的照度标准,建筑门窗应当选择适当的形式以及面积。

从形式上看,长方形窗构造简单,在采光数值和采光均匀性方面最佳,所以最常用。但其采光效果还与宽、高的比例有关。通常竖立长方形窗可用在进深大的房间,这样阳光直射入房间的最远距离较大;正方形窗则可用于进深较小的房间;而横置长方形窗仅用于进深浅的房间或者是需要视线遮挡的高窗,如卫生间等。在设置位置方面,如采用顶光,亮度会达到侧窗的 6~8 倍。窗户的组合形式对采光效果也有影响。窗与窗之间由于墙垛(窗间墙)产生阴影的关系,一樘窗户所通过的自然光量比同样面积由窗间墙隔开的相邻的两樘窗户所通过的光量大,因此在理论上最好采用一樘宽窗来满足采光要求。比如,同样高度,一樘宽度 2100 mm 的窗户就比并列的三樘 700 mm 的窗户采光量大 40%。

在通风方面,自然通风是保证室内空气质量的最重要因素。这一环节主要是通过门窗位置的设计和适当类型的选用来实现的。

2. 密闭性能和热工性能方面的要求

门窗大多经常启闭,构件间缝隙较多,启闭时会受震动;或者由于主体结构的变形,使得它们与建筑主体结构间出现裂缝,这些缝有可能造成雨水或风沙及烟尘的渗漏,还可能对建筑的隔热、隔声带来不良影响。因此与其他围护构件相比,门窗在密闭性能方面的问题更突出。此外,门窗部分很难通过添加保温材料来提高其热工性能,因此选用合适的门窗材料及改进门窗的构造方式,对改善整个建筑物的热工性能、减少能耗,起着重要的作用。

3. 使用和交通安全方面的要求

门窗的数量、大小、位置、开启方向等,均会涉及建筑的使用安全。例如相关规范规定了不同性质的建筑物以及不同高度的建筑物,其开窗的高度不同,这完全是出于安全防范方面的考虑。又如在公共建筑中,规范规定用于疏散的门应该朝疏散的方向开启,而且通往楼梯间等处的防火门应当有自动关闭的功能,也是为了保证在紧急状态下人群疏散顺畅,而且减少火灾发生区域的烟气向垂直逃生区域扩散。

4. 在建筑视觉效果方面的要求

门窗的数量、形状、组合、材质、色彩是建筑立面造型中非常重要的部分。特别是在一些对视觉效果要求较高的建筑中,门窗更是立面设计的重点。

对于门窗,在保证其主要功能和经济条件的前提下,还要求门窗坚固、耐久、灵活、便于清洗、维修和工业化生产。门窗可以像某些建筑配件和设备一样,作为建筑构件的成品,以商品形式在市场上供销。

13.1.3 门窗的材料

门窗通常可用木、金属、塑料等材料制作。

木制门窗用于室内的较多。

金属门窗主要包括钢门窗以及铝合金门窗。其中实腹钢门窗因为节能效果和整体刚度都较差,已不再推广使用。铝合金门窗由不同断面型号的铝合金型材和配套零件及密封件加工制成。其自重小,具有相当的刚度,在使用中的变形小,且框料经过氧化着色处理,无需再涂漆和进行表面维修。

塑料门窗的材料耐腐蚀性能好,使用寿命长,且无需油漆着色及维护保养。塑料本身的导热系数十分接近于木材,由中空异型材拼装而成,因此保温隔热性能大为提高,而且制作时一般采用双级密封,故其气密性、水密性和隔声性能也都很好。加上工程塑料良好的耐候性、阻燃性和电绝缘性,使得塑料门窗成为受到推崇使用的产品类型。

13.2 窗

13.2.1 窗的分类

窗由于开启形式、使用材料、层数的不同,可以分为很多类型。

1. 按开启形式分类(见图 13-1)

(1)固定窗

固定窗的窗扇不能开启,一般将玻璃直接安装在窗框上,作用是采光、眺望,不能用于通风。

(2)平开窗

平开窗是指将窗扇用铰链固定在窗框侧边,有外开、内开之分。平开窗构造简单、制作方便、开启灵活,广泛用于各类建筑中。

①内开窗:是指玻璃窗扇开向室内的平开窗。这种做法的优点是便于安装、修理、擦洗,并且不容易损坏。其缺点是容易锈蚀,不易挂窗帘,并且窗扇开启占据了室内部分空间。这种做法适用于墙体较厚或在某些要求窗户内开(如中小学)的建筑中使用。

②外开窗:是指玻璃窗扇开向室外的平开窗。这种做法的优点是窗扇开启不占室内空间。但这种窗的安装、修理、擦洗均很不便,而且容易受风的袭击损坏。高层建筑应该尽量避免使用。

(3)悬窗

悬窗按窗的开启方式不同,分为三种:① 上悬窗,窗轴位于窗扇上方,外开时防雨好,但通风较差;② 中悬窗,窗轴位于窗扇中部,构造简单、制作方便、通风较好,多用于厂房侧窗;③ 下悬窗,窗轴位于窗

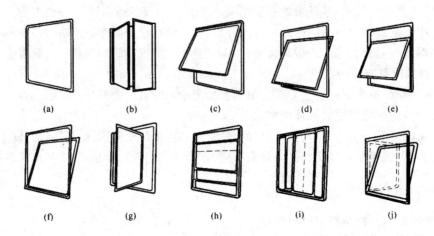

图 13-1 窗的开启方式

(a)固定窗;(b)平开窗;(c)上悬窗;(d)中悬窗;(e)下滑悬窗;

(f)下悬窗;(g)立转窗;(h)垂直推拉窗;(i)水平推拉窗;(j)下悬-平开窗

扇下方,此类型窗不能防雨,开启时占用室内空间,只能用于特殊房间。

（4）立转窗

立转窗有利于通风与采光,但防雨及封闭性较差,多用于有特殊要求的房间。

（5）推拉窗

推拉窗分垂直推拉和水平推拉两种,开启时不占据室内外空间,窗扇比平开窗扇大,有利于照明和采光,尤其适用于铝合金及塑钢窗。

2. 按材料分类

（1）木窗

木窗一般由含水率 18% 左右的木料制成,常见的有松木或与松木近似的木料。木窗由于加工方便,过去使用比较普遍。但缺点是不耐久,容易变形。

（2）钢窗

钢窗是用特殊断面的热轧型钢制成的窗。断面有实腹与空腹两种。钢窗具有耐久、坚固、防火、挡光少、可节省木材等优点。其缺点是关闭不严、空隙大。现在已基本不再采用,特别是小截面空腹钢窗,将逐步被淘汰。

（3）塑料窗

塑料窗的窗框与窗扇部分均使用硬质塑料构成,其断面一般为空腔型材。通常采用挤压成型。由于易老化、易变形等问题现在已基本解决,正在大力推广。

（4）铝合金窗

铝合金窗的窗框与窗扇部分一般采用铝镁硅系列合金型材,表面呈银白色,但通过着色处理,也可以呈深青铜色、古铜色等各种颜色。其断面亦为空腹型,造价适中。

13.2.2 窗的尺度

1. 窗的尺度

窗的尺度主要取决于房间的采光通风、构造做法和建筑造型等要求,并要符合现行《建筑模数协调标准》(GB/T 50002—2013)的规定。窗洞口常用尺寸的宽度为 1200 mm、1500 mm、1800 mm、2100 mm、2400 mm,高度为 1500 mm、1800 mm、2100 mm、2400 mm。窗扇宽度为 400~600 mm,高度为 800~1500 mm。对一般民用建筑用窗,各地均有通用图,各类窗的高度与宽度尺寸通常采用扩大模数 3M 数列作为洞口的标准尺寸,需要时只要按所需类型及尺度大小直接选用。

2. 窗洞口大小的确定

窗洞口大小的确定应考虑房间的窗地比(采光系数)、玻地比以及建筑外墙的窗墙比。

(1)窗地比

窗地比是窗洞口与房间净面积之比。主要建筑的窗地比最低值详见第 2 章的表 2-2。

(2)玻地比

窗玻璃面积与房间净面积之比叫玻地比。采用玻地比决定窗洞口面积的只有中小学校,其最小数值如下。

①教室、美术、书房、语言、音乐、史地、合班教室及阅览室:1∶6。

②实验室、自然教室、计算机教室、琴房:1∶6。

③办公室、保健室:1∶6。

④饮水处、厕所、淋浴、走道、楼梯间:1∶10。

(3)窗墙比

窗墙面积比是指窗洞口面积与房间立面单元面积(层高与开间定位线围成的面积)的比值。《民用建筑热工设计规范》(GB 50176—2016)中规定:居住建筑各朝向的窗墙面积比,北向≤0.25;东、西向<0.30;南向≤0.35。

13.2.3　窗的组成

窗主要由窗框和窗扇组成,窗扇有玻璃窗扇、纱窗扇、百叶窗扇等。在窗扇和窗框之间装有各种铰链、风钩、插销、拉手以及导轨、滑轮等五金零件,窗框由上框、下框、中横档、边框、中竖梃组成,窗扇由上冒头、下冒头、窗芯、玻璃组成。下面以木窗为例,说明窗各组成部分的名称及断面形状(见图 13-2)。

1. 窗框

窗框是墙与窗扇之间的联系构件,窗框分为上框、下框、中横档、边框、中竖梃等部分。

(1)窗框的安装

窗框的安装方式一般有立框法和塞框法。

① 立框法:立框法又称立口,施工时先立好窗框后再砌窗间墙,为加强窗框与墙的拉结,在窗框上下槛各伸出半砖长的木段,同时在边框外侧每 400~600 mm 处设一木拉砖或铁脚,砌入墙身。这种做法的优点是窗框与墙的连接紧密,缺点是施工不便,窗框及临时支撑易被碰撞,有时会产生移位、破损,现较少采用,如图 13-3 所示。

② 塞框法:塞框法又称塞口,是在砌墙时先留出窗洞,在抹灰前将窗框安装好,为了加强窗框与墙的连接,砌墙时应在窗框两侧每隔 400~600 mm 砌入一块半砖大小的防腐木砖。窗洞每侧不少于两块

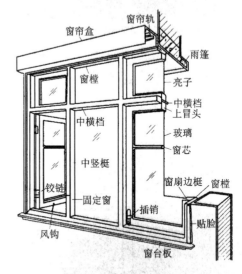

图 13-2　窗的组成

　　木块,安装窗框时用木螺丝将窗框钉在木砖上。这种安装方法的优点是墙体施工与窗框安装分开进行,避免相互干扰,墙体施工时窗框未到现场,也不影响施工进度。但是这种方法对施工要求高,为了安装方便,一般窗洞净尺寸应大于窗框外包尺寸 20～30 mm,故窗框与墙体之间缝隙较大。若窗洞口较小,则会使窗框无法安装,所以施工时洞口尺寸要留准确,如图 13-4 所示。塑钢窗的安装一般采用此法。

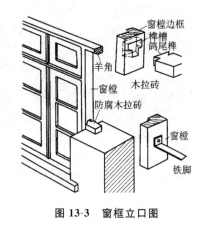

图 13-3　窗框立口图

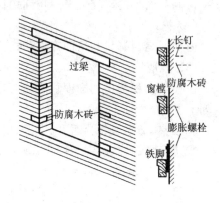

图 13-4　窗框塞口

　　(2) 窗框与墙的关系

　　塞框法的窗框每边应比窗洞小 10～20 mm,窗框与墙之间的缝须进行处理。为了抗风雨,窗框外侧需用砂浆嵌缝,寒冷地区为了保温和防止灌风,窗框与墙之间的缝需用毛毡、矿棉等填塞。木窗框靠墙一侧易受潮变形,常在窗框外侧开槽,并做防腐处理,以减少木材伸缩变形造成的裂缝。

　　2. 窗扇

　　窗扇由上冒头(上梃)、下冒头(下梃)、窗芯、边框(边梃)等部分组成,如图 13-5 所示。窗扇的断面形状和尺寸与窗扇的大小、立面划分、玻璃的层数、玻璃的厚度及安装方式等因素有关。玻璃窗的窗扇

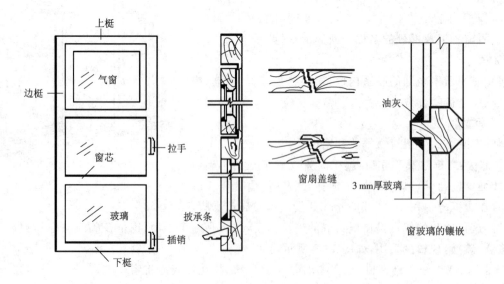

图 13-5　窗扇构造

一般由上梃、下梃及边梃榫接而成,中间有窗芯。边料尺寸多采用红松,与窗框选材一致。为了镶嵌玻璃,在窗的上下梃、边梃及窗芯上均做铲口,铲口的位置一般在窗的外侧,镶好玻璃后用油灰嵌固,这样有利于窗的密封。两扇窗的接缝处为防止透风雨、加强保温性能,可做成高低缝,并加盖缝条。窗扇与窗框,一般通过铰链(俗称"合页")和木螺丝来连接。

3. 平开窗的几种形式

(1) 单层窗

单层窗主要用于南方建筑;在寒冷地区,只用于内窗或不采暖建筑,如仓库、部分厂房等。单层窗的构造简单,成本低廉。窗的开启可以外开,也可以内开,如图 13-6(a)所示。

(2) 双层窗

寒冷地区的建筑外窗普遍采用双层窗,双层窗的开启可以分为内外开和双内开两种方式。在温暖地区和南方则用一玻一纱的双层窗。

① 内外开木窗:双层内外开木窗的窗框在内侧与外侧均做铲口,内层向内开启,外层向外开启,构造安装合理,如图 13-6(b)所示。这种窗内外窗扇基本相同,开启方便。如果需要,可将内层窗取下,换成纱窗。

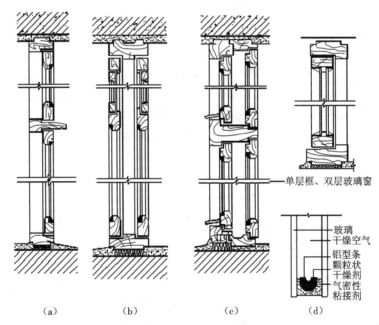

图 13-6　木窗构造

② 双层双内开木窗:双层双内开窗的两层窗扇同时向内开启,外层窗扇较小,以便通过内层窗框,双层内开窗的窗框可以是一个,也可以分为两个。单窗框的双内开窗窗框用料大,以便于铲成高、低双口,可采用拼合木框以减少木材的损耗。双窗框的窗,外框各边可均比内框小一点,窗框之间的间距一般在 60 mm 以上。为了防止雨水渗入,外层窗的窗扇下的冒头要加设披水板,如图 13-6(c)所示。

双层双内开的特点是开启方便、安全,有利于保护窗扇免受风雨袭击,也便于擦窗。但其构造复杂,结构所占面积较大,采光净面积有所减少。这种窗曾在我国严寒地区广泛应用。

(3) 单框双玻璃

在一层窗扇上,镶装两层或多层玻璃,各层玻璃的间距为 6~15 mm,有一定的保温能力。两层玻璃间通过设置夹条以保持间距,这种窗的密闭程度对窗的保温效果、夹层内部积尘量有很大影响,如采用成品密封中空玻璃,效果更好,但造价较高。中空玻璃目前一般采用的形式是在双层玻璃中间的边缘处夹以铝型条,内装专业干燥剂,并采用专用的气密性黏结剂密封,玻璃间充以干燥空气或惰性气体,如图13-6(d)所示。

4. 窗的五金及附件

窗的五金零件有铰链、窗钩、插销、拉手、铁三角、木螺丝等。窗的附件有压缝条、贴脸板、披水条、筒子板、窗台板等。

13.3　门

13.3.1　门的分类

门由于开启形式、所用材料、安装方式的不同,可以分为如下几种类型。

1. 按开启形式分类

门按其开启方式通常分为:平开门、弹簧门、推拉门、折叠门、转门等。

(1)平开门

平开门是水平开启的门,它的铰链装于门扇的一侧与门框相连,使门扇围绕铰链转动。其门扇有单扇、双扇,向内开和向外开之分。平开门构造简单,开启灵活,加工制作简便,易于维修,是建筑中最常见、使用最广泛的门。但其门扇受力状态较差,易产生下垂或扭曲变形,所以门洞一般不宜大于3.6 m×3.6 m。门扇可以由木、钢或钢木组合而成,门的面积大于5 m时,例如用于工业建筑时,宜采用钢骨架;最好在洞口两侧做钢筋混凝土的壁柱,或者在砌体墙中砌入钢筋混凝土砌块,使之与门扇上的铰链对应。

(2)弹簧门

弹簧门可以单向或双向开启。其侧边用弹簧铰链或下面用地弹簧传动,借助弹簧的力量使门扇能向内、向外开启并可经常保持关闭,构造比平开门稍复杂。

(3)推拉门

推拉门亦称扯门或移门,开关时沿轨道左右滑行,可藏在夹墙内或贴在墙面外。五金件制作相对复杂,安装要求较高。在一些人流众多的公共建筑,还可以采用传感控制自动推拉门。推拉门由门扇、门轨、地槽、滑轮及门框组成。门扇可采用钢木门、钢板门、空腹薄壁钢门等。根据门洞大小不同,可采取单轨双扇、双轨双扇、多轨多扇等形式。根据轨道的位置,推拉门可分为上挂式和下滑式。当门扇高度小于4 m时,一般作为上挂式推拉门;当门扇高度大于4 m时,一般采用下滑式推拉门,即在门扇下部装滑轮,将滑轮置于预埋在地面的下导轨上。为使门保持垂直状态下的稳定运行,导轨必须平直,并有一定刚度,下滑式推拉门的上部应设导向装置,较重型的上挂式推拉门则在门的下部设导向装置。

推拉门开启时不占空间,受力合理,不易变形,但在关闭时难以严密,构造亦较复杂。多用在工业建筑中,较多用作仓库和车间大门。在民用建筑中,一般采用轻便推拉门分隔内部空间(见图13-7)。

(4)折叠门

折叠门可分为侧挂式折叠门和推拉式折叠门两种。由多扇门构成,每扇门宽度为500~1000 mm,一般以600 mm为宜,适用于宽度较大的洞口。侧挂式折叠门与普通平开门相似,只是门扇之间用铰链相连而成。当用铰链时,一般只能挂两扇门,不适用于宽大洞口。如侧挂门扇超过两扇时,则需使用

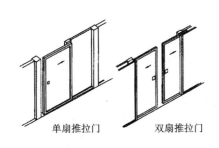

单扇推拉门   双扇推拉门

图 13-7 推拉门

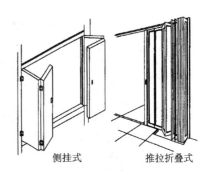

侧挂式   推拉折叠式

图 13-8 折叠门形式

特制铰链。

推拉式折叠门与推拉门构造相似,在门顶或门底装滑轮及导向装置,每扇门之间连以铰链,开启时门扇通过滑轮沿着导向装置移动,如图 13-8 所示。

折叠门开启时占空间少,但构造复杂,其五金件制作相对复杂,安装要求较高。一般用在公共建筑或住宅中作灵活分隔空间用。

(5)转门

转门对防止室内外空气的对流有一定的作用,可作为公共建筑及有空调房屋的外门。一般为两到四扇门连成风车形,在两个固定弧形门套内旋转。加工制作复杂,造价高。转门的通行能力较弱,不能作疏散用,故在人流较多处在其两旁应另设平开门或弹簧门。

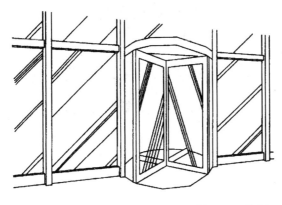

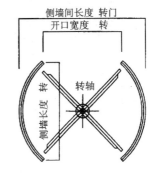

侧墙间长度 转门
开口宽度 转
转
侧墙长度
转轴
转

图 13-9 转门

① 普通转门:普通转门为手动旋转结构,旋转方向通常为逆时针,门扇的惯性转速可通过阻力调节装置按需要进行调整。转门的构造复杂、结构严密,起到控制人流通行量、防风保温的作用。普通转门按材质分为铝合金、钢质、钢木结合三种类型(见图 13-9)。

② 旋转自动门:又称圆弧自动门,属高级豪华用门。采用声波、微波或红外传感装置和电脑控制系统,传动机构为弧线旋转往复运动。旋转自动门有铝合金和钢质两种,现多采用铝合金结构,活动扇部分为全玻璃结构。其隔声、保温和密闭性能更加优良,具有两层推拉门的封闭功效。

(6)升降门

升降门多用于工业建筑,一般不经常开关,需要设置传动装置及导轨,如图 13-10 所示。民用建筑

图 13-10　车间、车库用升降门

中,多用于车库等。

(7) 卷帘门

卷帘门多用于较大且不需要经常开关的门洞,例如商店的大门及某些公共建筑中用作防火分区的构件等,如图 13-11 所示。其五金件制作复杂,造价较高。卷帘门适用于 4～7 m 宽非频繁开启的高大门洞,它是用很多冲压成形的金属叶片连接而成,叶片可用镀锌钢板或合金铝板轧制而成,叶片之间用铆钉连接。另外还有导轨、卷筒、驱动机构和电气设备等组成部件。叶片上部与卷筒连接,开启时叶片沿着门洞两侧的导轨上升,卷在卷筒上。传动装置有手动和电动两种。开启时充分利用上部空间,不占使用面积。五金件制作相对复杂,安装要求较高。有的可用遥控装置。

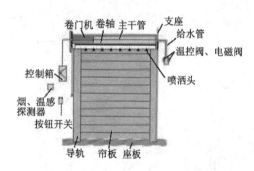

图 13-11　防火卷帘门

(8) 上翻门

上翻门多用于车库、仓库等场所。按需要可以使用遥控装置。

2. 按材料分类

(1) 木门

木门使用得比较普遍。门扇的做法也很多,如拼板门、镶板门、胶合板门、半截玻璃门等。

(2) 钢门

钢框和钢扇的门在建筑物中用量较少。仅少量用于大型公共建筑和纪念性建筑中。但钢框木扇的钢门,广泛应用于住宅、学校、办公等建筑中。

(3) 钢筋混凝土门

钢筋混凝土门仅在人防地下室等特殊场合使用。其优点是屏蔽性能好。其缺点是自重大,因此必须妥善解决连接问题。

（4）铝合金门

这种门的表面呈银白色或深青铜色,给人以轻松、舒适的感觉。主要用于商业建筑和大型公共建筑的主要出入口。

3. 满足特殊要求的门

这种门的类型很多,例如用于通风、遮阳的百叶门;用于保温、隔热的保温门;用于隔声的隔声门,以及防火门、防爆门等。

13.3.2 门的尺度与选用

1. 门的尺度

门的尺度通常是指门洞的高宽尺寸。门作为交通疏散之用,其尺度取决于人的通行要求、家具器械的搬运与建筑物的比例关系等,并要符合现行《建筑模数协调标准》(GB/T 50002—2013)的规定。

门的常用宽度有 750 mm、900 mm、1000 mm、1100 mm、1200 mm、1500 mm、1800 mm、2400 mm、2700 mm、3000 mm。其中 750 mm、900 mm、1000 mm 为单扇门,1100 mm 为大小扇门,1200 mm、1500 mm、1800 mm 一般为双扇门,2400 mm、2700 mm、3000 mm 一般为 4 扇门。

门的常用高度有 2000 mm、2100 mm、2400 mm、2700 mm、3000 mm、3300 mm。其中 2000 mm、2100 mm 一般为无亮子门,2400 mm、2700 mm、3000 mm、3300 mm 一般为有上亮子门。

2. 门洞口大小及数量的确定

建筑及房间的门的数量、每樘门的总宽度的确定一般应该根据交通疏散的要求和《建筑设计防火规范》(GB 50016—2014)来确定。设计时应该按照规范要求来选取。一般规定:公共建筑内的每个防火分区、一个防火分区内的每个楼层,其安全出口的数量应经计算确定,且不应少于 2 个;如果层数不超过 3 层,且每层最大面积不超过规范要求的建筑,可设置 1 个安全出口。

门的最小宽度取值一般为:① 住宅户门:1000 mm;② 住宅居室门:900～1000 mm;③ 住宅厨、厕门:750 mm;④ 住宅阳台门:1200 mm;⑤ 住宅单元门:1200 mm;⑥ 公共建筑外门:1200 mm。

13.3.3 门的组成

门一般由门框、门扇、亮窗、五金零件及其附件组成。下面以木制平开门为例,说明门的各组成部分的名称、位置及断面形状(见图 13-12)。

①门框是门扇、亮窗与墙的联系构件。

②门扇按其构造方式不同,有镶板门、夹板门、拼板门、玻璃门和纱门等类型。

③亮窗又称亮子,在门上方,可供通风、采光之用,有平开、固定及上中下悬几种。亮窗是为走道、暗厅提供采光的一种主要方式。

④五金配件一般有铰链、插销、把手等,还有门锁、闭门器、定门器、门槛等。

⑤附件有贴脸板、筒子板等。

1. 门框

门框又称门樘,一般由两根竖直的边框和上框组成。当门带有亮子时,还有中横框。多扇门则还有中竖框。

门框的断面形式与门的类型、层数有关,同时应利于门的安装,并具有一定的密闭性。门框的断面

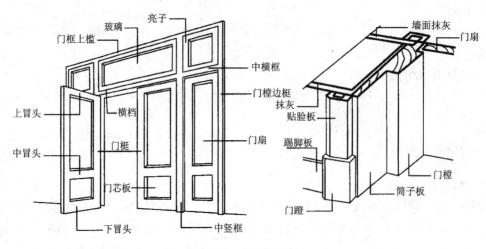

图 13-12 木门的组成

尺寸主要考虑接榫牢固与门的类型,还要考虑制作时刨光损耗,毛断面尺寸应比净尺寸大些。

为便于门扇密闭,门框上要有裁口(或铲口)。根据门扇数与开启方式的不同,裁口形式可分为单裁口与双裁口两种。单裁口用于单层门,双裁口用于双层门或弹簧门。

门框的安装根据施工方式分立框和塞框两种。

①立框(又称立口):是指在砌墙前即用支撑先立门框然后砌墙。框与墙的结合紧密,但是立框与砌墙工艺交叉,施工不便。

②塞框(又称塞口):是指在墙砌好后再安装门框。采用此法,洞口的宽度应比门框大 20～30 mm,高度比门框大 10～20 mm。门洞两侧墙上每隔 500～600 mm 预埋木砖或预留缺口,以便用圆钉或水泥砂浆将门框固定。框与墙间的缝隙需用沥青麻丝嵌填。

门框在墙中的位置,可在墙的中间或与墙的一边平齐。一般多与开启方向一侧平齐,尽可能使门扇开启时贴近墙面。门框四周的抹灰极易开裂脱落,因此在门框与墙结合处应做贴脸板和木压条盖缝,装修标准高的建筑,还可在门洞两侧和上方设筒子板。

2. 门扇

常用的木门门扇有镶板门(包括玻璃门、纱门)和夹板门。

(1) 镶板门

镶板门也叫框樘门,主要骨架由上中下樘和两边边樘组成框子,中间镶嵌门芯板。由于门芯板的尺寸限制和造型的需要,还需设几根中横档或中竖樘。镶板门构造简单,加工制作方便,适于作一般民用建筑的内门和外门。门芯板用木板拼接,常见的断面形式为中凸出,四边较薄,而且铲线角进行装饰。古典式门样中,对门芯板及压缝条线脚做了多种装饰性处理,比较常用。门芯板现多使用人造板,但人造板容易变形,油漆也易开裂,所以镶板门很少用作外门。镶板门的构造,如图 13-13 所示。

镶板门中的门芯板换成其他材料,即为纱门、玻璃门、百叶门等。纱门是为防昆虫、蚊蝇飞入室内并便于通风而设。玻璃门可以整块独扇,也可以半块镶玻璃,半块镶门芯板,还有的整扇门镶多块玻璃形成一定图案与造型,这些门构造上基本相同。现代公共建筑设计中,外门采用不小于 12 mm 厚的玻璃镶在上下横框上,采用地弹簧当轴,不设边樘,自动推拉开关,用红外线控制。

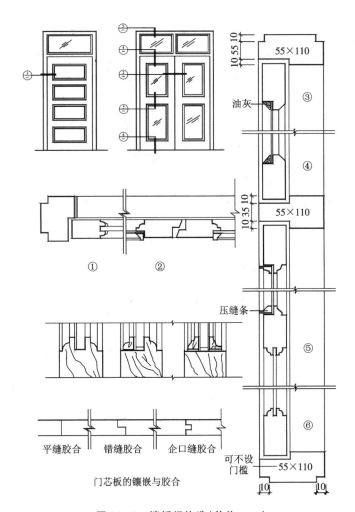

图 13-13　镶板门构造(单位:mm)

（2）夹板门

夹板门中间为轻型骨架,表面钉或粘贴薄板,如图 13-14 所示。

夹板门的骨架用料较少,可以使用短料拼接,在钉面板之后,整扇门即可获得足够的刚度。为使门扇内通风干燥,避免因内外温湿度差产生变形,在骨架上需设通气孔。为节约木材,也有用蜂窝形浸塑纸来代替内框的。

夹板门的面板一般采用胶合板、硬质纤维或塑料板,这些面板不宜暴露于室外,因而夹板门不宜用于外门。面板与外框平齐,因为开关门、碰撞等容易碰坏面板,也可以采用硬木条嵌边或木线镶边等措施保护面板。

夹板门的特点是用料省、重量轻、表面整洁美观、经济,框格内如果嵌填一些保温、隔声材料,能起到较好的保温、隔声效果。在实际工程中,常将夹板门表面刷防火漆料、外包镀锌铁皮,可以达到二级防火门的标准,常用于住宅建筑中的分户门。

（3）弹簧门

弹簧门就是将普通镶板门或夹板门改用弹簧铰链与门樘结合,开启后能自动关闭,如图 13-15 所

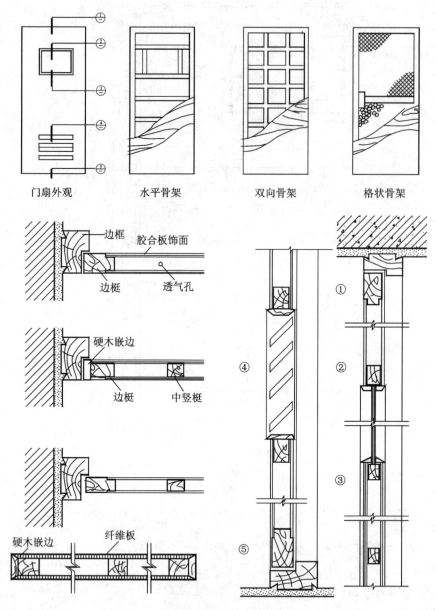

门扇外观　　　　水平骨架　　　　双向骨架　　　　格状骨架

图 13-14　夹板门构造

示。

弹簧门使用的合页有单面弹簧、双面弹簧和地弹簧之分。单面弹簧常用于需有温度调节及需要遮挡气味的房间,如厨房、卫生间等;双面弹簧合页或地弹簧的门常用于公共建筑的门厅,以及出入人流较多、使用较频繁的房间门。弹簧门不适用于幼儿园、中小学出入口处。为避免人流出入时发生碰撞,弹簧门上应安装玻璃。

弹簧门的合页安装在门侧边。地弹簧的轴安装在地下,顶面与地面相平,只剩下铰轴与铰辊部分,开启时也较隐蔽。地弹簧适合于高标准建筑中入口处的大面积玻璃门等。

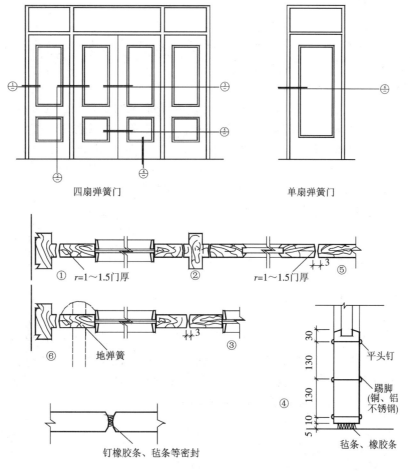

四扇弹簧门　　　　　　　　　　单扇弹簧门

图 13-15　弹簧门构造(单位:mm)

13.4　其他材料门窗

随着现代技术的不断发展,建筑对门窗的要求也越来越高,木门窗已远远不能满足大面积、高质量的隔声、防火、防尘、保温、隔热等要求,因此其他材料的门窗在不同类型的建筑中得到了广泛的应用,如铝合金门窗和塑料门窗。

13.4.1　铝合金门窗

1. 铝合金门窗的特点

(1)质量轻

铝合金门窗用料省、质量轻。

(2)性能好

铝合金门窗密封性好,气密性、水密性、隔声性、隔热性都较木门窗有显著的提高。因此在装设空调设备的建筑中,对防潮、隔声、保温、隔热有特殊要求的建筑中,以及多台风、多暴雨、多风沙地区的建筑中更适合使用铝合金门窗。

(3) 耐腐蚀、坚固耐用

铝合金门窗不需要涂涂料,氧化层不褪色、不脱落,表面不需要维修。铝合金门窗强度高、刚性好、坚固耐用、开闭轻便灵活、无噪声、安装速度快。

(4) 色泽美观

铝合金门窗框料型材的表面经过氧化着色处理,既可保持铝材的银白色,也可以制成各种柔和的颜色或带色的花纹,如古铜色、香槟色、暗红色、黑色等。还可以在铝材表面涂刷一层聚丙烯酸树脂保护装饰膜,制成的铝合金门窗造型新颖大方、表面光洁、外观华丽、色泽牢固,增加了建筑立面和内部的装饰性。

2. 铝合金门窗的设计要求

① 应根据使用和安全要求确定铝合金门窗的抗风压强度性能、雨水渗漏性能、空气渗透性能综合指标。

② 组合门窗设计宜采用定型产品门窗作为组合单元。非定型产品的设计应考虑洞口最大尺寸和开启扇最大尺寸的选择和控制。

③ 外墙门窗的安装高度应有限制。

3. 铝合金门窗框系列

铝合金门窗框系列名称是以铝合金门窗框的厚度构造尺寸来区别各种铝合金门窗的称谓,如平开门门框厚度构造尺寸为 50 mm 宽,即称为 50 系列铝合金平开门;推拉窗窗框厚度构造尺寸为 90 mm 宽,即为 90 系列铝合金推拉窗等。铝合金门窗设计通常采用定型产品,选用时应根据不同地区、不同气候、不同环境、不同建筑物的不同使用要求,选用不同的门窗框系列。

4. 铝合金门窗安装

铝合金门窗是表面处理过的铝材经下料、打孔、铣槽、攻丝等加工,制作成门窗框料的构件,然后与连接件、密封件、开闭五金件一起组合装配成门窗(见图 13-16)。门窗安装时,将门、窗框在抹灰前立于门窗洞处,与墙内预埋件对正,然后用木楔将三边固定。经检验确定门、窗框水平,垂直、无挠曲后,用连接件将铝合金框固定在墙(柱、梁)上,连接件固定可采用焊接、膨胀螺栓或射钉方法。

门窗框固定好后,对门窗洞四周的缝隙一般采用软质保温材料填塞,如泡沫塑料条、泡沫聚氨酯条、矿棉毡条和玻璃丝毡条等,分层填实,外表留 5～8 mm 深的槽口用密封膏密封。这种做法主要是为了防止门、窗框四周形成冷热交换区产生结露,影响防寒、防风的正常功能。同时,避免了门窗框直接与混凝土、水泥砂浆接触,消除了碱对门窗框的腐蚀。

铝合金门窗装入洞口应横平竖直,外框与洞口应弹性连接牢固,不得将门窗外框直接埋入墙体,防止碱对门窗框的腐蚀。

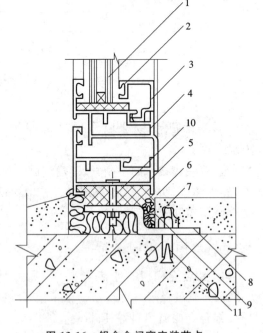

图 13-16 铝合金门窗安装节点

1—玻璃;2—橡胶条;3—压条;4—内扇;
5—外框;6—密封膏;7—砂浆;8—地脚;
9—软填料;10—塑料垫;11—膨胀螺栓

5. 常用铝合金门窗构造

（1）平开窗

铝合金平开窗分为合页平开窗、滑轴平开窗、隐框平开窗。

合页平开窗装于窗侧面，平开窗玻璃镶嵌方式可采用干式装配、湿式装配或混合装配。平开窗开启后，应用撑挡固定。撑挡有外开启上撑挡和内开启下撑挡。平开窗关闭后应用把手固定。

滑轴平开窗是在窗上、下装有滑轴（撑），沿边框开启。滑轴平开窗仅开启撑挡，不同于合页平开窗。

隐框平开窗玻璃不用镶嵌来夹持，而用密封胶固定在扇梃的外表面。由于所有框梃全部在玻璃后面，外表只看到玻璃，从而达到隐框的要求。

寒冷地区或有特殊要求的房间，宜采用双层窗。

（2）推拉窗

铝合金推拉窗有沿水平方向左右推拉和沿垂直方向上下推拉的窗。沿垂直方向推拉的窗用得较少。铝合金推拉窗外形美观、采光面积大、开启不占空间、防水及隔声效果均佳，并具有很好的气密性和水密性，广泛用于宾馆、住宅、办公、医疗建筑等。推拉窗可用拼樘料（杆件）组合其他形式的窗或门连窗。推拉窗可装配各种形式的内外纱窗，纱窗可拆卸，也可固定（外装）。推拉窗在下框或中横框两端，或在中间开设排水孔，使雨水及时排除。

推拉窗常用的有 90 系列、70 系列、60 系列、55 系列等。其中 90 系列是目前广泛采用的品种，其特点是框四周外露部分均等，造型较好，边框内设内套，断面呈"已"型。

（3）地弹簧门

地弹簧门为使用地弹簧作开关装置的平开门，门可以向内或向外开启。铝合金地弹簧门分为有框地弹簧门和无框地弹簧门。

地弹簧门向内或向外开启，不到 90°时，能使门扇自动关闭；当门扇开启到 90°时，门扇可固定不动。门扇玻璃应采用 6 mm 或 6 mm 以上钢化玻璃或夹层玻璃。

地弹簧门通常采用 70 系列和 100 系列。

6. 彩板门窗

彩板门窗是以彩色镀锌钢板经机械加工而成的门窗，它具有质量轻、硬度高、采光面积大、防尘、隔声、保温密封性好、造型美观、色彩绚丽、耐腐蚀等特点。

彩板门窗断面形式复杂，种类较多，通常在出厂前就已将玻璃装好，在施工现场进行成品安装。

13.4.2　塑料门窗

塑料门窗是以聚氯乙烯、改性聚氯乙烯或其他树脂为主要原料，轻质碳素钙为填料，添加适量助剂和改性剂，经挤压机挤压成各种截面的空腹门窗异型材，再根据不同的品种规格选用不同截面异型材料组装而成的。由于塑料的变形大、刚度差，一般在型材内腔加入钢或铝等，以增加抗弯能力，即所谓塑钢门窗，较之全塑门窗刚度更好。

塑料门窗线条清晰、挺拔，造型美观，表面光洁细腻，不但具有良好的装饰性，而且有良好的隔热性和密封性。其气密性为木窗的 3 倍、铝窗的 1.5 倍，热损耗为金属窗的 1/1000，隔声效果比铝窗高30 dB以上。同时，塑料本身具有耐腐蚀等功能，不用涂涂料，可节约施工时间及费用。因此，塑料门窗在国外发展很快，在建筑上得到大量应用。

1. 塑料门窗类型

按塑料门窗型材断面可分为若干系列，常用的有 60 系列、80 系列、88 系列推拉窗和 60 系列平开窗、平开门(见表 13-1)。

表 13-1　塑料门窗类型(按型材断面分)

型材系列名称	适用范围及选用要点
60 系列	主型材为三腔,可制作固定窗、普通内外平开窗、内开下悬窗、外开下悬窗、单窗。可安装纱窗。内开可用于高层,外开不适用于高层
80 系列	主型材为三腔,可安装纱窗。窗型不宜过大,适用于 7～8 层住宅建筑
88 系列	主型材为三腔,可安装纱窗。适用于 7～8 层以下建筑。只有单玻设计,适用于南方地区

2. 设计选用要点

① 门窗的抗风压性能、空气渗透性能、雨水渗漏性能及保温隔声性能必须满足相关的标准、规定及设计要求。

② 根据使用地区、建筑高度、建筑体型等进行抗风压计算,在此基础上选择合适的型材系列。

3. 塑料门窗安装

施工安装要点如下。

① 塑钢门窗应采取预留洞口的方法安装,不得采用边安装边砌口或先安装后砌口的施工方法。门窗洞口尺寸应符合现行国家标准《建筑门窗洞口尺寸系列》(GB/T 5824—2008)有关的规定。对于加气混凝土墙洞口,应预埋胶黏圆木。

② 门窗及玻璃的安装应在墙体湿作业完工且硬化后进行,当需要在湿作业前进行时,应采取保护措施。

③ 当门窗采用预埋木砖法与墙体连接时,其木砖应进行防腐处理。

④ 施工时,应采取保护措施。

13.5　门窗的热工性能控制

门窗是整个建筑物外围护结构热工性能的薄弱环节。因为不同温度下空气的容重不同,产生的压力也不同,如果建筑室内外存在热压差,空气就会经门窗缝隙从压力高处向压力低处流动。这在冬天会形成冷风渗漏,而在夏季则会造成空调的能耗损失。此外,门窗材料的断面厚度较小,整体热工性能一般较差。

针对这种情况,采用提高门窗水密性构造的措施,也是提高门窗气密性的有效措施,对节能很有好处。在门窗材料的选用方面,则应该提倡使用塑料等热稳定性较好的材料,或者在金属门窗的断面上用硬质聚氨酯等材料进行断热处理。对大面积的透光材料,还可以根据建筑所在地的气候特征,选用镀膜玻璃、夹层玻璃、双层玻璃等来改善其隔热或保温的性能。

建筑外门窗是建筑保温的薄弱环节,我国寒冷地区外窗的传热系数比发达国家的大 2～4 倍。在一个采暖周期内,我国寒冷地区住宅通过窗与阳台门的传热和冷风渗透引起的热损失,占房屋能耗的 45%～48%,因此门窗节能是建筑节能的重点。

通过门窗所造成的热损失有两种途径:一种是门窗面热传导、辐射和对流所造成;另一种是门窗各种缝隙的冷风渗透所造成。因此门窗节能应从这两个方面采取措施。

（1）合理缩小窗口面积

在《严寒和寒冷地区居住建筑节能设计标准》(JGJ 26—2018)中已规定了我国北方住宅建筑各朝向不得超过的窗墙面积比。缩小门窗口面积意味着扩大墙面积，而墙面的保温性能均比门窗好。

（2）增强窗（门）面的保温性能

从节能方面考虑，我国各采暖地区外窗保温性能在上述节能设计标准中均有具体规定。

窗扇保温性能可以通过增加窗扇层数和增加玻璃层数，以及采用特种玻璃，如中空玻璃、吸热玻璃、反射玻璃等措施增强。

（3）切断热桥

木材和塑料的导热系数很小，木材 $\lambda=0.17$ W/(m·K)、塑料 $\lambda=0.14$ W/(m·K)，而钢和铝的导热系数很高，钢 $\lambda=58.2$ W/(m·K)、铝合金 $\lambda=230$ W/(m·K)。故在寒冷地区木窗和塑料窗可以设计为单层扇双层玻璃，而钢窗和普通的铝合金窗不利于在寒冷地区使用，但可以采用双层的窗，或采用塑钢复合窗，以及绝缘型铝合金窗，以获得改善。

（4）缩减缝长

窗（门）有大量缝隙，缝隙是冷风渗透之源，以严寒地区传统的保温住宅为例，其各种接缝的总长度达 34 m 之多。

采用大窗扇减少小扇、扩大单块玻璃面积减少窗芯、合理地减少可开扇的面积、适当增加固定玻璃（或扇）面积，均可在一定程度上缩减缝隙总长度。

（5）有效的密封和密闭措施

根据我国《建筑外门窗气密、水密、抗风压性能分级及检测方法》(GB/T 7106—2008)标准的规定，建筑窗按缝隙的空气渗透量共分为 8 级。《严寒和寒冷地区居住建筑节能设计标准》(JGJ 26—2018)规定，低层和多层居住建筑的外窗气密性应不低于 6 级，$q_0=1.5$ m³/(m·h)。因此，节能窗设计必须采取缝隙的密封和密闭措施，以保证节能效益。

框与墙间的缝隙密封可用弹性松软型材料（如毛毡）、弹性密闭型材料（如聚乙烯泡沫材料）、密封膏以及边框设灰口等。框与扇间的密闭可用橡胶、橡塑或泡沫密闭条，以及高低缝、回风槽等；扇与扇之间的密闭可用密闭条、高低缝及缝外压条等；扇与玻璃之间的密封可用密封膏、各种弹性压条和油灰等。

13.6　遮阳

遮阳是为了防止阳光直射入室内，以减少太阳辐射热，避免夏季室内过热，保护室内物品不受阳光照射而采取的一种措施。用于遮阳的方法很多，如在窗口悬挂窗帘，利用门窗构件自身遮光以及窗扇开启方式的调节变化，利用窗前绿化、雨篷、挑檐、阳台、外廊及墙面花格也都可以达到一定的遮阳效果。

一般房屋建筑，当室内气温在 29℃ 以上，太阳辐射强度大于 240 kcal/(m·h)、阳光照射室内时间超过 1 h，照射深度超过 0.5 m 时，应采取遮阳措施，标准较高的建筑只要具备前两条即可考虑设置遮阳。在窗前设置遮阳板进行遮阳，对采光、通风都会带来不利影响。因此在设置遮阳设施时应慎重考虑采光、通风、日照、经济、美观，以达到功能、艺术的统一。

遮阳的种类很多，分有绿化遮阳、简单活动遮阳和构造遮阳等。建筑遮阳应综合考虑和满足遮阳、通风、隔热和采光等各种需要。

13.6.1　绿化遮阳

对于低层建筑,运用植物对建筑物进行遮阳是一种既有效又经济的措施。

绿化遮阳是指利用房前树木和攀援植物覆盖墙面形成的阴影区,遮挡窗前射来的阳光。绿化遮阳要求与建筑设计配合完成,是房间竖向绿化设计的一部分,但不属于建筑构配件(见图13-17)。

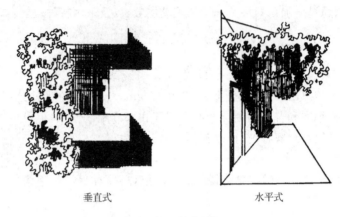

垂直式　　　　　　　　　水平式

图13-17　绿化遮阳

13.6.2　简单活动遮阳

简单活动遮阳是指利用竹、木、布、苇等材料制作成简单构件,对建筑物进行遮阳。这种方式经济易行,灵活、可拆卸,对房屋的通风采光有利,但耐久性差(见图13-18)。

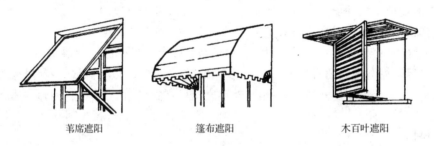

苇席遮阳　　　　　　篷布遮阳　　　　　　木百叶遮阳

图13-18　简单活动遮阳

13.6.3　构造遮阳

构造遮阳是指加设专用的构件或配件,或调整原有建筑物构、配件的位置和状态而取得遮阳效果。

窗遮阳板的主要形式有:水平式、垂直式、混合式和挡板式。遮阳板可以做成活动的或固定的。活动式使用灵活,但构造复杂、成本高。固定式坚固耐久,采用较多。图13-19是几种遮阳板的形式。

(1)水平遮阳板

水平遮阳板主要遮挡高度角较大的阳光,适用于南向。固定式水平遮阳板可以是实心板、栅形板、百叶板,设于窗的上侧。水平板有单层板和双层板。双层水平板可以缩小板的挑出长度。水平状态的栅形板、百叶板和离墙的实心板有利于室内通风和外墙面的散热。实心板多为钢筋混凝土预制件,现场安装,也可以做成钢板(丝)网水泥砂浆轻型板。栅形板和百叶板可为钢板、型钢、铝合金板型材等现场装配。

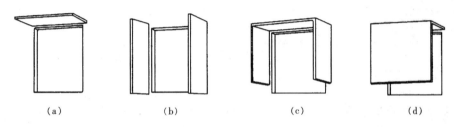

图 13-19　遮阳板基本形式

(a)水平遮阳;(b)垂直遮阳;(c)混合遮阳;(d)挡板遮阳

(2)垂直遮阳板

垂直遮阳板用于遮挡太阳高度角较小、从两侧斜射的阳光,适用于东向和西向。根据光线的来向和具体处理的不同,垂直遮阳板可以垂直于墙面,也可倾斜于墙面。垂直遮阳板所用材料和板型,基本上与水平板相似。

(3)混合遮阳板

混合遮阳是兼顾窗口上方和左右方向斜射阳光的遮挡。适用于南向、南偏东、南偏西等朝向,以及北回归线以南低纬度地区的北向窗口。

(4)挡板遮阳板

挡板遮阳板如同离窗口的外表面有一定距离的垂直挂帘,可以是格式挡板、板式挡板或百叶式挡板。主要适用于东、西向,用于遮挡太阳高度角较低、正射窗口的阳光。有利于通风,但影响视线。

根据以上形式,遮阳板可以演变成各种各样的其他形式。例如单层水平板遮阳其挑出长度过大时,可做成双层或多层水平板,挑出长度可缩小而均有相同的遮阳效果;又如混合式、水平式遮阳,在窗口小、窗间墙宽时,以采用单个式为宜;当窗口大而窗间墙窄时以采用连续式为宜。

【本章要点】

①门窗的设计要求主要为:防风雨、保温、隔声;开启灵活、关闭紧密;便于擦洗和维修方便;坚固耐用,耐腐蚀;符合《建筑模数协调标准》(GB/T 50002—2013)的要求。

②窗的开启方式主要有固定窗、平开窗、悬窗、立转窗、推拉窗、百叶窗扇等。门的开启方式通常有平开门、弹簧门、推拉门、折叠门、转门等方式,其他还有上翻门、升降门、卷帘门等。

③窗主要由窗框和窗扇组成,窗扇有玻璃窗扇、纱窗扇、百叶窗扇等。窗框是墙与窗扇之间的联系构件,施工时安装方式一般有立框法和塞框法。门主要由门框、门扇、亮窗和五金配件等部分组成。

④门窗保温与节能的主要构造措施为:增强门窗的保温性能、减少缝的长度,采用密封和密闭措施,缩小窗口面积。

⑤窗户遮阳板可分为水平遮阳、垂直遮阳、综合遮阳、挡板遮阳、轻型遮阳等形式。

【思考题】

13-1　门窗的设计要求。

13-2　门窗的材料和组成。

13-3　简述窗的主要遮阳措施。

第14章 变形缝

变形缝,就是指在建筑物因昼夜温差、不均匀沉降以及地震而可能引起结构破坏变形的敏感部位或其他必要的部位,预先设缝将整个建筑物沿全高断开,令断开后建筑物的各部分成为独立的单元,或者是划分为简单、规则、均一的段,并令各段之间的缝达到一定的宽度,以此能够适应变形的需要。

14.1 变形缝的类型和设置要求

根据建筑物变形缝设置原因的不同,一般按其功能分为伸缩缝、沉降缝、防震缝三种类型。

① 伸缩缝(温度缝):对应昼夜温差引起的变形。

② 沉降缝:对应不均匀沉降引起的变形。

③ 防震缝:对应地震可能引起的变形。

下面分别对这三种变形缝设置的条件进行介绍。

14.1.1 伸缩缝

各种材料一般都有热胀冷缩的性质。当建筑物处于温度变化之中时,在昼夜温度循环和较长的冬夏季节循环作用下,其形状和尺寸因热胀冷缩而发生变化。特别是当建筑物的规模和平面尺寸过大时,其由于热胀冷缩性质引起的绝对变形量会非常大。由于建筑各构件之间的相互约束作用,会使结构产生附加应力,当附加应力值超过建筑结构材料的极限强度值时,结构会因变形大而出现裂缝或更严重的破坏。为了避免这种情况的发生,通常沿建筑物长度方向每隔一定距离预留缝隙,将建筑物断开。这种为适应温度变化而设置的缝隙称为伸缩缝,也称温度缝。伸缩缝要求将建筑物的墙体、楼层、屋顶等地面以上构件全部断开,基础因受温度变化影响较小,不必断开。

伸缩缝的设置间距,即建筑物的容许连续长度与结构形式、材料、构造方式及建筑物所处的环境有关。结构设计规范对砌体建筑和钢筋混凝土结构建筑中伸缩缝的最大间距作了如下规定(见表14-1、表14-2)。

表 14-1 砌体房屋伸缩缝的最大间距 　　　　　　　　　　　　　　　　单位:m

屋顶和楼层结构类型		间距
整体式或装配整体式钢筋混凝土结构	有保温层或隔热层的屋顶、楼层	50
	无保温层或隔热层的屋顶、楼层	40
装配式无檩体系钢筋混凝土结构	有保温层或隔热层的屋顶、楼层	60
	无保温层或隔热层的屋顶	50
装配式有檩体系钢筋混凝土结构	有保温层或隔热层的屋顶、楼层	75
	无保温层或隔热层的屋顶	60

续表

屋顶和楼层结构类型	间距
瓦材屋盖、木屋盖或楼盖、轻钢屋盖	100

注：①对烧结普通砖、烧结多孔砖、配筋砌块砌体房屋,取表中数值;对石砌体、蒸压灰砂普通砖、蒸压粉煤灰普通砖、混凝土砌块、混凝土普通砖和混凝土多孔砖房屋,取表中数值乘以 0.8 的系数,当墙体有可靠外保温措施时,其间距可取表中数值;
　　②在钢筋混凝土屋面上挂瓦的屋盖应按钢筋混凝土屋盖采用;
　　③层高大于 5 m 的烧结普通砖、烧结多孔砖、配筋砌块砌体结构单层房屋,其伸缩缝间距可按表中数值乘以 1.3;
　　④温差较大且变化频繁地区和严寒地区不采暖的房屋及构筑物墙体的伸缩缝的最大间距,应按表中数值予以适当减小;
　　⑤墙体的伸缩缝应与结构的其他变形缝相重合,缝宽度应满足各种变形缝的变形要求;在进行立面处理时,必须保证缝隙的变形作用。

表 14-2　钢筋混凝土结构伸缩缝最大间距　　　　　单位:m

结 构 类 别		室内或土中	露　天
排架结构	装配式	100	70
框架结构	装配式	75	50
	现浇式	55	35
剪力墙结构	装配式	65	40
	现浇式	45	30
挡土墙、地下室墙壁等类结构	装配式	40	30
	现浇式	30	20

注：①装配整体式结构的伸缩缝间距,可根据结构的具体情况取表中装配式结构与现浇式结构之间的数值;
　　②框架-剪力墙结构或框架-核心筒结构房屋的伸缩缝间距,可根据结构的具体情况取表中框架结构与剪力墙结构之间的数值;
　　③当屋面无保温或隔热措施时,框架结构、剪力墙结构的伸缩缝间距宜按表中露天栏的数值取用;
　　④现浇挑檐、雨罩等外露结构的局部伸缩缝间距不宜大于 12 m。

由以上两表可见,各种类型建筑物伸缩缝设置的限制条件有较大差别,小到平面尺寸超过 20 m 就应设缝,大到平面尺寸达到 100 m 时才要设缝。产生上述差别的原因如下：① 因结构材料的不同,材料的伸缩率及材料的极限强度也就不同;② 结构构造整体程度上的差别,也会形成其抵抗由附加应力引起的变形的能力上的差异;③ 建筑物的屋顶是否设有保温层或隔热层等,其结构系统对温度变化而引起的附加应力的敏感程度也会明显不同。

伸缩缝的宽度一般为 20~30 mm。

14.1.2　沉降缝

由于地基的不均匀沉降,结构内部将产生附加应力,其值超过结构构件材料破坏极限强度时,建筑物会产生开裂甚至破坏。例如地基土质不均匀、建筑物本身相邻部分高低悬殊或荷载悬殊、建筑物结构形式变化大、新老建筑相邻(或扩建项目)等,沉降缝就是针对上述可能使建筑发生不均匀沉降的因素而设置的一种变形缝。凡属下列情况均应考虑设置沉降缝。

① 同一建筑物两相邻部分的高度相差较大、荷载相差悬殊或结构形式不同,易导致不均匀沉降时,如图 14-1(a)所示。

② 长高比过大的砌体承重结构或钢筋混凝土框架结构的适当部位。

③ 当建筑物建造在不同地基上,且难以保证不出现不均匀沉降时。

④ 当建筑物各部分相邻基础的形式、基础宽度及其埋置深度相差悬殊,造成基础底部压力有很大差异,易形成不均匀沉降时。

⑤ 建筑物体形较复杂,连接部位又较薄弱时,如图 14-1(b)所示。

⑥ 分期建造房屋的交界处,如图 14-1(c)所示。

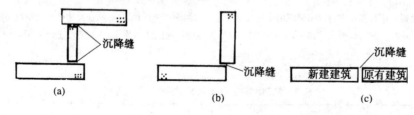

图 14-1　沉降缝设置举例

沉降缝与伸缩缝在构造上有所区别。沉降缝要求设在结构变形的敏感部位,从基础底部断开,并贯穿建筑物全高。使结构的各个独立部分成为独立的单元,各单元竖向能自由沉降,不至于因为沉降量不同,互相牵制而造成破坏。

沉降缝的宽度与地基的性质和建筑物的高度有关,地基越软弱,建筑高度越大,缝宽也就越大。不同地基情况下的沉降缝宽度如表 14-3 所示。

表 14-3　沉降缝宽度

地基性质	建筑物高度(H)或层数	缝宽/mm
一般地基	$H<5$ m	30
	$H=5\sim10$ m	50
	$H=10\sim15$ m	70
软弱地基	2~3 层	50~80
	4~5 层	80~120
	6 层以上	>120
湿陷性黄土		>30~70

注:沉降缝两侧结构单元层数不同时,由于高层部分的影响,低层结构的倾斜往往很大。沉降缝的宽度应按高层部分的高度确定。

沉降缝一般与伸缩缝合并设置,兼起伸缩缝的作用。

不过,除了设沉降缝以外,不属于扩建的工程还可以用加强建筑物的整体性等方法来避免不均匀沉降,如图 14-2 所示;或者在施工时采用"后浇板带法",即先将建筑物分段施工,中间留出约 2 m 的后浇板带位置及连接钢筋,待各分段结构封顶并达到基本沉降量后再浇筑中间的后浇板带部分,以此来避免不均匀沉降有可能造成的影响。但是,这样做必须对沉降量把握准确,或者在建筑的某些部位会因特殊处理而需要较高的投资,因此目前大量的建筑有必要时还是选择设置沉降缝的方法来将建筑物断开。

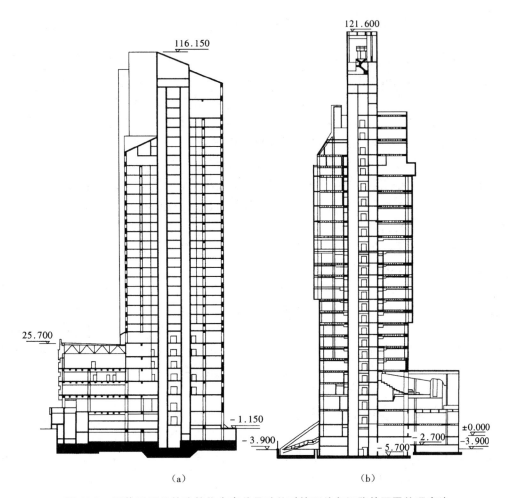

图 14-2 两体形近似的建筑物在高差悬殊处对抗不均匀沉降的不同处理方法

(a) 某建筑以 2.8 m 厚的地下室底板来解决高层与裙房之间不设缝的问题;(b) 某建筑在高层与裙房之间设有沉降缝

14.1.3 防震缝

在抗震设防地区,当建筑物体形比较复杂或建筑物各部分的结构刚度、高度以及重量相差较悬殊时,为了防止建筑物各部分在地震时由于整体刚度不同、变形差异过大而引起相互牵拉和撞击破坏,应在变形敏感部位设缝,将建筑物分割成若干规整的结构单元。每个单元的体形规则、平面规整、结构体系单一,防止在地震波作用下建筑物各部分相互挤压、拉伸,造成变形和破坏,这种变形缝被称为防震缝。对多层砌体房屋的结构体系来说,在设计烈度为 8 度和 9 度且遇到下列情况之一时,宜设置防震缝,缝两侧均应设置墙体。

① 建筑立面高差在 6 m 以上时。

② 建筑有错层,且楼层错开距离较大时。

③ 建筑物相邻部分的结构刚度、质量截然不同时。

防震缝的宽度应根据建筑物的高度和所在地区的地震烈度来确定。一般在多层砌体房屋的结构体系中,防震缝的缝宽取 50～100 mm。

在钢筋混凝土房屋的结构体系中设置的防震缝的缝宽应符合下列要求。

① 框架房屋和框架—剪力墙房屋,当高度在 15 m 及 15 m 以下时,防震缝宽度可采用 70 mm。当高度超过 15 m 时,可根据地震烈度的不同增加缝宽,进行如下设置:地震烈度 6 度,建筑每增加高度 5 m,缝宽宜增加 20 mm;地震烈度 7 度,建筑每增加高度 4 m,缝宽宜增加 20 mm;地震烈度 8 度,建筑每增加高度 3 m,缝宽宜增加 20 mm;地震烈度 9 度,建筑每增加高度 2 m,缝宽宜增加 20 mm。

② 剪力墙房屋的防震缝宽度,可采用框架房屋和框架—剪力墙房屋防震缝宽度数值的70%。

设防震缝时,建筑物的基础可断开,也可不断开。防震缝应同伸缩缝、沉降缝尽量结合布置。一般情况下,基础不设缝,如与沉降缝合并设置时,基础也应设缝断开。

在抗震设防的地区,无论需要设置哪种变形缝,其宽度都应该按照抗震缝的宽度来设置。这是为了避免在震灾发生时,由于缝宽不够而造成建筑物相邻的分段相互碰撞,造成破坏。

针对建筑物受温度变化、地基不均匀沉降以及地震作用的影响,采用三种变形缝的设置而得到解决,但因为变形缝的构造较复杂,增加设计和施工的复杂性,也是不经济的一个因素,所以,设置变形缝不是解决这类问题唯一的办法,建筑设计时,应尽量不设变形缝。可以通过加强建筑物的整体性和整体刚度来抵抗各种因素引起的附加应力的破坏作用,还可以通过改变引起结构附加应力的影响因素的状态方式达到同样的目的,也可以通过验算温度应力、加强配筋、改进施工工艺、适当调整基底面积、处理地基土等办法来解决。对于震区,可以通过简化建筑形式、增加结构刚度和延性等一些措施来解决。总之,变形缝的设置与否,应综合分析各种影响因素,根据不同情况区别对待。只有当采用上述措施仍然不能防止结构开裂或破坏,或经济上明显不合理时,才考虑设置变形缝。

14.2 变形缝建筑的结构布置

变形缝是将一个建筑物从结构上断开,但由于三种变形缝两侧的结构单元之间的相对位移和变形的方式不同,三种变形缝的结构处理是有一些差异的。

14.2.1 伸缩缝的结构处理

伸缩缝要求将建筑物的墙体、楼层、屋顶等地面以上的结构构件全部断开,但基础部分因受温度变化影响较小,不必断开。这样做可保证温度伸缩缝两侧的建筑构件能在水平方向自由伸缩。

1. 砌体结构

在进行砌体结构的墙和楼板及屋顶结构布置时,在伸缩缝处可采用单墙方案,也可以采用双墙承重方案,如图 14-3(a)所示。变形缝最好设置在平面图形有变化处,以利于隐蔽处理。

2. 框架结构

框架结构的伸缩缝结构一般可采用悬臂梁方案,如图 14-3(b)所示;也可以采用双梁双柱方案,如图 14-3(c)所示。

14.2.2 沉降缝的结构处理

沉降缝与伸缩缝最大的区别在于伸缩缝只需保证建筑物在水平方向的自由伸缩变形,而沉降缝主要应满足建筑物各部分在垂直方向的自由沉降变形,故应将建筑物从基础到屋顶全部断开。同时,沉降缝也应兼顾伸缩缝的作用,故应在构造设计时满足伸缩和沉降的双重要求。

基础沉降缝应避免因不均匀沉降造成的相互干扰。常见的砖墙条形基础处理方法有双墙偏心基

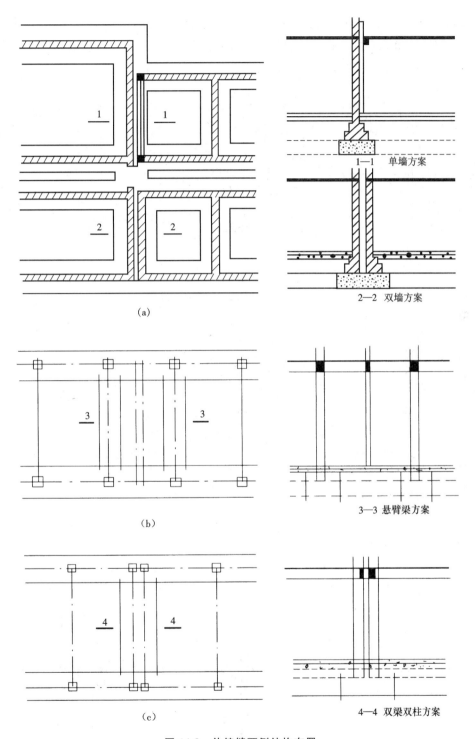

1—1　单墙方案

2—2　双墙方案

3—3　悬臂梁方案

4—4　双梁双柱方案

(a)

(b)

(c)

图 14-3　伸缩缝两侧结构布置

(a)承重墙方案；(b)框架悬臂梁方案；(c)框架双柱方案

础、挑梁基础和交叉式基础等三种方案，如图 14-4 所示。

双墙偏心基础整体刚度大，但基础偏心受力，并在沉降时产生一定的挤压力，如图 14-4(a)所示。

采用双墙交叉式基础方案,地基受力将有所改善,如图 14-4(c)所示。

挑梁基础方案能使沉降缝两侧基础分开较大距离,相互影响较少。当沉降缝两侧基础埋深相差较大或新建筑与原有建筑毗连时,宜采用挑梁方案,如图 14-4(b)所示。

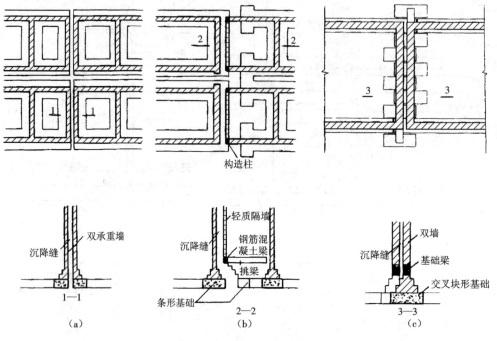

图 14-4　基础沉降缝两侧结构布置

(a) 双墙偏心基础方案的沉降缝;(b) 悬挑基础方案的沉降缝;(c) 双墙交叉基础排列方案的沉降缝

14.2.3　防震缝的结构处理

防震缝应沿建筑物全高设置,通常基础可不断开,但对于平面形状和体型复杂的建筑物,或与沉降缝合并设置时,基础也应断开。

防震缝的两侧应布置墙或柱,形成双墙、双柱或一墙一柱,使各部分结构封闭,以提高其整体刚度,如图 14-5 所示。

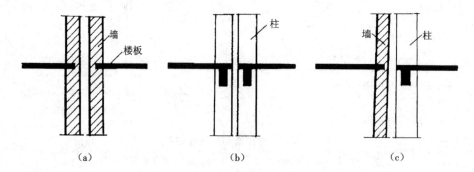

图 14-5　防震缝两侧的结构布置

(a) 双墙方案;(b) 双柱方案;(c) 一墙一柱方案

防震缝应尽量与温度伸缩缝、沉降缝结合布置,并应同时满足三种变形缝的设计要求。

14.3 变形缝的构造

在建筑物设变形缝的部位必须全部做盖缝处理。对变形缝做盖缝处理时,变形缝的缝口形式及盖缝构造应当给予足够的重视。为了防止外界自然条件对建筑物的室内环境的侵袭,避免因设置变形缝而出现房屋的保温、隔热、防水、隔声等基本功能降低的现象,也为了变形缝处的外形美观,应采用合理的缝口形式,并做盖缝和其他一些必要的缝口处理。

三种变形缝的盖缝构造做法是有差别的。在进行变形缝盖缝材料的选择时,应注意根据室内外环境条件的不同以及使用要求区别对待。三种变形缝各自不同的变形特征则是导致其盖缝形式产生差异的原因。

建筑物外侧表面的盖缝处理必须考虑防水要求,因此,盖缝材料必须具有良好的防水能力,一般多采用镀锌铁皮、防水油膏等材料。建筑物内侧表面的盖缝处理则更多地考虑满足适用性、舒适性、美观性等方面的要求。因此,墙面及顶棚部位的盖缝材料多以木制盖缝板、铝塑板、铝合金装饰板等为主,楼、地面处的盖缝材料则常采用各种石质板材、钢板、橡胶带、油膏等材料。

14.3.1 墙体变形缝的节点构造

1. 墙体伸缩缝构造

根据墙的厚度,墙体伸缩缝可做成平缝、错口缝和企口缝等形式,如图 14-6 所示;缝口形式主要根据墙体材料、厚度以及施工条件而定。

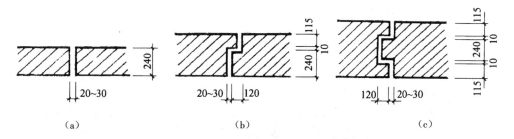

图 14-6 砖墙伸缩缝截面形式(单位:mm)
(a)平缝;(b)错口缝;(c)企口缝

为避免外界自然因素对室内的影响,外墙外侧缝口应填塞或覆盖具有防水、保温和防腐性能的弹性材料,例如沥青麻丝、泡沫塑料条、橡胶条、油膏等。当缝口较宽时,还应用镀锌铁皮铝片等金属调节片覆盖。如墙面作抹灰处理,为防止抹灰脱落,应在金属片上加钉钢丝网后再抹灰。填缝或盖缝材料及构造应保证结构在水平方向的自由伸缩,如图 14-7 所示。考虑到缝隙对建筑立面的影响,通常将缝隙布置在外墙转折部位或利用雨水管将缝隙挡住,作隐蔽处理。外墙内侧及内缝口通常用具有一定装饰效果的木质盖缝(板)条遮盖。木板(条)固定在缝口的一侧,也可采用铝塑板或铝合金装饰板做盖缝处理为金属片盖缝,如图 14-8 所示。

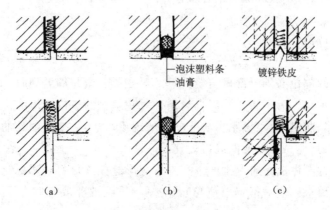

图 14-7 外墙外侧伸缩缝缝口构造

(a) 沥青麻丝塞缝;(b) 油膏嵌缝;(c) 金属片盖缝

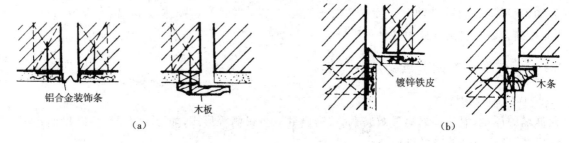

图 14-8 外墙内侧及内墙伸缩缝缝口构造

(a) 平直墙体;(b) 转交墙体

2. 墙体沉降缝构造

沉降缝一般兼起伸缩缝的作用。墙体沉降缝构造与伸缩缝构造基本相同,只是金属调节片或盖缝板在构造上应能保证两侧结构在竖向的相对移动不受约束。墙体沉降缝外缝口构造如图 14-9 所示。为适应缝两侧结构自由变位方式上的不同,墙体沉降缝盖缝用的金属调节片与墙体伸缩缝缝口处盖缝用的镀锌铁皮是不同的。墙体沉降缝内缝口的构造与墙体伸缩缝内缝口的构造基本相同。此外,因沉降缝两侧一般均采用双墙处理的方式,缝口截面形式不采用错口缝和企口缝的形式,只用平缝的形式。

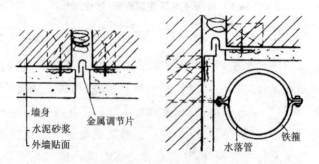

图 14-9 墙体沉降缝外侧缝口构造

3. 墙体防震缝构造

墙体防震缝构造与伸缩缝和沉降缝构造基本相同,只是防震缝一般较宽,通常采取覆盖做法。防震缝在构造上更应考虑盖缝的牢固、防风、防水等措施,且不应做成错口缝或企口缝的缝口形式。外缝口用镀锌铁皮覆盖,与沉降缝盖缝镀锌铁皮在形式上是不同的,如图14-10所示。内缝口常用木质盖板遮缝,如图14-11所示。寒冷地区的墙体防震缝的外缝口还须用具有弹性的软质聚氯乙烯泡沫塑料、聚苯乙烯泡沫塑料等保温材料填实,如图14-10和图14-11所示。

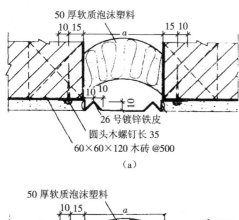

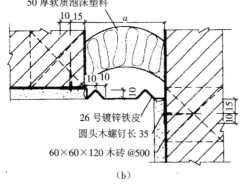

图 14-10 墙体防震缝外侧缝口构造(单位:mm)
(a)外墙平缝处;(b)外墙转角处

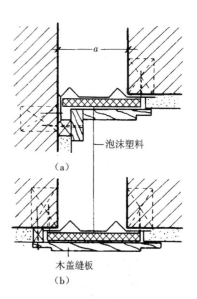

图 14-11 墙体防震缝内侧缝口构造
(a)内墙转角;(b)内墙平缝

考虑到变形缝对建筑立面的影响,通常将变形缝布置在外墙转折部位,或利用雨水管遮挡住做隐蔽处理,如图14-9所示。

14.3.2 楼地层变形缝的节点构造

楼地层变形缝的位置与缝宽应与墙体变形缝一致。变形缝缝口内也常以具有弹性的油膏、沥青麻丝、金属或塑料调节片等材料做填缝或盖缝处理,上表面铺以与地面材料相同的活动盖板(如水磨石板、大理石板等),也有采用橡胶带或铁板的,以防灰尘下落。图14-12所示为楼地面变形缝缝口构造。顶棚的缝隙盖板一般为木质或金属,木盖板一般固定在一侧,从而保证两侧结构的自由伸缩和沉降。顶棚部位的盖缝材料及做法,与内墙变形缝的盖缝做法一样,顶棚的缝隙盖缝板一般为木质或金属,盖缝板一般固定在一侧,从而保证两侧结构的自由伸缩和沉降变形。卫生间等有水房间中的变形缝要做好防水处理。图14-13所示为顶棚变形缝缝口构造。

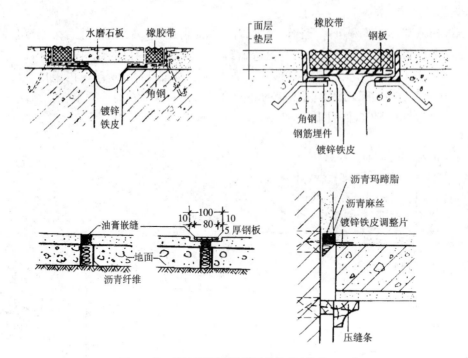

图 14-12 楼地面变形缝缝口的构造(单位:mm)

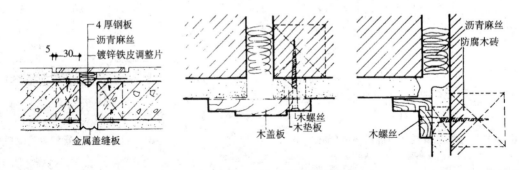

图 14-13 顶棚变形缝缝口的构造(单位:mm)

14.3.3 屋顶变形缝的节点构造

屋顶变形缝的位置和缝宽应与墙体、楼地层的变形缝一致。缝内用沥青麻丝、金属调节片等材料填缝和盖缝。屋顶变形缝一般建于建筑物高度不同的变化处,如沉降缝和防震缝的情况;也有建于两侧屋面处于同一标高处,如温度伸缩缝的情况。不上人屋顶通常在缝的一侧或两侧加砌矮墙,按屋面泛水构造要求将防水材料沿矮墙上卷,顶部缝隙用镀锌铁皮、铝片、混凝土板或瓦片等覆盖,并允许两侧结构自由伸缩或沉降变形的同时不致造成屋顶渗漏雨。寒冷地区在变形缝缝口中应填以具有一定弹性的保温材料,如岩棉、泡沫塑料或沥青麻丝等。上人屋顶因使用要求一般不设矮墙,此时应切实做好防水,变形缝缝口处一般采用防水油膏填嵌,以防雨水渗漏并适应缝两侧结构变形的需要。屋顶变形缝的节点构造如图 14-14 至图 14-16 所示。

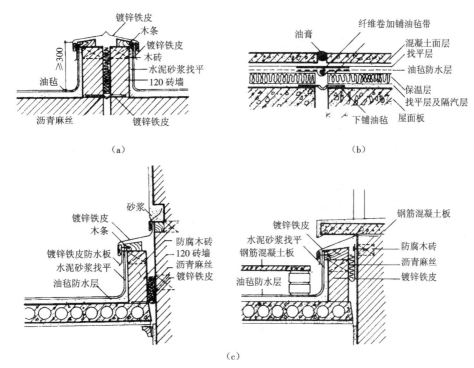

图 14-14 卷材防水屋面变形缝构造(单位:mm)

(a) 不上人屋顶平接变形缝;(b) 上人屋顶平接变形缝;(c) 高低错落处屋顶变形缝

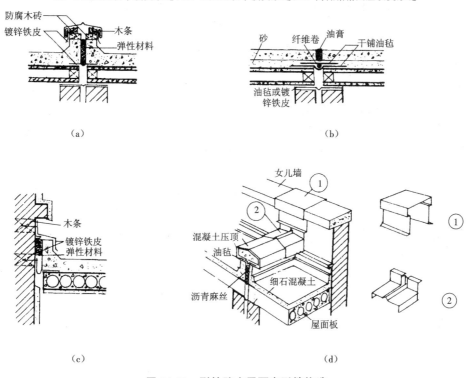

图 14-15 刚性防水屋面变形缝构造

(a) 不上人屋顶平接变形缝;(b) 上人屋顶平接变形缝;(c) 高低错落处屋顶变形缝;(d) 变形缝立体图

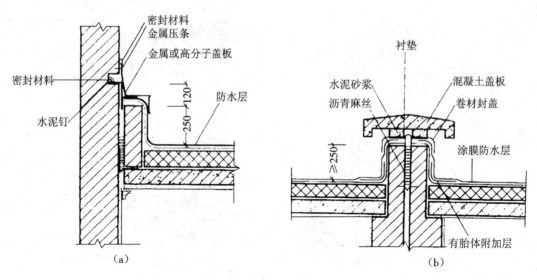

图 14-16 涂膜防水屋顶变形缝构造(单位:mm)

(a)高低跨变形缝;(b)变形缝的防水构造

14.3.4 地下室变形缝的节点构造

变形缝是地下室防水的薄弱部位,因此在建筑设计时首先应尽可能减少缝的数量,其次应尽量避免地下室通过变形缝。地下室变形缝一定要适应变形的要求和防水要求,并且应有足够的耐久性。为使变形缝缝口处能保持良好的防水性,必须做好地下室墙体及底板的防水构造。地下室应尽量不要做伸缩缝,其变形缝的构造做法是在进行防水结构施工时,应采用止水带、遇水膨胀橡胶腻子止水条等高分子防水材料和接缝密封材料做多道防线。止水带有橡胶止水带、塑料止水带及金属止水带等,止水带的材料要求有弹性,可适应变形要求,其构造做法有内埋式和可卸式两种。对水压大于 0.3 MPa、变形量为 20~30 mm、结构厚度大于和等于 300 mm 的变形缝,应采用内埋式橡胶止水带;对环境温度高于5 ℃、结构厚度大于和等于 300 mm 的变形缝,可采用 2 mm 厚的紫铜片或 3 mm 厚的不锈钢等金属止水带,其中间呈圆弧形。无论采用哪种构造形式,止水带中间空心圆或弯曲部分都须对准变形缝,以适应变形需要。图 14-17 至图 14-21 分别介绍了地下室变形缝处的盖缝构造做法。

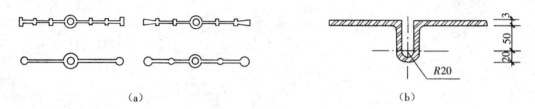

图 14-17 地下室变形缝止水带形式(单位:mm)

(a)橡胶止水带;(b)金属盖缝板形状

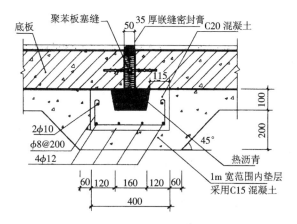

图 14-18 地下室底板变形缝构造(单位:mm)

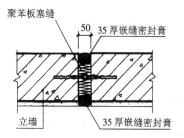

图 14-19 地下室立墙变形缝构造(单位:mm)

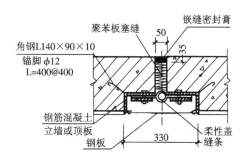

图 14-20 地下室立墙或顶板柔性材料盖缝(单位:mm)

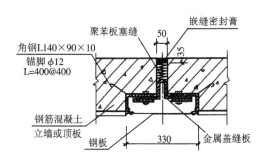

图 14-21 地下室立墙或顶板金属板盖缝(单位:mm)

【本章要点】

① 变形缝是伸缩缝、沉降缝、防震缝的总称。这三种缝起的作用、要求及构造做法各有不同。

② 本章应重点掌握在什么情况下设置伸缩缝、沉降缝和防震缝,同时应掌握其构造做法。

③ 伸缩缝是为防止建筑物因温度变化热胀冷缩出现的不规则破坏而设置的。伸缩缝从基础以上的墙体、楼板到屋顶全部断开。缝的宽度为 20～30 mm,缝的间距与构件所用材料、结构类型、施工方法、构件所处位置和环境有关。

④ 沉降缝是为了避免建筑物因不均匀沉降而导致某些薄弱环节部位错动开裂而设置的。沉降缝要从基础一直到屋顶全部断开。缝的宽度与地基性质以及建筑物高度有关,沉降缝可以代替伸缩缝,但伸缩缝不能代替沉降缝。

⑤ 防震缝是考虑地震的影响而设置的。防震缝的两侧应采用双墙、双柱。防震缝可以结合伸缩缝、沉降缝的要求统一考虑。防震缝的构造原则是保证建筑物在缝的两侧,在垂直方向能自由沉降,在水平方向又能左右移动。

⑥ 基础沉降缝构造通常有双基础、交叉式基础和挑梁基础三种方案。

【思考题】

14-1 什么是建筑变形缝？变形缝的作用是什么？它有哪几种基本类型？

14-2 什么情况下设伸缩缝？伸缩缝的宽度一般为多少？

14-3 什么情况下设沉降缝？沉降缝的宽度由什么因素确定？

14-4 什么情况下设防震缝？确定防震缝宽度的主要依据是什么？

14-5 伸缩缝、沉降缝、防震缝各有什么特点？它们在构造上有什么异同？

14-6 各种变形缝的结构处理是不同的,这些不同之处具体体现在哪里？造成这种不同的原因有哪些？

14-7 变形缝有哪些缝口形式？其适用条件是什么？

14-8 各种变形缝的盖缝构造做法的原则是什么？

14-9 各种变形缝的盖缝构造做法在室内和室外有什么不同？

14-10 相同部位不同类型的变形缝有哪些构造做法上的差别？

14-11 各种变形缝在屋顶、外墙、内墙、楼地面、顶棚等部位盖缝做法的构造原理、基本构造要求和具体构造做法是什么？

第三篇
工业建筑设计

第 15 章　工业建筑概论

工业建筑是指用于从事各类工业生产及直接为生产服务的房屋。

15.1　工业建筑的特点、分类与设计要求

15.1.1　工业建筑的特点

工业建筑和民用建筑相似,两者在设计原则、建筑材料和建筑技术等方面有相同之处。一方面,工业建筑要体现适用、安全、经济、美观的建筑方针;另一方面,工业建筑要以满足工业生产为前提。复杂的生产工艺和技术要求对建筑的平、立、剖面,建筑构造,建筑结构体系和施工方式均有很大的影响,使得工业建筑具有以下特点。

1. 建筑方面

① 首先考虑生产工艺的要求,并在此前提下为工人创造良好的劳动环境。

② 设备的布置,要求厂房的面积和内部空间都较大。有些厂房根据生产工艺的特点,还可设计成多跨连片的。

③ 由于厂房空间大,设备、产品、运输车辆也大,因此其大门的尺寸和屋面的面积也较大,多跨厂房常在屋顶上设置各种天窗以解决天然采光和自然通风问题,这使得屋面排水、防水的构造更为复杂。由于通过天窗采光通风,厂房大都不设天棚。

④ 由于生产性质及工艺过程不同,车间内可能存在对人体有害的因素。在建筑设计上应采取相应的防护措施。

2. 结构方面

① 单层厂房常设置一台或多台吊车。由于跨度大,屋顶及吊车荷载大,多采用钢筋混凝土排架结构。对特别偏大型厂房或有重型吊车、高温或地震烈度较高地区的厂房,宜采用钢排架结构。在多层厂房中,由于楼面荷载较大,广泛采用钢筋混凝土框架结构。

② 厂房结构承受的荷载既有结构、设备的自重等静荷载,也有吊车和机械设备等产生的较大的动荷载。

③ 生产过程中可能产生对结构不利的有害因素,如结构受到高温作用,会降低甚至破坏其力学性能;结构受水、水蒸气及腐蚀性介质的影响而降低其耐久性及保温隔热等性能。

④ 厂房大多采用排架结构或框架结构,因而外墙不是受力结构,仅起围护作用。

3. 施工方面

① 为了缩短建设周期、降低造价,单层工业厂房大多采用预制构件装配而成。大量的预制吊装工程需要大吨位的起重机等机械化施工设备。

② 由于厂房体量较大,故各构件对施工安装精度和其他技术条件要求较高。

③ 厂房中各种生产设备、管线等工程复杂,施工时更需各工种之间密切协作。

15.1.2　工业建筑的分类

工业生产的类别繁多,生产工艺不同,分类亦随之而异。在建筑设计中常按厂房的用途、内部生产状况及层数进行分类。

1. 按厂房的用途分

① 主要生产厂房,指进行产品加工主要工序的厂房。例如,机械制造厂中的铸工车间、机械加工车间及装配车间等。这类厂房的建筑面积较大,职工人数较多,在全部生产中占重要地位,是工厂的主要厂房。

② 辅助生产厂房,指为主要生产厂房服务的厂房。例如,机械制造厂中的机修车间、工具车间等。

③ 动力类厂房,指为全厂提供能源和动力的厂房。如发电站、锅炉房、变电站、煤气发生站、压缩空气站等。

④ 储藏类建筑,指用于储存各种原材料、成品或半成品的仓库。

⑤ 运输类建筑,指用于停放各种交通运输设备的房屋。如汽车库、电瓶车库等。

2. 按厂房内部生产状况分

① 热加工厂房,指在生产过程中散发出大量热量、烟尘等有害物质的厂房。如炼钢、轧钢、铸工、锻压厂房等。

② 冷加工厂房,指在正常温、湿度条件下进行生产的车间。如机械加工车间、装配车间等。

③ 有侵蚀性介质作用的厂房,指在生产过程中会受到酸、碱、盐等侵蚀性介质的作用,对厂房耐久性有影响的车间。如化工厂和化肥厂中的某些生产车间,冶金工厂中的酸洗车间等。

④ 恒温恒湿厂房,指在温、湿度波动很小的范围内进行生产的车间。如纺织车间、精密仪表车间等。

⑤ 洁净厂房,指产品的生产对室内空气的洁净程度要求很高的厂房。如集成电路车间、精密仪表的微型零件加工车间等。

3. 按厂房层数分

① 单层厂房(见图 15-1):单层厂房广泛应用于各种工业企业,如冶金、机械制造等工业部门。单层厂房便于沿地面水平方向组织生产工艺流程,布置生产设备。生产设备的重型加工件荷载直接传给地基,也便于工艺改革。

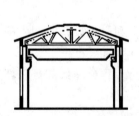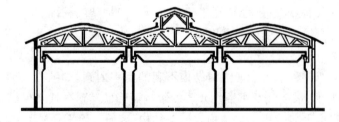

图 15-1　单层厂房

(a) 单跨厂房;(b) 多跨厂房

② 多层厂房(见图 15-2):多用于轻工、食品、电子、仪表等工业部门。因它占地面积少,更适用于用地紧张的城市新建厂及老厂改建。在城市中修建多层厂房,还易于适应城市规划和建筑布局的要求。

③ 混合层次厂房(见图 15-3):既有单层又有多层的厂房。图 15-3(a)所示为热电厂主厂房,汽轮发

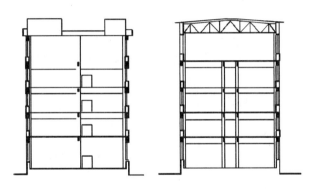

图 15-2　多层厂房

电机设在单层跨内,其他为多层。图 15-3(b)所示为化工车间,高大的生产设备位于中间单层跨内,两个边跨则为多层。

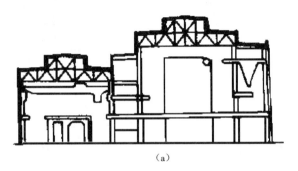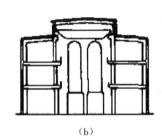

(a)　　　　　　　　　　　　　　　(b)

图 15-3　混合层次厂房

(a)热电厂;(b)化工车间

15.1.3　工业建筑的设计要求

1. 满足生产工艺的要求

生产工艺的需要体现了使用功能的要求,它们对厂房的面积、柱距、高度、平剖面形式、细部尺寸、结构与构造等都有直接的影响,要适应工艺中各项条件,满足设备的安装、操作、运转、检修等要求。

2. 满足有关技术要求

所设计的厂房必须具有坚固性和耐久性,使其能经受外力、化学侵蚀等各种不利因素的作用。合理选择建筑参数(柱距、跨度、高度等),以便采用标准及通用构件,有利于建筑设计标准化、构配件生产工厂化、施工机械化和管理科学化,从而提高厂房建筑工业化的水平。

3. 要有良好的综合效益

工业建筑设计中要注意超高建筑的经济、社会和环境的综合效益。三者之间不可偏废,不能片面强调其中一个或两个方面而忽视其他方面。

4. 满足卫生方面要求

对生产中所产生的有害因素,应采取必要的措施以保证工人的健康。因此,要求厂房应有良好的采光和通风条件以及正常的工作环境。应注意室内装修和色彩的处理,有利于减轻工人的疲劳,从而提高产品质量与生产效率。

5. 与总平面及环境协调,注意美观

根据生产工艺流程、人员及物流组织、气候、防火、卫生等要求,确定厂房的位置及平面尺寸,在此基础上注意厂房立面造型的处理,把建筑美和环境美结合起来,创造出良好的室内外工作环境。

15.2 厂房内部的起重运输设备

为在生产中运送原材料、成品或半成品,厂房内应设置必要的起重运输设备,其中以各种形式的吊车与土建设计关系最为密切。常见的有单轨悬挂式吊车、梁式吊车和桥式吊车等。

15.2.1 单轨悬挂式吊车

单轨悬挂式吊车(见图 15-4)按操纵方法有手动及电动两种。吊车由运行部分和起升部分组成,安装在工字形钢轨上,钢轨悬挂在屋架(或屋面大梁)的下弦上,它可以布置成直线或曲线形式(转弯或越跨时用)。为此,厂房屋顶应有较大的刚度,以适应吊车荷载的作用。

单轨悬挂式吊车适用于小型起重量的车间,一般起重量为 1～2 t。

15.2.2 梁式吊车

梁式吊车(见图 15-5)亦分手动及电动两种,手动的多用于工作不甚繁忙的场合或作为检修设备之用。一般厂房多用电动梁式吊车,可在吊车上的司机室内操纵,有的也可在地面操纵。

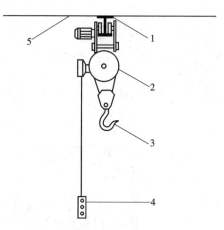

图 15-4 单轨悬挂式吊车
1—钢轨;2—电动葫芦;3—吊钩;
4—操纵开关;5—屋架或屋面大梁下表面

梁式吊车由起重行车和支承行车的横梁组成,横梁断面为"工"字形,可作为起重自行轨道,横梁两端有行走轮,以便在吊车轨道上运行。吊车轨道可悬挂在屋架下弦上,如图 15-5(a)所示;或支承在吊车梁上,后者通过牛腿等支承在柱子上,如图 15-5(b)所示。梁式吊车适用于小型起重量的车间,起重量一般不超过 5 t。确定厂房高度时,应考虑该吊车净空高度的影响,结构设计时应考虑吊车荷载的影响。

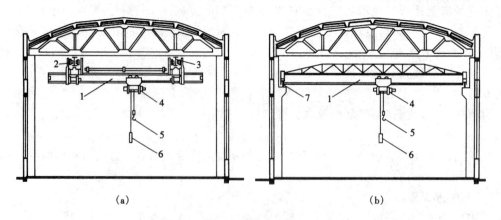

(a)   (b)

图 15-5 梁式吊车
1—钢梁;2—运行装置;3—轨道,4—提升装置;5—吊钩;6—操纵开关;7—吊车梁

15.2.3　桥式吊车

桥式吊车(见图 15-6)由起重行车及桥架组成,桥架上铺有起重行车运行的轨道(沿厂房横向运行),桥架两端借助车轮可在吊车轨道上运行(沿厂房纵向),吊车轨道铺设在柱子支承的吊车梁上。桥式吊车的司机室一般设在吊车端部,有的也可设在中部或做成可移动的。

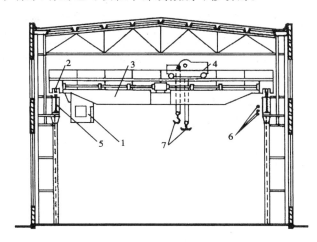

图 15-6　桥式吊车

1—吊车司机室;2—吊车轮;3—桥架;4—起重小车;5—吊车;6—电线;7—吊钩

根据工作班时间内的工作时间,桥式吊车的工作制分为重级工作制(工作时间>40%)、中级工作制(工作时间为 25%～40%)、轻级工作制(工作时间为 15%～25%)三种情况。

设有桥式吊车时,应注意厂房跨度和吊车跨度的关系,使厂房的宽度和高度满足吊车运行的需要,并应在柱间适当位置设置通向吊车司机室的钢梯及平台。当吊车为重级工作制或有其他需要时,应沿吊车梁侧设置安全走道板,以保证检修和人员行走的安全。

除上述几种吊车形式外,厂房内部根据生产特点的不同,还有各式各样的运输设备,例如火车、汽车、拖拉机制造厂装配车间的吊链,冶金工厂轧钢车间采用的辊道,铸工车间所用的传送带等。此外,还有气垫等较新的运输工具等。

【本章要点】

① 工业建筑包括从事工业生产及直接为生产服务的所有房屋,可按其用途、内部温度状况和层数进行分类。工业建筑设计应以生产工艺要求为依据。

② 厂房内应设置必要的起重运输设备,常见的有单轨挂式吊车、梁式吊车、桥式吊车三种。

【思考题】

15-1　什么是工业建筑? 工业建筑如何进行分类?

15-2　什么是生产工艺流程?

15-3　对工业建筑设计的要求是什么?

15-4　厂房内部常见的起重吊车设备有哪些形式? 其适用范围如何?

第16章　工业建筑环境设计

随着工业生产技术的发展,厂房设计要求建筑师综合运用多学科的知识为使用者创造理想而又舒适的工作环境与生活条件。"人-环境-建筑"这一现代问题在工业建筑设计中也很突出,环境不仅包括生产的物质技术环境,也包括生产者——人的生理和心理环境。环境设计是创造、保护生产环境的必要条件,是保证生产正常进行和产品质量的重要因素,也是保证工人身心健康和安全的必要措施。因此,工业建筑不仅要求有良好的采光照明、采暖防寒、通风降温条件,而且要有开阔的空间、合理的运输方式、良好的室内工况和内外景观,使工业环境也成为生活的一部分。

16.1　厂房的热环境

16.1.1　恒温恒湿厂房

一些工业生产要求生产环境温度、湿度的变化偏差和区域偏差很小,即具有恒定的温度和湿度,否则会影响产品质量和降低成品率。如在机械工业中,高精度刻线机室要求温度为 $20\pm0.2\ ℃$,否则就要影响刻线的准确性。又如印刷车间,当相对湿度由 25% 提高到 80% 时,会使纸张改变尺寸 0.8%,在彩色印刷中纸张伸长 0.8% 时将造成废品。这种为保证室内温湿度恒定而将进入室内的新鲜空气加温降温、加湿干燥使之达到预定要求的过程,称为空气湿度处理。这种厂房称为恒温恒湿厂房。

恒温恒湿厂房的控制标准,一是空气温湿度的基数(基准度),另一个是空气温湿度的允许波动范围(精度)。例如:

$$t=23\pm1\ ℃, \quad \varphi=71\%\pm5\%$$

根据生产工艺的不同,恒温恒湿厂房的温湿度基数和精度要求不同。

恒温恒湿厂房宜采用全空气定风量空调系统,新鲜空气由进风口进入,通过对空气的加热(或冷却)、干燥(或加湿)等达到一定的温湿度后,再由风机通过风道、送风口输入室内。室内的部分气流又从回风口抽回和新鲜空气混合后,经过处理循环使用。因此,空调机房、风道、送回风口的布置和气流组织方式都和厂房的建筑空间设计有着密切的关系。

1. 建筑布置

首先要合理选择厂房的朝向。为了尽量减少太阳辐射热及冷风影响,恒温恒湿厂房最好为北向布置,其次是东北或西北,而以西向为最差。为防止冬季热损失过多,在布置时应考虑冬季主导风向的影响,其纵墙面宜与当地冬季主导风向平行。

为了节约能源和降低空调系统的造价,恒温恒湿厂房建筑应限制外窗的传热系数,同时对建筑围护结构有一些具体要求(见表16-1)。此外,对于外窗、外门和门斗是否需要设置以及窗的朝向也都有具体的规定(见表16-2)。

恒温恒湿室宜集中布置,可同层水平集中,分层竖向对齐集中,也可混合集中或布置在地下层。集中布置可以减少外围护结构,有利于保持温湿度和缩短管道长度。当不同精度要求的恒温室相邻布置时,可将要求高的恒温室布置在要求低的恒温室内部,以节约空调费用,并保证高精度的要求。

表 16-1　恒温恒湿厂房对外墙、屋顶等的要求

室温允许波动范围	外墙	外墙朝向	楼层	最大传热系数[W/(m²·K)]			
				外墙	内墙和楼板	屋顶	顶棚
≥±1 ℃	宜减少外墙	宜北向	避免顶层	1.0	1.2	0.8	0.9
±0.5 ℃	不宜有外墙	宜北向	宜底层	0.8(4)	0.9	—(3)	0.8(3)
±(0.1～0.2) ℃	不应有外墙	—	宜底层	—	0.7	—	0.5(4)

表 16-2　恒温恒湿厂房对外窗、门等的要求

室温允许波动范围	外窗	外门和门斗	内门和门斗
≥±1 ℃	宜北向,不应有东、西向外窗	不宜有外门,如有经常开启的外门,应设门斗	门两侧温差≥0.7 ℃时,宜设门斗
±0.5 ℃	不宜有外窗	不应有外门,如有外门,必须设门斗	门两侧温差>3 ℃时,宜设门斗
±(0.1～0.2) ℃	—	—	内门不宜通向室温基数不同或室温允许波动范围大于±1 ℃的邻室

　　恒温恒湿厂房的体形系数要小,尽量减少外墙长度。在气流分布许可条件下,可加大恒温室的进深。室内净高也要尽量降低,过高的层高会导致空气分层、温度分布不均等现象。厂房净高可根据气流组织形式进行计算(参考有关资料),一般顶板送风净高为 2.5～3.0 m;侧送及散流气送风为 3.5～4.2 m。有技术夹层时,夹层高度要考虑管道设备及检修所需的高度。

　　在剖面设计时,还应配合空调系统、风口位置并按充分利用空间的原则来布置管道,如将空调管道集中布置在走廊顶部、技术夹层或管道竖井等。

2. 空调机房的布置

　　空调机房一般应布置在恒温室的附近,靠近负荷中心,以减少冷热能量的损失,应缩短风管长度,节约投资。但由于风机有振动,机房还应远离需要防震、防噪声的恒温车间。有时也可以利用变形缝将两者分开布置。

　　机房可分为集中式和分散式两种。当空调面积较大又布置集中时,宜采用集中式布置;当空调面积不大,且又分散布置时,则可采用分散式的布置。前者管理方便,但有时会导致管道延伸过长(一般至风管末端总长不宜超过 60～70 m,否则需另设空调机房)和需设置竖向管道井等设施。后者布置灵活,一般适宜在空调面积不大(一般不超过 400～500 m²)而又分散时选择。

　　单面送风的支风道的最大长度一般不宜超过 70～80 m,否则不易保证均匀送风。为此,天沟一般为双向外排水,厂房总宽度一般控制在 140～160 m。

　　根据天沟和锯齿形天窗朝北的关系,空调机房和总风道布置在东西两边的附属房屋内,因此厂房平面多为南北长、东西短。若总平面用地不允许这样布局,或生产规模较大、天沟过长,则可在厂房中间嵌入一条附属房间。车间内部局部设有单轨吊车。这类车间的高度主要取决于生产净空和卫生要求,一

般不宜低于 5.0 m。

16.1.2　厂房的自然通风

厂房的通风方式有自然通风和机械通风两种。机械通风是依靠通风机的力量作为空气流动的动力来实现通风换气的。它要耗费大量电能,设备投资及维修费也很高,但其通风稳定、可靠。自然通风是利用自然力作为空气流动的动力来实现厂房通风换气的。自然通风的通风量大,不消耗动力,但易受外界气象直接影响,通风不稳定。如设计合理,自然通风是一种简便而又节能的通风方式,故在单层厂房中广泛应用。多层厂房只能用在顶层或用侧窗来保证。当采用自然通风还不能满足生产使用要求时,才辅以机械通风或采用更高级的空气调节。它们对于保证室内环境是不可缺少的,而自然通风是有效的节能措施,首先应考虑它的可行性。一般厂房是采用自然通风为主,辅之以简单的机械通风。为有效地组织好自然通风,在剖面设计中要正确选择厂房的剖面形式,合理布置进排风口位置,使外部气流不断进入室内,迅速排除厂房内部的热量、烟尘和有害气体,创造良好的生产环境。

1. 自然通风的基本原理

自然通风是利用室内外空气的温度差所形成的热压作用和室外空气流动时产生的风压作用,使室内外空气不断交换。它和厂房内部工况(散热量、热源位置等)及当地气象条件(气温、风速、风向和总图方位等)有关。设计平面、剖面和创造理想环境时,必须综合考虑上述两种作用,妥善地组织厂房内部的气流,以取得良好的通风降温效果。

(1) 热压作用

厂房内部由于生产过程中所产生的热量提高了室内空气的温度,使空气体积膨胀,容重变小而自然上升。而室外空气温度相对较低,容重较大,因而在建筑物的下部,室外空气所形成的压力要比室内空气所形成的压力大。当厂房下部的门窗敞开时,室外空气进入室内,使室内外空气压力趋于平衡。这时,如果在厂房外墙下部开门窗洞(如侧窗),则室外的冷空气就会经由下部窗洞进入室内,室内的热空气由厂房上部开的窗口(天窗或高侧窗)排至室外。进入室内的冷空气又被热源加热变轻,上升至厂房上部开的窗口

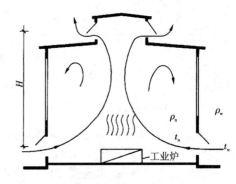

图 16-1　热压原理图

(天窗或高侧窗)排至室外,如此循环,就在厂房内部形成了空气对流,达到了通风换气的目的,如图 16-1 所示。

这种由于厂房内外温度差所形成的空气压力差,叫做热压。热压越大,自然通风效果就越好。其表达式为

$$\Delta P = g \cdot H(\rho_w - \rho_n) \tag{16-1}$$

式中　ΔP——热压,Pa;

　　　g——重力加速度,m/s²;

　　　H——上下进排风口的中心距离,m;

　　　ρ_w——室外空气密度,kg/m²;

　　　ρ_n——室内空气密度,kg/m²。

式(16-1)表明,热压大小取决于上下进排风口的中心距离和室内外温度差两个因素。为了加强热压通风,可以设法增大上下进排风口的中心距离或增大室内外温度差。

　　寒冷地区的进风低侧窗,宜分上下两排开启。夏季用下排窗进风,如图 16-2(a)所示;冬季关闭下排,用上排窗进风,以免冷风直接吹向工人身上,如图 16-2(b)所示。上排窗的下缘离地面高度一般不宜低于 4.0 m。

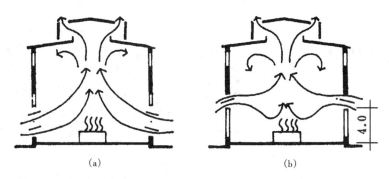

图 16-2　寒冷地区进风低侧窗的设置

(a)夏季进风;(b)冬季进风

(2) 风压作用

　　根据流体力学原理,当风吹向房屋时,迎风面墙壁空气流动受阻,风速降低,使风的部分动能变为静压,作用在建筑物的迎风面上,因而使迎风面上所受到的压力大于大气压,从而在迎风面上的 I-I 剖面处形成正压区,用"+"表示,如图 16-3 所示。

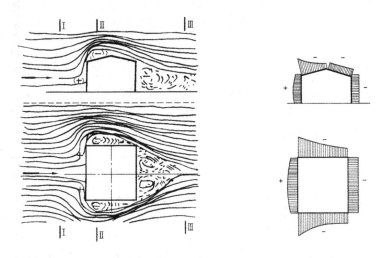

图 16-3　风绕房屋流动状况及风压分布

　　在风受到迎风面的阻挡后,风从建筑物的屋顶及两侧快速绕流过去。在 Ⅱ-Ⅱ 剖面处,绕流作用增加的风速使建筑物屋顶、两侧及背风面受到的压力小于大气压,形成负压区,用"一"表示。风到 Ⅲ-Ⅲ 处时,空气飞越建筑物,并在背风一面形成涡流,出现一个负压区。根据这个原理,应将厂房的进风口设在正压区,排风口设在负压区,使室内外空气更好地进行交换。这种利用风的流动产生的空气压力差所形成的通风方式为风压通风。

　　因此,确定厂房的进、排风口时,须了解在一定风向影响下建筑物各面的正、负压区及风压系数,才能正确选择进、排风口的合理位置,迎风面的天窗口虽属正压,但上、下部位有所不同。

（3）热压与风压同时作用

在进行厂房的剖面设计和通风设计时,要根据热压和风压原理考虑二者共同对厂房通风效果的影响,恰当地设计进、排风口的位置,选择合理的通风天窗形式,组织好自然通风。图16-4为热压和风压同时作用下气流状况示意图。

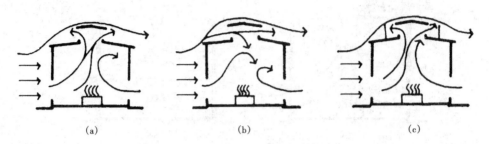

图 16-4　热压和风压同时作用下气流状况示意图
(a) 风压小于热压时;(b) 风压大于热压时;(c) 天窗加设挡风板时

2. 自然通风设计的一般原则

要达到自然通风,设计时应注意以下几个方面。

（1）建筑朝向的选择

为了充分利用自然通风,应限制厂房宽度并使其长轴垂直于当地夏季主导风向（或成 60°～90°夹角）,并尽可能避免西晒。如二者有矛盾时,宜照顾前一要求并采取遮阳及防晒措施。从减少建筑物接收太阳辐射和组织自然通风角度综合考虑,厂房南北朝向是最合理的。

（2）建筑群的布局

把整个建筑群的布局安排好,才能组织好室内的通风。一般建筑群的平面布局有行列式、错列式、斜列式、周边式、自由式五种。从自然通风角度来看,行列式和自由式能争取到较好的朝向,使大多数房间能够获得良好的自然通风,其中又以错列式和斜列式的布局为更好。

（3）合理选用厂房的平面剖面形式

为了便于排热,厂房不宜过宽;平行相连的跨间数不宜过多;平面应呈山字形或 Ⅱ 字形,以增加进、排风口的面积。连续多为热跨的厂房,有时为了更好地组织中间热跨的通风,使进、排风路径更为短捷,也可将跨间分离布置,或在中间设置天井。在剖面设计上,为了加强通风效果,不仅采用一般的避风天窗,还可以设计成加高的女儿墙或利用相邻的天窗及高跨等遮挡物来代替挡风板。

（4）厂房开口与自然通风

一般来说,进风口直对着出风口会使气流直通,风速较大,但风场影响范围小。通常,人们把进风口直对着出风口称为穿堂风。如果进出风口错开互为对角,风场影响的区域会大一些;若进出风口相距太近会使气流偏向一侧,室内通风效果不佳;如果进出口都在正压区域或负压区域墙面一侧或者整个房间只有一个开口,则室内通风状态较差。

为了获得舒适的通风,开口的高度应低一些,才能使气流作用到人身上。高窗和天窗可以使顶部热空气更快散出。室内的平均气流速度只取决于较小的开口尺寸,通常,取进出风口面积相等为宜,如无法相等,则以进风口小些为佳。

对于内部无大型热源、散热量不大、厂房的宽度较窄（一般在 24 m 以内）的中小型车间来说,由于在风压的作用下,穿堂风所占比重较大,即使设有天窗,其排风量也大为降低。故可考虑以穿堂风为主、天窗排风为辅来组织自然通风,如图 16-5 所示,仅在热源集中的地段上部、局部设置通风天窗。

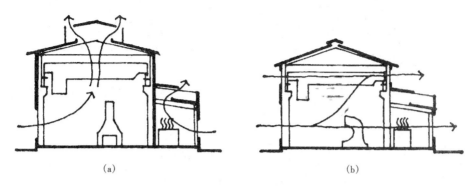

图 16-5 将炉子隔离或开敞布置的锻工车间剖面举例
(a) 用隔墙分隔炉子与锻造跨间;(b) 加热炉设在开敞的边跨间内

以穿堂风为主的厂房,相对两侧的进、排风窗的开启面积应尽可能大些,一般不宜小于侧墙面积的30%。同时,进、排风两侧墙面应尽可能少设毗连式辅助用房,厂房内部则宜少设实体隔断,使穿堂风畅通。平面布置上难以避免辅助用边房时,应将辅助用房布置在楼层上,底层布置使用上允许有敞开的一些房间,以保证进风口气流畅通地流向主跨。

进、排风窗的位置应按下述原则布置,即进风口尽可能低些,排风口则尽可能高些。如用上部天窗排风,侧墙面上部应尽量不设可开启高窗,以免干扰天窗正常排风,下部低窗应选用开口较大的平开、立旋(中旋或侧旋)、水平翻窗(中悬)等窗扇,具体可按车间热量、地区气候、采光等因素来考虑,有条件时可采取开敞做法。

(5) 导风设计

中轴旋转窗扇、水平挑檐、挡风板、百叶板、外遮阳板及绿化均可以挡风、导风,可有效地组织室内通风。

3. 冷加工车间的通风

夏季冷加工车间室内外温差较小,在剖面设计中,主要是合理布置进出风口的位置,选择通风有效的进、排风口形式及构造,合理组织气流路径,形成穿堂风,使其较远地吹至操作区,增加人体舒适感。实践证明,限制厂房宽度并使其长轴垂直夏季主导风向,在侧墙上开窗,在纵横贯通的通道端部设大门,以及在室内少设和不设隔墙等措施对组织穿堂风都是有利的。但是,穿堂风只适用于厂房通道和厂房不太宽的情况(限制厂房的宽度在 60 m 以内)。当厂房较宽时,中间部位受穿堂风效益甚微,通风不够稳定。因此,为使车间内部气流稳定,提高工人的舒适感,在夏季厂房都应辅设机械通风,这是我国目前冷加工车间夏季通风的主要方式。

未设天窗时,为排出一定数量的积聚在屋盖下部的热空气,比较简单的措施是屋脊上设置通风屋脊,如图 16-6 所示。也可以将排风扇设在屋脊上,迫使室内空气流动,这也是冷加工车间的有效通风措施之一。

4. 热加工车间的通风

热加工车间除有大量热量外,还可能有灰尘,甚至存在有害气体。因此,热加工车间更要充分利用热压和合理地设置进、排风口,有效地组织自然通风。

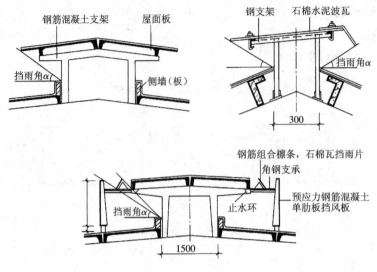

图 16-6　通风屋脊(单位:mm)

（1）进、排风口设置

我国幅员辽阔，南北方气候差异较大，建造地区不同，热加工车间进、排风口布置及构造形式也应不同。南方地区夏季炎热，且持续时间长、雨水多、冬季短、气温不低。南方地区散热量较大车间的剖面形式可如图 16-7 所示。墙下部为开敞式，屋顶设通风天窗。为防雨水溅入室内，窗口下沿应高出室内地面 60～80 cm。因冬季不冷，不需调节进、排风口面积控制风量，故进、排风口可不设窗扇，但为防止雨水飘入室内，必须设挡雨板。

对于北方地区散热量很大的厂房，厂房剖面形式可如图 16-8 所示。由于冬、夏温差较大，进、排风口均须设置窗扇。夏季可将进、排风口窗扇开启组织通风，根据室内外气温条件，调节进、排风口面积进行通风。侧窗窗扇开启方式有上悬、中悬、立旋和平开四种。其中，平开窗、立旋窗阻力系数小，流量大，立旋窗还可以导向，因而常用于进气口的下侧窗。其他需开启的侧窗可用中悬窗（开启角度可达 80°），便于开关。上悬窗开启费力，局部阻力系数大，因此，排风口的窗扇也用中悬。冬季，应关闭下部进气口，开上部（距地面 2.4～4.0 m）的进气口，以防冷气流直接吹至工人身上，影响健康。当设有天窗时，天窗位置一般设在屋脊处或散发热量较大的设备上方，这样可缩短通风距离，较快地排除热空气。中间部分的侧窗一般不按进、排风口设计，以免减少进风口的进气量和气流速度，但应按采光窗设计，常采用固定窗或中悬窗。

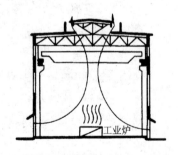

图 16-7　南方地区热车间剖面示意图

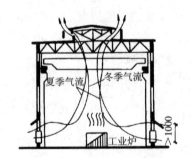

图 16-8　北方地区热车间剖面示意图

对有些灰尘较大的热车间(如炼钢、铸铁等),由于在生产过程中不断产生大量的烟灰和二氧化硫,使侧窗和天窗的玻璃表面很快形成污染面层,清除很困难,严重地影响车间的采光和操作。夏季又需开启窗扇进行通风,由于振动等原因,玻璃破损严重,使维修费用增加。据此,为减少投资和维修费及改善车间的采光状况,对散热量及灰尘散发量大的车间,在南方地区,厂房墙体形式可采用上下开敞式,气流组织如图 16-9 所示。在北方地区,这类热车间的剖面设计应在保证采光基本要求的前提下,尽量缩小

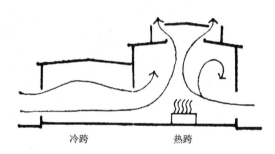

图 16-9 冷热跨相邻时的气流组织

侧窗面积,也可采用上部开敞式。有天窗时也可不设天窗扇,具体要按设计的实际情况而定。除上下开敞式墙体形式外,还有全开敞式,它适用于只要求防雨而不要求保温的一些热车间和仓库,如冶金工业的脱锭车间、钢坯库和钢材库等,气流组织如图 16-10 所示。

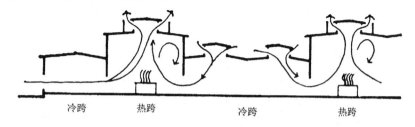

图 16-10 冷热跨多跨并联相间配置时的气流组织

(2) 合理布置热源

首先应和工艺很好地配合研究,如有可能则应把主要热源布置在主厂房的外面,这是解决热车间散热量最经济和最有效的措施。如锻工车间用墙将热炉跨间和锻造跨间隔开,炉口向内,生产仍很方便。如果允许,可把加热炉设在开敞或半开敞的边跨间内,以充分利用穿堂风。此外,热源位置和排风天窗的相对位置,或和侧窗的相对位置,以及与主导风向的关系都应细致考虑,以免造成通风不良或工人操作区位于热源的下风向。

当热源必须布置在厂房的主要跨间内时,应将通风天窗布置在热源上方,使热气流的排出路径短捷,以减少涡流。

在冷热跨并联的厂房中,若冷跨为边跨时,则冷跨不必设置天窗,以使进入厂房的新鲜空气穿过冷跨直接奔向热跨,再从热跨顶部的天窗排出,可获得较好的通风效果,如图 16-9 所示。当跨数较多时,如工艺条件允许,宜将冷跨、热跨相间隔设置,并适当提高热跨的高度,利用较低的冷跨天窗进风,如图 16-10 所示,这样就会形成“活跃”式通风剖面。冷热跨之间应设置距地面约 3.0 m 的悬墙,使进入的新鲜空气流经热跨的作业地带,再经热跨的天窗排出,并防止上升的热气流侵入冷跨。

(3) 开敞式外墙

我国南方及中部地区夏季炎热,这些地区的热加工车间除了采用通风天窗外,其外墙还可采取开敞式的形式。

开敞式的厂房应设置挡雨板,防止雨水进入室内。开敞式厂房主要有全开敞式、上开敞式、下开敞式三种,如图 16-11 所示。

开敞式厂房的优点是:通风量大,室内外空气交换迅速,散热快,构造简单,造价低。缺点是:防寒、防风、防沙能力差,通风效果不太稳定。

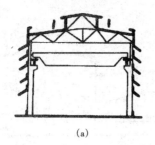 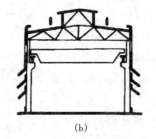 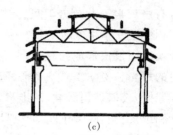

(a) (b) (c)

图 16-11 开敞式外墙的厂房
(a) 全开敞式;(b) 上开敞式;(c) 下开敞式

16.2 厂房的光环境

白天,厂房室内通过窗口取得光线,利用天然光线照明的方式称为天然采光。天然光分为直射光和散射光。

在厂房设计时应首先考虑天然采光。天然采光设计就是根据厂房室内生产对光线的要求,确定窗口的大小、形式及其布置,以保证室内光线的强弱和质量,避免眩光。因此,经济、适用的采光设计,必须根据厂房室内生产对光线的要求,按照建筑采光设计标准进行设计。

16.2.1 天然采光标准

1. 天然采光标准

太阳是天然光的光源。天然光在通过地球大气层时被空气中的尘埃和气体分子扩散,白天的天空呈现出一定的亮度,这就是天空光。在采光设计中,天然光往往指的是天空光。它是建筑采光的主要光源。天然光强度高,变化快,不容易控制。因此,我国《建筑采光设计标准》(GB 50033—2013)(以下简称《采光标准》)规定,在采光设计中,天然采光标准以采光系数为指标。采光系数是室内某一点直接或间接接受天空漫射光所形成的照度与同一时间不受遮挡的该天空半球在室外水平面上产生的天空漫射光照度之比。这样,不论室外照度如何变化,室内某一点的采光系数是不变的。采光系数用符号 C 表示,它是无量纲量。照度是水平面上接受到的光线强弱的指标,照明的单位是 lx(称作勒克斯)。

《采光标准》给出不同作业场所工作面上的采光系数标准值(见表 16-3)。侧面采光系数标准采用最低值 C_{min} 作为标准,顶部采光取采光系数平均值 C_{av} 作为标准。

表 16-3 视觉作业场所工作面上的采光系数标准

采光等级	视觉作业分类		侧面采光		顶部采光	
	作业精确度	识别对象的最少尺寸 d/mm	室内天然光临界照度/lx	采光系数 C_{min}/(%)	室内天然光临界照度/lx	采光系数 C_{av}/(%)
Ⅰ	特别精细	≤0.15	250	5	350	7
Ⅱ	很精细	0.15<d≤0.3	150	3	225	4.5
Ⅲ	精细	0.3<d≤1.0	100	2	150	3
Ⅳ	一般	1.0<d≤5.0	50	1	75	1.5
Ⅴ	粗糙	>5.0	25	0.5	35	0.7

我国幅员辽阔,各地光气候差别较大。因此,国家标准中将我国划分为Ⅰ~Ⅴ个光气候区,采光设计时,各光气候区取不同的光气候系数 K(详见《采光标准》)。表 16-3 中采光系数标准值都是以Ⅲ类气候区为标准给出的数值乘以相应的光气候系数所得到的数值。

2. 满足采光均匀度的要求

工作面上照度差别大,容易产生视觉疲劳,影响工人操作,降低劳动生产率。为了保证视觉舒适,应尽量使室内照度均匀。采光口的类型、位置及其朝向,以及透光材料(玻璃类型)等都会对照度的均匀度有直接影响。所谓采光均匀度是指工作面上的采光系数的最低值与平均值之比,具体可以根据车间的采光等级及采光口的位置来确定。在顶部采光时,对Ⅰ~Ⅴ级采光等级的采光均匀度不宜小于 0.7。侧面采光时,由于照度变化很大,不可能均匀,所以未做规定。为保证采光均匀度 0.7 的规定,相邻两天窗中线间的距离不宜大于工作面至天窗下沿高度的 2 倍,通常工作面取地面以上 1.0~1.2 m 高度。

检验工作面上采光系数是否符合标准,通常是在厂房横剖面的工作面上选择光照最不利点进行验算。将多个测点的值连接起来,形成采光曲线,显示整个厂房的光照情况(见图 16-12)。

图 16-12 采光曲线示意图

3. 合理的投光方向

物体形象的真实感往往和光的投射方向有很大关系。光的投射方向不合适,常常会隐蔽了加工对象的立体感,使这些物体给人以平面的感觉以至于难以识别,或其阴影影响正常工作,因此必须根据工作特点合理考虑光的投射方向。

4. 避免在工作区产生眩光

眩光使人的眼睛感到不舒适,影响视力及操作。设计时应避免工作区出现眩光,可以采取以下措施。

作业区应减少或避免直射阳光;工作人员的视觉背景不宜为窗口;为降低窗户亮度或减少天空视阈,可采用室内外遮阳设施;窗户结构的内表面或窗户周围的内墙面,宜采用浅色粉刷。

16.2.2 采光窗口面积的确定

采光窗口面积的确定,通常根据厂房的采光、通风、立面处理等综合要求,先大致确定窗口面积,然后根据厂房的采光要求进行校验,验证其是否符合采光标准值。采光计算方法很多,《采光标准》规定了一种简易图表计算方法。当一般厂房对采光要求不十分精确时,《采光标准》中还给出了窗地面积比表(见表 16-4),窗地面积比是指窗洞口面积与室内地面面积之比。利用窗地面积比可以简单地估算出采光窗口面积。

表 16-4 采光窗窗地面积比

采光等级	侧窗	矩形天窗	锯齿形天窗	平天窗
Ⅰ	1/2.5	1/3	1/4	1/6
Ⅱ	1/3	1/3.5	1/5	1/8

采光等级	侧窗	矩形天窗	锯齿形天窗	平天窗
Ⅲ	1/4	1/4.5	1/7	1/10
Ⅳ	1/6	1/8	1/10	1/13
Ⅴ	1/10	1/11	1/15	1/23

注:非Ⅲ类光气候区的窗地面积比应乘以相应的光气候系数 K。

16.2.3 天然采光方式和采光窗的选择

1. 天然采光方式

天然采光方式有三种:侧窗采光(侧面)、天窗采光(顶部)、混合采光(侧窗+天窗),如图 16-13 所示。实际工业建筑中大多采用侧窗采光和混合采光(侧窗+天窗),很少单独采用顶部采光。

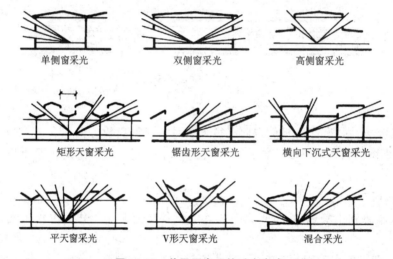

单侧窗采光　　双侧窗采光　　高侧窗采光

矩形天窗采光　　锯齿形天窗采光　　横向下沉式天窗采光

平天窗采光　　V形天窗采光　　混合采光

图 16-13　单层厂房天然采光方式

(1)侧窗采光

侧窗采光是将采光口布置在外墙上的一种采光方式。其特点是构造简单,施工方便,造价低廉,视野开阔,有利于消除疲劳。

侧窗采光分单侧采光和双侧采光两种。当厂房进深不大时,可采用单侧采光。单侧采光的有效进深约为工作面至窗口上沿距离的 1 倍,即 $B=2H$,如图 16-14 所示。单侧采光的光线在深度方向衰减较大,光照不均匀。双侧采光是单跨厂房中常见的形式,它提高了厂房采光均匀程度,可满足较大进深的厂房。

在有桥式吊车的厂房中,常将侧窗分上、下两段布置,上段称之为高侧窗,下段称之为低侧窗,如图 16-15 所示。高侧窗投光远,光线均匀,能提高远窗点的采光效果;低侧窗投光近,对近窗点光线有利。这种高低侧窗结合布置的方式,不仅使结构构件位

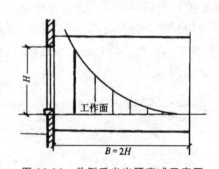

图 16-14　单侧采光光照衰减示意图

置分隔,而且也充分利用了高低侧窗的特点,解决了较高、较宽厂房的采光问题。同时,侧窗造价低廉、构造简单、施工方便,能减少屋顶的集中荷载。因此,在设计中应尽量利用高低侧窗结合布置方式解决多跨厂房的采光问题,如图 16-16 所示。

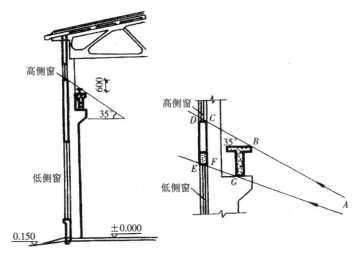

图 16-15　高低侧窗示意图

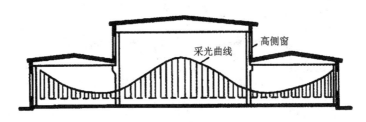

图 16-16　高低侧窗结合布置采光(单位:mm)

为方便工作(如检修吊车轨等)和不使吊车梁遮挡光线,高侧窗下沿距吊车梁顶面不应太高和过低,一般取 600 mm 左右为宜(见图 16-15)。低侧窗下沿(窗台)一般应略高于工作面的高度,工作面高度一般取 0.8 m 左右。沿侧窗纵向工作面上光线的不同情况与窗口及窗间墙宽度有关。窗间墙越宽,光线越明暗不均,因而窗间墙不宜设得太宽,一般以等于或小于窗宽度为宜。如沿墙工作面上要求光线均匀,可减少窗间墙的宽度或取消窗间墙做成带形窗。

（2）天窗采光

天窗采光通常用于侧墙不能开窗或连续多跨的厂房,它照度均匀、采光效率高,但构造复杂、造价较高。

（3）混合采光

混合采光是侧窗采光和天窗采光的结合。当厂房跨度较大、跨数较多或由于朝向等原因不宜开设过大的侧窗面积时,侧窗采光不能满足照度的要求,而用天窗采光进行补充。

2. 采光天窗的形式

采光天窗的形式有矩形、梯形、M 形、锯齿形、横向下沉式、三角形和平天窗等,如图 16-17 所示。其中常见的有矩形、锯齿形、横向下沉式和平天窗四种。

（1）矩形天窗

其采光特点与侧窗采光类似,矩形天窗一般为南北布置,光线比较均匀,通风效果良好,积尘少,易于防水。但增加了厂房空间和屋面荷载,对抗震不利,且构造复杂,造价较高。

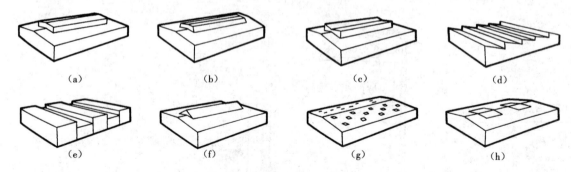

图 16-17　采光天窗形式及布置

(a)矩形天窗;(b)梯形天窗;(c)M形天窗;(d)锯齿形天窗;
(e)横向下沉式天窗;(f)三角形天窗;(g)平天窗(点状);(h)平天窗(块状)

为了保证厂房的照度、均匀度,天窗的宽度一般取厂房跨度的 $1/3\sim1/2$,相邻两天窗的距离应大于等于相邻两天窗高度之和的 1.5 倍,即 $l\geqslant1.5(h_1+h_2)$,如图 16-18 所示。

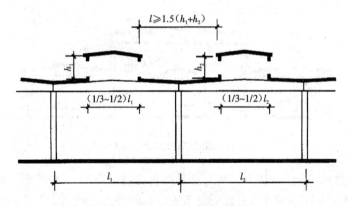

图 16-18　天窗宽度与跨度的关系

（2）锯齿形天窗

厂房的屋顶呈锯齿形,在两齿之间设天窗扇。它的特点是窗口一般朝北向开放,光线不直接射入,室内光线较均匀、叠和、没有眩光。斜向顶板反射的光线可增加室内的照度,它适用于要求光线稳定,并对温度有要求的建筑中,如纺织车间、印染车间等(见图 16-19)。

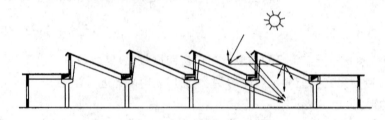

图 16-19　锯齿形天窗厂房剖面

（3）横向下沉式天窗

当厂房东西朝向时,如采用矩形天窗则朝向不好,可采用横向下沉式天窗。它是将屋顶的一部分屋面板布置在屋架下弦,利用上下弦之间的屋面板位置的高差作为采光口和通风口。若将相邻柱距的屋面板交错布置在屋架下弦上,就称为横向下沉式天窗,如图 16-20 所示。其主要特点是根据使用要求,灵活布置天窗位置,并能降低建筑高度、简化结构,抗震性好,降低造价（约为矩形天窗的 62%）,而采光效率与矩形天窗相近。其缺点是窗扇形式受屋架形式的限制,构造较复杂,厂房纵向刚度差。横向下沉式天窗适用于东西向的冷加工车间,也适用于热加工车间。

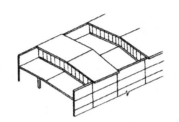
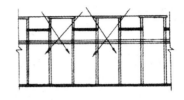

图 16-20　横向下沉式天窗的剖面

（4）平天窗

平天窗是指在屋面板上直接设置水平或接近水平的采光口,如图 16-21 所示。这种天窗采光效率高、采光均匀,它比矩形天窗平均采光系数要大 2～3 倍,即在同样采光标准要求的采光面积为矩形天窗的 1/3～1/2,可节约大量的玻璃面积。

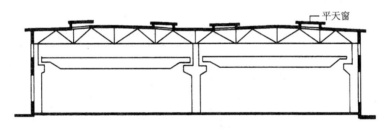

图 16-21　平天窗厂房剖面

平天窗采光口可分采光板、采光罩和采光带三种。带形或板式天窗多数是在屋面板上开洞,覆以透光材料构成的。采光口面积较大时,则设三角形或锥形钢框架,窗玻璃斜置在钢架上。采光带可以纵向或横向布置。采光罩是一种用有机玻璃、聚丙烯塑料或玻璃钢整体压铸的采光构件,有圆穹形、扁平穹形、方锥形等各种形状。采光罩一般分为固定式和开启式。开启式可以自然通风。采光罩的特点是重量轻,构造简单,防水性强,布置灵活。

平天窗的缺点:在采暖地区,玻璃上容易结露,如设双层玻璃,则造价高,构造复杂;在炎热地区,通过平天窗透过大量的太阳辐射热,在直射阳光作用下工作面上眩光严重。此外,平天窗在尘多雨少的地区容易积尘和受到污染,使用几年以后采光效果大大降低。

3. 采光天窗的布置方式

（1）纵向布置

纵向布置是指沿着厂房柱距方向布置,主要适用于南北朝向的厂房,常采用矩形、M 形、梯形、锯齿形天窗,也可用平天窗作为采光带。为使消防人员及检修人员在屋面上活动方便,靠山墙的一个柱距内以及横向变形缝两侧的柱距内不宜设天窗,如图 16-17(a)、(b)、(c)、(d)所示。

(2)横向布置

横向布置是指沿着厂房跨度方向布置,主要适用于东西朝向的厂房。设计中常采用横向下沉式天窗。虽然平天窗也可以横向布置,但就减少直射阳光进入室内而言,作用不大,如图 16-27(e)所示。

(3)点状或块状布置

一般单层厂房建筑常采用平天窗的点状或块状布置方式,其特点是布置灵活、照度均匀,如图 16-27(g)所示。

16.3 厂房的声环境

广义上讲,凡人们不愿听的各种声音都是噪声。但从物理学的角度来看,噪声是指由频率和强度都不同的各种声音杂乱地组合而产生的声音。噪声的危害是多方面的,噪声污染已成为现代社会的公害之一。因此防止或降低噪声的危害有着特殊的意义。

16.3.1 噪声允许标准

我国现已颁布的与工业建筑声环境有关的噪声控制标准有:《中华人民共和国环境噪声污染防治法》、《声环境质量标准》(GB 3096—2008)、《工业企业噪声控制设计规范》(GB/T 50087—2013)和《工业企业厂界环境噪声排放标准》(GB 12348—2008)等。为了防止环境振动污染,我国还颁布了《城市区域环境振动标准》(GB 10070—1988),但尚无工业企业卫生振动标准。表 16-5～表 16-7 给出了部分噪声标准。

表 16-5 城市区域环境噪声标准 Leq(dBA)

类别	适用区域	昼间	夜间
0	疗养区、高级宾馆和别墅区等需特别安静的区域	50	40
1	居住、文教机关为主的区域	55	45
2	居住、商业、工业混杂区	60	50
3	工业区	65	55
4	交通干线两侧区域	70	55

表 16-6 工业建筑室内允许噪声级(dBA)GB/T 50087—2013)

序 号	地点类别		噪声限值(dB)
1	生产车间及作业场所(工人每天连续接触噪声 8 h)	90	
2	高噪声车间设置的值班室、观察室、休息室(室内背景噪声)	无电话通话要求时	75
		有电话通话要求时	70
3	精密装配线、精密加工车间的工作地点、计算机房(正常工作状态)		70
4	车间所属办公室、实验室、设计室(室内背景噪声)		70
5	主控室、集中控制室、通讯室、电话总机室、消防值班室(室内背景噪声)		60
6	厂部所属办公室、会议室、设计室、中心实验室(包括试验、化验、计量室)(室内背景噪声)		60
7	医务室、教室、哺乳室、托儿所、工人值班室(室内背景噪声)		55

注:标准中对昼间和夜间的划分,通常认为 7:00—22:00 为昼间,22:00—7:00 为夜间。

表 16-7　各类厂界噪声标准 Leq(dBA)(GB 3096—2008)

类 别	适用区域	昼 间	夜 间
I	居住、文教机关为主的区域	55	45
II	居住、商业、工业混杂区	60	50
III	工业区	65	55
IV	交通干线两侧区域	70	55

16.3.2　厂房内噪声的控制

为了防止工业噪声的危害,保障职工的身体健康,给工人创造一个良好的生产环境,在厂房设计中对室内噪声必须采取相应措施,使其达到有关规范所允许的水平。目前厂房内噪声控制方法有:控制噪声源、降低声源噪声,在噪声传播途径上控制噪声,对接受者采取保护措施(劳动保护)等。

1. 控制噪声源

控制噪声源是控制噪声的最有效办法。通常,结合工业企业的工艺设计、设备选择及管线设计、应用新材料改进设备结构、提高零件加工精度和装配质量等,可以对噪声源进行控制。例如,用低噪声的焊接代替高噪声的铆接,用无声的液压代替冲压,以液动代替气动等。设备选择时宜选用噪声小、振动低的设备等。这些措施都可以显著地控制噪声源。

2. 接受者防护

控制噪声还可以采取对接受者进行个人防护的方法。当在声源和传播途径上采取的噪声控制措施不能有效实现,或只有少数人在吵闹的环境中工作时,个人防护是一种经济而又有效的方法。常用的防护用具有耳塞、耳罩、头盔等。当然,长期佩戴耳塞,会有耳道中出水(汗)或其他生理反应;耳罩不易和头部紧贴而影响到它的隔声效果;而头盔因为比较笨重,所以只在特殊情况下采用。它们主要是利用隔声原理来阻挡噪声传入耳膜。此外,在车间和其他噪声环境中,可使用隔声间对工人进行保护。

3. 在噪声传播途径上控制噪声

在噪声传播途径上控制噪声主要是结合工业企业的厂址选择、总平面设计等来阻断和屏蔽声波的传播,或使声波传播的能量随距离增大而衰减。

(1)利用闹静分开的方法降低噪声

高噪声的工业企业应集中在工业区选址,应远离居民住宅区、医院、学校、宾馆;对外部噪声敏感的工业企业应避免在高噪声环境中选址,并远离铁路、公路干线、飞机场及主要航线;在厂区内应将高噪声厂房与低噪声厂房分开,在它们之间布置辅助车间、仓库等;将噪声较大的车间集中起来,与办公室、实验室等分开;噪声源尽量不露天放置等。

(2)利用地形和声源的指向性控制噪声

如果噪声源与需要安静的区域之间有山坡、深沟等地形地物时,可以利用它们的障碍作用减少噪声的干扰。主要噪声源宜布置在较低的位置,噪声敏感区宜布置在自然屏障的声影区。同时,利用声源的指向性,使噪声指向空旷无人区或者对安静要求不高的区域。例如,对于辐射中高频噪声的大口径管道,将它的出口朝向上空或朝向野外,以降低噪声对生活区的污染。而对车间内产生强烈噪声的小口径高速排气管道,则将其出口引至室外,使高速空气向上排放,这样不仅可以改善室内声环境,也不致严重影响室外声环境。其他沿管道传播的噪声,可以通过烟囱排入高空或排入地沟,以减轻地面上的噪声污染。

（3）利用绿化降低噪声

采用植树、植草坪等绿化手段也可减少噪声的干扰程度。实验表明,多条窄林带的隔声效果比只有一条宽林带的隔声效果好。林带的高度大致为声源至声区距离的 2 倍。林带应尽量靠近声源,这样降噪效果更好。林带应以乔木、灌木和草地相结合,形成一个连续、密集的障碍带。树种一般选择树冠矮的乔木,阔叶树的吸声效果比针叶树好,灌木丛的吸声效果更为显著。

（4）采取声学控制手段

除以上控制噪声的方法外,工业企业可采用隔声、吸声、隔振与阻尼等噪声控制技术。表 16-8 所示为几种噪声控制措施的降噪原理和适用场合。

表 16-8　常用噪声控制措施与适用场合

控制措施类别	降噪原理	适用场合	减噪效果/dB
吸声减噪	利用吸声材料或结构,降低厂房内反射噪声,如吊挂空间吸声体	车间设备多且分散,噪声大	4～10
隔声	利用隔声结构,将噪声源和接受点隔开,如隔声罩、隔声间和隔声屏等	车间工人多、噪声设备少,用隔声罩;反之,用隔声间;以上二者均不允许时,用隔声屏	10～40
消声器	利用阻性、抗性和小孔喷注、多孔扩散等原理,减弱气流噪声	气动设备的空气动力性噪声	15～40
隔振	将振动设备与地面的刚性连接改为弹性接触,隔绝固体声传播	设备振动严重	5～25
减振	用内摩擦损耗大的材料涂贴在振动表面上,减少金属薄板的弯曲振动	设备外壳、管道等振动噪声严重	5～15

【本章要点】

① 恒温恒湿厂房的设计要点:要选择良好的朝向,应限制门窗的传热系数,体型系数要小,尽量减小外墙的长度。

② 自然通风的方式和基本原理,以及冷、热加工车间的自然通风。重点掌握热压原理、风压原理;掌握热加工车间进、排风口的设置,以及通风外墙、通风天窗的类型。

③ 天然采光的基本要求:满足采光系数的最低值,满足采光均匀度,避免在工作区产生眩光,了解采光面积的确定依据。

④ 采光方式:侧窗采光、天窗采光、混合采光。

⑤ 采光天窗的类型:矩形、锯齿形、横向下沉式和平天窗等类型及布置方式。

⑥ 厂房噪声的控制措施:控制噪声源、对接受者进行防护、在噪声传播途径上控制噪声,了解噪声控制技术。

⑦ 洁净厂房的建筑布置与生产工艺、洁净度等级及气流组织有关。气流组织分为层流式和乱流式

两种,其中层流式还包括垂直层流和水平层流两种形式。

【思考题】

16-1　厂房的通风方式有哪些?

16-2　什么是热压原理? 什么是风压原理?

16-3　通风天窗有哪些类型?

16-4　天然采光有哪些方式? 各有什么特点?

16-5　厂房内采用哪些方式控制噪声?

16-6　洁净厂房的建筑布置应注意哪些问题?

16-7　洁净室设计应注意哪些问题?

第17章 单层工业建筑设计

单层工业建筑的平面、剖面和立面设计是不可分割的整体,设计时必须统一考虑。

17.1 单层工业建筑的结构组成和结构类型

17.1.1 单层工业建筑的结构组成

单层工业建筑的骨架结构是由柱子、屋架或屋面大梁(柱梁结合或其他空间结构)等承重构件组成。单层工业建筑依靠各种结构构件合理地连接为一体,组成一个完整的结构空间,以保证厂房的坚固、耐久。我国广泛采用钢筋混凝土结构,其结构构件的组成如图 17-1 所示。

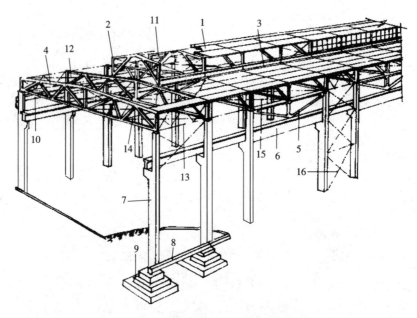

图 17-1 单层工业建筑结构构件的组成

1—屋面板;2—天窗架;3—天窗侧板;4—屋架;5—托梁;6—吊车梁;7—柱子;8—基础梁;
9—基础;10—连系梁;11—天窗支撑;12—屋架上弦横向支撑;13—屋架垂直支撑;
14—屋架下弦横向支撑;15—屋架下弦纵向支撑;16—柱间支撑

1. 承重结构

承重结构主要由横向排架、纵向连系构件及支撑系统构件组成。横向排架由基础、柱和屋架组成,主要承受厂房的各种荷载。纵向连系构件是由基础梁、连系梁、圈梁及吊车梁等组成,保证厂房的整体性与稳定性。纵向构件主要承受作用在山墙上的风荷载和吊车纵向制动力,并将这些力传递给柱子。支撑系统构件包括屋架支撑和柱间支撑,支撑构件主要传递水平风荷载及吊车产生的水平荷载,起保证厂房的空间刚度和稳定性的作用。

2. 围护结构

单层厂房的外围护结构包括外墙、屋顶、地面、门窗、天窗、地沟、散水、坡道、吊车梯、消防梯等。

17.1.2　单层工业建筑的结构类型

单层工业建筑的结构类型按其主要承重结构的形式可以分为排架结构型、刚架结构型和空间结构型。其中以排架结构型最为多见，因为其梁柱间为铰接，可以适应较大的吊车荷载。

1. 排架结构型

① 砖混结构厂房：采用砖柱，屋面结构可选用木屋架、钢木屋架、钢筋混凝土屋架或屋面梁等（见图17-2）。

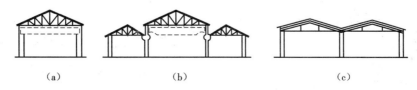

（a）　　　　　　　（b）　　　　　　　（c）

图 17-2　砖混结构厂房

（a）单跨钢木屋架厂房；（b）多跨钢木屋架厂房；（c）钢筋混凝土组合屋架厂房

② 钢筋混凝土柱厂房：此类的承重柱可选用钢筋混凝土的矩形截面柱、工字形截面柱、双形截面柱、圆管形截面柱，或采用钢与混凝土组合的混合型柱等。屋面结构可选用钢筋混凝土屋架或屋面梁、预应力混凝土屋架或屋面梁，也可采用钢屋架（见图17-3）。

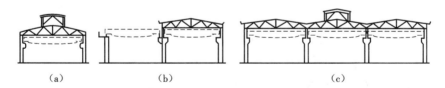

（a）　　　　　　　（b）　　　　　　　（c）

图 17-3　钢筋混凝土柱厂房

（a）单跨厂房；（b）带有露天跨厂房；（c）多跨厂房

③ 钢结构厂房：采用钢柱、钢屋架作为承重构件，如图17-4 所示。

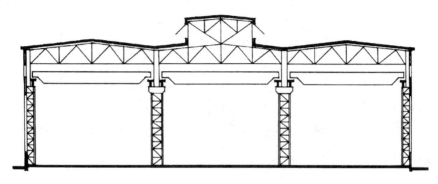

图 17-4　多跨钢结构厂房

2. 刚架结构型

刚架结构型是一种横梁(屋架)和柱合为同一个刚性构件的结构形式,一般采用预应力混凝土刚架或预制装配式钢筋混凝土刚架,也可用钢结构制作(见图 17-5)。

3. 空间结构型

这种结构类型的特点是充分发挥建筑材料的力学性能,结构稳定性好,空间刚度大,抗震性能较强,但施工复杂,大跨及连跨工业建筑使用时受限制较大。常见的有 V 形折板结构(见图 17-6(a))、网格结构(见图 17-6(b))、薄壳结构、悬索结构。

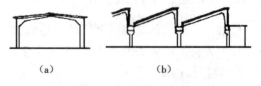

图 17-5　刚架结构厂房

(a)门式刚架;(b)锯齿形刚架

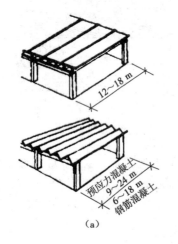

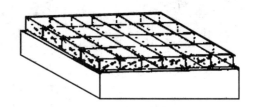

平面桁架系网架适用于平面为矩形,周边支撑的厂房跨度18～30 m

(a) (b)

图 17-6　空间结构厂房

(a) V 形折板结构厂房;(b) 网格结构厂房

17.2　单层工业建筑平面设计

17.2.1　建筑平面设计和生产工艺的关系

生产工艺流程是指某一产品的加工制作过程,即由原材料按生产要求的程序,逐步通过生产设备及技术手段进行加工生产,并制成半成品或成品的全部过程。

单层工业建筑平面及空间组合设计是在工艺设计与工艺布置的基础上进行的。因此,生产工艺是工业建筑设计的重要依据之一。

生产工艺平面图主要包括以下五个方面的内容:①工艺流程的组织;②生产设备、起重运输设备的选择和布置;③车间内部工段的划分;④工业建筑的跨间数、跨度和长度的初步拟定;⑤生产工艺对厂房建筑设计的要求,如通风、采光、防震、防尘、防辐射等。图 17-7 所示是某机械加工车间生产工艺平面图。

17.2.2　单层工业建筑的平面形式及其特点

单层工业建筑平面形式与生产工艺流程、生产特征、生产规模有直接关系。常用的平面形式有矩形、方形、L 形、Ⅱ 形和山形等(见图 17-8)。

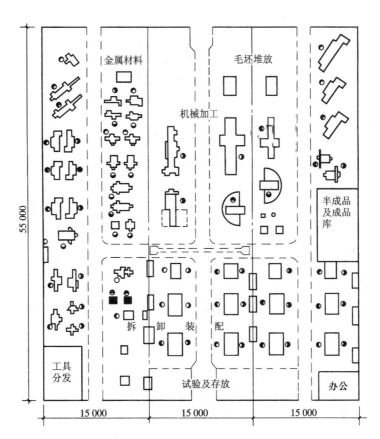

图 17-7　生产工艺平面布置(单位:mm)

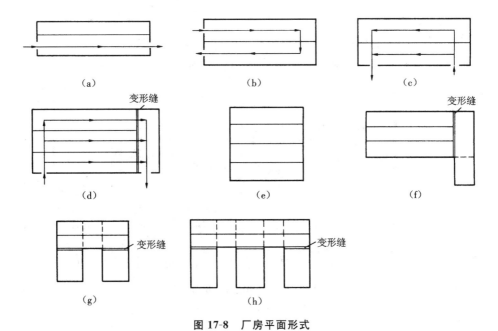

图 17-8　厂房平面形式

下面介绍常用的平面形式及其特点。

1. 矩形平面

矩形平面中最简单的是单跨,它是构成其他平面形式的基本单位。当生产规模较大、要求厂房面积较多时,常用多跨组合的平面,其组合方式应随工艺流程而异。

平行多跨布置适用于直线式的生产工艺流程,即原料由厂房一端进入,产品由另一端运出,如图17-8(a)所示。同时,它也适用于往复式的生产工艺流程,如图17-8(b)、(c)所示。这种平面形式的优点是各工段之间靠得较紧,运输路线短捷,工艺联系紧密,工程管线较短;形式规整,占地面积少。如整个厂房柱顶及吊车轨顶标高相同,此时结构、构造简单,则造价省、施工快。

跨度相垂直布置适用于垂直式的生产工艺流程,即原料从厂房一端进入,经过加工最后到装配跨装配成成品或半成品出厂,如图17-8(d)所示。跨度相垂直布置的优点是工艺流程紧凑,零部件至总装配的运输路线短捷。其缺点是在跨度垂交处结构、构造复杂,施工麻烦。

2. L形、Ⅱ形和山形平面

生产特征也影响着厂房的平面形式。例如,有些车间(如机械工业的铸铁、铸钢、锻工等车间)在生产过程中散发出大量的热量和烟尘。此时,在平面设计中应使厂房具有良好的自然通风,厂房不宜太宽,应形成L形、Ⅱ形和山形平面,如图17-8(f)、(g)、(h)所示。

17.2.3 柱网的选择

厂房中,承重结构的柱子在平面上排列时所形成的网格称为柱网。柱网的尺寸是由柱距和跨度组成的(见图17-9)。柱网的选择,其实质是选择厂房的跨度与柱距。柱子纵向定位轴线间的距离(屋架或屋面梁的跨度)即为厂房的跨度;横向定位轴线间的距离称为柱距。工艺设计人员根据工艺流程和设备布置状况,对跨度和柱距大小提出初始的要求,建筑设计人员在此基础上,依照建筑及结构的设计标准,最终确定工业建筑的跨度和柱距。选择柱网时要满足下列要求。

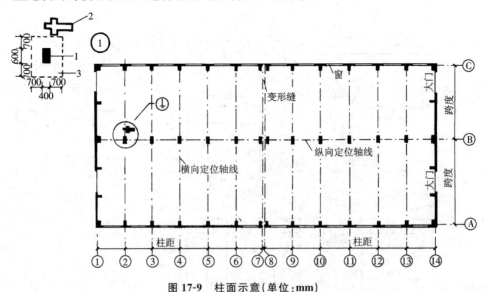

图17-9 柱面示意(单位:mm)
1—柱子;2—机床;3—柱基础轮廓

1. 满足生产工艺要求

跨度和柱距要满足设备的大小和布置方式、材料和加工件的运输、生产操作和维修等生产工艺所需的空间要求。

2. 满足《厂房建筑模数协调标准》(GB/T 50006—2010)的要求

跨度和柱距的选择要满足《厂房建筑模数协调标准》(GB/T 50006—2010)的要求。该标准规定,当工业建筑跨度小于 18 m 时,应采用扩大模数 30M 数列,即跨度尺寸是 9 m、12 m、15 m。当跨度尺寸大于或等于 18 m 时,采用扩大模数 60M 数列,即跨度尺寸可取 18 m、24 m、30 m 和 36 m。柱距采用扩大模数 60M 数列,即 6 m、12 m、18 m。当采用砖混结构的砖柱时,其柱距宜小于 4 m,可采用 3.9 m、3.6 m、3.3 m 等。

3. 扩大柱网尺寸及其优越性

随着科学技术的发展,厂房内部的生产工艺、生产设备、运输设备等也在不断地变化、更新。为适应这种变化,工业建筑应具有相应的灵活性和通用性,在设计中还应考虑可持续性使用。扩大柱网可以较好地满足这种要求,也就是扩大厂房的跨度和柱距。将柱距由 6 m 扩大至 12 m、18 m 乃至 24 m,采用柱网(跨度×柱距)为 12 m×12 m、15 m×12 m、18 m×12 m、24 m×12 m、18 m×18 m、24 m×24 m等。采用钢结构工业建筑,大柱网更易于实现。

扩大柱网的主要优点如下。

① 可以有效提高工业建筑面积的利用率。

② 有利于大型设备的布置及产品的运输。

③ 提高工业建筑的通用性,适应生产工艺的变更及生产设备的更新。

④ 有利于提高吊车的服务范围。

⑤ 扩大柱网能减少建筑结构构件的数量,并能加快建设速度。

17.3　单层工业建筑剖面设计与屋面排水方式

单层工业建筑的剖面设计是厂房建筑设计的一个组成部分。在平面设计的基础上,剖面设计着重解决建筑在垂直空间方面如何满足生产的各项要求。

剖面设计应满足以下要求。

① 确定好合理的厂房高度,使其适应生产工艺需要的足够空间。

② 妥善解决厂房的屋面排水。

③ 选择好结构方案和围护结构形式,以满足建筑工业化的要求。

17.3.1　单层工业建筑高度的确定

单层工业建筑的高度是指由室内地坪到屋顶承重结构下表面的距离。在一般情况下,它与柱顶距地面的高度基本相等,所以常以柱顶标高来衡量单层工业建筑的高度。如屋顶承重结构是倾斜的,则单层工业建筑的高度是由室内地坪面到屋顶承重结构最低点的垂直距离。柱子长度仍满足模数协调标准的要求。

1. 柱顶标高的确定

(1) 无吊车工业建筑

在无吊车工业建筑中,柱顶标高是根据最大生产设备的高度和其使用、安装、检修时所需的净空高度确定,且符合《工业企业设计卫生标准》(GBZ 1—2010)的要求,同时柱顶标高还必须符合扩大模数

3M 数列规定。无吊车工业建筑柱顶标高一般不得低于 3.9 m,以保证室内最小空间,以及满足采光、通风的要求。

（2）有吊车工业建筑

有吊车工业建筑的柱顶标高按下式计算(见图 17-10)。

$$H = H_1 + h_6 + h_7 \qquad (17\text{-}1)$$

式中　H——柱顶标高,m,必须符合 3M 的模数;

H_1——吊车轨道顶面标高,m,一般由工艺设计人员提出;

h_6——吊车轨顶至吊车上小车顶部的高度,根据吊车规格表中查出;

h_7——屋架下弦底面至小车顶面的安全空隙。此值应保证屋架下弦及支撑可能产生的下垂挠度,柱列基础纵横向可能产生的不均匀沉降及构件制作时可能产生误差时,吊车能正常运行。国家标准《通用桥式起重机》(GB/T 14405—2011)根据吊车起重量 h_7 可取 300 mm、400 mm 及 500 mm。如屋架下弦悬挂有管线等其他设施时,另加必要的尺寸。

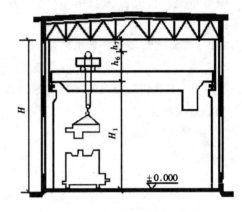

图 17-10　工业建筑高度的确定图

吊车轨道顶面标高 H_1 应为柱牛腿标高、吊车梁高、吊车轨高及垫层厚度之和。柱牛腿标高应符合扩大模数 3M 数列,如牛腿标高大于 7.2 m 时,应符合扩大模数 6M 数列。

由于吊车梁的高度、吊车轨道及其固定方案的不同,计算得出的轨顶标高(H_1)可能与工艺设计人员所提出的轨顶标高有差异。最后轨顶标高应等于或大于工艺设计人员所提出的轨顶标高。H_1 值重新确定后,再进行 H 值的计算。

为了简化结构、构造和施工,当相邻两跨间的高差不大时,可采用等高跨,虽然增加了用料,但总体还是经济的。基于这种考虑,我国《厂房建筑模数协调标准》(GB/T 50006—2010)规定:在多跨工业建筑中,当高差值等于或小于 1.2 m 时不设高差;在不采暖的多跨工业建筑中,高跨一侧仅有一个低跨,且高差值等于或小于 1.8 m 时,也不设高差。除此之外,有关建筑抗震的技术文件建议,当有地震设防要求,且上述高差不大于 2.4 m 时,宜做等高跨处理。

2. 剖面空间的利用

工业建筑高度对造价有直接影响。因此在确定厂房高度时,应在不影响生产要求的前提下,有效地节约并利用厂房的空间,使柱顶标高降低,从而降低建筑造价。

（1）利用地下空间

对个别的高大设备或个别的要求高空间的操作环节采取个别处理,使其不影响整个厂房的高度。图 17-11 所示是某厂房的变压器修理车间工段的剖面图。如把需修理的变压器放在低于室内地坪的地坑内,则可起到缩短柱子长度的作用。

（2）利用屋架之间的空间

图 17-12 所示是铸铁车间砂处理工段纵剖面图,混砂设备高度为 11.8 m,在不影响吊车运行的前提下,把高大的设备布置在两榀屋架之间,利用屋顶空间起到缩短柱子长度的作用。

3. 室内外地坪标高的确定

单层工业建筑室内地坪的标高,由厂区总平面设计确定,其相对标高定为±0.000。

ISTQB

STOPcut here

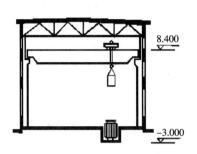

图 17-11 某厂变压器修理工段剖面

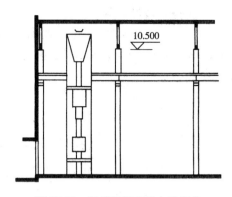

图 17-12 利用屋架空间布置设备

一般单层工业建筑室内外需设置一定的高差,以防止雨水浸入室内,同时为便于汽车等运输工具通行和不加长门口坡道的长度,室内外高差宜较小,一般取 100~150 mm。应在大门处设置坡道,其坡度不宜过大。

当单层工业建筑的地坪有两个以上不同的地坪面时,主要地坪面的标高为±0.000,如图 17-13(a)、(b)所示。

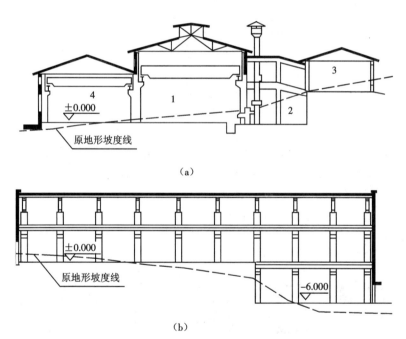

(a)

(b)

图 17-13 单层工业建筑的室内外地坪标高

(a) 修工车间;(b) 利用地形较低一端设置地下室
1—大件造型;2—溶化;3—炉料;4—小件造型

17.3.2 单层工业建筑屋顶形式与排水方式

厂房屋面排水方式类似民用建筑,可分为有组织排水和无组织排水,见图 17-14。厂房排水方式的选择应根据气候条件、生产方式、屋顶面积大小等综合考虑而定。

1. 多脊双坡形式屋顶

多脊双坡形式屋顶坡度一般在 1/5～1/12 之间,如图 17-14(a)所示。其优点是屋顶承重构件受力合理,材料消耗量少。但其不足之处也是显而易见的,如水斗、水落管易被堵塞,天沟积水、屋面易渗漏,施工较困难,造价偏高等。

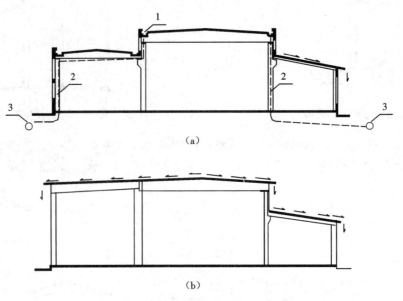

(a)

(b)

图 17-14　单层工业建筑排水方式示意

(a)有组织排水;(b)无组织排水

1—天沟;2—雨水管;3—地下排水管网

2. 缓长坡形式屋顶

缓长坡形式屋顶在很大程度上避免了多脊双坡形式屋顶的缺点。其特点是减少天沟、水落管及地下排水管网的数量,减少投资和维修费,简化构造,并能保证生产的正常进行。正因为如此,它对某些生产有较大的适应性。如某彩色电视显像管厂主装车间将共宽 126 m 的多跨厂房做成单脊双坡屋顶(见图 17-15),既简化了构造,又减少了漏水的可能性。在有腐蚀性介质的生产厂房(如电解车间),采用缓长坡形式屋顶是更适宜的。

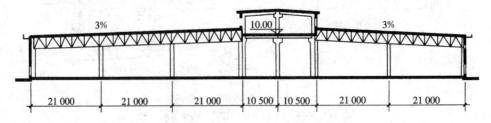

图 17-15　某彩电显像管厂主厂房屋面排水(单位:mm)

在国外,除大型热车间采用坡度较大的屋顶外,一般机械厂都有向缓长坡和平屋顶发展的趋势。这样的屋顶形式使墙板类型大为减少,有利于建筑工业化,还能在平屋顶上布置一些小型辅助房间,扩大生产面积。在多雪地区,平屋顶的雪载分布均匀,不致产生局部超载。有隔热要求时,还可利用平屋顶做蓄水屋面或种植花草,既改善了环境,又是隔热的有效措施。

17.3.3 其他问题

在剖面设计中还应考虑保温与隔热问题。屋顶的保温和墙体的保温均对剖面有一定的影响,当室内各部分有不同的室温时,宜用隔墙分开。

在夏季炎热地区,如果厂房面积不大,屋盖和墙面都应考虑隔热措施。当屋顶面积大于墙面时,隔热重点应放在屋顶上,其主要措施是降低屋顶内表面温度,以减少对室内的辐射。

17.4 单层工业建筑定位轴线的划分

单层工业建筑定位轴线是确定工业建筑主要承重构件的平面位置及其相互间标志尺寸的基准线,同时也是工业建筑设备安装定位和建筑施工放线的依据。确定工业建筑定位轴线必须执行《厂房建筑模数协调标准》(GB/T 50006—2010)的有关规定。

定位轴线的划分是在柱网布置的基础上进行的,一般有横向定位轴线和纵向定位轴线之分。通常把垂直于厂房长度方向(即平行于横向排架)的定位轴线称为横向定位轴线,相邻两条横向定位轴线间的距离标志着单层工业建筑的柱距(见图 17-16)。把平行于厂房长度方向(即垂直于横向排架)的定位轴线称为纵向定位轴线,相邻两条纵向定位轴线间的距离标志着厂房跨度,即屋架的标志长度(跨度)。

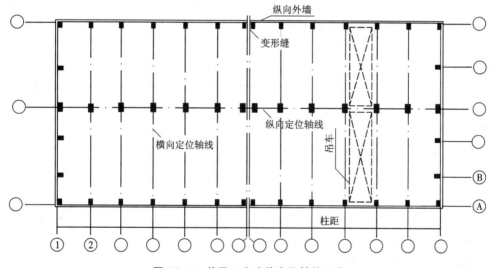

图 17-16 单层工业建筑定位轴线示意

17.4.1 横向定位轴线的设置

单层工业建筑的横向定位轴线主要用来标注单层工业建筑的纵向构件,如吊车梁、屋面板、连系梁、基础梁等的长度(标志尺寸)。

1. 中间柱与横向定位轴线的联系

除横向伸缩缝处、防震缝处的柱以及山墙端部排架柱以外,中间柱截面的中心线应与横向定位轴线相重合,每根柱轴线都通过了柱基础、屋架中心线及上部两块屋面板横向搭接缝隙中心,见图 17-17。

2. 山墙与横向定位轴线的联系

单层工业建筑的山墙根据受力情况分为非承重山墙和承重山墙,两种情况的横向定位轴线划分是不同的。

(1) 山墙为非承重山墙

当山墙为非承重山墙时,山墙内缘与横向定位轴线相重合,并且与屋面板的端部形成"封闭"式联系,端部排架柱的中心线应从横向定位轴线向内移 600 mm,即端部实际柱距减少 600 mm(见图17-18),也便于山墙处设置抗风柱。

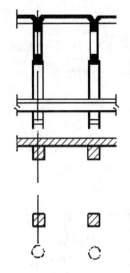

图 17-17 中间柱与横向定位轴线的联系

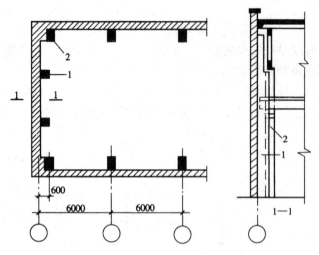

图 17-18 非承重山墙与横向定位轴线的联系(单位:mm)

1—山墙抗风柱;2—排架柱(端柱)

(2) 山墙为承重山墙

当山墙为承重山墙时,山墙内缘与横向定位轴线的距离为λ(见图 17-19)。λ根据砌体的块材类别决定,为半块或半块的倍数,或取墙体厚度的一半,以保证构件在墙体上有足够的结构支承长度。

3. 横向伸缩缝、防震缝部位柱与横向定位轴线的联系

横向温度伸缩缝、防震缝处一般采用双柱处理。根据伸缩缝和防震缝的宽度要求,此处应设两条横向定位轴线,缝两侧柱截面中心线均应自定位轴线向两侧内移 600 mm(见图 17-20)。两条定位轴线间的距离称为插入距,用 a_i 表示,在数值上等于变形缝宽 a_e,即 $a_i = a_e$。该处两横向定位轴线与相邻横向定位轴线之间的距离与其他轴线间的柱距相等。

17.4.2 纵向定位轴线的设置

单层工业建筑的纵向定位轴线主要用来标定横向构件,如屋架或屋面大梁标志尺寸的端部位置。纵向定位轴线应根据结构合理、构造简单、构件规格少的原则来确定,还应保证吊车安全运行所需净空及检修时的安全需要。

1. 外墙、边柱与纵向定位轴线的联系

在有吊车的工业建筑中,为使吊车规格与结构相协调,《厂房建筑模数协调标准》(GB/T 50006—2010)确定二者的关系为:

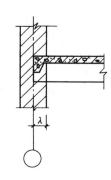

图 17-19　承重山墙与横向
定位轴线的联系

$\lambda=$ 墙体块材的半块(长)、半块的倍数(长)或墙厚的一半

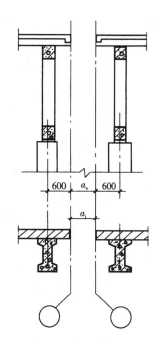

图 17-20　纵向柱列伸缩缝处双柱与
横向定位轴线的联系(单位:mm)

$$L_k = L - 2e \tag{17-2}$$

式中　L_k——吊车跨度,即吊车两轨道中心线之间的距离,m;

　　　L——工业建筑跨度,m;

　　　e——吊车轨道中心线至纵向定位轴线的距离,mm;一般取 750 mm;当吊车起重量 $Q > 50$ t 或者为重级工作制需设安全走道板时,取 1 000 mm,如图 17-21 所示。

由图 17-21 可知:

$$e = h + C_b + B \tag{17-3}$$

式中　h——上柱截面宽度,mm,根据工业建筑高度、跨度、柱距及吊车起重量确定;

　　　B——吊车桥架端部构造长度,mm,即吊车轨道中心线至吊车端部外缘的距离,由吊车规格表查明;

　　　C_b——吊车尽端外缘至上柱内缘的安全净空尺寸,mm,当吊车起重量 $Q \leqslant 50$ t 时,$C_b \geqslant 80$ mm;当 $Q \geqslant 75$ t 时,$C_b \geqslant 100$ mm。C_b 值主要考虑吊车和柱子的安装误差以及吊车运行中的安全间隙。

　　根据吊车起重量、形式、工业建筑柱距、跨度、是否有安全走道板等影响因素,边柱外缘与纵向定位轴线的联系有以下两种情况。

　　(1)封闭式结合的纵向定位轴线

　　当纵向定位轴线与边柱外缘、墙内缘三者相重合时,称封闭式结合的纵向定位轴线。在无吊车或只有悬挂式吊车,以及柱距为 6 m、桥式起重量 $Q \leqslant 20$ t/5 t 条件下的工业建筑中,一般采用封闭结合式定位轴线(见图 17-22)。

　　当起重量 $Q \leqslant 20$ t/5 t 时,相应的参数为 $B \leqslant 260$ mm,$C_b \geqslant 80$ mm,$h \leqslant 400$ mm,$e = 750$ mm,

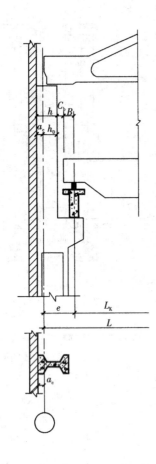

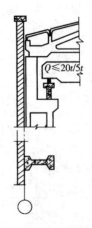

图 17-22　外墙、边柱与纵向定位
轴线的关系(封闭结合)

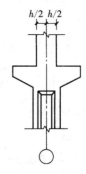

图 17-21　外墙、边柱与纵向
轴线的关系(非封闭结合)

图 17-23　平行等高跨中柱与纵向
定位轴线的联系

则 $e-(h+B)\geqslant 90$ mm,满足 $C_b\geqslant 80$ mm 的要求。

在封闭式结合中,屋面板全部采用标准板,不需设非标准的补充构件,具有简化屋面构造、施工方便等优点。

(2)非封闭式结合的纵向定位轴线

当纵向定位轴线与边柱外缘之间有一定距离,屋架上的屋面板与墙内缘间有一段空隙时,称为非封闭式结合的纵向定位轴线。在柱距为 6 m、吊车起重量 $Q\geqslant 30$ t/5 t 的工业建筑中,常采用非封闭式结合的纵向定位轴线(见图 17-21)。

当 $Q\geqslant 30$ t/5 t 时,查吊车规格知:$B=300$ mm, $C_b=80$ mm。柱距较大、吊车较重,故 $h=400$ mm;如不设安全走道板 $e=750$ mm,则 $C_b=e-(h+B)=50$ mm,不能满足上述 $C_b\geqslant 80$ mm 的要求。

由于此时 B 和 h 值均较 $Q\leqslant 20$t/5t 时大,如继续采用封闭式结合,已不能满足吊车安全运行时所需的净空要求。为保证吊车运行所需的安全间隙,同时又不增加构件的规格,设计时需将边柱外缘自定位轴线向外移动一定距离,这个距离称为联系尺寸,用 a_c 表示,其值取为 300 mm 或 300 mm 的倍数。当外墙为砌体时,可为 50 mm 或 50 mm 的倍数。

在非封闭式结合时,按常规布置屋面板只能铺到定位轴线处,此时墙内缘与标准屋面板之间的空隙需作构造处理,如增设非标准的补充构件或墙挑砖封平。因此,非封闭式结合构造复杂,施工麻烦。

2. 中柱与纵向定位轴线的联系

在多跨工业建筑中,中柱有平行等高跨和不等高跨两种情况。

(1)平行等高跨中柱与纵向定位轴线

当工业建筑为等高跨时,中柱宜设置单柱和一条定位轴线,柱截面中心线与纵向定位轴线相重合(见图 17-23)。上柱截面宽度一般取 600 mm,以满足两侧屋架或屋面大梁的支承长度的要求。

(2)不等高跨中柱与纵向定位轴线

当高低跨处采用单柱时,如高跨吊车起重量 $Q \leqslant 20$ t/5 t,则高跨上柱外缘、封墙内缘与纵向定位轴线相重合,如图 17-24(a)所示。

当高跨吊车起重量较大,如 $Q \geqslant 30$ t/5 t 时,其上柱外缘与纵向定位轴线不重合,应采用两条纵向定位轴线,其间宜设联系尺寸 a_c,低跨定位轴线与高跨定位轴线间的距离为插入距 a_i。为简化屋面构造,其定位轴线应自上柱外缘、封墙内缘通过,即 $a_i = a_c$,见图 17-24(b)。所以此时在一根柱上同时存在两条定位轴线,分属于高、低跨。如封墙处采用墙板结构时,可按图 17-24(c)、(d)处理。

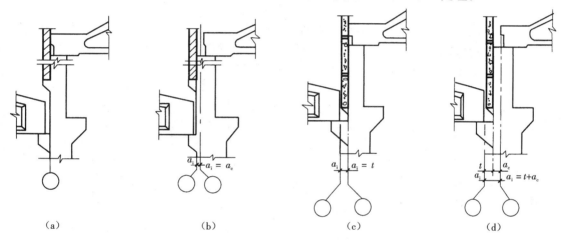

图 17-24 不等高跨中柱与纵向定位轴线的联系

a_i—插入距;a_c—联系尺寸;t—封墙厚

(3)纵向伸缩缝、防震缝处柱与纵向定位轴线的联系

当单层工业建筑宽度较大时,沿宽度方向需设置纵向伸缩缝,以解决横向变形问题。

等高工业建筑需设纵向伸缩缝时,可采用单柱并设两条纵向定位轴线。屋架或屋面梁一侧支承在柱头上,另一侧(伸缩缝一侧)搁置在活动支座上(见图 17-25)。此时,$a_i = a_c$。

不等高工业建筑设纵向伸缩缝时,一般设置在高低跨处。当采用单柱处理时,低跨的屋架或屋面梁可搁置在设有活动支座的牛腿上,高低跨处应采用两条纵向定位轴线,其间设插入距 a_i。此时插入距 a_i 在数值上与伸缩缝宽度 a_e、联系尺寸 a_c、封墙厚度 t 的关系如图 17-26 所示。

高低跨采用单柱处理,结构简单,吊装工程量少,但柱外形较复杂,制作不便,尤其当两侧高低悬殊或吊车起重量差异较大时往往不甚适宜,此时宜采用双柱处理,并设伸缩缝或防震缝,各跨成独立体系。

当伸缩缝、防震缝处采用双柱时,应使用两条纵向定位轴线,并设插入距。柱与纵向定位轴线的定位规定可分别按各自的边柱处理,如图 17-27 所示。此时,高低跨两侧结构实际是各自独立、自成系统,仅是互相靠拢,以便下部空间相通,有利于组织生产。

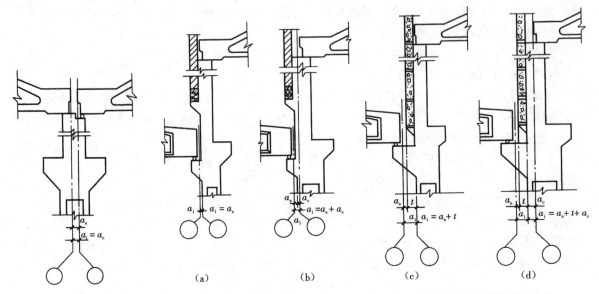

图 17-25 等高跨工业建筑
纵向伸缩缝处单柱
与双轴线的处理

图 17-26 不等高跨工业建筑纵向伸缩缝处单柱与纵向定位轴线的联系

(a) 未设联系尺寸;(b) 设联系尺寸;(c) 加封墙厚度;(d) 加封墙厚度

a_c—联系尺寸;a_e—缝宽;t—封墙厚;a_i—插入距

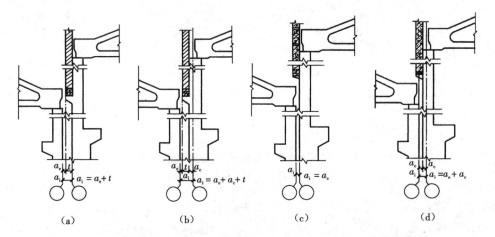

图 17-27 不等高跨工业建筑纵向伸缩缝处双柱与纵向定位轴线的联系

a_i—插入距;a_e—缝宽;a_c—联系尺寸;t—封墙厚

17.4.3 纵横跨相交处定位轴线的设置

工业建筑纵横跨相交时,常在相交处设变形缝,因此两侧结构是各自独立体系,应有各自的柱列和定位轴线,然后再将相交体都组合在一起。对于纵跨,相交处的处理相当于山墙处;对于横跨,相交处的处理相当于边柱和外墙处的定位轴线定位。纵横跨相交处采用双柱单墙处理,相交处外墙不落地,成为悬墙,属于横跨。相交处两条定位轴线间插入距 $a_i = a_e + t$ 或 $a_i = a_e + t + a_c$(见图 17-28),当封墙为砌体时,a_e 为变形缝的宽度;当封墙为墙板时,a_e 取变形缝的宽度或吊装墙板所需净空尺寸的较大者。

有纵横相交跨的工业建筑,其定位轴线编号常是以跨数较多部分为准统一编排。

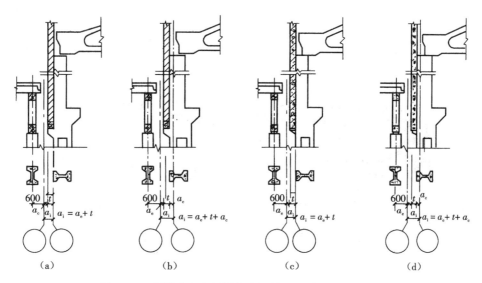

图 17-28　纵横跨相交处柱与定位轴线的联系(单位:mm)

a_i—插入距;a_e—缝宽;a_c—联系尺寸;t—封墙厚

本章所述定位轴线标定,主要适用于装配式钢筋混凝土结构或混合结构的单层工业建筑,对于钢结构工业建筑,可参照《厂房建筑模数协调标准》(GB/T 50006—2010)执行。

17.5　单层工业建筑立面设计

单层工业建筑立面设计是工业建筑设计的组成部分之一。单层工业建筑的体型与其平面形状、生产工艺、结构形式,以及环保要求等因素密切相关。在设计中要根据工业建筑的功能要求、技术水平、经济条件,运用建筑艺术构图规律和处理手法,使工业建筑具有简洁、朴素、新颖、大方的外观形象,创造出内容与形式统一、代表企业形象的建筑外貌。

17.5.1　立面设计

立面设计的影响因素有以下几点。

1. 使用功能的影响

工艺流程、生产状况和运输设备不仅影响着单层工业建筑的平面和剖面设计,而且也影响着它的立面设计。如轧钢、造纸等工业,由于其生产工艺流程是直线的,故多采用单跨或单跨并列体形(见图 17-29)。重型机械厂的铸工车间一般各跨的高宽均有不同,又有冲出屋面的化铁炉、露天跨的吊车栈桥、烘炉及烟囱等,体型组合较为复杂(见图 17-30)。

2. 结构形式的影响

结构形式对厂房体型也有着直接影响,同样的生产工艺,可以采用不同的结构方案。因而厂房结构形式,特别是屋顶承重结构形式在很大程度上决定着厂房的体型。图 17-31 是意大利某造纸车间,它采用两组 A 形钢筋混凝土搭架,支承钢缆绳,悬吊屋顶。车间外墙不与屋顶相连,车间内部无柱子,工艺布置灵活,整个造型给人以明快、活泼、新颖的感受。

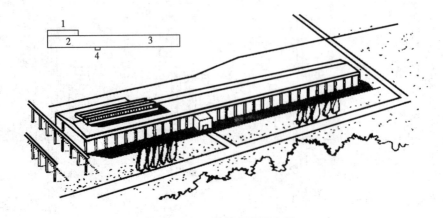

图 17-29 某钢厂轧钢车间

1—加热炉；2—热轧；3—冷轧；4—操纵室

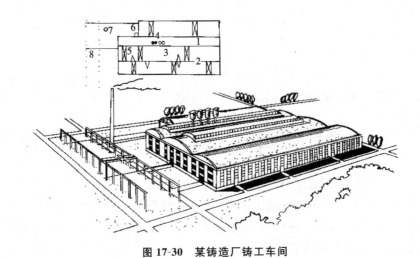

图 17-30 某铸造厂铸工车间

1—沙型处理；2—造型及型芯；3—浇注合箱；4—熔化；5—清理；6—烘炉；7—烟囱；8—栈桥

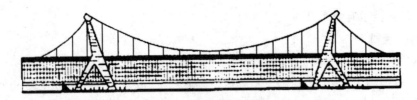

图 17-31 意大利某造纸车间

3. 气候环境的影响

环境和气候条件(如太阳辐射强度、室外空气的温度与湿度等)对厂房的体型组合也有一定的影响。例如在寒冷的北方地区，厂房要求防寒保暖，窗面积较小，体型一般显得稳重、集中、浑厚；而在炎热地带，要求通风散热，因此常采用窗数量较多，面积较大，体型开敞、狭长、轻巧的厂房(见图 17-32)。

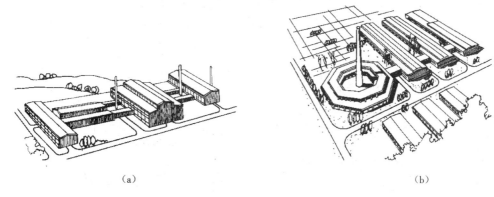

图 17-32　不同条件下的陶瓷厂

(a)北方某陶瓷厂；(b)南方某陶瓷厂

17.5.2　单层厂房立面处理的方法

1. 立面处理的几个方面

外墙在单层工业建筑外围护结构中所占的比例与厂房的性质、建筑采光等级、地区室外照度和地区气候条件有关,外墙的墙面大小、色彩与门窗的大小、比例、位置、组合形式等直接关系到工业建筑的立面效果。

厂房立面设计是在已有的体型基础上利用柱子、勒脚、门窗、墙面、线脚、雨篷等部件,结合建筑构图规律进行有机地组合与划分,使立面简洁大方、比例恰当,达到完整匀称、节奏自然、色调质感协调统一的效果。

门的处理:门是工业建筑的生产及运输通道,对它进行适当的美化加工,如加设门框、门斗、雨篷等,都可以突出门的位置而增强指示性,改善墙面的虚实关系,丰富立面的效果。

窗的组合:窗是为满足工业建筑的采光、通风功能而设。合理地进行门窗组合,可以有效地协调墙面的虚实关系,增强立面的艺术效果。

墙面划分:利用结构构件、线脚等手段,将墙面采用不同的方法进行划分,可获得不同的立面效果。

2. 墙面划分的方法

① 垂直划分:根据外墙结构特点,利用承重的柱子、壁柱、窗间墙、竖向条形组合的侧窗等构件构成垂直突出的竖向线条,有规律地重复分布,可改变单层工业建筑扁平的比例关系,使立面显得挺拔、高耸、有力(见图 17-33)。为使墙面整齐美观,门窗洞口和窗间墙的排列多以一个柱距为一个单元,在立面中重复使用,使整个墙面产生统一的韵律。

(a)　　　　　(b)　　　　　(c)　　　　　(d)

图 17-33　垂直划分示意图

② 水平划分:在水平方向设整排的带形窗,利用通长的窗眉线或窗台线,将窗洞口上下的窗间墙连成水平条带;或利用檐口、勒脚等水平构件,组成水平条带;在开敞式墙的厂房中,采用挑出墙面的多层挡雨板,利用阴影的作用使水平线条的效果更加突出;也可采用不同材料、不同色彩的外墙作为水平的窗间墙,同样能使厂房立面显得明快、大方、平稳。图 17-34 所示是水平划分示意图。水平划分的外形简洁舒展,很多厂房立面都采用这种做法。

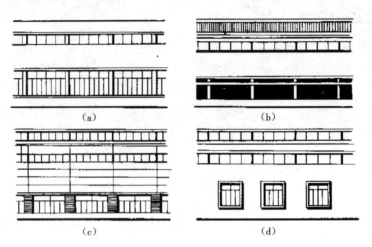

(a)

(b)

(c)

(d)

图 17-34　水平划分示意图

③ 混合划分:在实际工程中,立面的水平划分与垂直划分经常不是单独存在的,一般都是利用两者的有机结合,以其中某种划分为主,或两种方式混合运用,这样,既能相互衬托,混而不乱,又能取得生动和谐的效果(见图 17-35)。

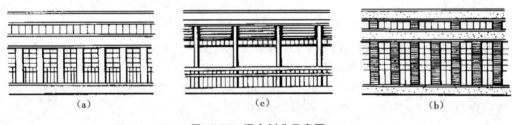

(a)

(c)

(b)

图 17-35　混合划分示意图

3. 墙面的虚实处理

除墙面划分外,正确处理好窗墙之间的比例,也能取得较好的艺术效果。在满足采光面积与自然通风的要求下,窗与墙的比例关系有如下三种。

① 窗面积大于墙面积,此时立面以虚为主,显得明快、轻巧。

② 窗面积小于墙面积,立面以实为主,显得稳重、敦实。

③ 窗面积接近墙面积,虚实平衡,显得平静、平淡无味,运用较少。

【本章要点】

① 单层工业建筑的骨架结构是由柱子、屋架或屋面大梁等组成,以承受各种荷载。其中,内外墙一般不承重,只起到围护或分隔作用。

② 单层工业建筑平面设计应以生产工艺要求为依据,结合厂区总平面设计的要求,采用合理的平面形式和柱网布置。

③ 确定合理的工业建筑高度,掌握柱顶标高的确定、室内地面标高的确定及工业建筑高度的调整,使其有足够空间满足生产工艺的要求。此外,了解多脊双坡、缓长坡形式的屋顶。

④ 定位轴线是确定单层工业建筑主要承重构件位置及其标志尺寸的基准线,同时,也是设备安装定位和施工放线的依据。定位轴线的划分是在柱网布置的基础上进行的,一般有横向定位轴线和纵向定位轴线之分。横向定位轴线主要用来标定纵向构件,如吊车梁、屋面板、连系梁、基础梁等的长度;纵向定位轴线主要用来标定横向构件,如屋架或屋面大梁标志尺寸的端部位置。纵向定位轴线是采用封闭式结合还是非封闭式结合要看吊车安全运行的需要,必须满足 C_b 的要求。

⑤ 立面设计是单层工业建筑设计的组成部分之一,影响立面设计的主要因素有使用功能的影响、结构形式的影响和气候、环境的影响。

【思考题】

17-1 按照承重结构形式分类,单层工业建筑主要有哪几种?

17-2 柱网的定义是什么? 怎样确定柱网的尺寸? 扩大柱网的优点是什么?

17-3 定位轴线的定义是什么? 横向定位轴线与纵向定位轴线有什么区别?

17-4 封闭式结合定位轴线和非封闭式结合定位轴线的定义和区别是什么?

第18章　多层工业建筑设计

随着科学技术的发展、工艺和设备的进步、工业用地的日趋紧张,多层厂房在机械、电子、电器、仪表、光学、轻工、纺织、化工和仓储等行业中占有举足轻重的地位。随着工业自动化程度的提高、信息设备的普及,多层工业厂房在整个工业部门中所占的比重将会越来越大。

18.1　多层工业建筑概述

18.1.1　多层厂房的特点

多层厂房是指层数为2~8层的生产厂房,它主要用于轻工业类厂房,如食品、纺织、化工、印刷、电子等行业中。多层厂房与单层厂房相比较,它具有以下特点。

1. 多层厂房生产在不同标高的楼层进行

多层厂房各层间除水平工作间的联系外,突出的是竖向间的联系,设有楼梯、电梯等垂直运输设备,供生产工艺要求自上而下、自下而上或上下往复式的流程服务,且人流、货流比单层厂房复杂。

2. 多层厂房占地面积较少,能节约土地

多层厂房一般比单层厂房节约用地4/5,减少基础工程量,缩短厂区道路、管线、围墙等的长度,从而降低了建设投资和维修费用。

3. 多层厂房外围护结构面积小

与单层厂房面积相同的多层厂房,随着层数的增加,单位面积的外围护结构面积亦随之减少,可节省大量建筑材料并获得节能的效果。在寒冷地区,可减少冬季采暖费,有空调的工段可减少空调费用,且易保证恒温恒湿的要求。

4. 多层厂房的建筑宽度比单层厂房小

多层厂房因屋顶面积较小,屋盖构造简单,可不设天窗,利用侧面采光,有利于直接获取自然采光;由于易排除雨雪、积灰,有利于保温隔热处理。

5. 多层厂房分间灵活,有利于工艺流程的改变

多层厂房一般为梁板柱承重,柱网尺寸较小。由于柱子多、结构面积大,因而生产面积使用率较单层厂房的低。

6. 多层厂房设备布局方便合理

较重的设备可放在底层,较轻的设备放在楼层,但多层厂房对重荷载、大设备、强振动的适应性较单层厂房差,需做特殊的结构构造处理。

18.1.2　多层厂房的适用范围

适合于布置在多层厂房内的工业有以下六种类型。

① 生产上需要垂直运输的工业:其生产原材料大部分送到顶层,再向下层的车间逐一传送加工,最后底层出成品,如大型面粉厂等。

② 生产上要求在不同的楼层操作的工业:如化工厂、热电站主厂房等。

③ 生产工艺对生产环境有特殊要求的工业:如电子、精密仪表类的厂房。为了保证产品质量,要求在恒温恒湿及洁净等条件下进行生产,多层厂房易满足这些技术要求。

④ 综合分析后要建造的多层厂房:生产上虽无特殊要求,但生产设备及产品均较轻,且运输量亦不大的厂房,并且应根据城市规划及建筑用地要求,结合生产工艺、施工技术条件以及经济性等作综合分析后,确定建造多层厂房。

⑤ 厂区基地受限的工厂:一些老厂位于市区内,厂区基地受到限制,生产上无特殊要求,须进行改建或扩建时,可向空间发展,建成多层厂房。

⑥ 仓储型厂房及设施:如冷藏车间、设环形多层坡道的车库等。

18.1.3　多层厂房的结构形式

厂房结构形式的选择首先应该结合生产工艺及层数的要求进行,其次还应该考虑建筑材料的供应、当地的施工安装条件、构配件的生产能力以及基地的自然条件等。目前我国多层厂房承重结构按其所用材料的不同一般有如下几种。

1. 混合结构

混合结构有砖墙承重和内框架承重两种形式。前者包括有横墙承重及纵墙承重的不同布置,但因砖墙占用面积较多,影响工艺布置,因而内框架承重的混合结构形式,是目前使用较多的一种结构形式。

由于混合结构的取材和施工均较方便,费用又较经济,保温隔热性能较好,所以当楼板跨度在 4~6 m,层数在 4~5 层,层高在 5.4~6.0 m,在楼面荷载不大又无振动的情况下,均可采用混合结构。但当地基条件差,容易不均匀下沉时,选用时应慎重,此外在地震区亦不宜选用。

2. 钢筋混凝土结构

钢筋混凝土结构是我国目前采用最广泛的一种结构。它的构件截面较小、强度大,能适应层数较多、荷重较大、跨度较宽的需要。钢筋混凝土框架结构,一般可分为梁板式结构和无梁楼板结构两种。其中梁板式结构又可分为横向承重框架、纵向承重框架及纵横向承重框架三种。横向承重框架刚度较好,适用于室内要求分间比较固定的厂房,是目前经常采用的一种形式。纵向承重框架的横向刚度较差,需在横向设置抗风墙、剪力墙,但由于横向连系梁的高度较小,楼层净空较高,有利于管道的布置,一般适用于需要灵活分间的厂房。纵横向承重框架,采用纵横向均为刚接的框架,厂房整体刚度好,适用于地震区及各种类型的厂房。无梁楼板结构,系由板、柱帽、柱和基础组成,它的特点是没有梁,因此楼板底面平整、室内净空可有效利用,它适用于布置大统间及需灵活分间布置的厂房,一般应用于荷载较大(1000 kg/m² 以上)的多层厂房及冷库、仓库等类的建筑。

除上述的结构形式外,还可采用门式刚架组成的框架结构以及为设置技术夹层而采用的无斜腹杆平行弦屋架的大跨度桁架式结构。

3. 钢结构

钢结构具有重量轻、强度高、施工方便等优点,是国外采用较多的一种结构形式。目前我国由于钢产量较少,建筑用钢受到限制,因此钢结构采用得较少。但从发展的趋势来看,钢结构和钢筋混凝土结构一样,将会被更多地应用。钢结构虽然造价较贵,但从国外的经验证明,它施工速度快,能使工厂早日投产(一般认为可提高速度 1 倍左右)。因此建筑造价虽然贵一点,但可以从提早投产来补偿损失。

目前钢结构主要趋向是采用轻钢结构和高强度钢材。采用高强度钢结构较普通钢结构可节约钢材 15%~20%,造价降低 15%,减少用工 20% 左右。

18.2　多层工业建筑平面设计

多层厂房的平面设计首先应注意满足生产工艺的要求。其次,运输设备和生活辅助用房的布置、地基的形状、厂房方位等都对平面设计有很大影响,必须全面、综合地加以考虑。

18.2.1　生产工艺流程和平面布置

生产工艺流程的布置是厂房平面设计的主要依据。各种不同生产流程的布置在很大程度上决定着多层厂房的平面形状和各层间的相互关系。

按生产工艺流向的不同,多层厂房的生产工艺流程的布置可归纳为以下三种类型(见图18-1)。

1. 自上而下式

自上而下式是把原料送至最高层后,按照生产工艺流程的程序自上而下地逐步进行加工,最后的成品由底层运出。这时常可利用原料的自重,以减少垂直运输设备的设置。一些粒状或粉状材料加工的工厂常采用这种布置方式,面粉加工厂和电池干法密闭调粉楼的生产流程都属于这一种类型,如图18-1(a)所示。

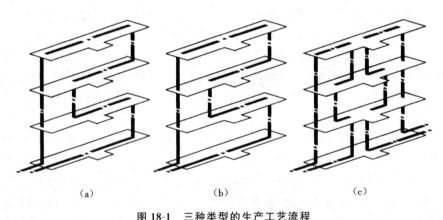

（a）　　　　　　　　　（b）　　　　　　　　　（c）

图 18-1　三种类型的生产工艺流程
(a)自上而下式;(b)自下而上式;(c)上下往复式

2. 自下而上式

自下而上式是指原料自底层按生产流程逐层向上加工,最后在顶层加工成成品。这种流程方式有两种情况:一是产品加工流程要求自下而上,如平板玻璃生产,底层布置溶化工段,靠垂直辊道由下而上运行,在运行中自然冷却形成平板玻璃;二是有些企业原材料及一些设备较重,或需要有吊车运输等,同时,生产流程又允许或需要将这些工段布置在底层,其他工段依次布置在以上各层,这就形成了较为合理的自下而上的工艺流程。如轻工业类的手表厂、照相机厂或一些精密仪表厂的生产流程都属于这种形式,如图18-1(b)所示。

3. 上下往复式

上下往复式是有上有下的一种混合布置方式。它能适应不同情况的要求,应用范围较广。由于生产流程是往复的,不可避免地会引起运输上的复杂化,但它的适应性较强,是一种经常采用的布置方式。例如印刷厂,由于铅印车间印刷机和纸库的荷载都比较重,因而常布置在底层,别的车间如排字间一般布置在顶层,装订、包装一般布置在二层。为适应这种情况,印刷厂的生产工艺流程就采用了上下往复的布置方式,如图 18-1(c)所示。

　　在进行平面设计时,一般应注意:厂房平面形式应力求规整,以利于减少占地面积和围护结构面积,便于结构布置、计算和施工;按生产需要,可将一些技术要求相同或相似的工段布置在一起。如要求空调的工段和对防振、防尘、防爆要求高的工段可分别集中在一起,进行分区布置;按通风日照要求合理安排房间朝向。一般来说,主要生产工段应争取南北朝向,但对一些具有特殊要求的房间,如要求空调的工段为了减少空调设备的负荷,在炎热地区应注意避免太阳辐射热的影响,寒冷地区应注意减少室外低温及冷风的影响。

18.2.2　平面布置的形式

　　根据生产特点的不同,多层厂房的平面布置形式一般有以下四种。

1. 统间式

　　统间式适用于生产工段需较大面积,相互间联系密切,不宜用隔墙分开的车间。各工段一般按工艺流程布置在大统间里,若有少数特殊的工段需作单独处置时,则可将它们集中到专一的区段中去(见图18-2)。

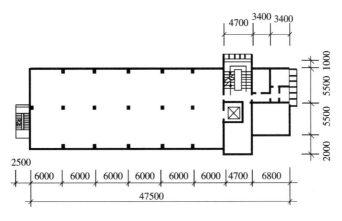

图 18-2　统间式平面布置(单位:mm)

2. 内通道式

　　内通道式适用于生产工段所需面积不大、生产中工段间既需要联系,又需要避免干扰的厂房。各工段可按工艺流程,布置在内通道的两侧房间里。对一些有特殊要求的工段,如恒温恒湿、防尘、防振、防腐蚀等的工段,可分别集中布置,以减少能量耗费及降低造价(见图18-3)。

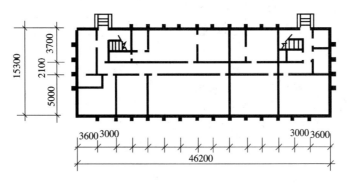

图 18-3　内通道式平面布置(单位:mm)

3. 大宽度式

大宽度式适用于生产工段需要大面积、大空间或高精度的厂房(见图18-4)。

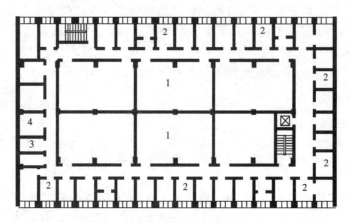

图 18-4　大宽度式平面布置

1—生产用房;2—办公、服务性用房;3—道井;4—仓库

4. 混合式

根据生产工艺及使用面积的不同需要,采用上述各种平面形式混合布置,能满足不同生产工艺流程的要求。但建筑平面、剖面形式较复杂,结构类型难统一,施工较麻烦,且不利于抗震。

18.2.3　柱网选择

多层厂房柱网尺寸的确定,是平面设计的主要内容之一。应考虑生产工艺要求、结构形式、建筑材料供应和施工安装条件,保证技术经济合理,应符合建筑模数和厂房建筑模数的协调,满足厂区大小、地形地质等技术条件的要求。

多层厂房的柱网一般有以下四种类型(见图18-5和图18-6)。

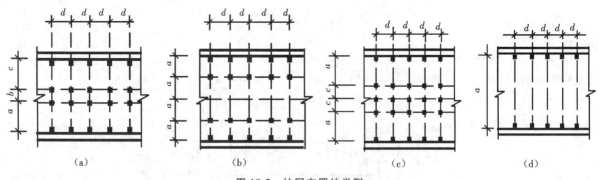

图 18-5　柱网布置的类型

(a) 内通道式;(b) 等跨式;(c) 对称不等跨式;(d) 大跨度式

1. 内通道式柱网

内通道式柱网由中间走道、隔墙将交通与生产区隔离开,它适用于仪表、光学、电器等工业厂房。这类厂房跨度采用6M数列,常用6.0 m、6.6 m和7.2 m;内走道跨度采用3M数列,常用2.4 m、2.7 m和3.0 m。

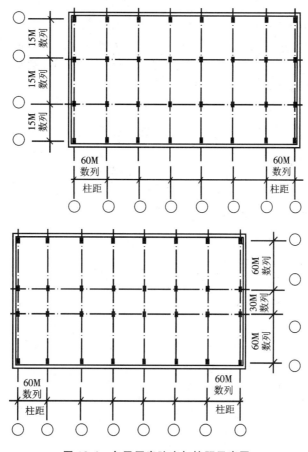

图 18-6　多层厂房跨度与柱距示意图

2. 等跨式柱网

等跨式柱网由几个连续跨组成,它无固定通道,需要时可用轻质隔墙分隔,因此此种柱网具有较大的灵活性,多为机械、纺织、仪表等工业采用。这类厂房的跨度或进深采用 15M 数列,常用 6.0 m、7.5 m、9.0 m、10.5 m 和 12 m。当跨度为 6 m 时,一般 6 跨;跨度为 7.5 m、9 m 时,一般 4 跨。若是采用人工照明的无窗厂房则可不受限制。

3. 对称不等跨式柱网

对称不等跨式柱网与等跨式柱网的特点及适用范围基本相同。采用不等跨式,主要是为了适应工艺布置上的需要。由于有不等跨的布置,因而柱网构件的类型就比等跨式柱网的多。

4. 大跨度式柱网

大跨度式柱网无中间柱,为生产工艺变革提供较大的适应性。由于跨度扩大,一般楼层多为桁架结构,桁架空间便成为较实用的技术层或布置生活辅助用房。当采用钢筋混凝土结构时,柱距开间采用扩大模数 6M 数列,常用 6.0 m、6.6 m 和 7.2 m。

18.2.4　厂房宽度的确定

多层厂房的宽度一般是由数个跨度组成。它的大小除应考虑基地的因素外,还和生产特点、建筑造价、设备布置以及厂房的采光、通风等有密切关系。不同的生产工艺、设备排列和其尺寸的大小常常是决定多层厂房宽度的主要因素。例如印刷厂的大型印刷机双行排列时,就要求具有 24 m 的厂房宽度;印染厂的大型印染机双行排列时则要求有 30 m 的厂房宽度。再如某电视接收机的装配车间,同样是 6 m 柱距,当车间宽度为 17 m(跨度组合为 7.0 m+3.0 m+7.0 m)时,只能布置一条生产流线;18 m(跨度组合为 9.0 m+9.0 m)时则可布置两条生产流线。因而厂房的宽度,除受生产工艺设备布置方式影响外,与跨度的数值及其组合方式也有着密切的关系,在具体设计中应加以具体分析比较。

对生产环境上有特殊要求的工业企业,如净化要求高的精密类工业,常采用宽度较大的厂房平面,这时可把洁净要求高的工段布置在厂房中间地段,在其周围依次布置洁净要求较低的工段,以此来保证生产环境上较高的要求。

就造价而言,在一般情况下,增加厂房宽度会相应地降低建筑造价。这是由于宽度增大时与它相应的外墙和窗的面积增加不多,致使单位建筑面积的造价反而有所降低的缘故。因而在条件许可的情况下,一般可加大多层厂房的宽度以得到较好的经济效果(见图 18-7)。

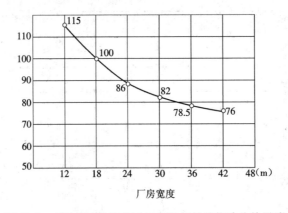

图 18-7　多层厂房的宽度对承重和围护结构造价的影响

然而也应注意较大宽度的厂房,会造成采光通风的不利,有时还会带来结构构造上的困难,因而在具体设计中要通过综合分析比较后才能决定宽度的具体数值。当采用两侧天然采光时,为满足工作时视力的要求,厂房宽度不宜过大,一般以 24～27 m 为佳。在大宽度的厂房中,中间部分一般均需辅以人工照明来弥补天然光线的不足。

18.3　多层工业建筑电梯间和生活、辅助用房的布置

通常多层厂房的电梯间和主要楼梯布置在一起,组成交通枢纽。在具体设计中交通枢纽又常和生活、辅助用房组合在一起,这样既方便使用,又利于节约建筑空间。它们的具体位置布置是平面设计中的一个重要问题。多层厂房电梯间和生活、辅助用房的布置不仅与生产流程的组织直接有关,而且对建筑的平面布置、体型组合与立面处理以及防火、防震等要求均有影响,此外楼梯、电梯间的空间及平面布置对结构方案的选择及施工吊装方法的决定也有关系。

18.3.1　布置原则及平面组合形式

楼梯、电梯间及生活、辅助用房的位置应选择在厂房合适的部位,使之方便运输,有利工作人员上下班的活动,其路线应该做到直接、通顺、短捷,要避免人流、货流的交叉。此外还要满足安全疏散及防火、

卫生等有关规定。对生产上有特殊要求的厂房、生活及辅助用房的位置还要考虑这种特殊的需要,并尽量为其创造有利条件。楼梯、电梯间的门要直接通向走道,并应设有一定宽度的过厅或过道。过厅及过道的宽度应能满足楼面运输工具的外形尺寸及行驶时各项技术要求,不宜小于 3 m。主要楼梯、电梯间应结合厂房主要出入口统一考虑,位置要明显,要注意与建筑参数、柱网、层高、层数及结构形式等的相互配合,更应注意建筑空间组合和立面造型的要求。

常见的楼梯、电梯间与出入口关系的处理有两种方式。一种如图 18-8 所示的处理方式,此时的人流和货流由统一出入口进出,楼梯与电梯的相对位置可有不同的布置方案,但不论组合方式如何,均要保证人流、货流同门进出,便捷通畅而互不相交;另一种方式是人流、货流分门进出,设置人行和货运两个出入口,如图 18-9 所示。这种组合方式易使人流、货流分流明确,互不交叉干扰,对生产上要求洁净的厂房尤其适用。

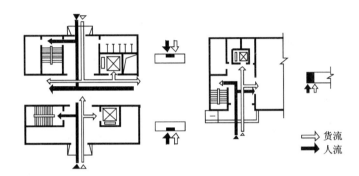

图 18-8 人流货流同门布置

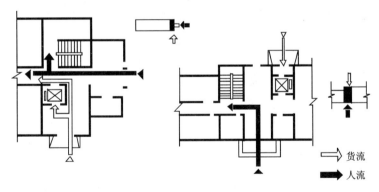

图 18-9 人流货流分门布置

楼梯、电梯间及生活、辅助用房在多层厂房中的布置方式,有外贴在厂房周围、厂房内部、独立布置以及嵌入在厂房不同区段交接处等数种(见图 18-10)。这几种布置方式各有特点,使用时可结合实际需要,通过分析比较后加以选择。另外亦可采用几种布置方式的混合形式,以适应不同需要。

18.3.2 楼梯及电梯井道的组合

在多层厂房中,根据生产使用功能和结构单元布置上的需要,楼梯和电梯井道在建筑空间布置时通常都是采用组合在一起的布置方式。按电梯与楼梯相对位置的不同,常见的组合方式有:电梯和楼梯同侧布置,如图 18-11(a);楼梯围绕电梯井道布置,如图 18-11(b);电梯和楼梯分两侧布置,如图 18-11(c)。

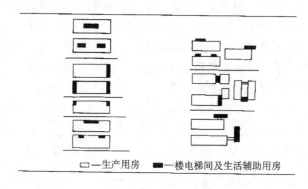

□—生产用房 ■—楼电梯间及生活辅助用房

图 18-10　楼、电梯间及生活辅助用房的几种布置

这些不同的组合方式,各有不同的特点。例如同样布置在一侧时,图 18-11(a)图④的布置直接面向车间,需具有缓冲地带,否则会有拥挤的感觉。再如当生活、辅助用房与生产车间采取错层布置时,则图 18-11(a)图③、④及(c)图②的布置都是能够适应这种要求的。因此选择哪一种组合方式,应该结合厂房的实际情况,分析比较后加以决定。

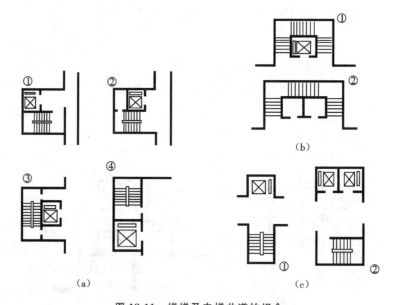

图 18-11　楼梯及电梯井道的组合
(a) 同侧布置;(b) 围绕电梯井道布置;(c) 对面布置

18.3.3　生活及辅助用房的内部布置

生活及辅助用房的内部布置与单层厂房的生活辅助用房一样,在多层厂房中除了生产所需的车间外,还需布置为工人服务的生活用房和为行政管理及某些生产辅助用的辅助用房。这些非生产性用房是使生产得以顺利进行的重要保证,对生产具有直接的影响,是厂房不可缺少的组成部分。

生活辅助用房的组成内容、面积大小以及设备规格、数量等均应根据不同生产要求和使用特点,按照有关规定进行布置。对一般生产性质的多层厂房而言,生活辅助用房可按其使用时间和使用人数的多寡分为三类：第一类为在集中时间内使用人数众多的用房，如更衣室、盥洗室等；第二类为在分散时间内多数人使用的房间，如厕所、吸烟室等；第三类则为在分散时间使用、人数亦不多的房间，如保健室、办公室、哺乳室等。在建筑空间组合时，这三类用房应分别考虑。应使第一类用房能在最大范围内获得使用上的保证，一般常布置在厂房出入口或垂直交通设施附近，可分层或集中布置；第二类用房则要满足其不同功能的服务范围，保证其使用上的方便，如果服务距离过长，还应增设这类服务用房；第三类用房则应结合使用特点，按具体情况灵活地进行布置。如保健站宜设在底层的端部，以利于人员的出入与减少和其他部分的相互干扰。妇女卫生室则应靠近女厕所、女盥洗室布置，以方便使用等。

对一些生产环境上有特殊要求的工业生产（如洁净、无菌等），其生活用房的组成不仅要满足一般的使用要求，还必须保证每个工作人员在进入生产工段前必须强行通过的具有一定程度的人行路线，使每个生产人员（还包括加工物料、工具等）按照已设计的程序先后完成各项准备工作，然后才能进入生产车间。这时的生活辅助用房就应按照上述的特殊要求进行具体的建筑空间组合（图 18-12 为生活、辅助用房与车间不同层高的布置形式）。

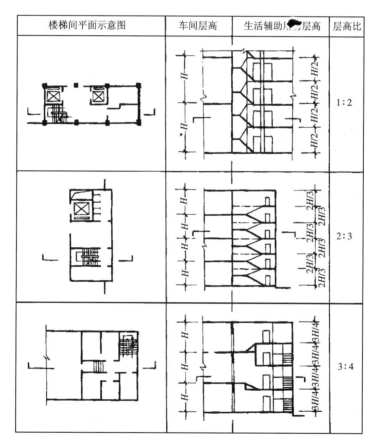

图 18-12　生活辅助用房与车间不同层高的布置

多层厂房生活辅助用房的柱网尺寸应结合其不同布置形式、内部设备的排列、结构构件的统一化以及和生产车间结构关系等因素综合地研究决定。目前经常采用的柱网组成，在建造时进深有 6.0 m、(6.0 m+2.1 m)及(6.6 m+2.4 m)等，开间为 3.6 m、4.2 m 及 6.0 m 等数种。独立布置时则有(6.0+2.1+6.0)×6.0 m、(6.6+2.4+6.6)×6.0 m、(6.0+3.0+6.0)×6.0 m 及 (6.0+6.0+6.0)×6.0 m

等数种。至于布置在车间内部的生活辅助用房,则应和车间柱网相适应,并按实际情况予以灵活设计。

【本章要点】

① 多层厂房具有生产在不同标高的楼层上进行、节约用地和节约投资的特点。

② 多层厂房主要适用于轻工业,在工艺上利用垂直工艺流程有利的工业,或利用楼层能创设较合理的生产条件的工业等。

③ 多层厂房的结构形式根据其所用的不同材料可分为混合结构、钢筋混凝土结构和钢结构。

④ 生产工艺流程的布置是厂房平面设计的主要依据。多层厂房的生产工艺可归纳为自上而下式、自下而上式和上下往复式三种类型。

⑤ 多层厂房的平面形式有统间式、内通道式、大宽度式、混合式四种。

⑥ 多层厂房的柱网由于受楼层结构的限制,其尺寸一般较单层厂房小,柱网面选择是平面设计的主要内容之一。多层厂房的柱网类型有:内廊式柱网、等跨式柱网、对称不等跨式柱网、大跨度式柱网。

【思考题】

18-1　与单层厂房相比,多层厂房有何特点?

18-2　举例说明生产工艺对多层厂房平面设计的影响(要求从生产流程和生产特征两方面)。

18-3　多层厂房平面布置的形式有哪些?

18-4　多层厂房常采用的柱网类型有哪些?

18-5　多层厂房生活间的布置应注意哪些问题?

18-6　多层厂房常见楼梯、电梯组合方式有哪两种?

第四篇
工业建筑构造

第 19 章　单层工业建筑外墙及厂房大门、地面构造

一般单层工业建筑的外墙只起围护作用,按照建筑材料的不同有砖墙、砌块墙、板材墙等。工业建筑的大门,由于经常搬运原材料、成品、生产设备及进出车辆等原因,需要能通行各种车辆。单层厂房的地面首先要求能够承受较大的荷载与抵抗各种破坏作用,同时还必须满足厂房的使用要求。

19.1　单层工业建筑外墙构造

19.1.1　单层厂房外墙的特点

一般单层厂房的荷载和跨度较大,其外墙不直接承载,只起围护作用。但是单层厂房的外墙厚度比较薄,要承受自重和风荷载,同时还要受到厂房中生产设备和运输设备振动的影响,因此外墙必须具有足够的稳定性和刚度。

19.1.2　单层厂房外墙的分类

按照材料分类有砖墙、砌块墙、板材墙等,按照承重情况分类有承重墙、自承重墙等。

1. 砖墙

1) 承重砖墙

目前,我国单层厂房中,只有跨度小于 15 m、吊车吨位不超过 5 t、柱高不大于 9 m 以及柱距不大于 6 m 的厂房,可采用承重砖墙或砌块墙直接承受屋盖以及起重运输设备等的荷载。

为增加墙体的刚度、稳定性和承载能力,通常每隔 4~6 m 间距应设置壁柱并在墙体中设置圈梁。一般情况下,当无吊车厂房的承重砖墙厚度≤240 mm、檐口标高为 5~8 m 时,需在墙顶设置一道圈梁,当檐口标高超过 8 m 时应在墙中间部位增设一道圈梁;当车间有吊车时,还应在吊车梁附近增设一道圈梁。

承重山墙宜每隔 4~6 m 设置一道抗风壁柱。屋面采用钢筋混凝土承重构件时,山墙上部沿屋面板应设置截面不小于 240 mm×240 mm(在壁柱处宜局部放大)的钢筋混凝土卧梁,并须与屋面板妥善连接。

墙身防潮层应该设置在相对标高为 -0.05 m 处,做法与民用建筑相同,其以下部位不得使用硅酸盐砖。

2) 非承重砖墙

当厂房的跨度、高度以及吊车的吨位较大时,通常采用骨架结构承重,因为这时再用砖墙承重,墙体结构的面积就过大,使用面积相对减小,工程量也会相应增加。此时外墙只起维护作用,只承受自重和风荷载。

(1) 墙与柱的相对位置

由于墙体只起维护作用,是非承重构件,厂房外墙与柱的相对位置较灵活,通常可以有四种方案,如图 19-1 所示。

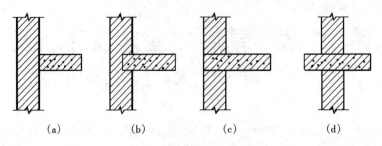

图 19-1 柱与墙的相对位置

方案 1:如图(a)外墙的内缘与排架柱的外缘相重合。其特点是构造简单、施工方便、热工性能好,便于基础梁与连系梁等构配件的定型化和统一化。方案 2:如图(b)排架柱部分嵌入墙内。与方案 1 相比较,节省建筑占地面积,并能增强柱列的刚度,但要增加部分砍砖,施工比较麻烦,同时基础梁与连系梁等构配件也随之复杂化。方案 3:如图(c)外墙的外缘与排架柱的外缘相重合。其构造复杂、施工不便、砍砖多,其框架结构外露易受气温变化的影响,用于寒冷地区时,热工性能较差,形成冷桥易使柱子出现冷凝水,且其基础梁与连系梁等构配件均不能实现定型化和统一化。一般用于厂房连接有露天跨或有待扩建边跨的临时性封闭墙。优点是节约建筑用地和增强柱间刚度。当吊车吨位不太大时,厂房可不设柱间支撑,适用于我国南方地区。方案 4:如图(d)排架柱嵌入外墙,以增加排架的刚度,对抗震有利。

(2) 砖墙与柱子的连接

为防止由于风力以及地震作用等使墙倾倒并使支撑在基础梁上的承重砖墙与排架柱保持一定的整体性,砖墙与柱子必须有可靠的连接。《建筑抗震设计规范》(GB 50011—2010)中规定:对于单层钢筋混凝土厂房的砌体隔墙和围护墙,砌体墙体与柱宜脱开或柔性连接,并应采取措施使墙体稳定,隔墙顶部应设现浇钢筋混凝土压顶梁;厂房的砌体围护墙宜采用外贴式并与柱可靠拉接。最常用的做法是沿柱高下疏上密,每隔 0.5~1 m 伸出 2φ6 的钢筋段,砌墙时直接砌入墙体内,如图 19-2 所示。

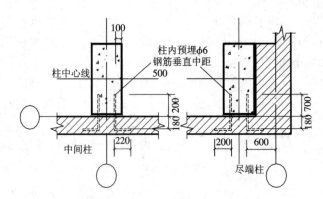

图 19-2 柱与墙的连接(单位:mm)

(3) 抗风柱的连接

厂房山墙比纵墙高,墙面面积比较大,故山墙承受的水平荷载也往往大于纵墙。为了保证承受自重的山墙的刚度和稳定性,抵抗水平风荷载并将其传递给屋架,通常应设置钢筋混凝土抗风柱。抗风柱的间距以 6 m 为宜,必要时允许采用 5 m 和 7.5 m 等非标准柱距。抗风柱也应每隔相应高度伸出锚拉钢筋与山墙相连接。当山墙的三角形部分高度较大时,为保证其稳定性和抗风抗震能力,还应在山墙上部沿屋面板设置钢筋混凝土圈梁,并在屋面板的板缝中嵌入钢筋使之与圈梁相拉接。

抗风柱的下端插入基础杯口形成下部的嵌固端,柱的上端通过一个特制的"弹簧"钢板与屋架相连接,保证柱与屋架之间只传递水平方向的力而不传递垂直力,既有连接又不改变各自的受力体系,如图 19-3 所示。

（4）女儿墙的拉结

当外墙的檐部采用女儿墙时,为保证女儿墙的稳定性,要采用可靠的拉接。其做法是在屋面板的横向缝中设置钢筋,并将钢筋两端与女儿墙内的钢筋拉接,形成工字形的主筋,然后用细石混凝土灌牢,如图 19-4 所示。

（5）连系梁与圈梁

连系梁有以下几种作用:连系梁是连接厂房排梁柱的纵向联系构件,以增强厂房的纵向刚度。单层厂房的高度范围内,没有楼板层相连接,一般靠设置连系梁与厂房排架柱联系。通过连系梁向柱列传递水平荷载,连系梁还要承担它上部墙体的荷载。

连系梁的构造做法如下:连系梁多采用预制装配式和装配整体式,支承在排架柱外伸的牛腿上,并通过螺栓或焊接与柱子相连接。梁的截面形状一般为矩形,当墙厚 370 mm 时方可采用 L 形,以减少连系梁的外露高度。梁的位置应尽可能与门窗过梁一致,使一梁多用。连系梁的间距一般为 4～6 m。若在同一水平面上能交圈封闭时,也可视作圈梁,如图 19-5 所示。

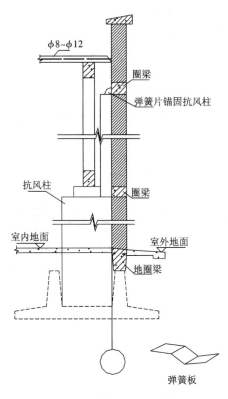

图 19-3 山墙与抗风柱的连接

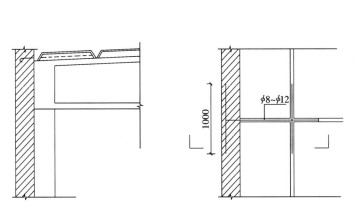

图 19-4 女儿墙的连接（单位:mm）

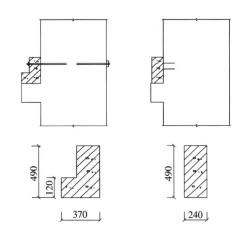

图 19-5 连系梁的构造（单位:mm）

自承重墙的圈梁设置要求与承重墙中的圈梁要求基本相同,可以现浇或采用预制装配式。现浇圈梁一般先是在柱子上预留外伸的锚拉钢筋。当墙体砌至梁底标高时,支侧模、绑扎钢筋骨架并与锚筋连牢,然后浇灌混凝土,经养护后拆模即成。为了节省工期可采用两端留筋的预制装配式圈梁,吊装就位后把接头钢筋与柱上的预留锚拉钢筋共同拉牢,再补浇混凝土便成为装配整体式圈梁。圈梁底面标高应尽量与门窗洞口的标高一致。当圈梁由于个别门窗洞口较高不能通过时,应在洞口上部砌体中增设一道截面相同的附加圈梁。其搭接长度不少于圈梁与附加圈梁的中心距离的两倍,并不得小于 1.5 m。

(6)墙身变形缝

墙身变形缝包括伸缩缝、沉降缝和防震缝三种。伸缩缝宽度一般为 20~30 mm,沉降缝的缝宽一般为 50~70 mm。缝隙一般做成平缝,当墙身厚度较大并有一定保温要求的时候,可以做成企口缝或高低缝,缝中应填以保温、耐腐蚀并有一定弹性的材料。在进行抗震设防的地区,三种缝隙的宽度应满足建筑抗震设计规范的要求,即统一按抗震缝的要求做,如图 19-6 所示。

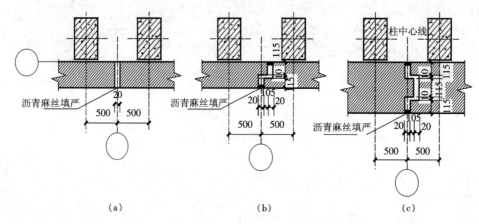

图 19-6 墙身变形缝(单位:mm)

(a)直缝;(b)高低缝;(c)企口缝

2. 砌块墙

为改革砖墙存在的缺点,块材墙得到了一定的发展。块材墙一般利用轻质材料,如由加气混凝土块、轻混凝土块等制成。块材墙的连接与砖墙做法基本相同,首先应保证横平竖直、灰浆饱满、错缝搭接,其次用拉接钢筋来保证其稳定。

3. 大型板材墙

由于砖墙和砌块墙存在施工速度慢、湿作业多、工人劳动强度大等缺点,大型板材墙正逐渐成为工业建筑广泛采用的外墙形式之一。

1)墙板的类型和规格

单层工业厂房的大型墙板类型很多。按墙板的性能不同,分为保温墙板和非保温墙板;按墙板本身的材料、构造和形状的不同,有钢筋混凝土槽型板、烟灰膨胀矿渣混凝土平板、钢筋网水泥折板、预应力钢筋混凝土板等。

在很多采用墙板的单层工业厂房中采用窗框板,用以代替钢(木)带形窗框。墙板的基本长度应与柱距一致,通常为 6 m。此外,用于山墙和为了适应 9 m、15 m、21 m、27 m 跨度的要求,增加了 4.5 m 和 7.5 m 两种板长,以满足各种跨度的组装需要。板的高度一般应以 1200 mm 为主。为适应开窗尺寸和窗台的需要,还可以配合 900 mm、1500 mm 的板型,供调剂使用。板的厚度按 M/10 进级,常用厚度为 150~200 mm,但应注意满足保温要求。由于板在墙面上的位置不同,如一般墙面、转角、檐口、勒脚、窗台等部位,板的形状、构造、预埋件的位置也不尽相同。

2）墙板的布置

墙板的布置可分为竖向布置、横向布置和混合布置三种类型。目前大量应用的是横向布置,如图19-7 所示。

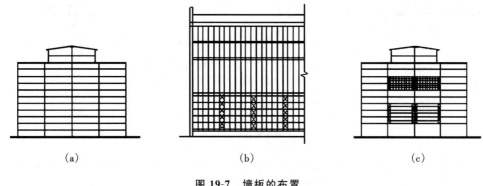

| (a) | (b) | (c) |

图 19-7　墙板的布置

（1）横向布置的优缺点

横向布置的优点是墙板的长度和柱距一致,其竖缝可由骨架柱遮挡,不易渗漏风雨;墙板本身可兼起门窗过梁与连系梁的作用,能增强厂房的纵向刚度;构造简单、连接可靠、板型较少以及便于布置带形窗等。缺点是遇到穿墙孔洞时墙板布置复杂。

（2）横向墙板的布置要求

布置横向墙板时尽量减少屋架类型,屋架坡度宜平缓,屋架端部尺寸与挑梁的高度符合 3M,以减少墙板的类型;山墙抗风柱宜对称布置,并尽量采用 6 m 柱距,便于墙板布置和采用基本板;窗台高度一般应符合 3M 数列,如 600 m、900 mm、1200 mm 等;窗洞高度应为基本板高度的整数倍或为其组合高度;多跨厂房或高大厂房需设联系尺寸时,最好只用一种,以减少加长板或辅助构件类型,厂房转角即设联系尺寸的部位宜选用加长板,必要时也可采用辅助构件。

（3）横向墙板的布置方法

横向墙板布置时以檐口标高为基准进行调整。厂房的外墙应尽可能采用一种高度的基本板,有困难时可以通过以下措施进行调整排板:变动柱顶标高、加通长嵌梁、改变窗台标高、改变女儿墙高度等;如用基本板排还有困难时,可将排下的余数做成异型板或辅助构件,放在形状要求特殊的部位;热加工车间或炎热地区的一般厂房,当屋架端头设有挑梁构件和挑檐时,如墙板按板材模数排列到挑梁下还有空隙时,可以保留此空隙而不另设异型墙板。

横向墙板布置时,以柱顶标高为基准进行调整。柱高符合 3M 数列,柱顶以下全部用标准板,柱顶以上随屋架端头尺寸不同来确定板的规格。这种布置方法要求同类型屋架的端头尺寸应尽可能统一,以减少墙板类型。

（4）板缝处理

板缝可以做成各种形式:水平缝有平缝、滴水缝、高低缝、外肋缝等;垂直缝有直缝、喇叭缝、单腔缝,双腔缝等。在墙板的变形缝处,可以用铁皮进行覆盖,铁皮钉在缝两侧的木块上,如图19-8 所示。

（5）墙板的连接

墙板与柱子的连接,有柔性连接和刚性连接两种方式。柔性连接:通过设置预埋铁件和其他辅助件使墙板和排架柱相连接,最常用的是螺栓连接和压条连接。多用于各类厂房的承重墙,尤其适用于地震

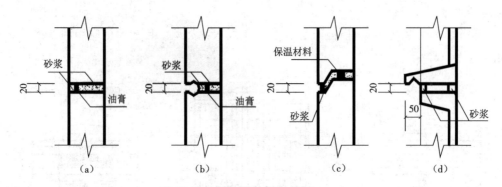

图 19-8 水平板缝的形式(单位:mm)

(a) 平缝;(b) 滴水缝;(c) 高低缝;(d) 外肋缝

区的各类厂房。刚性连接:在柱子和墙板中先分别设置预埋铁件,安装时用角钢或 Φ16 的钢筋把它们焊接连牢。宜用于抗震设计烈度为 7 度或 7 度以下的地区。

① 檐口的连接:檐口根据设计的需要可以采用挑檐板、檐沟板或女儿墙等构造形式。当采用女儿墙墙板时,要注意连接可靠,有利抗震。女儿墙上的压顶板板缝应与墙板板缝错开布置,并应做抹灰处理。在地震区,女儿墙的高度最好不大于 500 mm,其压顶板最好是现浇钢筋混凝土的,以增强其整体性。

② 转角和山墙墙板的联结:厂房转角墙板的连接构造和多跨厂房端柱与山墙的连接构造可以有多种方式,设计时应根据具体的情况灵活处理,力求使墙板类型最少,安装最方便,支托和连接可靠,并应注意建筑处理和减少材料消耗。在转角处由于定位轴线与柱子的中心线相距 600 mm,山墙板与柱子之间的空隙可以根据情况选用钢筋混凝土或钢墙架柱填充,也可以在厂房柱子上设置钢支托和水平承压杆支撑。在地震区,厂房转角处应采用加长板或辅助构件。非地震区,允许采用砖或砌体镶嵌,但以采用加长板为好。

19.2 厂房大门构造

大门洞口的尺寸取决于各种车辆的外形尺寸和所运输物品的大小,一般门的宽度应比满装货物时的车辆宽 600～1000 mm,高度应高出 400～600 mm,以保证车辆通行时不致碰撞大门构造。

厂房大门洞口的尺寸和类型如下述。

1. 洞口尺寸

进出 3 t 矿车的洞口尺寸为 2100 mm×2100 mm,进出电瓶车的洞口尺寸为 2100 mm×2400 mm,进出轻型卡车的洞口尺寸为 3000 mm×2700 mm,进出中型卡车的洞口尺寸为 3300 mm×3000 mm,进出重型卡车的洞口尺寸为 3600 mm×3600 mm,进出汽车起重机的洞口尺寸为 3900 mm×4200 mm,进出火车的洞口尺寸为 4200 mm×5100 mm、4500 mm×5400 mm。

2. 大门的类型

(1) 平开门

平开门的洞口尺寸一般不大于 3 600 mm×3 600 mm,由门扇、铰链和门框组成。当大门的面积大于 5 m² 时,宜用钢木组合门扇。

(2) 推拉门

推拉门由门扇、门轨、地槽、滑轮和门框组成。门扇的类型有钢板门扇、钢木板门扇和空腹薄壁门扇等。

（3）折叠门

折叠门根据安装方式的不同,可分为中悬式、侧悬式和侧挂式三种。

（4）防火门

加工易燃易爆品的单层厂房须安装防火门。根据耐火等级的需要,可以采用木板直接包镀锌铁皮、木板外贴石棉板再包镀锌铁皮或钢板等构造措施。

（5）保温门与隔声门

保温门要求具有一定的热阻值和门缝密闭处理。隔声门的隔声效果与门扇的材料和门缝的密闭有关。

19.3　厂房地面构造

地面类型的选择,应根据生产特征、建筑功能、使用要求和技术经济条件,经综合技术经济比较确定。当局部地段受到较严重的物理或化学作用时,应采取局部措施。

19.3.1　地面的组成与类型

单层工业厂房的地面从上到下一般由面层、垫层和地基组成。当有特殊要求时,还需要增加结合层、隔离层、找平层等,当底层地面的基本构造层不能满足使用或构造要求时,可增设结合层、隔离层、填充层、找平层等其他构造层。选择地面类型时,所需要的面层、结合层、填充层、找平层的厚度和隔离层的层数,可根据相关规范选择。

① 地基:地面的最下层,应坚实和具有足够的承载力。地面垫层应铺设在均匀密实的地基上。对淤泥、淤泥质土、冲填土及杂填土等软弱地基,应根据生产特征、使用要求、土质情况并按现行国家标准《建筑地基基础设计规范》(GB 50007—2011)的有关规定利用与处理,使其符合建筑地面的要求。

② 垫层:垫层位处于基层的上部、面层的下部。把由面层传来的荷载传递给基层。垫层根据材料的不同有刚性垫层和柔性垫层之分。刚性垫层一般采用混凝土、钢筋混凝土等材料;柔性垫层一般采用砂、碎石、矿渣和灰土等。现浇整体面层和以黏结剂或砂浆结合的块材面层,宜采用混凝土垫层;以砂或炉渣结合的块材面层,宜采用碎石、矿渣、灰土或三合土等垫层。垫层的最小厚度可由表 19-1 确定。

表 19-1　垫层最小厚度

垫层名称	材料强度等级或配合比	厚度/mm
混凝土	≥C10	60
四合土	1:1:6:12(水泥:石灰膏:砂:碎砖)	80
三合土	1:3:6(熟化石灰:砂:碎砖)	100
灰土	3:7 或 2:8(熟化石灰:黏性土)	100
砂、炉渣、碎(卵)石		60
矿渣		80

注:①一般民用建筑中的混凝土垫层最小厚度可采用 50 mm;

②表中熟化石灰可用粉煤灰、电石渣等代替,砂可用炉渣代替,碎砖可用碎石、矿渣、炉渣等代替。

③ 面层:它是地面的最上层,直接接触和承受各种化学物质和力学作用。面层厚度可查阅《建筑地面设计规范》(GB 50037—2013)。当生产和使用要求不允许混凝土类面层开裂时,宜在混凝土顶面下20 mm处配置直径为4 mm、间距为150~200 mm的钢筋网。

19.3.2 单层整体地面

单层整体地面是垫层和面层合二为一的地面,由夯实的黏土、灰土、砖石等材料直接铺设在地基上而构成。

19.3.3 多层整体地面

1. 水泥砂浆地面

水泥砂浆地面有双层和单层构造两种。双层做法分为面层和底层,构造上常以15~20 mm厚1:3水泥砂浆打底、找平,再以5~10 mm厚1:1.5或1:2的水泥砂浆抹面。由于单层工业厂房的地面要求更加耐磨,所以经常在水泥砂浆中加入铁屑,一般厚度为35 mm。水泥砂浆地面承受荷载小,只能承受一定的机械作用,不很耐磨,易起灰,可适用于一般的金工、装配、机修、工具、焊接等车间。掺入铁屑的水泥砂浆地面可用于电缆、钢绳、履带式拖拉机等生产车间。

2. 水磨石地面

水磨石地面一般是以10~15 mm厚的1:3水泥砂浆打底,11 mm厚1:(1.2~2)水泥、石渣粉面。水磨石地面具有较高的承载力,耐磨、不起灰、不渗水,适用于有一定清洁要求的车间。

3. 混凝土地面

混凝土地面是单层工业厂房中较常见的一种地面。但是对于有酸性腐蚀性的车间不应采用混凝土地面。混凝土地面主要适用于机修、油漆、金工、工具和机械装配等车间。对于有耐碱性要求的车间,可以采用密实的石灰石类的石料或碱性冶炼矿渣做成的砂、碎石、卵石。具体做法如图19-9所示。

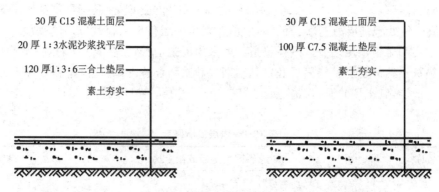

图 19-9 混凝土地面(单位:mm)

4. 沥青砂浆及沥青混凝土地面

沥青作为沥青砂浆和沥青混凝土胶结材料,一般采用建筑石油沥青或道路石油沥青。根据沥青的特性,适用于不含有汽油、煤油等有机溶剂的车间。具体做法如图19-10所示。

5. 水玻璃混凝土地面

水玻璃作为水玻璃混凝土的胶结材料,以耐酸粉料、氟硅酸钠、耐酸砂子和耐酸石子为粗细骨料,按照特定的比例调制而成。水玻璃混凝土具有良好的整体性、耐热性和耐酸性,且强度高、经济。由于以

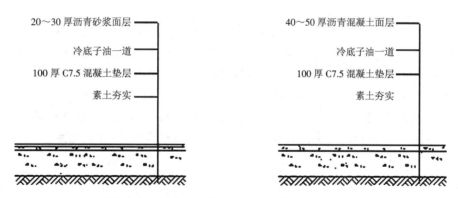

图 19-10　沥青砂浆及沥青混凝土地面(单位:mm)

上特点,水玻璃混凝土适用于耐酸防腐工程。但是由于它的抗渗性较差,一般均需在地面设置隔离层。另外,还需在混凝土垫层上涂沥青或铺卷材做隔离层,以防止水玻璃混凝土与未经处理的混凝土或普通水泥砂浆直接接触。

19.3.4　块材、板材地面

1. 砖、石地面

(1)块石或石板地面

一般砂岩、石灰石等石材均可用作这种地面。块石的规格有 120 mm×120 mm 或 150 mm×150 mm。板材规格有 500 mm×500 mm,厚度一般为 100~150 mm。

(2)耐腐蚀性块石地面

根据耐腐蚀的具体要求不同,选用不同的石材。对于有耐酸性要求的车间,可以选用石英石、玄武石等;对于有耐碱性要求的车间,可以选用白云石、石灰石和大理石等。对于石材,只要求表面平整,其他的各个面可以略为粗糙。

2. 混凝土板地面

混凝土板地面一般是将 C20 混凝土预制成 250 mm×250 mm、500 mm×500 mm、600 mm×600 mm,60 mm 厚的板块,表面可以做成光面或格纹面。

3. 铸铁板地面

铸铁板地面一般用在需要承受高温和有冲击作用部位的地面。

4. 瓷砖及陶板地面

瓷砖及陶板地面主要用在电镀车间、染色车间、尿素车间等有一定清洁要求及耐腐蚀的车间的相应部位。

19.3.5　地面细部构造

1. 缩缝、分格缝

底层地面的混凝土垫层,应设置纵向缩缝、横向缩缝,并应符合下列要求:纵向缩缝应采用平头缝或企口缝,其间距可采用 3~6 m。纵向缩缝采用企口缝时,垫层的构造厚度不宜小于 150 mm,企口拆模时的混凝土抗压强度不宜低于 3 MPa。横向缩缝宜采用假缝,其间距可采用 6~12 m;高温季节施工的地面,假缝间距宜采用 6 m。假缝的宽度宜为 5~20 mm,高度宜为垫层厚度的 1/3,缝内应填水泥砂浆。

　　铺设在混凝土垫层上的面层分格缝应符合下列要求:沥青类面层、块材面层可不设缝。细石混凝土面层的分格缝,应与垫层的缩缝对齐。水磨石、水泥砂浆、聚合物砂浆等面层的分格缝,除应与垫层的缩缝对齐外,还应根据具体设计要求缩小间距。主梁两侧和柱周宜分别设分格缝。设有隔离层的面层分格缝,可不与垫层的缩缝对齐。平头缝和企口缝的缝间不得放置隔离材料,必须彼此紧贴。室外地面的混凝土垫层,宜设伸缝,其间距宜采用 20～30 m、缝宽 20～30 mm,缝内应填沥青类材料,沿缝两侧的混凝土边缘应局部加强。大面积密集堆料的地面,混凝土垫层的纵向缩缝、横向缩缝,应采用平头缝,其间距宜采用 6 m(见图 19-11)。

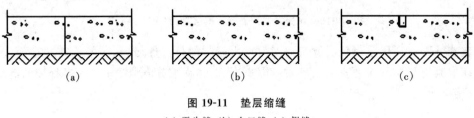

图 19-11　垫层缩缝

(a) 平头缝;(b) 企口缝;(c) 假缝

2. 地面的接缝

(1) 变形缝

　　地面变形缝的设置应符合下列要求:底层地面的沉降缝和楼层地面的沉降缝、伸缩缝及防震缝的设置,均应与结构相应的缝位置一致,且应贯通地面的各构造层。变形缝应在排水坡的分水线上,不得通过有液体流经或积聚的部位。变形缝的构造应考虑到在其产生位移或变形时,不受阻、不被破坏,并不破坏地面。材料选择应分别按不同要求采取防火、防水、保温、防虫害、防油渗等措施。具体构造做法如图 19-12 所示。

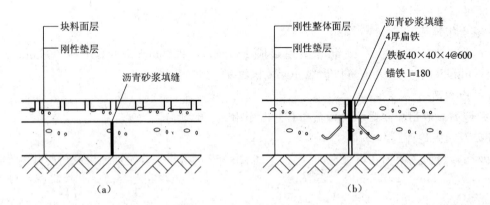

图 19-12　地面变形构造缝(单位:mm)

(2) 交界缝

　　遇到有两种不同的材料组成的地面,由于使用的材料的强度有差别,在交接处极易破坏,需要设置交界缝。构造如图 19-13 所示。

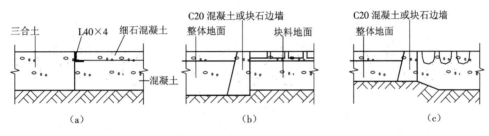

图 19-13　交界缝构造(单位:mm)
(a) 平头缝;(b) 企口缝;(c) 假缝

【本章要点】

① 单层工业厂房的外墙、厂房大门及地面构造。

② 一般单层厂房的荷载和跨度较大,且单层厂房的外墙厚度比较薄,不但要承受自重和风荷载,还要受到厂房中生产设备的震动和运输设备的振动,因此外墙必须具有足够的稳定性和刚度。

③ 工业厂房的大门,由于经常搬运原材料、成品、生产设备及进出车辆等原因,其洞口的尺寸取决于各种车辆的外形尺寸和所运输物品的大小。

④ 地面类型的选择,应根据生产特征、建筑功能、使用要求和技术经济条件,经综合技术经济比较确定。

【思考题】

19-1　单层厂房外墙根据受力情况可分为哪几种? 根据用材和构造方式不同可分为哪几种?

19-2　单层厂房的墙板布置方式有哪几种?

19-3　厂房大门的开启方式有哪几种?

19-4　工业建筑地面由哪些构造层次组成?

第 20 章　单层工业建筑天窗构造

单层厂房建筑需要在屋顶上设置各种形式的天窗,以满足天然采光和自然通风的要求。按天窗的作用可分为采光天窗和通风天窗两类,按天窗横断面的形式分为矩形天窗、锯齿形天窗、平天窗、三角形天窗、下沉式天窗等。

20.1　矩形天窗

20.1.1　矩形天窗的概念

矩形天窗沿厂房跨间的屋脊纵向布置,断面呈矩形,具有双侧采光面。矩形天窗一般由天窗架、天窗侧板、天窗端壁、天窗屋面板、天窗扇等组成,如图 20-1 所示。

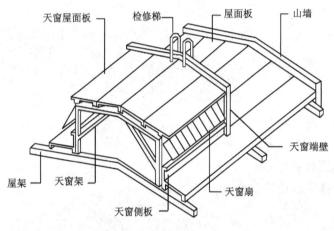

图 20-1　矩形天窗的组成

在天窗两端靠山墙处一般各留一个柱距,不设天窗,作为屋面检修和消防通道。当天窗长度较长时,往往结合变形缝的设置在缝两旁也各留出一个柱距不设天窗,兼作中间检修通道。每一段天窗均须设置上天窗顶盖的检修梯。

20.1.2　矩形天窗的构造

1. 天窗架

天窗架(见图 20-2)是天窗的承重结构。它直接支承在屋架上,常用钢筋混凝土或型钢制成。天窗架的宽度占屋架、屋面梁跨度的 1/2～1/3,为使整个屋面结构构件尺寸相协调,天窗架必须支承在屋架上弦的节点上。天窗架的高度是根据采光和通风的要求,一般为天窗架宽度的 0.3 倍左右。相邻两天窗的轴线间距不宜大于工作面至天窗下缘高度的 4 倍。

为了制作及施工方便,钢筋混凝土天窗架通常由 2～3 个三角形支架拼装而成,对于天窗宽度要求

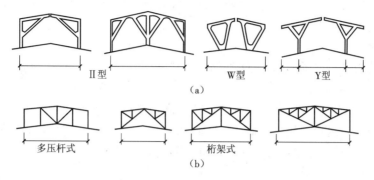

图 20-2　天窗架形成

(a) 钢筋混凝土天窗架；(b) 钢天窗架

较大时,可采用型钢天窗。

2. 天窗端壁

天窗端壁又称天窗山墙,它不仅使天窗尽端封闭起来,同时也支承天窗上部的屋面板,它也是一种承重构件(见图 20-3)。

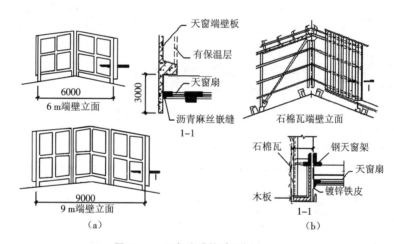

图 20-3　天窗端壁构造(单位:mm)

(a) 钢筋混凝土端壁；(b) 石棉水泥瓦端壁

天窗端壁常采用预制钢筋混凝土端壁板或钢天窗架石棉水泥瓦端壁。当采用钢筋混凝土天窗架时,两端的天窗架常用钢筋混凝土端壁板代替,兼起承重及维护作用。为了便于预制吊装,端壁板也由两块或三块拼装而成,焊接支承在屋架上弦轴线的一边,另一边则支承相邻的屋面板。端壁板顶部檐口一般可用砖砌成,并做滴水线。端壁板下部与屋面板交界处要做泛水。端壁板两侧边向外挑出一片薄板,用以封闭天窗转角。需要保温的厂房,一般在端壁板内侧加设保温层,常用块材填充。一般采用加气混凝土块,表面用铅丝网拴牢,再用 20 mm 厚的水泥砂浆抹平。

由于钢筋混凝土端壁板重量较大,因此可直接在天窗架上挂石棉水泥瓦天窗端壁。当厂房要求保温时,可在天窗架内侧挂贴 25～50 mm 厚的刨花板、聚苯乙烯板等板状保温层。

3. 天窗扇

天窗扇的种类一般有钢制、木制以及其他材料复合而成的形式,现多采用铝塑材料制成,中间加以钢肋以增强其刚度,具有耐久、耐高温、重量轻、挡光少、使用过程中不易变形、关闭紧密等优点。天窗扇的开启方式一般分为上悬或者中悬。

(1)上悬天窗扇

上悬式天窗扇防雨性较好,但开启角度小(最大开启角度只有 45°),通风性能较差。J815 定型上悬钢天窗扇的高度标志尺寸有三种:900 mm、1200 mm、1500 mm,根据需要还可组成不同的窗口高度。上悬式天窗扇分为通长窗扇和分段窗扇两种。通长窗扇用于设有电动或手动开窗机的天窗,是由两个端部窗扇及若干个中间窗扇用螺栓连接而成,如图 20-4(a)所示。分段窗扇是每个柱距间设一扇用于由人登上屋顶用手开关的天窗,各扇窗可单独开启,如图 20-4(b)所示。

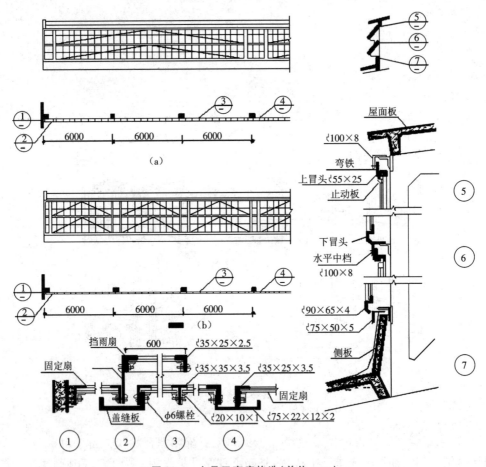

图 20-4　上悬天窗扇构造(单位:mm)

(2)中悬天窗扇

中悬天窗扇(见图 20-5)的标准窗扇高度也分为三种:900 mm、1200 mm、1500 mm。由于受到天窗架的阻挡和受转轴位置的限制,只能分段设置,每段窗扇之间都设有槽钢竖框,用以安设窗扇的转轴,在变形缝处需加设固定小窗扇。

4. 天窗檐口

天窗屋面的构造一般与厂房屋面构造相同,如图 20-6 所示。天窗檐口常采用无组织排水,由带挑檐的屋面板组成,挑出长度一般为 500 mm。需做有组织排水时,可采用带檐沟的屋面板;或在从天窗架

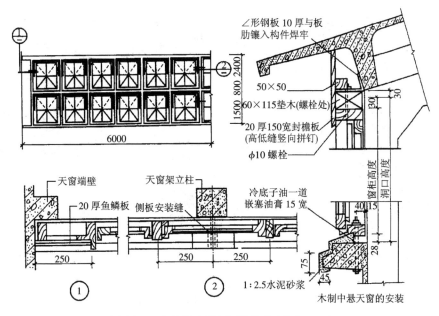

图 20-5 中悬天窗扇(木制)构造(单位:mm)

伸出的钢牛腿上铺天沟板;也可在屋面板挑檐下悬挂镀锌铁皮檐沟,用水斗及雨水管将雨水引至下部屋面。是否做有组织排水,视天窗跨度、高度以及地区降雨量决定。寒冷地区在天窗顶盖及檐口处需加设保温层。

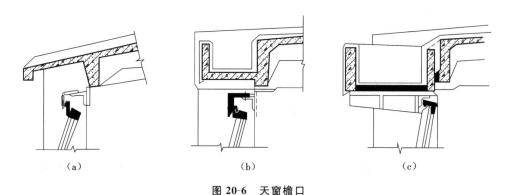

图 20-6 天窗檐口

(a) 挑檐板;(b) 带檐沟屋面板;(c) 牛腿支承屋面板

5. 天窗侧板

天窗侧板即天窗口下部的维护构件,为防雨水溅入室内及不被积雪影响,一般侧板不宜小于屋面300 mm,经常有大风雨以及多雪地区宜适当增高至 500 mm 左右。

侧板的形式应与厂房的屋面板相适应。当屋面采用无檩屋面板时,宜采用槽形或小型平板形钢筋混凝土侧板,如图 20-7(a)所示;当屋面采用有檩体系时,天窗侧板可采用石棉水泥波瓦或压型钢板等轻质材料,如图 20-7(b)所示。侧板安装时应向外侧找水坡,并做滴水线。侧板与屋面板交界处需要做泛水处理。天窗侧板是否保温,应与厂房相一致。

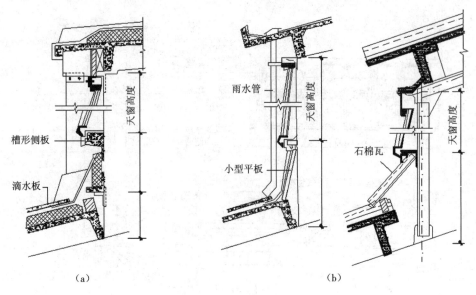

图 20-7　天窗侧板的构造

(a) 槽檐侧板；(b) 小型面板

20.2　平天窗

20.2.1　平天窗的概念

平天窗采用顶部采光形式,一般直接在屋盖的洞口上加以玻璃顶盖而成,选用时应注意安全防护、防尘、通风等问题。

平天窗类型主要有采光板、采光罩、采光带等三种形式。

① 采光板:是在屋面板上留孔,装设平板透光材料,固定的采光板只做采光用,可开启的采光板有少量通风作用,如图 20-8(a)所示。

② 采光罩:是在屋面板上留孔设置弧形、锥形透光材料,有固定和可开启两种,如图 20-8(b)所示。

③ 采光带:是根据屋面结构的不同形式,在屋面上横向或纵向通长孔洞上设置平板透光材料,坡度多与屋面板一致,如图 20-8(c)所示。

20.2.2　平天窗的构造

1. 井壁的构造(见图 20-9)

井壁是平天窗采光口四周的边框。井壁一般高出屋面 150 mm 左右,常降雨雪地区可提高到 250 mm 左右,但不宜过高,以免影响采光。井壁与屋面板交界处要做好泛水处理,一般常采用防水卷材,也可采用搭盖式构件自防水。

井壁主要采用钢筋混凝土制作,可整体浇筑而成,也可与屋面板分别浇筑预制好后再装配。还可采用玻璃纤维塑料孔壁或薄钢板定型产品。

2. 玻璃搭接构造

采光口尺寸较大时,常由数块玻璃搭接而成。须设置骨架作为安装固定玻璃之用。在玻璃搭接部

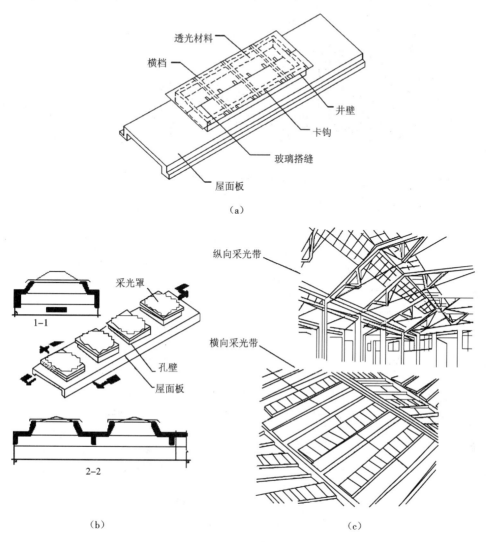

图 20-8　采光带

（a）采光板；（b）采光罩；（c）采光带

位容易渗漏雨水,安装固定玻璃时,应注意防水处理。玻璃采光面与屋面排水组织的方向要一致,便于排水,如图 20-10 所示。

3. 安全防护及透光材料

由于玻璃的透光性高、光线质量好,所以常选用玻璃作为透光材料。为了防止冰雹等其他原因破坏玻璃,可采用钢化玻璃、夹丝玻璃、夹层玻璃、玻璃钢罩等安全玻璃。如保温要求较高时,可采用中空玻璃、吸热玻璃、热反射平板玻璃。采用非安全玻璃如平板玻璃、磨砂玻璃、压花玻璃时,应在其下或上下都加设安全网,以防止玻璃打碎后伤人或危及生产(见图 20-11)。

平天窗有大量的直射光射入室内,容易造成室内过热以及眩光,损害视力健康和影响室内生产安全,一般应采取以下措施:① 选择扩散性好、透热系数小的透光材料,如磨砂玻璃、夹丝压花玻璃、玻璃钢等;② 采用适当的屋面通风措施,使积聚在屋面下的热气能尽快排出室外,以减少其对生产的影响;

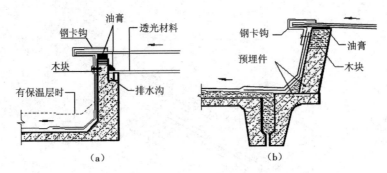

图 20-9 井壁的构造

(a) 整浇井壁(有保温要求);(b) 预制井壁(无保温要求)

图 20-10 玻璃搭接构造

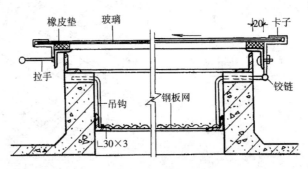

图 20-11 平天窗的安全网(单位:mm)

③ 采用双层中空玻璃,中空玻璃的密闭空气层形成隔热层,增大热阻,可以减少进入室内的太阳辐射。

4. 通风措施

平天窗在采光和通风相互结合时,可以采用以下几种形式:采用可开启的采光罩、采光板,如图 20-12(a)所示;采用带通风百叶的采光罩,如图 20-12(b)所示;在两个采光罩之间安装挡风板和百叶,构成一个组合通风井,如图 20-12(c)所示;在炎热潮湿地区,可采用平天窗结合通风屋脊进行通风的方式,如图 20-12(d)所示。通风屋脊是在屋脊处留一定宽度的空隙,空隙的大小根据通风量决定,设计通风屋脊时应注意防止飘雨雪的问题。当厂房的剩余热量较大时,可利用型钢或钢筋混凝土支架加大通风口。

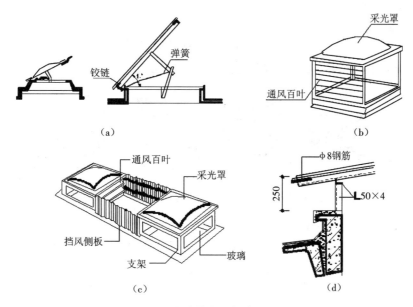

图 20-12 平天窗的通风构造(单位:mm)

20.3 下沉式天窗

下沉式天窗可分为井式天窗、横向下沉式天窗、纵向下沉式天窗,这是根据它们设置位置不同而划分的。横向下沉式天窗和纵向下沉式天窗的构造处理类似于井式天窗,下面主要以井式天窗为例介绍下沉式天窗的构造做法。

20.3.1 井式天窗构造

井式天窗主要由井底板、空格板、挡风侧墙及挡雨设施组成,具有布置灵活、采光均匀、通风性能好、排风路径简短快捷等特点(见图 20-13)。

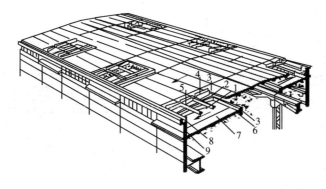

图 20-13 井式天窗的构造

1—水平口;2—垂直口;3—逆水口;4—挡雨片;5—空格板;6—檩条;7—井底板;8—天沟;9—挡风侧墙

1. 基本布置形式

井式天窗基本布置形式见图 20-14。

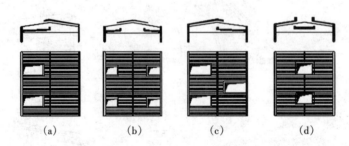

图 20-14　井式天窗基本布置形式

(a) 一侧布置；(b) 两侧对称布置；(c) 两侧错开布置；(d) 跨中布置

① 一侧布置：其特点是通风性能好，排水、除尘比较容易处理，一般适用于跨内仅有一侧热源的高温车间。

② 两侧对称布置：其特点是通风性能好，排水、除尘比较容易处理，一般适用于热源分布比较均匀、散热量较大的高温车间。

③ 两侧错开布置：与两侧对称布置特点、适用性相类似。

④ 跨中布置：其特点是能充分利用屋架中部高度的空间设置天窗，采光好，但排水、除尘较复杂。适用于对采光通风有要求但对散热和除尘要求不高的厂房。

前三种布置形式称为边井式天窗，后一种称为中井式天窗，由它们可排列成不同的连跨布置方式（见图 20-15）。

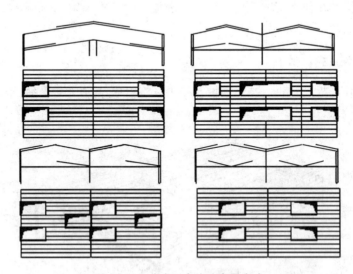

图 20-15　井式天窗连跨布置方式

2. 构造处理

（1）井底板

井底板位于屋架下弦，它的布置有横向布置和纵向布置两种。

① 横向布置（见图 20-16）：井底板平行于屋架布置，在屋架下弦节点上搁檩条，檩条上铺板。它的

优点是施工吊装方便、结构简单、应用广泛,但井底板的长度受屋架下弦节点间距限制,灵活性较小,垂直口高度受屋架结构高度限制。屋架节点高度、檩条高度、井底泛水高度叠加起来一般在 1 m 以上,占用屋架净空高度多,使排风口净高减小。为了增大净空高度,降低板的高度,可采用下卧式檩条、槽形檩条或 L 形檩条等,如图 20-17 所示。

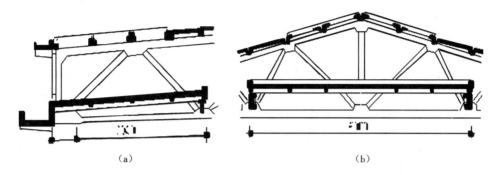

图 20-16　井底板横向布置

(a) 井底板搁在天沟及檩条上;(b) 井底板搁在檩条上

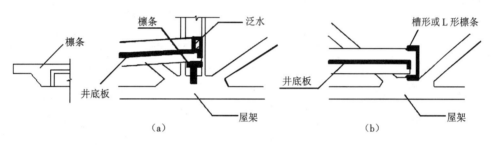

图 20-17　檩条断面结构

(a) 下卧式檩条;(b) 槽形或 L 形檩条

② 纵向布置(见图 20-18):井底板垂直于屋架布置,直接将井底板搁置于屋架下弦上。其优点是可省去檩条,增加天窗垂直净口高度,天井的水平口长度可以根据需要灵活布置。其缺点是有的井底板会与屋架腹杆相碰,一般为方便搁置,会做成卡口板、出肋板或者 F 形断面板,如图 20-19 所示。

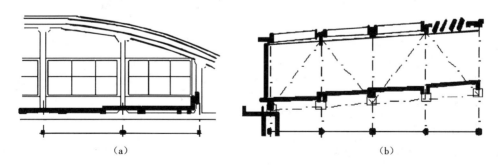

图 20-18　井底板纵向布置

(a) 竖腹杆屋架、采用卡口板或出肋板;(b) 搁在下弦节点块座上

(2) 井口板及挡雨设施

井式天窗主要起通风作用,不采暖的厂房天窗敞开不设窗扇,这时须设挡雨设施。井口板是井口上

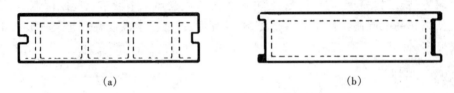

图 20-19 井底板纵向布置

(a) 卡口板;(b) 出肋板

的铺板,是开敞式挡雨设施的组成部分,有以下几种作法:井口上设挑檐(见图 20-20)、井口上设挡雨片(见图 20-21)、垂直口设挡雨片(见图 20-22)。

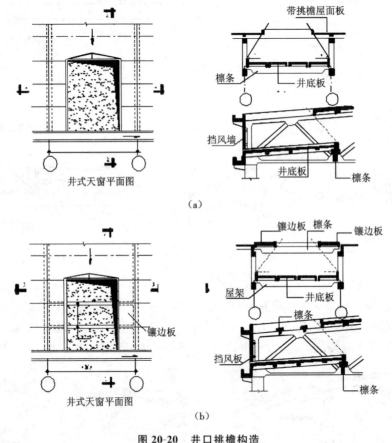

图 20-20 井口挑檐构造

(a) 带挑檐屋面板;(b) 增设镶边板

(3) 窗扇的设置

采暖厂房设置井式天窗时,可在垂直口或水平口设置窗扇。沿厂房纵向垂直口设置窗扇时,可选用上悬式或中悬式窗扇。在横向垂直口设置时只能选用上悬式窗扇,这是因为横向垂直口有屋架腹杆的阻挡。跨中布置井式天窗时,纵横向垂直口的形状较为整齐,便于安装窗扇,所以需要设置窗扇的井式天窗宜采用跨中布置。一侧或两侧布置井式天窗,其横向垂直口是倾斜的,窗扇设置比较复杂,可采用平行四边形窗扇或矩形窗扇等处理方式。水平口设置窗扇较垂直口方便,但密闭性较差,一般采用中悬

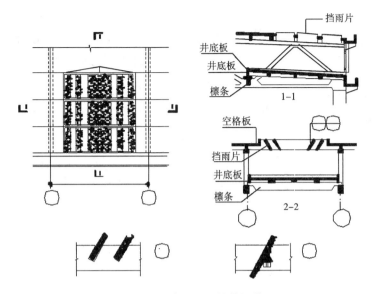

图 20-21　水平口设置挡雨片

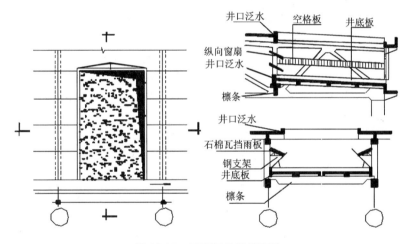

图 20-22　垂直口设置挡雨片

式或水平推拉式窗扇。

（4）排水措施

井式天窗由上、下两层屋面板组成，所以排水处理比较复杂，应尽量减少天沟、水斗、雨水管数量，并使排水系统顺畅，以及便于除尘、除雨雪。排水方式主要有边井外排水（见图 20-23）和连跨内排水（见图 20-24）两大类。

边井外排水主要有以下几种方式。

① 无组织排水：井底板的雨水经挡风板与井底板之间的空隙分别自由流至室外，适用于降雨量小的地区及高度比较低的厂房。

② 单层天沟排水：上层屋面檐口作通长天沟，下层井底板作自由落水，适用于降雨量大、灰尘小的厂房；上层屋面作自由落水，下层井底板作通长天沟，适用于降雨量大和灰尘比较大的地方。

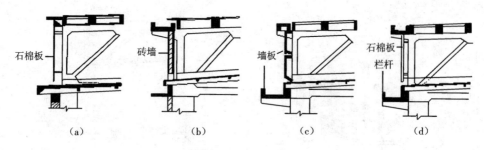

图 20-23　边井外排水

(a)无组织排水;(b)上层通长天沟;(c)下层通长天沟;(d)双层天沟

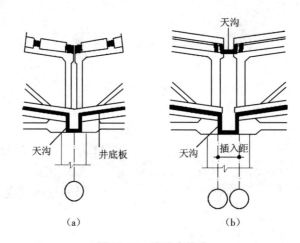

图 20-24　连跨内排水

(a)下层通长天沟;(b)上、下层通长天沟

③ 双层天沟排水:上层屋面设通长或间断的天沟,下层井底板设排水除尘通长天沟,适用于降雨量大的地区及灰尘大的厂房,其构造复杂、用料多。

④ 连跨内排水:在连跨布置以及跨中布置间断天沟或通长天沟,但均需做落水处理。

(5)挡风侧墙、除尘及检修设施

井式天窗在边跨的井口外侧须设置挡风墙以保证有稳定的通风效果,挡风侧墙下部与井底板交界处应留有 100~150 mm 的排水、除尘缝隙,但不宜过大。此外,井式天窗要设置从屋面通往井底的检修楼梯。利用下层天沟作清灰通道时,天沟外侧须设置安全护栏,并在挡风墙上开设供检修人员出入的小门。

(6)屋架的选择

屋架形式影响井式天窗的布置和构造,如图 20-25 所示。拱形或折线形屋架因端部较低,只适用于跨中布置井式天窗;屋架下弦要搁置井底板或檩条,宜采用无竖杆屋架、双竖杆屋架以及全竖杆屋架;梯形屋架适用于跨边布置井式天窗。

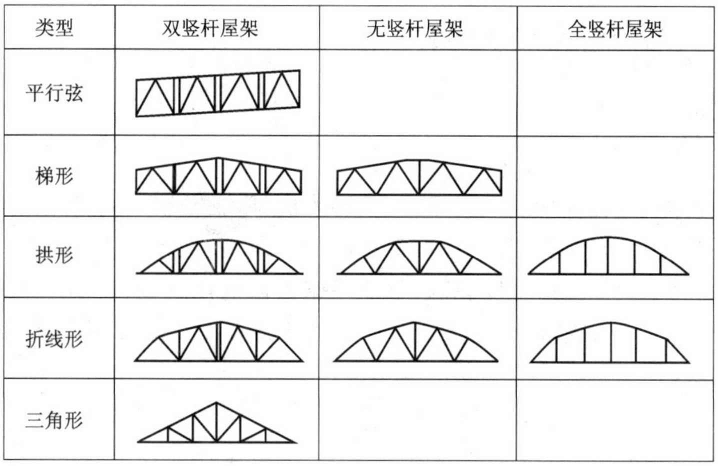

类型	双竖杆屋架	无竖杆屋架	全竖杆屋架
平行弦			
梯形			
拱形			
折线形			
三角形			

图 20-25　井式天窗的屋架形式

20.3.2　纵向、横向下沉式天窗概述

纵向下沉式天窗是沿厂房纵轴方向将下沉的屋面板通长搁置在屋架下弦节点上(见图 20-26)。它分为两侧下沉、中间单下沉及中间双下沉三种形式。横向下沉式天窗是将相邻跨的整跨屋面板上下交替布置在屋架的上下弦,利用屋架高差形成的横向天窗(见图 20-27),可灵活布置、调整室内阳光方向。

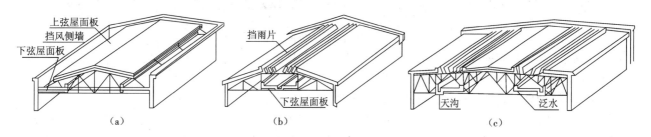

图 20-26　纵向下沉式天窗

(a) 两侧下沉;(b) 中间单下沉;(c) 中间双下沉

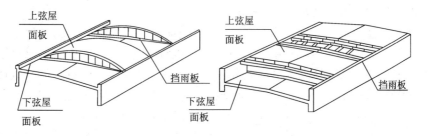

图 20-27　横向下沉式天窗

20.4 锯齿形天窗及其他天窗

20.4.1 锯齿形天窗

当厂房屋盖呈锯齿形时,在其垂直面设立采光、通风口,形成锯齿形天窗。锯齿形天窗(见图20-28)能利用倾斜顶盖反射光线,采光效率高;天窗口朝北,无直射阳光,光线稳定;采光方向性强,车间内机械布置与天窗垂直,以免产生阴影。高纬度地区,可以根据太阳高度角的大小,适当倾斜锯齿形天窗的玻璃面,以提高采光效率。一般来说,锯齿形天窗适用于对光线稳定性较高,需要对温度、湿度进行控制的厂房,如精密仪表、机械、纺织等类型的单层厂房。

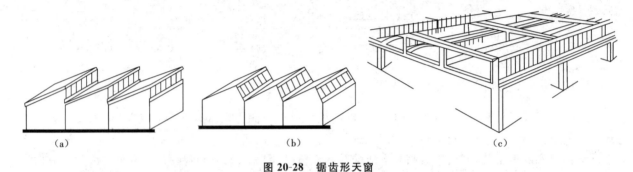

图 20-28 锯齿形天窗
(a)垂直玻璃面;(b)倾斜玻璃面;(c)一柱距内设多排天窗

锯齿形天窗轴线间的距离不宜超过天窗下部到工作面的两倍,这是为了保证采光的均匀性。故在厂房跨度较大,需设置锯齿形天窗时,应在屋架上设置多排天窗。根据其与屋盖结构的关系,可将锯齿形天窗划分为多种类型,以下介绍常见的两种锯齿形天窗形式。

1. 横向三脚架同纵向双梁承重的锯齿形天窗

横向三脚架同纵向双梁承重的锯齿形天窗是由两根搁置在 T 型柱上的纵向梁、横向三角形屋架、屋面板、天窗扇、天沟板和天沟侧板等构件组成(见图20-29)。其通风功能是由两根大梁和天沟板组成的通风道完成的。三角形屋架也可直接支承屋面板而组成锯齿形天窗(见图20-30),此种结构适用于不需要另设通风道并且横向跨度较大的单层厂房。

2. 纵向天窗同纵向双梁承重的锯齿形天窗

与横向三脚架同纵向双梁承重的锯齿形天窗相比,纵向天窗同纵向双梁承重的锯齿形天窗取消了横向三角形屋架,屋面板上端直接搁置在天窗窗框上,下端搁置在大梁上,相应地简化了构件类型和施工工序。其通风功能也是由两根大梁和天沟板组成的通风道完成的,也可用其他类似形式的构件代替两根纵向梁,比如箱型梁。箱型梁中部纵向空间是很好的密闭通风通道,并且可以减少部件数量。但由于其形状、质量较大,在设计施工时要充分考虑到箱型梁的施工吊装问题。

20.4.2 三角形天窗

三角形天窗其结构形式与采光带相类似,不同之处在于采光带的玻璃面与屋面坡度一般相同,宽度较窄,不需要设置天窗架;而三角形天窗的玻璃顶盖呈三角形(见图20-31),一般与水平面成30°~45°,宽度较宽,一般为 3~6 m,需要设置天窗架(一般采用钢天窗架)。三角形天窗的主要优点是采光效率

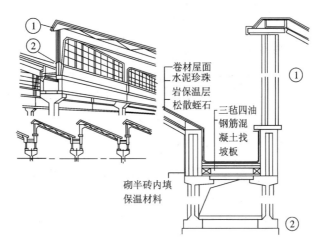

图 20-29　横向三脚架同纵向双梁承重的锯齿形天窗

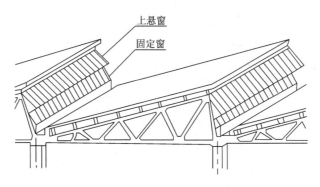

图 20-30　三角形屋架的锯齿形天窗

　　(a)　　　　　　　　　(b)　　　　　　　　　(c)　　　　　　　　　(d)

图 20-31　三角形天窗的屋架形式

(a) 单纯采光；(b) 天窗檐口下带通风口；(c) 端部及顶部设通风；(d) 顶部设通风机的风帽

高,但其构造比较复杂,照度的均匀性也比平天窗差一些。

20.4.3　梯形天窗与 M 形天窗

　　梯形天窗、M 形天窗与矩形天窗的构造相类似,但 M 形天窗屋面板倾斜,可利用倾斜的天棚反射光线,采光效率较矩形天窗高。

　　(1) 梯形天窗:两侧采光面与水平面倾斜一般成 60°角。梯形天窗采光效率比矩形天窗要高;但均匀性差,并有大量直射阳光,防雨性较差,应用较少,如图 20-32(a)所示。

　　(2) M 形天窗:将矩形天窗的顶盖向内倾斜而成。倾斜的顶盖便于排水、疏导气体及增强光线反

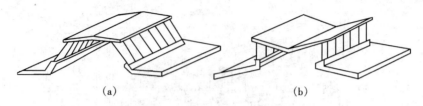

图 20-32 梯形天窗、M 形天窗

(a)梯形天窗；(b)M 形天窗

射,通风、采光效率比矩形天窗高,故 M 形天窗以通风为主,兼起采光作用。M 形天窗主要应用于热车间和高温车间,如图 20-32(b)所示。

20.4.4 通风屋脊

通风屋脊是指在沿屋脊纵向方向留出一条狭长的空隙,然后架空此处的屋面板或脊瓦,形成一条狭长的脊状通风口(见图 20-33)。空隙处一般用砖砌或混凝土短柱架空,当空隙较大时,支承需要用简单的型钢支架或钢筋混凝土支架。为防止雨雪落入车间,还应设置挡雨片以挡雨雪。此外,为了使排风稳定,需要时还可设置挡风板。通风屋脊的优点是构造简单、节省材料、施工方便,但由于其密闭性差、易飘雨、不防灰尘,一般主要应用于通风要求不高的冷加工车间。

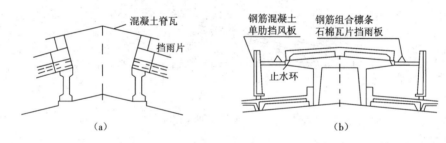

图 20-33 通风屋脊

【本章要点】

① 单层厂房的采光形式。
② 几种天窗形式的概念、结构样式、特点和适用范围。

【思考题】

20-1 矩形天窗由哪些构件组成?
20-2 平天窗的通风措施有哪些?
20-3 上悬式天窗和中悬式天窗各有何特点?

第 21 章　钢结构厂房构造

随着我国经济的不断发展和钢产量的不断增加,钢结构作为绿色环保产品得到公认和广泛应用。钢结构厂房与传统的钢筋混凝土结构厂房相比,在构造上采用了压型钢板屋面板和外墙板,增加了墙梁和屋面檩条等构件,其他构造与钢筋混凝土结构厂房相类似。钢结构厂房的主要类型有普通钢结构厂房和轻型钢结构厂房。

21.1　压型钢板外墙

21.1.1　外墙材料

压型钢板根据其保温性能的不同,可划分为保温复合式压型钢板和非保温的单层压型钢板。非保温的单层压型钢板一般常采用彩色镀锌钢板或彩色镀铝锌钢板,一般镀锌层厚度不超过 30 μm,钢板厚度为 0.4～1.6 mm,表面为波形。

保温复合式压型钢板以彩色压型钢板为面层材料,中间夹以聚苯乙烯、岩棉、玻璃棉等保温材料,具有较好的保温隔热、吸声效果。根据施工条件的不同,保温复合式压型钢板通常有以下两种做法:一种是在施工现场将板状保温材料填充到两层钢板之间;另一种是在两层压型钢板中间填充发泡型保温材料,利用保温材料的自身凝固作用,使两层压型钢板结合在一起形成复合式保温墙板,一般在工厂制作成成品后,再运至现场直接安装(见图 21-1)。

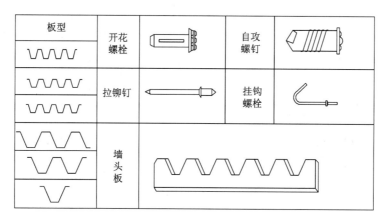

图 21-1　压型钢板板型

21.1.2　外墙构造

钢结构厂房外墙的形式一般全部采用压型钢板,也可采用下部为高度不超过 1.2 m 的砌体、上部为压型钢板的构造形式。考虑到整体抗震性能,当抗震设防烈度为 7～8 度时,不宜采用逐渐嵌砌砖墙;当抗震设防烈度为 9 度时,宜采用与柱子柔性连接的压型钢板墙体。压型钢板外墙构造一般要求结构简单、施工方便、与墙梁连接牢固,为保证防水效果,在转角等处还需有足够的搭接长度(见图21-2)。图21-2、图21-3为山墙与屋面处泛水构造,图21-4为窗侧、窗顶、窗台包角构造。

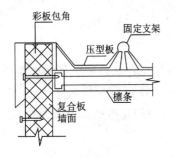

图 21-2 山墙与屋面处泛水构造

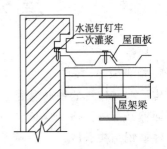

图 21-3 山墙与屋面处泛水构造

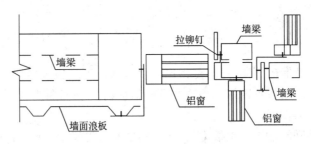

图 21-4 窗户包角构造

21.1.3 外墙及屋面板的保温层厚度确定

严寒地区冷加工车间内冬季温度较低,热量容易流失,对产品生产及操作人员健康不利,需要采取采暖措施。一般应对厂房围护结构(外墙、屋面、外门窗等)采取保温措施。

外墙及屋面板的保温能力一般可用其热阻的大小来表示。结构的热阻大小与通过它的热量成反比。对于保温复合式围护结构,其热阻为:

$$R_0 = R_i + R_1 + R_2 + R_3 + R_e \tag{21-1}$$

式中　R_0——围护结构总热阻,$m^2 \cdot K/W$;

　　　R_i、R_e——围护结构内、外表面感热阻,$m^2 \cdot K/W$;

　　　R_1、R_2、R_3——各材料层的热阻,$m^2 \cdot K/W$。

$$R_{1,2,3} = \frac{d_{1,2,3}}{\lambda_{1,2,3}} \tag{21-2}$$

式中　d——材料层厚度,m;

　　　λ——材料的导热系数,$W/(m \cdot K)$。

结构所能通过的热量越小,其保温性能越好。但热阻越大其成本越高,经济性不好。一般对围护结构的热阻大小有一个最低限制要求,即最小总热阻。见下式:

$$R_{0,\min} = \frac{t_i - t_e}{[\Delta t]} R_i n \tag{21-3}$$

式中　$R_{0,\min}$——围护结构最小总热阻,$m^2 \cdot K/W$;

　　　t_i、t_e——冬季室内、外温度,℃;

$[\Delta t]$——室内空气与围护结构内表面温度的允许温差值,℃;

R_i——围护结构内表面感热阻,$m^2 \cdot K/W$;

n——温度修正系数,一般取 1.0。

根据上述三式及围护材料类型,即可计算出保温层所需厚度。对于室内相对湿度 $\varphi < 50\%$ 的车间,外墙的 $[\Delta t]$ 为 10℃,屋顶的 $[\Delta t]$ 为 8℃,对于 φ 为 50%~60% 的车间,外墙的 $[\Delta t]$ 为 7.5℃,屋顶的 $[\Delta t]$ 为 7℃。围护结构总热阻不应小于最小总热阻,即 $R_0 \geqslant R_{0,min}$;同时,根据国家节能标准和各地气候条件,围护结构总热阻不应小于各地区对其热阻的限值要求,即 $R_0 \geqslant R'_{0,min}$,两者取较大值。

21.2　压型钢板屋顶

钢结构厂房的屋面形式通常采用彩色压型钢板,集结构功能、装饰功能和防水功能于一体,又具有自重轻、施工工艺简单、工期短和造价低等诸多优点,所以近几年被广泛应用于各种工业厂房的屋面。其做法是在钢架斜梁上设置 C 型或 Z 型冷轧薄壁钢檩条,再铺设压型钢板,又称为压型钢板有檩体系(见图 21-5)。

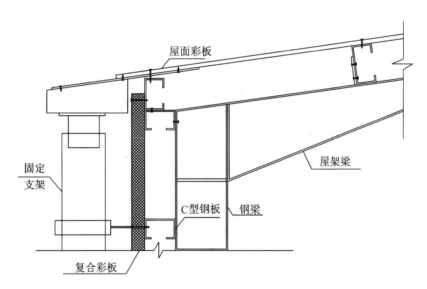

图 21-5　压型钢板屋面构造

单层彩色压型钢板屋面大多数将彩板直接支承于檩条上,一般为槽钢、工字钢或轻钢檩条。檩条间距视屋面板型号而定,一般为 1.5~3.0 m。屋面板的坡度大小与降雨量、板型、拼缝方式有关,一般不小于 3°。双层保温压型钢板板屋面坡度为 1/6~1/20,在腐蚀环境中屋面坡度应不小于 1/12。一般情况下,应使每块板至少有 3 个支承檩条,以保证屋面板不发生挠曲。在斜交屋脊线处,必须设置斜向檩条,以保证屋面板的斜端头有支承。

为使屋面构造简单,其采光一般采用平天窗形式,但要注意采光板与屋面板连接处的防水处理(见图 21-6)。

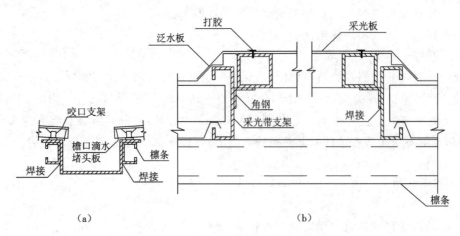

图 21-6　内天沟构造及天窗采光带构造

(a)内天沟构造；(b)天窗采光带构造

21.3　金属梯和走道板

21.3.1　金属梯

为连接厂房中各工作平台,需设置各种金属梯。金属梯一般以钢、铝等材料制成。金属梯有直梯和斜梯两种,宽度通常为 600～800 mm,踏步高为 300 mm。直梯的梯梁常采用角钢,踏步用 φ18 圆钢;斜梯的梯梁多用 6 mm 厚钢板,踏步用 3 mm 厚花纹钢板,也可用不少于 2 根 φ18 的圆钢制作。

1. 作业梯

作业梯(见图 21-7)是供工人上下作业平台或跨越生产设备联动线的交通联系工具。为节约钢材和减少占地,其坡度一般较陡,有 45°、59°、73°和 90°等几种。当钢梯段长度超过 4～5 m 时,应设中间休息平台。

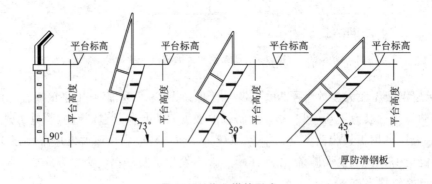

图 21-7　作业梯的形式

2. 吊车梯

吊车梯(见图 21-8)是为吊车司机上下而设的。其位置应设在便于上吊车操纵室的地方,同时应考虑不妨碍工艺布置和生产操作,一般多设在端部第二个柱边。一般每台吊车应设一个吊车梯。在多跨厂房内,当相邻两跨均有吊车时,吊车梯可设在中柱上,以供两侧的吊车司机用。

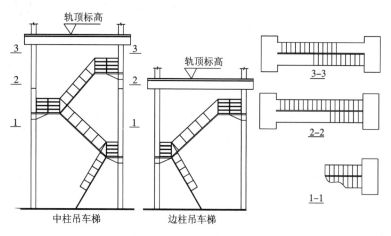

图 21-8　吊车梯的形式

3. 消防检修梯

消防检修梯(见图 21-9)是供到屋面进行检修、清灰、清除积雪及擦洗天窗用,兼供消防用。消防检修梯底端应高出室外地面 1000～1500 mm,以防儿童攀爬。梯与外墙表面距离通常不小于 250 mm,梯梁用焊接的角钢埋入墙内,墙预留孔 260 mm×260 mm,深度最小为 240 mm,然后用 C15 混凝土嵌固或做成带角钢的预制块砌墙时砌入。

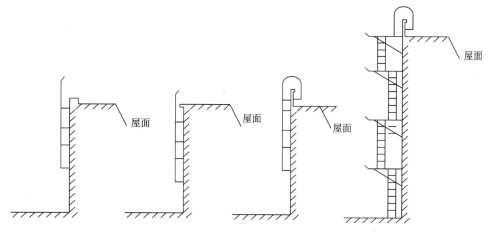

图 21-9　消防检修梯的形式

21.3.2　走道板

走道板又称安全走道板,是为维修吊车或检修吊车而设。走道板沿吊车梁顶面铺设,高温车间、吊车为重级工作制或露天跨设吊车时,不论吊车台数、轨顶高度,均应在跨度的两侧设通长走道板。

在边柱位置,利用吊车梁与外墙的空隙设走道板。

在中柱位置,当中列柱上只有一列吊车梁时,设一条走道板,并在上柱内侧考虑通行宽度。当有两列吊车梁,且标高相同时,可设一条走道板并考虑两侧通行的宽度;当其标高相差很大或为双层吊车时,则仍根据需要设两层走道板。

露天跨的走道板常设在露天柱上,不设在靠车间外墙的一侧,以减小车间边柱外牛腿的出挑长度。

【本章要点】

① 钢结构厂房的一般构造。

② 外墙和屋面的构造。

③ 围护结构保温层厚度的确定。

④ 金属梯、走道板的形式。

【思考题】

21-1　在单层工业厂房中使用的彩色压型钢板有哪些优点?

21-2　简述金属梯常用的几种形式和构造方法。

第22章 工业建筑特殊构造

在某些特殊产品生产的工业建筑中,会遇到防爆、防腐蚀、屏蔽等特殊处理。本章将简要叙述以上特殊处理与建筑设计有关的问题。

22.1 防爆

广义上说,爆炸就是指物质在瞬间以机械功的形式释放出大量气体和能量的现象。按照爆炸的瞬时燃烧速度的不同,爆炸可分为以下三类:轻爆、爆炸和爆轰。

22.1.1 卸压

在发生爆炸时,为了避免厂房主体结构遭到破坏,应采取的最有效措施是卸压。卸压使爆炸瞬间产生的巨大压力,由建筑物的内部通过卸压设施向外排出,以保证建筑结构不会受到大的水平冲击。实践表明,轻质屋顶、轻质墙体和易于脱落的门、窗等均可作为卸压面积使用。

根据实践经验,并参考国内外有关资料,同时考虑到我国建筑结构的发展水平,可知卸压面积与厂房容积的比值一般采用 $0.05 \sim 0.10 \ m^2/m^3$。这对一般的爆炸危险混合物的爆炸是适用的,但对爆炸威力较强的爆炸危险混合物的爆炸,还应加大卸压面积与厂房容积的比值,可采用 $0.20 \ m^2/m^3$。对有丙酮、汽油、甲醇、乙炔、氢气的厂房,因其爆炸威力更大,爆炸下限更低,所以防爆卸压面积之比还应尽量超过 $0.20 \ m^2/m^3$。

当防爆厂房的面积较大时,厂房的轻质屋顶应在厂房的长度方向每隔 $10 \sim 20 \ m$ 的范围以内,设置横向分格缝,把整个厂房分成宽 $10 \sim 20 \ m$ 的若干区段。在此截缝处改用低标号的砂浆,屋面上层的油毡可以直接通过,下层的油毡必须在缝处断裂。

22.1.2 防爆厂房的建筑结构

当粉尘、蒸气及气体混合物在厂房内发生爆炸时,将会产生 $0.15 \sim 1.5 \ MPa$ 的压力。这样大的压力能否把厂房破坏,除取决于爆炸压力外,还取决于爆炸压力作用的时间。爆炸压力作用的时间短,破坏的程度就轻;反之,则重。爆炸压力作用的时间是由卸压面积决定的,因为在相同容积的室内,当有不同类别与不同浓度的物质产生爆炸时,卸压面积不同,爆炸压力作用的时间以及外墙承受的水平冲击荷重也不相同。

采用轻质易于脱落的外墙或大面积的卸压窗扇,把厂房的围护结构尽量都做成卸压面积,这样厂房一旦发生一般性的气体混合物的爆炸,所造成的危害较小,不致影响整个厂房的安全,能较快恢复生产。

22.1.3 防爆厂房的构造要求

散发较空气重的可燃气体或易燃、可燃液体蒸气的甲类生产车间和有粉尘、纤维爆炸危险的乙类生产车间,宜采用不发生火花的地面。为了防止出现火花,地面可采用橡胶、塑料、菱苦土、木地板、橡胶掺石墨或沥青混凝土等。有可能积落可燃粉尘、可燃纤维车间的内表面,应进行粉刷或油漆处理,做成容易清扫且不易积落灰尘的内表面。在有爆炸危险的甲、乙类生产厂房内安装电气设备时,应采用防爆型电气设备,如防爆开关、防爆电机、防爆灯具等。

22.2 防腐蚀

在工业生产过程中,应防止或减轻腐蚀性介质对建筑物和构筑物的腐蚀作用,使工业建筑防腐蚀设计做到技术先进、经济合理、安全适用、确保质量。

22.2.1 腐蚀性分级

根据腐蚀性介质对建筑材料破坏的程度,即外观变化、重量变化、强度损失以及腐蚀速度等因素,综合评定腐蚀性等级,并划分为强腐蚀、中等腐蚀、弱腐蚀、无腐蚀四个等级。腐蚀性介质按其对建筑物的腐蚀可分为气态介质、腐蚀性水、酸碱盐溶液、固态介质和污染土五种,各种介质应按其性质、含量划分类别。各种腐蚀性介质对建筑材料的腐蚀性的等级具体可查《工业建筑防腐蚀设计规范》(GB 50046—2008)。

22.2.2 防腐蚀构造及要求

对于楼地面防腐蚀的构造及要求如下所述。

1. 面层

楼地面面层材料应根据腐蚀介质的类别、性质、浓度以及对建筑结构材料的腐蚀性等级等条件,并结合设备安装和生产过程中的机械磨损等要求。受机械冲击作用的部位,宜采用厚度不小于 60 mm 的块材或水玻璃混凝土、树脂砂浆、密实混凝土等面层。用作整体面层的水玻璃混凝土,其抗渗等级不应低于 1.2 MPa;树脂稀胶泥、树脂砂浆、玻璃鳞片胶泥、水玻璃混凝土、沥青砂浆、软聚氯乙烯板等整体面层以及沥青胶泥砌筑的块材面层,宜用于室内;树脂类整体面层、沥青砂浆面层和软聚氯乙烯板面层,不适用于有明火作用的部位;树脂稀胶泥整体面层宜采用环氧类、不饱和聚酯类和乙烯基酯类树脂胶泥;树脂砂浆整体面层采用环氧类、环氧煤焦油(1∶1)类、不饱和聚酯类、乙烯基酯类和呋喃类树脂砂浆;聚合物水泥砂浆宜采用氯丁胶乳水泥砂浆和聚丙烯酸酯乳液水泥砂浆。

楼地面面层的厚度,应按表 22-1 确定。

表 22-1 楼地面面层的厚度

名 称		厚度/mm	名 称	厚度/mm
耐酸石材	用于底层	30～100	树脂稀胶泥	1～3
	用于楼层	20～60	软聚氯乙烯板	3
耐酸砖		20～65	聚合物水泥砂浆	15～20
水玻璃混凝土		≥60	密实混凝土	≥40
沥青砂浆		30～40	水磨石	30
树脂砂浆		47		

2. 块材面层结合层

块材面层结合层的灰缝采用树脂胶泥、水玻璃胶泥等刚性材料时,结合层应采用刚性材料,不应采用沥青胶泥、沥青砂浆等柔性材料；灰缝采用沥青胶泥、水玻璃胶泥、聚合物水泥砂浆时，耐酸砖面层的结合层应与灰缝材料一致；耐酸石材面层的灰缝采用树脂胶泥时，在酸性介质作用下，结合层宜采用水玻璃砂浆；在酸碱介质交替作用下，结合层宜采用聚合物水泥砂浆；当地面面层采用不小于 80 mm 的花岗石并采用树脂胶泥灌缝时，结合层可采用水泥砂浆。

3. 地面隔离层

受腐蚀性介质作用且经常冲洗的楼层地面或受强腐蚀性、中等腐蚀性液态介质作用的底层地面，应设置隔离层。当底层地面采用厚度不小于 80 mm 的花岗石面层并采用树脂胶泥灌缝时，可不设隔离层；采用水玻璃类材料作面层或作块材的结合层时，应设置隔离层；采用软聚氯乙烯板作面层时，不应设隔离层。

隔离层材料应根据作用于地面液态介质的腐蚀性等级、作用量以及面层材料等因素确定。隔离层材料可选用橡胶类、沥青类、塑料类、聚氨酯类、树脂玻璃钢以及聚氯乙烯胶泥粘巾玻璃布或毡等。当选用沥青类隔离层时，不宜采用沥青纸胎油毡；沥青砂浆面层和用沥青胶泥砌筑的块材面层的隔离层，宜采用沥青类材料；树脂砂浆、树脂稀胶泥等整体面层的隔离层，应采用树脂玻璃钢。总厚度小于 30 mm 的块材面层的隔离层，宜采用树脂玻璃钢。玻璃布或毡宜采用 2～3 层。

地面隔离层应与地沟、地坑的隔离层连成整体。在踢脚板、设备基础及挡水处，隔离层翻起的高度不宜小于 100 mm。

4. 地面垫层

室内地面垫层的混凝土强度等级不宜低于 C15，厚度不宜小于 120 mm。室外地面垫层的混凝土强度等级不宜低于 C20，厚度不宜小于 150 mm。当室外地面、面积较大的地面、树脂类整体地面或地基可能产生不均匀变形时，垫层内应配置钢筋；当土壤可能冻结时，地面垫层下应设置防冻层，其厚度不应小于 300 mm；当土壤标准冻深大于 1200 mm 时，防冻层的设置应符合现行国家标准《建筑地面设计规范》（GB 50037—2013）的规定；当地下水位较高时，树脂砂浆、树脂稀胶泥、软聚氯乙烯板的地面垫层以下应采取防水或防潮措施。

5. 其他要求

在预制板上设置防腐蚀面层时，必须设置配筋的混凝土整浇层，其厚度不应小于 40 mm。受液态介质作用的地面，应设坡向排水沟或地漏的坡度。底层地面坡度不宜小于 2%，楼层地面坡度不宜小于 1%。底层地面宜采用基土找坡；楼层地面宜采用找平层找坡；当排泄坡面较长或坡度较大时，可采用结构找坡。排水沟的地漏应布置在能迅速排除液体的位置，排泄坡面长度不宜大于 9 m。排水沟内壁与墙边、柱边的距离，不应小于 300 mm。地漏中心与墙、柱、梁等结构边缘的距离，不应小于 400 mm。地漏可选用塑料、玻璃钢、陶瓷、铝合金、镀锌铸铁或铸铁浸沥青等制口。地漏的上口直径不宜小于 200 mm。地漏与楼层地面、底层地面的连接应严密，防止渗漏。地面与墙、柱交接处，应设置耐腐蚀的踢脚板，其高度不宜小于 250 mm。室内混凝土垫层的防腐蚀地面，其伸缝的间距不宜大于 30 m；室外混凝土垫层的防腐蚀地面，其伸缝的间距不宜大于 20 m。

22.3 屏蔽

用于减弱由某些源所产生的空间某个区（不包含这些源）内的电磁场的结构，称为电磁屏蔽。电磁屏蔽的作用原理是利用屏蔽体的反射，衰减并引导干扰场源所产生的电磁能流使其不进入空间防护区。根据屏蔽工作原理，屏蔽可分为三大类：① 静电屏蔽，防止由静电耦合而产生的相互干扰；② 电磁屏蔽主要被用于高频下,多采用低电阻金属,利用流过金属的电流而防止磁力线的相互干扰;③ 电磁屏蔽主要被用于低频下,多使用磁导率高的材料,防止磁力线的感应。

22.3.1 屏蔽效能的定量评价

电磁屏蔽的效能可以用不存在屏蔽时空间防护区的场强(E_0 或 H_0)与存在屏蔽时该区的场强(E 或 H)的比值 T 来表示。

$$T = \frac{E_0}{E} \quad \text{或} \quad T = \frac{H_0}{H}$$

在一般情况下,屏蔽不仅使场强减弱,而且在不同程度上会使空间防护区中的有源场畸变。因此用上面的方法确定场的电分量和磁分量屏蔽效能的结果是不一样的,并且与测点的坐标有关。这种状况将极大地妨碍对屏蔽效能的定量评价。在最简单的情况下,屏蔽效能仅有一个数值。在电磁屏蔽理论中,将实际情况变为理想化的情况。但是,这种理想化在相当程度上会影响评价的精确性。在特别复杂的情况下评价屏蔽效能时,需要采用一些假定,如防护空间区远离屏蔽,该区内的点以及场源的位置都按最不利的情况布置。这样,评价的精确性将更加降低。在做计算的时候,只能确定屏蔽效能可能最低的数量级。

22.3.2 屏蔽时的谐振现象

任何电磁屏蔽,不管是简单的金属板、电缆的金属皮、封闭场源、空间防护区的金属箱体或是任何其他金属结构,均可以看作是一个具有一系列固有频率的分布恒量系统。当需要减弱的电磁场的频率接近并等于屏蔽体的某一固有频率时,屏蔽效能会急剧降低。由于结构不当造成谐振现象的屏蔽,不仅不能使空间防护区的场减弱,反而会加强。电缆的屏蔽皮可能是已调谐的长线段。屏蔽箱体可能是已调谐的空腔谐振器。屏蔽上的孔洞和缝隙可能是有效的裂缝天线。所以设计时必须注意,如果可能发生不希望有的谐振现象,必须采取有效措施加以防止:注意使孔洞和缝隙的尺寸远远小于工作波段的最小波长;如果需要的话,增大屏蔽壁厚;将电缆的屏蔽皮多点接地等。

22.3.3 屏蔽对电磁场源和防护对象的反作用

电磁屏蔽在完成自己的基本职能的同时,可能给场源和防护对象(即位于空间防护区的对象)带来不同程度的不利作用。屏蔽效能和由于屏蔽带来的不利作用之间没有直接的关系。但是,如果用厚度相同的钢屏蔽代替黄铜屏蔽或铝屏蔽,则屏蔽效能也可增大,但损失也会剧增,线圈的品质因数将减小。正确选择屏蔽的材料、尺寸和结构,将能够减弱屏蔽的不利作用至允许值。

22.3.4 屏蔽实例

1. 导体带

导体带是使用铜和铝带可简单而快速地建立一种直接的屏蔽和低阻抗连接。它们对于临时的(补充的)解决方法和相对永久的解决方案来说都是很方便的。导体带厚度在 0.035~0.1 mm 之间,并且通常背面带有导电黏合剂以便于安装。

2. 网状屏蔽带

涂锡的钢网带主要用来安装在一个已经装配好的电缆护套上作为一种易安装的绷带型的屏蔽罩。先将这种网编制成圆柱筒形,然后拉平形成两层金属带。

3. 拉链式屏蔽外套

拉链式屏蔽外套包括铝箔、铜镍合金或带有 PVC 护套和拉链的镀锡钢网,它可以迅速地安装到现场的设备上。

4. EMI 密封垫

EMI 密封垫是由铍铜弹簧制成的灵活簧片,为网状连接;或者是用来改善机箱开口周围的屏蔽效果的弹性导电橡胶。为了使密封垫有效,它和啮合边缘之间的电阻应该尽可能小。

5. 导电涂料

导电涂料是由丙烯酸或环氧黏合剂混合细小的银、铜、镍或石墨颗粒制成的,由于其表面厚度通常为 $25\sim50~\mu m$,因此对于大多数 EMI 的频率范围来说是低于穿透深度的。

6. 导电箔

导电箔是由铝制成的,铝是一种良导体,一个大约 $25~\mu m$ 厚的薄铝片在 10 MHz 以下没有吸收损耗,但是它对于电场的任何频率都有较好的反射损耗。这种薄铝片易于剪裁、成型和缠绕。

7. 导电布

导电布可以由镍、钝化的铜和其他的细金属纤维制成,可以获得小于 $10~g/m^2$ 的表面电阻,相当于远场条件下不小于 4 dB 的屏蔽衰减。这样的材料,由于轻巧(面密度 $\leqslant100~g/m^2$),厚度为 0.1 mm 或更薄,因此易于应用在普通房间的墙壁上或缠绕在任何三维形状的物体周围。

8. 屏蔽室

建立屏蔽室的目的有两个:一个是使外部干扰不能进入屏蔽室内,影响室内设备的正常工作,或影响室内对环境要求较多的试验工作的进行;另一个目的是限制室内大效率高频设备所泄漏的干扰波,使之不影响周围的人或设备的正常工作。屏蔽室的屏蔽效果不仅取决于选用的材料与结构,而且还与接地、通风窗、出入门和电源滤波器等性能有关。

【本章要点】

① 工业建筑防爆的基本知识。

② 工业建筑防腐蚀的基本知识。

③ 工业建筑屏蔽的基本知识。

【思考题】

22-1 简述爆炸的定义及其分类。

22-2 如何定义腐蚀性的等级?腐蚀性介质按其对建筑的腐蚀可分为哪几种?

22-3 简述屏蔽的定义。

参 考 文 献

[1] 同济大学,西安建筑科技大学,东南大学,等.房屋建筑学[M].北京:中国建筑工业出版社,1990.

[2] 同济大学,西安建筑科技大学,东南大学,等.房屋建筑学[M].3版.北京:中国建筑工业出版社,1997.

[3] 同济大学,西安建筑科技大学,东南大学,等.房屋建筑学[M].4版.北京:中国建筑工业出版社,2005.

[4] 叶左豪.房屋建筑学[M].上海:同济大学出版社,1999.

[5] 王万江.房屋建筑学[M].重庆:重庆大学出版社,2003.

[6] 樊振和.建筑构造原理与设计[M].天津:天津大学出版社,1999.

[7] 王崇杰.房屋建筑学[M].北京:中国建筑工业出版社,1999.

[8] 裴刚.房屋建筑学[M].广州:华南理工大学出版社,2006.

[9] 金虹.房屋建筑学[M].北京:科学出版社,2002.

[10] 房志勇,邸芃,杨金铎.简编房屋建筑学[M].北京:中国建筑工业出版社,2003.

[11] 哈尔滨建筑工程学院.建筑设计原理[M].北京:中国建筑工业出版社,1988.

[12] 黄晨.建筑环境学[M].北京:机械工业出版社,2005.

[13] 陈霖新,等.洁净厂房的设计与施工[M].北京:化学工业出版社,2002.

[14] 舒秋华.房屋建筑学[M].武汉:武汉工业大学出版社,1996.

[15] 李必瑜.房屋建筑学[M].武汉:武汉工业大学出版社,2000.

[16] 王志军,袁雪峰.房屋建筑学[M].北京:科学出版社,2001.

[17] 陆可人,欧晓星,刁文怡.房屋建筑学与城市规划导论[M].南京:东南大学出版社,2002.

[18] 杨金铎,房志勇.房屋建筑构造[M].北京:中国建材工业出版社,2000.

[19] 刘建荣.建筑构造[M].北京:中国建筑工业出版社,2000.

[20] 杨金铎.房屋建筑构造[M].北京:中国建筑工业出版社,2003.

[21] 李振霞,魏广龙.房屋建筑学概论[M].北京:中国建筑工业出版社,2005.

[22] 刘瑾瑜,刘明虹.房屋建筑学试题库详解[M].北京:科学出版社,2005.

[23] 高攸纲.屏蔽与接地[M].北京:北京邮电大学出版社,2004.

[24] 中华人民共和国住房和城乡建设部.房屋建筑制图统一标准(GB/T 50001—2017)[S].北京:中国建筑工业出版社,2010.

[25] 中华人民共和国住房和城乡建设部.建筑抗震设计规范(GB 50011—2010)[S].北京:中国建筑工业出版社,2010.

[26] 中华人民共和国住房和城乡建设部.混凝土结构设计规范(GB 50010—2010)[S].北京:中国建筑工业出版社,2010.